Oracle
数据库存储管理与性能优化

甘长春 张建军 编著

中国铁道出版社有限公司
CHINA RAILWAY PUBLISHING HOUSE CO., LTD.

内 容 简 介

本书以 Oracle 11g 为蓝本，在某些实践应用中也讲到了 12c 版本，全面系统地介绍了大型对象关系型数据库服务器 Oracle 性能优化方面的大部分内容，包括看懂 SQL 执行计划、Oracle 存储管理、Oracle 内存管理、Oracle 性能指标及追踪、Oracle 性能报告、Oracle 实战案例等内容。

图书在版编目（CIP）数据

Oracle 数据库存储管理与性能优化/甘长春，张建军编著. —北京：中国铁道出版社有限公司，2020.9
ISBN 978-7-113-27033-9

Ⅰ.①O… Ⅱ.①甘… ②张… Ⅲ.①关系数据库系统 Ⅳ.①TP311.138

中国版本图书馆 CIP 数据核字(2020) 第 115221 号

书　　名：Oracle 数据库存储管理与性能优化
　　　　　Oracle SHUJUKU CUNCHU GUANLI YU XINGNENG YOUHUA
作　　者：甘长春　张建军

责任编辑：荆　波　　　　读者热线：(010) 63560056　　　　邮箱：the-tradeoff@qq.com
封面设计：MXK DESIGN STUDIO
责任校对：焦桂荣
责任印制：赵星辰

出版发行：中国铁道出版社有限公司（100054，北京市西城区右安门西街 8 号）
印　　刷：国铁印务有限公司
版　　次：2020 年 9 月第 1 版　2020 年 9 月第 1 次印刷
开　　本：787 mm×1 092 mm　1/16　印张：26.75　字数：548 千
书　　号：ISBN 978-7-113-27033-9
定　　价：89.00 元

版权所有　侵权必究

凡购买铁道版图书，如有印制质量问题，请与本社读者服务部联系调换。电话：(010) 51873174
打击盗版举报电话：(010) 51873659

前言

就大多数情况而言，先期的数据库部署包括内存、存储等部署均由 DBA 做好，唯有 SQL 语句不是 DBA 做的，是由应用开发者书写的，这往往是导致后期数据库性能瓶颈的主要因素。因此，本书将"SQL 执行计划"作为本书开篇第 2 章进行阐述。通过本章，可以让读者明白 SQL 语句到底使得数据库发生了什么，数据库都干了什么，是如何干的等细节，从而找出性能瓶颈的线索，为快速定位并解决问题提供依据。因此，看懂 SQL 执行计划是 DBA 的基本功。

本书倾向于 Oracle DBA 的读者，是在"仿真"环境下模拟问题、分析问题、解决问题的基础上撰写而成，因此，"仿真"环境是本书的一大亮点和特色，其主导思想是一切从实践出发，立足问题、解决问题，把实操、实践作为重点。不仅如此，书中把一些"极为抽象"的理论通俗化，便于读者理解。

另外，本书旨在让读者充分理解 Oracle 在性能优化方面的基础理论及原理性的知识，其中性能优化解决方案是本书重点阐述的内容，着重在问题发生、预判、防患、分析、解决上给出可行方案。

在性能优化方面，首先给出不同优化方案的工作机理，然后循着看懂 SQL 执行计划→内存管理实验→性能指标分析→得出性能实验结论→提出性能提升改进方案的步骤展开讲解。

在存储方面，首先给出不同存储方案的工作机理以及对性能的影响并加以验证，然后给出合理的解决方案。

在具体细节方面，针对具体问题，阐明有可能导致问题的原因并加以验证，然后给出针对具体细节的解决方案并进行验证。

本书也涉及几个有关性能的报告，由数据库自身提供。

关于《Linux 下 Oracle 10g 迁移到 Oracle 11g 的案例》是笔者于 2018 年为天津市海关成功实施的案例，总结出来与大家分享并以电子文档的形式赠与读者。读者完全可以参考借鉴其中的做法，极具实践指导意义。

总之，性能优化涉及数据库自身内存优化、存储优化以及外部应用优化等。是既细致又复杂，充满挑战的一件事情，要求 DBA 掌握必要的数据库机理，在此基础上得出自己的判断，找出问题根源。本书将有助于 DBA 缩短定位问题的时间，从而快速解决问题。

本书组织结构

本书共分为 6 个篇章：

第一篇章（第 1～2 章）：Oracle 体系结构及 SQL 计划篇，着重阐述 Oracle 体系结构及 SQL 执行计划方面的有关内容。

第二篇章（第 3～5 章）：Oracle 存储管理篇，着重阐述 Oracle 数据库存储结构、表空间、ASM 自动存储管理等方面的内容。

第三篇章（第 6～7 章）：Oracle 内存管理篇，着重阐述 Oracle 的内存结构及分析与调整等方面的内容。

第四篇章（第 8～10 章）：Oracle 性能指标及实验篇，着重阐述 Oracle 动态性能指标、索引与性能、性能实验以及不合理的表结构、SQL 语句对 Oracle 性能的影响与措施等方面的内容。

第五篇章（第 11～12 章）：Oracle 性能报告篇，着重阐述 AWR 及 ADDM 报告方面的内容。

第六篇章（第 13～14 章）：Oracle 实战案例篇，着重阐述 Oracle 11g R2 RAC 集群部署实验、Linux 下 Oracle 10g 迁移到 Oracle 11g 的案例以及 Oracle 特殊问题的解决案例等方面的内容。

配套资源

为了让读者切实学习好本书，随书提供下列配套资料。

（1）书中示例或综合实例源代码。下载包源代码的代码号与书中的代码号是一一对应的；这样就省去了读者敲写的麻烦，通过复制粘贴操作就可在自己的环境下执行了。

（2）本书的实验环境。该环境是从一个在用的生产系统里通过 exp 导出的 dmp 文件，实实在在的真实环境而非模拟虚构（其中的敏感数据已处理），该环境除满足本书的实验要求外，其中的存储子程序（过程、函数及触发器）以及 DBlink 等很多东西，对于从事 Oracle 数据库开发的读者也具有很好的借鉴和参考价值，是非常难得的资料。

读者需要通过 imp 命令将该 dmp 文件导入到自己数据库中，具体的导入操作，请参阅下载包中的使用说明。

（3）Linux 环境下，将 Oracle10g 2T 数据迁移到 11g 下的完整案例电子文档。该电子文档详细说明了一整套的数据库迁移过程，对于拟进行 Oracle 数据库迁移工作的读者，很有实践指导意义。

本书的整体下载包读者可通过下面的二维码和下载链接获取使用。

http://www.m.crphdm.com/2020/0818/14285.shtml

备用网盘链接：https://pan.baidu.com/s/1Jp2OdUZGoxsw96WVoG8ogQ
提取码：z8vq

作者介绍与推荐

笔者毕业于北京交通大学电气工程及自动化专业,目前供职于中国铁路北京局集团公司。自从参加工作以来,先后参与了多个铁路应用项目的开发工作,同时也与多家 IT 企业合作研发数据库架构设计及开发项目。通过这些项目的开发,笔者积累了一定的实践经验,并从中获取了一些数据库开发运维的心得。

除此之外,自 2014 年起,笔者一直在天津大学软件学院从事兼职教学工作,所授课程为 Oracle 和 PHP,教学经验的积累也让我更清晰地明白了如何把一个知识点讲解更清楚,力求引领读者尽快掌握书中所讲内容。

适用人群

本书的读者为具有 Oracle 一定理论基础及实践经验且希望或正在从事 DBA 的人员以及应用开发人员。

致谢

面对当今信息科技的日新月异,笔者也深感追赶不上时代的脚步,本书难免有疏漏和不足的地方,敬请读者朋友批评指正,在此深表谢意。

甘长春

2020 年 5 月

目 录

第 1 章　Oracle 体系结构概述 1
1.1　Oracle 数据库进程结构 2
1.2　Oracle 数据库逻辑结构 3
1.3　Oracle 数据库物理结构 5
1.4　Oracle 数据库逻辑结构与物理结构的耦合关系 6
1.5　本章小结 8

第 2 章　SQL 执行计划 9
2.1　看懂 SQL 执行计划前需要掌握的概念 9
2.2　SQL*Plus 的执行计划设置 12
2.2.1　设置 Autotrace（自动跟踪）参数 12
2.2.2　在 SQL*Plus 中显示 SQL 执行计划 13
2.3　使用 TOAD、SQL Developer 工具 21
2.3.1　TOAD 分析工具 21
2.3.2　SQL Developer 分析工具 22
2.4　SQL 解析 24
2.4.1　Oracle SQL 的硬解析和软解析 27
2.4.2　动态分析采样 28
2.5　关于 RBO 与 CBO 28
2.6　关于执行计划中的索引访问方法 30
2.6.1　索引唯一扫描（INDEX UNIQUE SCAN） 31
2.6.2　索引范围扫描（INDEX RANGE SCAN） 32
2.6.3　索引跳跃扫描（INDEX SKIP SCAN） 33
2.6.4　索引快速全扫描（INDEX FAST FULL SCAN） 34
2.7　通过 DBMS_XPLAN 包查看以往 SQL 的执行计划 35
2.8　常用 Hints（提示） 36
2.8.1　与优化器模式相关的 Hint 37
2.8.2　与表访问相关的 Hint 40
2.8.3　与索引访问相关的 Hint 40
2.8.4　与表连接顺序相关的 Hint 47
2.9　实践案例：位图索引对性能的影响 48
2.10　实践案例：分区索引对性能的影响 52

2.10.1 关于分区索引的说明 52
2.10.2 分区索引实验 54
2.11 如何更好地判断 SQL 效率 71
2.12 本章小结 72

第 3 章　Oracle 数据库存储结构 73

3.1 逻辑存储结构 73
3.1.1 块（Block） 73
3.1.2 区（Extent） 74
3.1.3 段（Segment） 75
3.1.4 表空间（Tablespace） 75
3.1.5 4 种逻辑存储结构的关系 76
3.2 Oracle 物理存储结构 76
3.3 本章小结 77

第 4 章　Oracle 表空间 78

4.1 表空间管理 78
4.1.1 表空间（TABLESPACE）的类型 79
4.1.2 表空间（TABLESPACE）的管理 80
4.1.3 表空间（TABLESPACE）的创建 82
4.2 表空间的查看 88
4.2.1 表空间固定信息的查看 89
4.2.2 表空间动态信息的查看 90
4.3 表空间管理准则 91
4.4 创建表空间应遵循的一般原则 92
4.5 表空间创建模板及其删除应用场景分析 94
4.5.1 表空间创建模板语句 95
4.5.2 表空间删除的 4 种方式及其应用场景分析 96
4.6 关于表空间创建的数据文件 DATAFILE 参数 98
4.6.1 SIZE 子句 99
4.6.2 EXTENT 分区分配方案 99
4.6.3 关于 REUSE（重复使用）的说明 99
4.7 关于表空间参数的其他说明 101
1. 段 Segment 管理策略 101
2. Table/Segment/Extent/Block 之间的关系 101
3. TABLESPACE 和 DATAFILE 之间的关系 101
4.8 回收表空间中浪费的空间 101
4.8.1 查看表空间碎片率 102
4.8.2 得到表空间的 DDL（创建）语句 103

4.8.3 表空间属性 PCTINCREASE（百分比）参数的修改 105
4.8.4 回收表空间碎片 105
4.8.5 Oracle 移动索引到其他表空间 112
4.9 TABLE 的碎片回收 113
4.9.1 与回收 TABLE 碎片有关的两个存储过程 113
4.9.2 表碎片回收处理 118
4.10 Oracle 11g undo_retention（撤销保留时间） 120
4.10.1 关于 undo 的参数 121
4.10.2 undo_retention（撤销保留时间）状态说明及参数调整 122
4.11 本章小结 123

第 5 章 自动存储管理（ASM） 125

5.1 ASM 概述 125
5.1.1 ASM 冗余 125
5.1.2 ASM 进程 126
5.1.3 ASM 实例和数据库实例对应关系 127
5.1.4 Cluster（集群） ASM 架构 127
5.2 ASM 实例搭建 128
5.2.1 环境介绍 128
5.2.2 创建裸设备以及创建 ASM 磁盘组 129
5.2.3 安装 Oracle 网络基础架构 win64_11gR2_grid 组件 133
5.2.4 后续处理 134
5.3 ASM 实例管理 136
5.3.1 查看可用分区 137
5.3.2 加入 ASM 磁盘 138
5.3.3 开启 CSS 服务 139
5.3.4 新建 ASM DiskGroup 给数据库使用 139
5.4 磁盘组的管理 143
5.4.1 磁盘组的创建与删除 144
5.4.2 ASM 磁盘的添加和删除 147
5.4.3 磁盘组信息的查询 149
5.4.4 磁盘组的重新平衡 150
5.4.5 磁盘组的加载和卸载 150
5.4.6 目录管理 151
5.4.7 别名管理 152
5.5 如何使用 ASM 磁盘组 153
5.5.1 创建数据文件 153
5.5.2 添加重做日志文件 157
5.5.3 创建数据库 159

5.6 本章小结 159

第 6 章　Oracle 的内存结构 160

6.1 Oracle 内存结构 160
  6.1.1　SGA（系统全局区）.. 161
  6.1.2　PGA（程序全局区）.. 163
  6.1.3　UGA（用户全局区）... 165
6.2 SGA 组件介绍 165
  6.2.1　固定 SGA（Fixed SGA）... 166
  6.2.2　块缓冲区（Database Buffer Cache）.. 166
  6.2.3　数据高速缓存的工作原理过程 167
  6.2.4　重做日志缓冲区（Redo Log Buffer）... 168
  6.2.5　共享池（Shared Pool）... 169
  6.2.6　大池（Large Pool）.. 170
  6.2.7　Java 池（Java Pool）.. 170
  6.2.8　流池（Stream Pool）.. 170
6.3 PGA 结构 171
  6.3.1　Private SQL Area（私有 SQL 区）.. 171
  6.3.2　Work Area（工作区）.. 172
  6.3.3　Session Memory 173
  6.3.4　自动 PGA 管理 174
6.4 Oracle 11g 系统进程介绍 175
  6.4.1　数据库写进程（DBWn）... 177
  6.4.2　日志文件写进程（LGWR）... 178
  6.4.3　检查点进程（CKPT）.. 179
  6.4.4　系统监控进程（SMON）.. 180
  6.4.5　进程监控进程（PMON）.. 180
  6.4.6　恢复进程（RECO）... 180
  6.4.7　作业队列进程（CJQn）... 181
  6.4.8　归档进程（ARCn）.. 181
  6.4.9　队列监控进程（QMNn）... 182
  6.4.10　调度进程（Dnnn）... 182
  6.4.11　内存管理进程（MMAN）.. 182
  6.4.12　恢复写入进程 （RVWR）.. 182
  6.4.13　内存管理进程（MMON）... 183
  6.4.14　其他后台进程 183
6.5 自动共享内存管理（ASMM）... 183
6.6 关于 11g 与 12c 内存管理 185
  6.6.1　Orodo 内存管理形式 186

		6.6.2 11g 下的 AMM 内存管理 187

6.7 本章小结 188

第 7 章　Oracle 的内存分析与调整 189

7.1 Oracle 内存工作机制 189
7.2 内存使用情况分析 190
    7.2.1 剩余内存 190
    7.2.2 内存击中率 190
7.3 SQL 效率及其他指标查看分析 193
    7.3.1 检查占用 CPU 时间比较长的 SQL 语句 193
    7.3.2 执行效率最差的 SQL 语句 194
    7.3.3 识别低效率执行的语句 195
    7.3.4 V$sqlarea 视图提供的执行细节 196
    7.3.5 查看数据库 db_cache_size 及各类 pool_size 值 198
7.4 Oracle 内存调整——系统全局区 SGA 199
7.5 Oracle 内存调整——共享池（Shared Pool）.. 201
    7.5.1 共享池（Shared Pool）相关视图 201
    7.5.2 共享池（Shared Pool）.. 207
    7.5.3 库高速缓存（Library Cache）... 208
    7.5.4 数据缓冲区（Buffer Cache）... 215
    7.5.5 重做日志缓冲区（Redo Log Buffer）... 221
    7.5.6 大池 222
    7.5.7 Java 池 222
    7.5.8 流池 223
7.6 本章小结 223

第 8 章　Oracle 动态性能指标 224

8.1 主要与 Oracle 动态性能指标相关的基础概念 224
8.2 从 v$sysstat 视图获取负载间档 228
    8.2.1 Buffer Cache Hit Ratio（DB 缓存命中率）... 229
    8.2.2 Soft Parse Ratio（软解析比率）... 229
    8.2.3 In-Memory Sort Ratio（内存排序率）... 230
    8.2.4 Parse To Execute Ratio（SQL 解析执行比率）................................... 230
    8.2.5 Parse CPU To Total CPU Ratio（CPU 花费比率）............................. 230
    8.2.6 Parse Time CPU To Parse Time Elapsed（锁竞争比率）................... 230
8.3 其他计算统计以衡量负载方式 231
    8.3.1 Blocks Changed For Each Read(每次读引起的块改变) 231
    8.3.2 Rows For Each Sort（每个排序引发的排序行量）............................. 232
    8.3.3 Oracle 获取当前数据库负载情况信息 232

8.4 本章小结 234

第 9 章　Oracle 的索引与性能 235

9.1 Oracle 数据库索引类型 235
  9.1.1 B*tree 索引 235
  9.1.2 位图索引（Bitmap Index） 236
  9.1.3 位图连接索引（Bitmap Join Index） 237
  9.1.4 基于函数的索引（Function-Based Index） 237
  9.1.5 应用域索引（Application Domain Index） 239
  9.1.6 Hash 索引 242
  9.1.7 分区索引 242
9.2 索引典型操作 243
  9.2.1 典型创建操作 243
  9.2.2 典型删除操作 243
  9.2.3 典型移动操作 244
  9.2.4 得到创建索引的 SQL 语句 244
  9.2.5 查看数据库中的索引及跳过设置 246
  9.2.6 通用索引删除脚本 246
9.3 有无索引及不同类型索引对查询效率高低影响实验 247
9.4 关于索引的建议 251
9.5 普通表转分区表实验及分区表相关信息查询 254
  9.5.1 普通表转分区表实验环境搭建 254
  9.5.2 普通表转分区表 255
  9.5.3 查看 Oracle 都有哪些分区表 258
  9.5.4 表分区查询 259
9.6 本章小结 259

第 10 章　Oracle 性能实验 260

10.1 信息收集、库加压处理 260
  10.1.1 信息收集处理 260
  10.1.2 给数据库加压处理及瓶颈解决过程 270
  10.1.3 存储过程使用绑定 272
  10.1.4 将 UPDATE 命令加载到共享池并以并行方式执行 273
  10.1.5 通过并发给数据库加压 273
  10.1.6 查找 SESSION ID 及 serial# 274
  10.1.7 杀掉 SESSION ID 275
  10.1.8 通过 merge 命令加压 275
  10.1.9 批量数据加压处理 277
10.2 信息查看跟踪 SQL 语句 278

	10.2.1	比率相关 278
	10.2.2	等待、锁及阻塞相关 286
	10.2.3	获取 SQL 语句相关 302
	10.2.4	资源消耗相关 310
	10.2.5	游标相关 313

- 10.3 日常需要记录的监控点以及监控语句 315
- 10.4 关于 Oracle 的 I/O 318
- 10.5 实验结论 319
  - 10.5.1 调优过程 319
  - 10.5.2 调优前后 SPFILE 参数文件对比 323
  - 10.5.3 实验总结 326
- 10.6 本章小结 326

第 11 章　AWR 报告 327

- 11.1 AWR 报告综述 327
- 11.2 什么情况下会用到 AWR 332
- 11.3 如何生成 AWR 报告 333
- 11.4 分析 AWR 报告 336
  - 11.4.1 AWR 报告头 336
  - 11.4.2 Cache Sizes 报告 337
  - 11.4.3 Load Profile 报告 337
  - 11.4.4 Instance Efficiency Percentages 报告 339
  - 11.4.5 Shared Pool Statistics 报告 341
  - 11.4.6 Top 5 Timed Foreground Events（前 5 个严重等待事件）报告 341
  - 11.4.7 SQL ordered by Elapsed Time 报告 347
  - 11.4.8 SQL ordered by CPU Time 报告 348
- 11.5 使用脚本自动生成 AWR 报告 349
  - 11.5.1 查快照 snap_ID 349
  - 11.5.2 建立脚本并执行 350
- 11.6 本章小结 351

第 12 章　Oracle 的 ADDM 报告 352

- 12.1 Oracle 性能调优综述 352
- 12.2 Oracle ADDM 报告概述 353
  - 12.2.1 使用 addmrpt.sql 来创建 ADDM 报告 353
  - 12.2.2 使用 DBMS_ADVISOR 程序包来创建 ADDM 报告 354
- 12.3 ADDM 报告实验 358
  - 12.3.1 负荷环境搭建 358
  - 12.3.2 第 1 次采集快照并施加负荷 359

12.3.3	采集第 2 次快照	359
12.3.4	创建一个优化任务并执行	360
12.3.5	查询建议结果	361
12.3.6	ADDM 报告解释	361
12.4	本章小结	365

第 13 章　Oracle 11g R2 RAC 集群部署实验..........367

13.1	总体规划	367
13.1.1	部署环境	367
13.1.2	网络配置	368
13.1.3	Oracle 软件组件	368
13.1.4	数据库配置	369
13.1.5	存储组件	369
13.2	服务器规划	370
13.2.1	通过 StartWind 6.0 虚拟磁盘	370
13.2.2	划分 Oracle 安装目录 DB(F:)和虚拟内存(G:)	370
13.2.3	修改虚拟内存（两个节点都设置）	371
13.2.4	修改 winrac1 和 winrac2 的 hosts 文件	372
13.2.5	修改注册表，禁用媒体感知功能	372
13.3	网络规划	373
13.3.1	修改网卡名（两个节点都设置）	373
13.3.2	修改网卡优先级并配置 IP	374
13.3.3	测试两点的连通性	375
13.4	存储规划	376
13.4.1	规划磁盘阵列	376
13.4.2	共享安装目录 DB(F:)和 C 盘	377
13.5	安装 Grid 软件前的设置和检查	378
13.5.1	服务器时间同步	378
13.5.2	检测节点之间能否相互访问共享	378
13.5.3	检查 Grid 安装是否符合条件	379
13.6	Grid 及数据库软件的安装	382
13.6.1	安装 win64 grid 11.2.0.4.0 集群管理软件	383
13.6.2	Clusterware 安装校验（检查 CRS 资源状态）	387
13.6.3	安装 DATABASE 软件	388
13.6.4	创建 ASM 磁盘组	391
13.6.5	DBCA 建立数据库	394
13.7	Oracle RAC 集群管理常用操作	398
13.8	本章小结	401

第 14 章　Oracle 特殊问题的解决案例 402
14.1　ORA-00257 archiver error 402
14.2　由于恢复区空间不足导致 ORA-03113 错误 404
14.3　解决 Oracle SYSAUX 空间占用严重问题 405
14.3.1　清理 SYSAUX 下的历史统计信息 406
14.3.2　清理 SYAUX 表空间中无效的 ASH（活动会话历史）信息 407
14.3.3　检查 SYSAUX 表空间可收缩的数据文件 408
14.3.4　SYSAUX 清理后的检查 409

后记 411

第 1 章　Oracle 体系结构概述

本章将简要描述 Oracle 的体系结构，包括进程结构、逻辑结构、物理结构以及逻辑结构与物理结构的耦合关系。

为了让读者更好地理解 Oracle 的体系结构，了解 Oracle 数据库的体系结构都有哪些组件以及这些组件之间的关系是什么，为此提供了两张图，这两张图所要表达的意思相同，只是表达方式不同而已，如图 1-1 和图 1-2 所示。

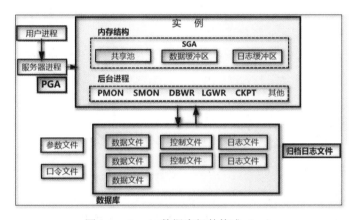

图 1-1　Oracle 数据库组件构成（一）

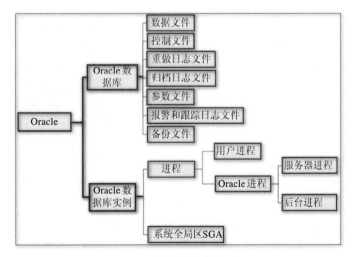

图 1-2　Oracle 数据库组件构成（二）

图 1-1 和图 1-2 中，从宏观上描述了 Oracle 的体系结构，其细节的内容在后面陆续展开阐述。

1.1　Oracle 数据库进程结构

Oracle 数据库的进程结构主要包括用户进程、服务器进程、程序全局区、数据库实例四大部分，分别描述如下。

1. User Process（用户进程）

管理 Oracle 客户端的用户登录。当用户运行一个应用程序时，系统就为它建立一个用户进程。

2. Server Process（服务器进程）

帮助 Oracle 客户端连接到服务端。服务器进程处理与之相连的用户进程的请求，它与用户进程相通信，为相连的用户进程的 Oracle 请求服务。

3. PGA（Program Global Area，程序全局区）

管理每次会话的 SQL 执行。PGA 由以下几个部分组成。

- Private SQL Area：私有 SQL 区。
- Session Memory：会话记忆区。
- SQL Work Areas：SQL 工作区。

4．数据库实例（Instance）

数据库实例分为两个部分：SGA 和 Background Process（后台进程）。

当在计算机服务器上启动 Oracle 数据库后，称服务器上启动了一个 Oracle 实例。Oracle 实例是存取和控制数据库的软件机制，它包含系统全局区（SGA）和 Oracle 进程两部分。SGA 是系统为实例分配的一组共享内存缓冲区，用于存放数据库实例和控制信息，以实现对数据库中数据的治理和操作。

进程是操作系统中一个极为重要的概念。一个进程执行一组操作，完成一个特定的任务。对 Oracle 数据库治理系统来说，进程由用户进程、服务器进程和后台进程所组成。

当用户运行一个应用程序时，系统就为它建立一个用户进程。服务器进程处理与之相连的用户进程的请求，它与用户进程相通信，为相连的用户进程的 Oracle 请求服务。

为了提高系统性能，更好地实现多用户功能，Oracle 还在系统后台启动一些后台进程，用于数据库数据操作。

（1）SGA（Systerm Global Area，系统全局区）

SGA 是 Oracle 为一个实例分配的一组共享内存缓冲区，它包含该实例的数据和控制信息。SGA 在实例启动时被自动分配，当实例关闭时被收回。数据库的所有数据操作都要通过 SGA 来进行。SGA 的组成部分如表 1-1 所示。

表 1-1　SGA 构成

SGA 组成项目	描　　述
Shared Pool（共享池）	Oracle 为此所开辟的内存空间，在此内存空间里包含用来处理的 SQL 语句信息，它包含共享 SQL 区（Library Cache）和数据字典高速缓存区（Data Dictionary Cache）。共享 SQL 区包含执行特定的 SQL 语句所用的信息。数据字典高速缓存区用于存储安放数据字典，它为所有用户进程所共享
Database Buffer Source（数据库缓冲资源）	Oracle 为此所开辟的内存空间，在此内存空间中存放数据库中数据库块的复制，它由一组缓冲块所组成，这些缓冲块为所有与该实例相连接的用户进程所共享。缓冲块的数目由初始化参数 DB_BLOCK_BUFFERS 确定，缓冲块的大小由初始化参数 DB_BLOCK_SIZE 确定。大的数据块可提高查询速度。它由 DBWR 操作
Java Pool（Java 池）	为 JVM 和基于 Java 的应用而开辟的内存空间
大池（Large Pool）	使用并行查询时才需要使用大池。此外，使用 RMAN（数据库的备份与恢复）和共享服务器配置也建议配置大池
日志缓冲区（Redo Log Buffer）	Oracle 为此所开辟的内存空间，在此内存空间中用来存储数据库的修改信息

（2）后台进程（Background Process）如表 1-2 所示。

表 1-2　后台进程构成

后台进程	描　　述
SMON（系统监控进程）	负责完成自动实例恢复和回收分类（Sort）表空间
PMON（进程监控进程）	实现用户进程故障恢复、清理内存区和释放该进程所需资源等
DBWR（数据库写进程）	数据库缓冲区的治理进程。在它的治理下，数据库缓冲区中总保持有一定数量的自由缓冲块，以确保用户进程总能找到供其使用的自由缓冲块（数据库实例与物理文件的连接）
LGWR（日志文件写进程）	是日志缓冲区的治理进程，负责把日志缓冲区中的日志项写入磁盘中的日志文件上。每个实例只有一个 LGWR 进程
ARCn（归档进程）	把已经填满的在线日志文件复制到一个指定的存储设备上。仅当日志文件组开关（Switch）出现时，才进行 ARCH 操作。ARCH 不是必需的，而只有当自动归档可使用或者当手工归档请求时才发出
RECO（恢复进程）	是在具有分布式选项时使用的一个进程，主要用于解决引用分布式事务时所出现的故障。它只能在答应分布式事务的系统中出现
LCKn（封锁进程）	用于并行服务器系统，主要完成实例之间的封锁

1.2　Oracle 数据库逻辑结构

Oracle 的逻辑结构包括表空间（Tablespace）、段（Segment）、区（Extent）、数据块（Data Block）及模式对象（Schema Object）。

Oracle 数据库在逻辑上是由多个表空间组成的，表空间在物理上包含一个或多个数据文件。而数据文件大小是块大小的整数倍；表空间中存储的对象称为段，比如数据段、索引段和回滚段。段由区组成，区是磁盘分配的最小单位。段的增大是通过增加区的个数来实现的。每个区的大小是数据块大小的整数倍,区的大小可以不相同;数据块是数据库中最小的 I/O 单位,同时也是内存数据缓冲区的单位,以及数据文件存储空间单位。块的大小由参数 DB_BLOCK_SIZE 设置,其值应设置为操作系统块大小的整数倍。

Oracle 数据库逻辑结构示意图如图 1-3 所示。

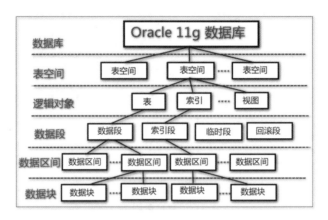

图 1-3　Oracle 数据库逻辑结构示意

下面对 Oracle 数据库的逻辑结构分别进行描述。

1. 表空间（Tablespace）

表空间是数据库中最大的逻辑单位,每一个表空间由一个或多个数据文件组成,一个数据文件只能与一个表空间相联系。每一个数据库都有一个 System 表空间,该表空间是在数据库创建或数据库安装时自动创建的,用于存储系统的数据字典表、程序系统单元、过程函数、包和触发器等,也可用于存储用户数据表、索引对象。表空间具有在线（Online）和离线（Offline）属性,可以将除 Systme 以外的其他任何表空间设置为离线。

数据库创建完后会有如下表空间:

- System 表空间;
- Sysaux 表空间;
- 撤销 UNDO 表空间;
- 临时 Temporary 表空间。

创建一个表空间时,让它拥有一个 2G 大小的数据文件,那么该表空间就能存放 2G 大小的数据量。如果有一天耗尽了这 2G 的容量,那么再增加一个数据文件给这个表空间,当然也可以扩大原先数据文件的大小。

对于索引、表等数据库对象,虽然也存在于表空间所属的数据文件中,但这些对象本身不会指定要存放在哪个数据文件上,数据文件只与表空间关联。

2. 段（Segment）

段是分配给某个逻辑结构的一组区。关键点有两个：
- 分配给某个逻辑结构；
- 一组区。

数据库的段可以分为 4 类：数据段、索引段、回滚段和临时段。

3. 区（Extent）

区是磁盘空间分配的最小单位，是两个或者多个相邻的 Oracle 数据块。磁盘按区划分，每次至少分配一个区。区存储在段中，它由连续的数据块组成。关键点有 3 个：
- 2 个或 2 个以上；
- 相邻的数据块；
- 空间分配单元。

数据块是存储单元，区是分配单元。Oracle 分配空间时至少需要 2 个数据块。

4. 数据块（Data Block）

数据块是数据库中最小的数据组织单位与管理单位，是数据文件磁盘存储空间单位，也是数据库 I/O 的最小单位，数据块大小由 DB_BLOCK_SIZE 参数决定，不同的 Oracle 版本 DB_BLOCK_SIZE 的默认值不同，一般常用的是 8KB，4KB，在创建数据库时可以指定。一旦指定就不能改变，不过即使在块大小为 4KB 的数据库中，也可以指定创建块大小为 8KB 的表空间，只要内存结构中存在 8KB 的缓存。

数据块类似操作系统中的块大小，通常 Oracle 数据库块大小是操作系统块大小的整数倍，由于块尺寸是处理 Oracle 的更新、选择或者插入数据事务的最小单位，且访问很随机，设定原则通常是使用块较小的块尺寸；如果行比较小且访问主要是连续，或者如果有较大的行，则使用较大的块尺寸。

5. 模式对象（Schema Object）

模式对象是一种应用，包括表、约束条件、聚簇、视图、索引、序列、同义词、哈希、存储过程、存储函数、触发器、包及数据库链等。

对数据库的操作基本可以归结为对数据对象的操作，对象也是一个逻辑结构，是建立于段之上的。

1.3 Oracle 数据库物理结构

Oracle 数据库的物理结构由数据库的操作系统文件所决定，包含数据文件、重做日志文件、控制文件、参数文件、密码文件、归档日志文件、备份文件、告警日志文件、跟踪文件等；其中数据文件、重做日志文件、控制文件和参数文件是必需的，其他文件可选。下面对 Oracle 数据库的物理结构分别进行描述。

1. 数据文件（Datafile）

数据文件是数据库的物理存储单位。数据库的数据存储在表空间中，表空间可能在某一个或者多个数据文件中。而一个表空间可以由一个或多个数据文件组成，一个数据文件只能属于一个表空间。一旦数据文件被加入某个表空间后，就不能删除这个文件，如果要删除某个数据文件，只能删除其所属的表空间才行。

数据文件用来存储数据库中的全部数据，例如，数据库表中的数据和索引数据。通常为"*.dbf"格式，例如，"userGCC.dbf"。

2. 重做日志文件（Redo Log File）

重做日志文件用于记录数据库所做的全部变更（如增加、删除、修改），以便在系统发生故障时，用它对数据库进行恢复。名字通常为 Log*.dbf 格式，如 Log1GCC.dbf，Log2GCC.dbf。

3. 控制文件（Control File）

每个 Oracle 数据库都有相应的控制文件，它们是较小的二进制文件，用于记录数据库的物理结构，如数据库名、数据库的数据文件和重做日志文件的名字和位置等信息。用于打开、存取数据库。名字通常为 Ctrl*.ctl 格式，如 CtrlGCC.ctl。

4. 配置文件（Configuration File）

配置文件记录 Oracle 数据库运行时的一些重要参数，如数据块的大小，内存结构的配置等。名字通常为 init*.ora 格式，如 initGCC.ora。

5. 密码文件（Password File）

密码相关的数据存储。

6. 参数文件（Parameter File）

参数相关的数据存储。

1.4 Oracle 数据库逻辑结构与物理结构的耦合关系

Oracle 数据库的逻辑结构与物理结构的相互耦合连接可以达到数据存储持久化的目的。所谓持久化就是将数据物理地存储在磁盘上，不受关机或断电的影响。不像内存中的信息，一旦计算机关闭或断电则信息随之消失。

Oracle 数据库的逻辑结构与物理结构的耦合连接关系如图1-4所示。

而数据库实例、表空间、表、用户之间的关系如图1-5所示。

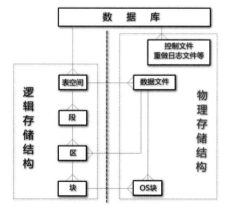

图1-4 Oracle 逻辑结构与物理结构的耦合连接关系

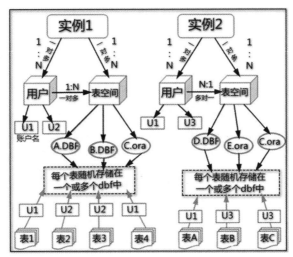

图 1-5　Oracle 数据库实例、表空间、表、用户之间的关系

一个用户可以使用一个或多个表空间，一个表空间也可以供多个用户使用。用户和表空间没有隶属关系，表空间是一个用来管理数据存储的逻辑概念，表空间只是和数据文件发生关系，数据文件是物理的，一个表空间可以包含多个数据文件，而一个数据文件只能隶属一个表空间。

SID 是 Oracle 实例的唯一名称标识，用户去访问数据库，实际上是向某一个 Oracle 实例发送请求，Oracle 实例负责向数据库获取数据。

Oracle 实例 = 内存结构（SGA）+后台进程（Background Process），所以 Oracle 实例是临时性的。可以通过 Startup Nomount 去启动实例，但注意这时 Oracle 数据库并没有启动，需要通过"Alter Database Mount（打开控制文件）"及"Alter Database Open（打开数据库）"去打开数据库。

一个实例只能对应一个数据库，一个数据库可以使用多个实例。

在这里额外说明一下有关数据库自身信息的获取，这些信息是 DBA 人员必须掌握的。获取这些信息的 SQL 语句如下。

- 查看 Oracle 数据库的库名 SQL 语句：

```
SQL> select name from v$database;
```

- 查看 Oracle 数据库的实例名 SQL 语句：

```
SQL>select instance_name from v$instance;
```

- 查看 Oracle 数据库的域名 SQL 语句：

```
SQL>show parameter domain;
```

- 查看 Oracle 数据库的全局名 SQL 语句：

```
SQL>select * from global_name;
```

由于在后面的章节会使用到 SQL*Plus，因此，只对 SQL*Plus 登录数据库的方式进行说明，仅供参考。

由于 SQL*Plus 不是本书的重点，其详细内容请参阅其他章节。

SQL*Plus 不依赖服务名的登录方式，命令格式为：sqlplus 用户名/口令@IP:数据库端口号（1521）/数据库全局名 as sysdba。一般使用此命令格式登录本计算机以外的 Oracle 服务器。例如，sqlplus sys/123456@10.69.30.6:1521/dalin.workgroup as sysdba。该命令将登录 IP 地址 10.69.30.6 服务器上的端口号为 1521、数据库全局名为 dalin.workgroup 的数据库服务器，且以 sysdba 身份登录。又如，sqlplus sys/123456@127.0.0.1:1521/dalin.workgroup as sysdba，不同之处在于这个命令将登录的服务器指向本计算机。推荐读者平常使用此命令格式登录无论是本计算机服务器还是本计算机以外的服务器。

SQL*Plus 依赖服务名的登录方式，命令格式为：

```
sqlplus 用户名/口令@数据库服务名（数据库实例名） as sysdba。
```

其中的服务名，在数据库安装完成后，默认将数据库实例名设置为服务名。此登录方式也可以登录到本计算机以外的服务器，这要依赖服务名中服务器指向参数的设置。例如，sqlplus sys/123456@dalin as sysdba。

1.5 本章小结

在本章主要介绍了 Oracle 数据库进程结构、逻辑结构、物理结构以及 Oracle 数据库逻辑结构与物理结构的关系等内容。对于 Oracle 数据库进程结构简单了解即可，其他内容是务必要透彻理解的，尤其是 Oracle 数据库逻辑结构与物理结构的关系。

接下来讲解 Oracle 的 SQL 执行计划。

第 2 章 SQL 执行计划

如果要分析某条 SQL 的性能问题，通常要先看 SQL 的执行计划，看看 SQL 的每一步执行是否存在问题。如果一条 SQL 平时执行得很好，突然性能很差，如果排除了系统资源和阻塞的原因，那么基本可以断定是执行计划出了问题。

看懂执行计划也就成了 SQL 优化的先决条件。这里的 SQL 优化是指 SQL 性能问题的定位，定位后就可以解决问题。

本章将主要讲解与执行计划有关的概念、在 SQL*Plus 环境中有关执行计划参数的设置、Toad、SQL Developer 分析工具的使用、SQL 的软解析与硬解析、SQL 的动态分析采样、CBO（基于成本的优化器）与 RBO（基于规则的优化器）、执行计划中的索引访问方法、SQL 实际执行计划查看与解析、Oracle 11g R2 常用的强制 Hints（提示）、位图及分区索引性能实验，最后给出结论性意见等内容。

注：Oracle 的执行计划分为预估执行计划和实际执行计划。其中，用 Toad、SQL Developer、EXPLAIN PLAN FOR 或者 SET ATUOTRACE TRACEONLY 等获取的执行计划都是预估的执行计划。有时候预估执行计划和实际执行计划有很大的差别，调优时需要对比实际执行计划和预估执行计划，不能单方面看预估执行计划，还要结合实际。

2.1 看懂 SQL 执行计划前需要掌握的概念

SQL 执行计划的概念主要包括 ROWID（伪列）、Recursive SQL（递归 SQL）、Row Source And Predicate（行源和谓词）、Driving Table（驱动表）、Probed Table（被探查表）、Concatenated Index（组合索引）、Selectivity（可选择性）、物理读（Physical Reads）、逻辑读（Logical Reads）、一致性读（Consistant Get）、读一致性、当前读（Db Block Gets）等，下面分别进行说明。

1. ROWID（伪列）

ROWID 是一个伪列，既然是伪列，那么这个列就不是用户定义，而是系统给加上的。对每个表都有一个 ROWID 的伪列，但是表中并不物理存储 ROWID 列的值。不过可以像使用其他列那样使用它，但是不能删除此列，也不能对此列的值进行修改、插入。一旦一行数据插入数据库，则 ROWID 在该行的生命周期内是唯一的，即使该行产生行迁移，但其行的 ROWID 值不会改变。

2. Recursive SQL（递归 SQL）

有时为了执行用户发出的一个 SQL 语句，Oracle 必须执行一些额外的操作或者语句，将它们称为"Recursive Calls"或"Recursive SQL Statements"。当一个 DDL 语句发出后，Oracle 总是隐含地发出一些 Recursive SQL 语句，来修改数据字典信息，以便用户可以成功地执行该 DDL 语句。当需要的数据字典信息没有在共享内存中时，经常会发生 Recursive Calls，这些 Recursive Calls 会将数据字典信息从硬盘读入内存中。用户不必关心这些 Recursive SQL 语句的执行情况，在需要时，Oracle 会自动在内部执行这些语句。

DML 语句引起 Recursive SQL 的可能性最大。简单地说，可将触发器视为 Recursive SQL。

3. Row Source And Predicate（行源和谓词）

Row Source（行源）：用于查询中，由上一操作返回的符合条件的行的集合，既可以是表的全部行，也可以是表的部分行；还可以是对上 2 个 Row Source（行源）进行连接操作（如 join 连接）后得到的行。

Predicate（谓词）：一个查询中的 WHERE 限制条件。

4. Driving Table（驱动表）

驱动表又称外层表（Outer Table）。此表用来嵌套于 Hash 连接中。如果此 Row Source 返回较多的行数据，则对所有的后续操作有负面影响。注意，与其说驱动表，不如说驱动行源（Driving Row Source）更为确切。一般来说，在应用查询的限制条件后，返回较少行源的表作为驱动表，如果一个大表的 WHERE 条件有限制条件（如等值限制），则该大表作为驱动表也是合适的，所以并不是只有较小的表可以作为驱动表。正确说法是：应用查询的限制条件后，返回较少行源的表作为驱动表。在执行计划中，应为最右最上的那个 Row Source，后面会给出具体说明。

5. Probed Table（被探查表）

Probed Table（被探查表）：该表又称内层表（Inner Table）。在从驱动表中得到具体一行的数据后，再在该表中寻找符合连接条件的行。所以该表应当为大表（实际上应为返回较大 Row Source 的表）且相应的列上应该有索引。

6. Concatenated Index（组合索引）

由多个列构成的索引，如 CREATE index sy_idx_emp on emp(col1, col2, col3, …)，则称 idx_emp 索引为组合索引。在组合索引中有一个重要的概念：引导列（leading column），在上面的例子中，col1 列为引导列。当进行查询时可以使用"where col1 = ?"，也可以使用"where col1 = ? and col2 = ?"，这样的限制条件会使用索引，但是"where col2 = ?"查询不会使用该索引。所以限制条件中包含先导列时，该限制条件才会使用该组合索引。

7. Selectivity（可选择性）

比较列中唯一键值的数量和表中的行数，就可以判断该列的可选择性。如果该列的

"唯一键的数量/表中的行数"的比值越接近 1，则该列的可选择性越高，即重复度越小，该列就越适合创建索引，其索引的可选择性也越高。在可选择性高的列上进行查询时，返回的数据就较少，比较适合使用索引查询。

8. 物理读（Physical Reads）

从磁盘读取数据块到内存的操作称为物理读，当 SGA 的高速缓存（Cache Buffer）中不存在这些数据块时，就会产生物理读。另外，像全表扫描、磁盘排序等操作也可能产生物理读，原因是 Oracle 数据库需要访问的数据块较多，而有些数据块不在内存当中，需要从磁盘读取。

9. 逻辑读（Logical Reads）

概念 1：逻辑读是指 Oracle 从内存读到的数据块数量。一般来说，Logical Reads = Db Block Gets（当前读） + Consistent Gets（一致性读）。

概念 2：逻辑读是指从 Buffer Cache 中读取数据块。按照访问数据块的模式不同，可分为当前模式读（Current Read）和一致性读（Consistent Read）。

这两个概念本质相同，只是措辞不同。

10. 一致性读（Consistent Gets）

一致性读是面向多个会话的，即所有当前会话都要进行一致性读。

Oracle 是一个多用户系统，当一个会话开始读取数据还未结束读取之前，可能会有其他会话修改了它将要读取的数据。如果会话读取到修改后的数据，就会造成数据的不一致。一致性读就是为了保证数据的一致性。在 Buffer Cache 中的数据块上都会有最后一次修改数据块时的 SCN（System Change Number：系统改变号）。如果一个事务需要修改数据块中的数据，会先在回滚段中保存一份修改前的数据和 SCN 编码的数据块，然后更新 Buffer Cache 中数据块的数据及其 SCN，并标识其为"脏"数据。当其他进程读取数据块时，会先比较数据块上的 SCN 和进程自己的 SCN。如果数据块上的 SCN 小于等于进程本身的 SCN，则直接读取数据块上的数据；如果数据块上的 SCN 大于进程本身的 SCN，则会从回滚段中找出修改前的数据块读取数据。

通常，普通查询都是一致性读。

11. 读一致性（Read Consistency）

读一致性是针对众多会话中的一个会话而言的，是一个会话的查询所获得的数据必须来自同一时间点。Oracle 针对这个会话，在必要时会使用 Undo 数据来构造 CR（Consistant Read）块，从而提供非阻塞的查询。会话查询工作流程如图 2-1 所示。

注：查看表数据所在文件号及哪个块上。
select dbms_rowid.rowid_relative_fno(ROWID) file#,dbms_rowid.rowid_block_number(ROWID) blockid from chepb ;

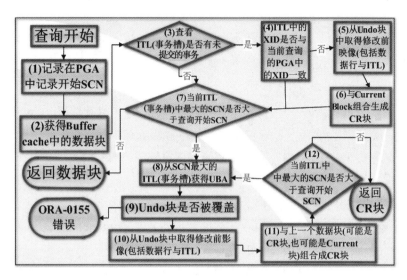

图 2-1　会话查询的工作流程示意

12. 当前读（Db Block Gets）

通常情况下，当前读（Db Block Gets）可以理解为 DML 操作产生的。

当前读（Db Block Gets）即读取数据块是当前的最新数据。任何时候在 Buffer Cache 中只有一份当前数据块。当前读通常发生在对数据进行修改、删除操作时。这时，进程会给数据加上行级锁，并且标识数据为"脏"数据。

Current Mode 产生 Db Block Gets，一般在 DML 操作时产生，Query Mode 产生 Consistent Gets（一致性读），一般在查询时产生。它们两个总和一般称为逻辑读（Logical Read）。

2.2　SQL*Plus 的执行计划设置

如果打算在 SQL*Plus 环境中查看 SQL 的执行计划，需要设置 SQL*Plus 的 Autotrace（自动跟踪）参数，下面进行具体介绍。

2.2.1　设置 Autotrace（自动跟踪）参数

SQL*Plus 环境中的 Autotrace（自动跟踪）参数主要包括 OFF、ON、ON EXPLAIN、ON STATISTICS（统计）、TRACEONLY 等，其设置命令如表 2-1 所示。

表 2-1　autotrace（自动跟踪）参数设置命令表

序号	命　　令	解　　释
1	SET AUTOTRACE OFF	此为默认值，即关闭 Autotrace
2	SET AUTOTRACE ON EXPLAIN	只显示执行计划
3	SET AUTOTRACE ON STATISTICS（统计）	只显示执行的统计信息

续上表

序号	命令	解释
4	SET AUTOTRACE ON	包含 2、3 两项内容
5	SET AUTOTRACE TRACEONLY	与 ON 相似，但不显示语句的执行结果

在 SQL*Plus 环境中，有一个 SET TIMING ON/OFF 命令，显示或屏蔽 SQL 的运行时间。其中 ON 为显示运行时间，OFF 为屏蔽运行时间，在关注 SQL 执行计划的同时，还要关注 SQL 的运行时间。

下面是在 SQL*Plus 环境中查看 SQL 执行计划的几种处置方式。

（1）查看 SQL 执行时间

```
SQL>SET TIMING ON --显示 SQL 执行时间。
SQL>执行需要查看执行计划的 SQL 语句。
```

（2）查看只包含执行计划、脚本数据输出，没有统计信息的 SQL 执行计划

```
SQL>SET AUTOTRACE ON EXPLAIN --这样设置包含执行计划、脚本数据输出，没有统计信息。
SQL>执行需要查看执行计划的 SQL 语句。
```

（3）查看包含执行计划、统计信息以及脚本数据输出的执行计划

```
SQL>SET AUTOTRACE ON --这样设置包含执行计划、统计信息，以及脚本数据输出。
SQL>执行需要查看执行计划的 SQL 语句。
```

（4）查看包含执行计划、统计信息，不会有脚本数据输出的执行计划

```
SQL>SET AUTOTRACE OFF。
SQL>SET AUTOTRACE TRACEONLY --这样设置会有执行计划、统计信息，不会有脚本数据输出。
SQL>执行需要查看执行计划的 SQL 语句
```

（5）查看只包含有统计信息的执行计划

```
SQL>SET AUTOTRACE TRACEONLY STAT --这样设置只包含有统计信息。
SQL>执行需要查看执行计划的 SQL 语句。
```

2.2.2 在 SQL*Plus 中显示 SQL 执行计划

1. 查看预估的执行计划（可能与实际情况不符）

在 2.2.1 节中所描述的是查看实际的执行计划；此为 SQL*Plus 提供的命令查看预估执行计划，具体操作如下：

```
SQL>EXPLAIN PLAN FOR SQL 语句;
SQL>SELECT plan_table_output FROM TABLE(DBMS_XPLAN.DISPLAY('PLAN_TABLE'));
```

或

```
SQL>SELECT * from table(dbms_xplan.display);
```

2. 查看实际的执行计划（建议此方式查看）

这是在 2.2.1 节中描述的实际执行计划查看方式，建议采用此方式查看，因为此方式显示的执行计划是实际的。具体操作如下：

```
SQL>Set autotrace on;
SQL>Set autotrace traceonly;
SQL>执行需要查看执行计划的SQL语句;
```

3. 举例

（1）执行效率不高的 SQL 语句

关于下面这个例子中的 SQL 语句是用来做什么用的，不必关注，需要关注的是该 SQL 语句所反映的执行计划信息。

```
SQL>
set pagesize 0
set long 200000
set feedback off
set echo off
Set autotrace on
Set autotrace traceonly
SET TIMING ON
spool c:\plan18427-4.txt
Select a.*,b.* From CHEPB a Full Outer Join FAHB b on a.FAHB_ID = b.ID Where
(a.MAOZ<100 and a.PIAOJH Is Not Null) And ((a.LURSJ Between to_date('2002-01-01
01:00:00','yyyy-mm-dd hh24:mi:ss') And to_date('2018-12-31 23:59:59', 'yyyy-mm-dd
hh24:mi:ss')) Or (b.DAOHRQ between to_date('2002-01-01 01:00:00','yyyy-mm-dd
hh24:mi:ss') And to_date('2018-12-31 23:59:59', 'yyyy-mm-dd hh24:mi:ss')) Or
(b.FAHRQ Between to_date('2002-01-01 01:00:00', 'yyyy-mm-dd hh24:mi:ss') And
to_date('2018-12-31 23:59:59', 'yyyy-mm-dd hh24:mi:ss')));
spool off
```

[代码编号 0001]

上面 SQL 语句的执行过程如图 2-2 所示。

```
已用时间： 00: 01: 57.41
执行计划
----------------------------------------------------------
Plan hash value: 3246914039
----------------------------------------------------------
| Id | Operation            | Name    | Rows  | Bytes |TempSpc| Cost (%CPU)| Time     |
----------------------------------------------------------
|  0 | SELECT STATEMENT     |         |  927K |  1527M|       | 17939   (1)| 00:03:36 |
|  1 |  VIEW                | VW_FOJ_0|  927K |  1527M|       | 17939   (1)| 00:03:36 |
|* 2 |   HASH JOIN FULL OUTER|        |  927K |  349M |  10M  | 17939   (1)| 00:03:36 |
|  3 |    TABLE ACCESS FULL | FAHB    | 53862 |    9M |       |   415   (1)| 00:00:05 |
|  4 |    TABLE ACCESS FULL | CHEPB   |  927K |  180M |       |  7524   (1)| 00:01:31 |
----------------------------------------------------------
Predicate Information (identified by operation id):
----------------------------------------------------------
   1 - filter("A"."MAOZ"<100 AND "A"."PIAOJH" IS NOT NULL AND
       ("A"."LURSJ">=TO_DATE(' 2002-01-01 01:00:00', 'syyyy-mm-dd hh24:mi:ss') AND
       "A"."LURSJ"<=TO_DATE(' 2018-12-31 23:59:59', 'syyyy-mm-dd hh24:mi:ss') OR
       "B"."DAOHRQ">=TO_DATE(' 2002-01-01 01:00:00', 'syyyy-mm-dd hh24:mi:ss') AND
       "B"."DAOHRQ"<=TO_DATE(' 2018-12-31 23:59:59', 'syyyy-mm-dd hh24:mi:ss') OR
       "B"."FAHRQ">=TO_DATE(' 2002-01-01 01:00:00', 'syyyy-mm-dd hh24:mi:ss') AND
       "B"."FAHRQ"<=TO_DATE(' 2018-12-31 23:59:59', 'syyyy-mm-dd hh24:mi:ss')))
   2 - access("A"."FAHB_ID"="B"."ID")
```

图 2-2　执行过程

```
统计信息
----------------------------------------------
          1  recursive calls
          0  db block gets
      88736  consistent gets
      27330  physical reads
          0  redo size
  162801354  bytes sent via SQL*Net to client
     678423  bytes received via SQL*Net from client
      61639  SQL*Net roundtrips to/from client
          0  sorts (memory)
          0  sorts (disk)
     924568  rows processed
```

图 2-2 执行过程（续）

图 2-2 说明该 SQL 语句的执行过程为首先对 FAHB 表进行全表扫描，再对 CHEPB 全表扫描，对两个表全表扫描后进行 HASH JOIN 连接，总共发生了 1 次递归调用，88 736 次逻辑读，27 330 次物理读，每一步的 CPU 成本代价 COST（%CPU）均为 1%。很显然，这条 SQL 语句的执行效率不高，因为走的是全表扫描且发生了 27 330 次物理读。关于这些指标在后续章节进行解释。

（2）执行效率高的 SQL 语句

关于这个例子中的 SQL 语句是用来做什么用的，也不必关注，需要关注的是该 SQL 语句所反映的执行计划信息。

```
SQL>
set autotrace on
set autotrace traceonly
set pagesize 0
set long 200000
set feedback off
set echo off
spool c:\a.txt
SELECT S.SQL_TEXT,
       S.SQL_FULLTEXT,
       S.SQL_ID,
       ROUND (ELAPSED_TIME / 1000000 / ( CASE
           WHEN (EXECUTIONS = 0 OR NVL (EXECUTIONS, 1 ) = 1) THEN
             1
           ELSE
             EXECUTIONS
         END ),
         2 ) "执行时间's'",
       P1.OBJECT_OWNER,
       P1.OBJECT_NAME,
       P1.OPERATION,
       S.LAST_LOAD_TIME,
       --P1.P_PLAN_HASH_VALUE,
       S.PLAN_HASH_VALUE
```

```sql
            FROM V$SQLAREA S
            JOIN ( SELECT DISTINCT
                            A.SQL_ID,
                            A.OBJECT_OWNER,
                            A.OBJECT_NAME,
                            P.OPERATION
                    FROM (SELECT P.SQL_ID,
                            P.OBJECT_OWNER,
                            P.OBJECT_NAME,
                            P.PLAN_HASH_VALUE,
                            P.OPERATION || ' ' || P.OPTIONS "OPERATION",
                            P.ID, --不带 ID 若一个 SQL 2 个分区表且 2 个分区表都没有加分
区条件会产生笛卡儿集
                            P.HASH_VALUE,
                            P.PLAN_HASH_VALUE P_PLAN_HASH_VALUE
                        FROM V$SQL_PLAN P
                        WHERE P.OPERATION || ' ' || P.OPTIONS =
                            'PARTITION RANGE ALL' ) P --查找执行计划是'PARTITION
RANGE ALL' 分区全扫，而不是'PARTITION RANGE SINGLE'部分分区扫描
                    JOIN (SELECT SQL_ID,
                            P.OBJECT_OWNER,
                            P.OBJECT_NAME,
                            P.PLAN_HASH_VALUE,
                            P.OPERATION || ' ' || P.OPTIONS,
                            P.ID - 1 ID , --执行计划 显示'PARTITION RANGE ALL'在'TABLE
ACCESS FULL' 下一行 也就是 id-1和分区全扫的 id, 全部关联后才能过滤出真正的表
                            P.HASH_VALUE
                        FROM V$SQL_PLAN P
                        WHERE (P.OBJECT_NAME IN
                            ( SELECT PT.TABLE_NAME FROM USER_PART_TABLES PT))
                            AND P.OPERATION || ' ' || P.OPTIONS = 'TABLE ACCESS FULL'
--查找执行计划是'TABLE ACCESS FULL' 表全扫...
                            AND P.OBJECT_OWNER = 'SYS' --账户
                            AND TO_CHAR(P.TIMESTAMP, 'YYYY-MM-DD' ) =
                                TO_CHAR( SYSDATE , 'YYYY-MM-DD' )) A
                        ON P.SQL_ID = A.SQL_ID
                        AND P.ID = A.ID --2 个关联条件最终得出 是分区表但没带分区条件的表
/sql_id...等
                    ) P1
                ON S.SQL_ID = P1.SQL_ID
            WHERE ROUND (ELAPSED_TIME / 1000000 / ( CASE
                        WHEN (EXECUTIONS = 0 OR NVL (EXECUTIONS, 1 ) = 1) THEN
                        1
                        ELSE
                        EXECUTIONS
                        END ),
                    2 ) > 1 --100 0000 微秒=1s
                AND S.PARSING_SCHEMA_NAME = 'SYS' --账户
```

```
    AND TO_CHAR(S.LAST_LOAD_TIME, 'YYYY-DD-MM' ) =
        TO_CHAR( SYSDATE , 'YYYY-DD-MM' )
    AND S.COMMAND_TYPE IN (2 , 3, 5 , 6 , 189)
  ORDER BY S.ELAPSED_TIME DESC ;
spool off                                                                     [0002]
```

上面 SQL 语句的执行过程如图 2-3 所示。

```
已用时间:   00: 00: 00.17
执行计划
----------------------------------------------------------------------------------
Plan hash value: 1053695559
----------------------------------------------------------------------------------
| Id  | Operation                        | Name                        | Rows | Bytes | Cost (%CPU)| Time     |
----------------------------------------------------------------------------------
|   0 | SELECT STATEMENT                 |                             |    1 |  2707 |    12  (17)| 00:00:01 |
|   1 |  SORT ORDER BY                   |                             |    1 |  2707 |    12  (17)| 00:00:01 |
|   2 |   NESTED LOOPS                   |                             |    1 |  2707 |    11  (10)| 00:00:01 |
|   3 |    VIEW                          |                             |    1 |   104 |    11  (10)| 00:00:01 |
|   4 |     HASH UNIQUE                  |                             |    1 |   270 |    11  (10)| 00:00:01 |
|   5 |      NESTED LOOPS                |                             |    1 |   270 |    10   (0)| 00:00:01 |
|   6 |       NESTED LOOPS               |                             |    1 |   247 |     6   (0)| 00:00:01 |
|*  7 |        FIXED TABLE FULL          | X$KQLFXPL                   |    1 |   145 |     0   (0)| 00:00:01 |
|*  8 |        FIXED TABLE FIXED INDEX   | X$KQLFXPL (ind:4)           |    1 |   102 |     0   (0)| 00:00:01 |
|   9 |       VIEW                       | USER_PART_TABLES            |    1 |    23 |    10   (0)| 00:00:01 |
|  10 |        UNION ALL PUSHED PREDICATE|                             |      |       |            |          |
|  11 |         NESTED LOOPS             |                             |    1 |    64 |     6   (0)| 00:00:01 |
|  12 |          NESTED LOOPS OUTER      |                             |    1 |    51 |     5   (0)| 00:00:01 |
|  13 |           NESTED LOOPS           |                             |    1 |    48 |     4   (0)| 00:00:01 |
|* 14 |            INDEX RANGE SCAN      | I_OBJ2                      |    1 |    40 |     3   (0)| 00:00:01 |
|  15 |            TABLE ACCESS BY INDEX ROWID| PARTOBJ$               |    1 |     8 |     1   (0)| 00:00:01 |
|* 16 |           INDEX UNIQUE SCAN      | I_PARTOBJ$                  |    1 |       |     0   (0)| 00:00:01 |
|  17 |          TABLE ACCESS CLUSTER    | TS$                         |    1 |     3 |     1   (0)| 00:00:01 |
|* 18 |           INDEX UNIQUE SCAN      | I_TS#                       |    1 |       |     0   (0)| 00:00:01 |
|  19 |         TABLE ACCESS CLUSTER     | TAB$                        |    1 |    13 |     1   (0)| 00:00:01 |
|* 20 |          INDEX UNIQUE SCAN       | I_OBJ#                      |    1 |       |     0   (0)| 00:00:01 |
|  21 |         NESTED LOOPS             |                             |    1 |    58 |     4   (0)| 00:00:01 |
|  22 |          NESTED LOOPS            |                             |    1 |    45 |     3   (0)| 00:00:01 |
|* 23 |           INDEX RANGE SCAN       | I_OBJ2                      |    1 |    40 |     3   (0)| 00:00:01 |
|* 24 |           INDEX UNIQUE SCAN      | I_PARTOBJ                   |    1 |     5 |     0   (0)| 00:00:01 |
|* 25 |          TABLE ACCESS CLUSTER    | TAB$                        |    1 |    13 |     1   (0)| 00:00:01 |
|* 26 |           INDEX UNIQUE SCAN      | I_OBJ#                      |    1 |       |     0   (0)| 00:00:01 |
|* 27 |    FIXED TABLE FIXED INDEX       | X$KGLCURSOR_CHILD_SQLID (ind:2)|  1 |  2603 |     0   (0)| 00:00:01 |
----------------------------------------------------------------------------------
Predicate Information (identified by operation id):
---------------------------------------------------
   7 - filter("KQLFXPL_OBJOWNER"='SYS' AND "INST_ID"=USERENV('INSTANCE') AND
              TO_CHAR(INTERNAL_FUNCTION("KQLFXPL_TIMESTAMP"),'YYYY-MM-DD')=TO_CHAR(SYSDATE@!,'YYYY-MM-DD') AND
              SUBSTR("KQLFXPL_OPER",1,30)||' '||SUBSTR("KQLFXPL_OOPT",1,30)='TABLE ACCESS FULL')
   8 - filter("INST_ID"=USERENV('INSTANCE') AND SUBSTR("KQLFXPL_OPER",1,30)||'
              '||SUBSTR("KQLFXPL_OOPT",1,30)='PARTITION RANGE ALL' AND "KQLFXPL_SQLID"="KQLFXPL_SQLID" AND
              "KQLFXPL_OPID"="KQLFXPL_OPID"-1)
  14 - access("O"."OWNER#"=USERENV('SCHEMAID') AND "O"."NAME"="KQLFXPL_OBJNAME" AND "O"."NAMESPACE"=1 AND
              "O"."REMOTEOWNER" IS NULL AND "O"."LINKNAME" IS NULL AND "O"."SUBNAME" IS NULL)
       filter("O"."SUBNAME" IS NULL AND "O"."LINKNAME" IS NULL)
  16 - access("PO"."OBJ#"="O"."OBJ#")
  18 - access("PO"."DEFTS#"="TS"."TS#"(+))
  19 - filter(BITAND("T"."PROPERTY",192)=0)
  20 - access("T"."OBJ#"="O"."OBJ#")
  23 - access("O"."OWNER#"=USERENV('SCHEMAID') AND "O"."NAME"="KQLFXPL_OBJNAME" AND "O"."NAMESPACE"=1 AND
              "O"."REMOTEOWNER" IS NULL AND "O"."LINKNAME" IS NULL AND "O"."SUBNAME" IS NULL)
       filter("O"."SUBNAME" IS NULL AND "O"."LINKNAME" IS NULL)
  24 - access("O"."OBJ#"="PO"."OBJ#")
  25 - filter(BITAND("T"."PROPERTY",192)<>0)
  26 - access("T"."OBJ#"="O"."OBJ#")
  27 - filter("KGLOBTS4"='SYS' AND ("KGLOBT02"=2 OR "KGLOBT02"=3 OR "KGLOBT02"=5 OR "KGLOBT02"=6 OR
              "KGLOBT02"=189) AND "KGLOBT02"<>0 AND "INST_ID"=USERENV('INSTANCE') AND
              TO_CHAR(INTERNAL_FUNCTION("KGLOBTT0"),'YYYY-DD-MM')=TO_CHAR(SYSDATE@!,'YYYY-DD-MM') AND
              "KGLOBT03"="P1"."SQL_ID" AND ROUND("KGLOBT07"/1000000/CASE  WHEN (("KGLOBT05"=0) OR (NVL("KGLOBT05",1)=1))
              1 ELSE "KGLOBT05" END ,2)>1)
统计信息
----------------------------------------------------
       1479  recursive calls
          0  db block gets
        307  consistent gets
         11  physical reads
          0  redo size
        907  bytes sent via SQL*Net to client
        416  bytes received via SQL*Net from client
          2  SQL*Net roundtrips to/from client
         40  sorts (memory)
          0  sorts (disk)
          0  rows processed

SQL> spool off
```

图 2-3　SQL 语句执行过程

图 2-3 说明该 SQL 语句的执行效率是可以的，因为大部分走了索引扫描。总共发生了 1 479 次递归调用，307 次逻辑读，11 次物理读。

4．上述举例生成的执行计划报告（图 2-2、图 2-3）解释说明

（1）执行计划中字段说明
- Id：一个序号，但不是执行的先后顺序。执行的先后顺序根据缩进来判断。
- Operation：当前操作的内容。
- Rows：当前操作的 Rows，Oracle 估计当前操作的返回结果集。
- Cost（%CPU）：Oracle 计算出来的一个数值（代价），用于说明 SQL 执行的代价。
- Time：Oracle 估计当前操作的时间。

（2）执行计划 Id 列中"*"的含义

"*"对应步骤有驱动或过滤条件。

（3）执行顺序判断

按"Operation（操作）"列的缩进长度来判断，缩进最大的最先执行，如果有 n 行缩进一样，那么就先执行上面的，即最右最上原则。该列反映 SQL 语句在每个步骤上都具体做了什么操作，如全表扫描、索引扫描、分区扫描、哈希连接、合并连接、嵌套循环等，是重点关注的信息。一般来讲，如果表上存在索引而走了全表扫描，说明该 SQL 语句存在问题或者执行计划采集到的统计信息过旧导致，要具体问题具体分析。

（4）Rows 解释

Rows 值表示 CBO 预期从一个行源（Row Source）返回的记录数，这个行源可能是一个表，一个索引，也可能是一个子查询。

Rows 值对于 CBO 做出正确的执行计划来说至关重要。如果 CBO（Cost-Based Optimization，基于成本的优化）获得的 Rows 值不够准确，通常是没有做分析或者分析数据过旧造成，在执行计划成本计算上就会出现偏差，从而导致 CBO 错误地制订出执行计划。

在多表关联查询或者 SQL 中有子查询时，每个关联表或子查询的 Rows 值对主查询的影响非常大，甚至可以说，CBO 就是依赖于各个关联表或者子查询 Rows 值计算出最后的执行计划。

对于多表查询，CBO 使用每个关联表返回的行数（Rows）决定用什么样的访问方式来做表关联，如 NESTED（嵌套）LOOPS Join 或 HASH（哈希） Join 或 MERGE（合并）Join。

（5）多表连接的 3 种方式
- HASH（哈希）Join
- MERGE（合并）Join
- NESTED（嵌套）LOOPS Join

对于子查询，它的 Rows 将决定子查询是使用索引还是使用全表扫描的方式访问数据。

(6）谓词说明

```
Predicate Information (identified by operation id):
---------------------------------------------------
```

Access：表示谓词条件的值将会影响数据的访问路径（表还是索引）。

Filter：表示谓词条件的值不会影响数据的访问路径，只起过滤的作用。

在谓词中主要注意 Access，要考虑谓词的条件，使用的访问路径是否正确。

(7）统计信息解释

① Recursive Calls——在用户和系统级别生成的递归调用数。

Oracle 数据库维护用于内部处理的表，当需要更改这些表时，Oracle 数据库生成一个内部 SQL 语句，该语句又生成一个递归调用。简言之，递归调用是 SQL 中的 SQL。因此，如果必须解析查询，则可能需要运行其他查询才能获得数据字典信息，这些导致递归调用。空间管理、安全检查、从 SQL 调用 SQL 等都会产生递归 SQL 调用。

此项指标，需重点关注。

② Db Block Gets——请求的数据块在 Buffer 能满足的个数即"当前读"。

从 BUFFER CACHE 的 block 数量中，当前请求的块数目，当前请求的块数目就是在操作中直接提取的块数目，而不是在一致性读的情况下产生的。正常情况下，一个查询提取的块是在查询开始的那个时间点上存在的数据块，当前块是在此刻这个时间点上存在的数据块，而不是这个时间点之前或者之后的的数据块数目。

当前模式块是在它们当前存在时检索的，而不是以一致性读取的方式检索的。通常，查询检索的块在查询开始时被检索为存在。当前模式块是在它们当前存在时检索的，而不是从以前的时间点检索的。在选择期间，可能会看到由于读取数据字典而导致当前模式检索，以便查找表进行完整扫描的范围信息（因为需要"立即"信息，而不是一致读取）。在修改期间（DML 操作），将访问当前模式中的块以便写入它们。

③ Consistent Gets（逻辑读）。

从 Buffer Cache 中读取的 Undo 数据的 Block 的数量。

数据请求总数就是在回滚段（Undo）Buffer 中的数据一致性读所需的数据块，意思是在处理这个操作时需要在一致性读状态上处理多个块。这些块产生的主要原因是因为在查询过程中，由于其他会话对数据块进行操作（主要是 DML 操作），而对所要查询的块有了修改。但是，由于查询是在这些修改之前调用的，为了保证数据的一致性，需要对回滚段中数据块的前映像进行查询，这样就产生了一致性读。需重点关注，一般来讲，逻辑读越多越好。

④ Physical Reads（物理读）。

物理读就是从磁盘上读取数据块的数量。其产生的主要原因是如下：

a．在数据库高速缓存中不存在这些块；

b．全表扫描；

c．磁盘排序。

它们三者之间的关系大致可概括为：

逻辑读是指 Oracle 从内存读到的数据块数量。一般来说是 Consistent Gets + Db Block Gets。当在内存中找不到所需的数据块就需要从磁盘中获取，于是就产生了 Physical Reads。

Physical Reads 通常是最关心的，如果这个值很高，说明要从磁盘请求大量的数据到 Buffer Cache 中，通常意味着系统中存在大量全表扫描的 SQL 语句，这会影响数据库的性能，因此尽量避免语句做全表扫描，对于全表扫描的 SQL 语句，建议增加相关的索引，优化 SQL 语句来解决。

关于 Physical Reads、Db Block Gets 和 Consistent Gets 这 3 个参数之间有一个换算公式：

数据缓冲区的使用命中率=1-(Physical Reads / (Db Block Gets + Consistent Gets))。

用以下语句可以查看数据缓冲区的命中率：

```
SQL>SELECT name, value FROM V$sysstat WHERE name IN ('db block gets',
'consistent gets','physical reads');                                [0003]
```

结果如图 2-4 所示。

图 2-4　查看数据缓冲区的命中率

查询出来的结果 Buffer Cache 的命中率应在 90%以上，否则需要增加数据缓冲区的大小。

此指标需重点关注，一般来讲，物理读越少越好。

- REDO size：DML 生成的 REDO（日志记录）的大小。
- Sorts（Memory）：在内存执行的排序量。
- Sorts（Disk）：在磁盘执行的排序量。

需要至少一个磁盘写入的排序操作数。需要磁盘 I/O 的排序是资源密集型的。试着增加初始化参数 SORT_AREA_SIZE 大小（通过"Select * from v$sysstat where name like '%sort%';"来查看当前的排序内存使用情况并确认是否需要调整，如果调整的话，在 PGA 自动管理的情况下，可以调大 PGA_AGGREGATE_TARGET 参数值；如果 PGA 为非自动，可以直接调整"SORT_AREA_SIZE"）。

- 907 bytes sent via SQL*Net to client：从 SQL*Net 向客户端发送了 907 字节的数据。
- 416 bytes received via SQL*Net from client：客户端向 SQL*Net 发送了 416 字节的数据。
- 2 SQL*Net roundtrips to/from client：从客户端发送和接收的 Oracle 网络消息的总数。

2.3 使用 TOAD、SQL Developer 工具

除了在 SQL*Plus 环境中查看 SQL 执行计划外，还可以在 TOAD 及 SQL Developer 环境中查看，这两个工具生成的执行计划都是实际的。下面分别描述如何在这两个工具中查看 SQL 执行计划。

2.3.1 TOAD 分析工具

TOAD（Tools of Oracle Application Developers）是一个专业化、图形化、功能强大、低负载的 Oracle PL/SQL 开发工具，是一个结构紧凑的专门为开发人员设计的 PL/SQL 开发环境，用来帮助开发人员和 DBA 有效地完成工作。它集成了模式浏览、SQL 编程、PL/SQL 的开发和调试、DBA 管理以及生成 SQL 执行计划等多种功能。它最大的特点就是简单易用，访问速度快。使用 TOAD，可以通过一个图形化的用户界面快速访问数据库，完成复杂的 SQL 和 PL/SQL 代码编辑和测试工作。使用 TOAD 查看 SQL 执行计划，如图 2-5 所示。

图 2-5　TOAD 分析工具

图 2-5 所示为 TOAD 工具生成的执行计划。在 TOAD 中，很清楚地显示了执行的顺序，几个具体的参数解释如下：
- Cost：Oracle 计算出来的执行该操作的代价；
- Cardinality：表示预期从一个行源返回的记录数；
- Bytes：Oracle 估算当前操作影响的数据量（单位 byte）。

2.3.2　SQL Developer 分析工具

Oracle SQL Developer 是 Oracle 公司出品的一个集成开发环境，是一个用于开发数据库应用程序的图形化工具，使用它可以浏览数据库对象、运行 SQL 语句和脚本、编辑和调试 PL/SQL 语句、生成 SQL 的执行计划等。另外还拥有创建和保存报表、Excel 导出等功能。该工具可以连接 Oracle 9.2.0.1 及后续版本的 Oracle 数据库，支持 Windows、Linux 和 Mac OS X 系统。它是 Oracle 数据库的交互式开发环境（IDE），简化了 Oracle 数据库的开发和管理，提供了 PL/SQL 程序的端到端开发、运行查询工作表的脚本、管理数据库的 DBA 控制台、报表接口、完整的数据建模的解决方案，并且能够将第三方数据库迁移至 Oracle。最新版本的 Oracle SQL Developer 提供了 PL/SQL 单元测试，集成了数据模型浏览器和 Subversion 源代码版本控制系统。此外，新版本还包括许多更新功能，如 SQL 格式化，模式比较，复制、导出向导和迁移支持等，当前最新版本为 V13.0.6。

如何在 SQL Developer 中查看 SQL 执行计划，具体的操作方法如下。

在 Developer 中写好一段 SQL 代码后选中，按 F10 键，Developer 会自动打开执行计划窗口，显示该 SQL 语句的执行计划，如图 2-6 所示。

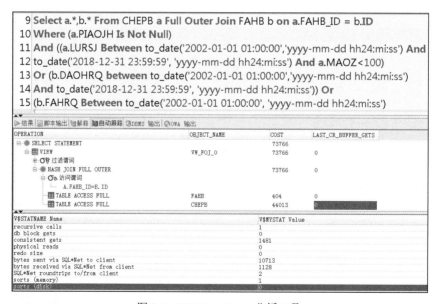

图 2-6　SQL Developer 分析工具

下面通过 SQL Developer 分析工具查看在非强制索引和强制索引情况下的"in"与"exists"在执行计划中的不同表现，看下面的 SQL 语句。

（1）非强制索引 SQL

SELECT * FROM CHEPB WHERE ID IN(SELECT ID FROM CHEPBTMP);
SELECT * FROM CHEPB A WHERE EXISTS (SELECT 'X' FROM CHEPBTMP B WHERE A.ID=B.ID);   [0004]

该语句的执行计划如图 2-7 所示。

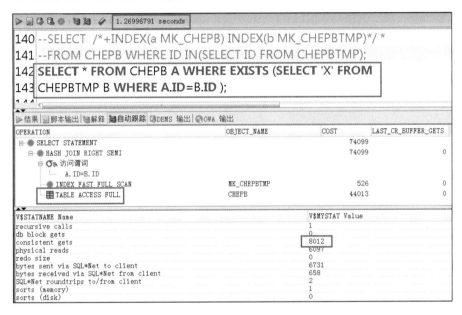

图 2-7　非强制索引情况下的执行计划

注：图 2-7 中，物理读 6097。

图 2-7 说明该 SQL 查询花费 1.26 s，对表 CHEPBTMP 进行了索引扫描，对表 CHEPB 进行了全表扫描，采用的连接是 HASH（哈希）连接，COST（成本）为 74 099，1 次递归调用，8 012 次逻辑读，6 097 次物理读，该 SQL 执行效率一般。

（2）强制索引 SQL

SELECT /*+INDEX(a MK_CHEPB) INDEX(b MK_CHEPBTMP)*/ * FROM CHEPB WHERE ID IN(SELECT ID FROM CHEPBTMP);
SELECT /*+INDEX(a MK_CHEPB) INDEX(b MK_CHEPBTMP)*/ * FROM CHEPB A WHERE EXISTS (SELECT 'X' FROM CHEPBTMP B WHERE A.ID=B.ID);   [0005]

该语句的执行计划如图 2-8 所示。

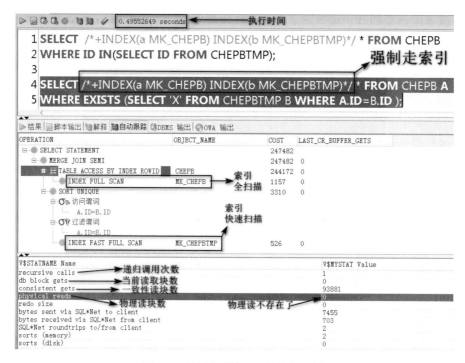

图 2-8 强制索引情况下的执行计划

注：图 2-8 中，物理读没有了。

图 2-8 说明对表的访问全部走了索引扫描，1 次递归调用，总的 COST（成本）为 247 482，93 881 次逻辑读，0 次物理读，耗时 0.49 s，同样的 SQL 语句不同的执行方式，其效率不同，后者得到明显提升。

2.4　SQL 解析

生成 SQL 的执行计划是 Oracle 对 SQL 做硬解析时一个非常重要的步骤，它制定出一个方案告诉 Oracle 在执行这条 SQL 时以什么样的方式访问数据：索引还是全表扫描，是 Hash Join 还是 NESTED（嵌套）LOOPS Join 等。

比如，某条 SQL 通过使用索引的方式访问数据是最节省资源的结果 CBO（基于成本的优化器）做出的执行计划是全表扫描，那么这条 SQL 的性能必然是有问题。

通过下面的例子来演示两条语句的性能差异。

表 T_T1(a,b,c,d)，要根据字段 c 排序后取第 21～30 条记录显示，为此创建 T_T1 表并加入数据，SQL 语句如下：

```
SQL>
CREATE TABLE t_t1(a number(10,2) null,b number(10,2) null,c number(10,2) null,d number(10,2) null)
```

```
/
begin
  for i in 1 .. 3000 loop
    INSERT into t_t1 values(mod(i,2),i/2,dbms_random.value(1,300),i/4);
  end loop;
 end;
/
commit;
/                                                                                          [0006]
```

（1）性能相对较好的查询语句 SQL1

执行语句如下：

```
SQL>
SET AUTOTRACE ON
SET AUTOTRACE TRACEONLY
set pagesize 0
set long 200000
set feedback off
set echo off
spool c:\T_T1-1.txt
SELECT * from (SELECT c.*,rownum as rn from (SELECT * from t_t1 order by
c desc) c) where rn between 21 and 30;
 spool off                                                                                 [0007]
```

执行计划如图 2-9 所示。

```
Execution Plan
----------------------------------------------------------
Plan hash value: 1776164266
----------------------------------------------------------
| Id | Operation            | Name | Rows | Bytes | Cost (%CPU)| Time     |
----------------------------------------------------------
|  0 | SELECT STATEMENT     |      | 3000 | 190K  |   6  (17)  | 00:00:01 |
|* 1 |  VIEW                |      | 3000 | 190K  |   6  (17)  | 00:00:01 |
|  2 |   COUNT              |      |      |       |            |          |
|  3 |    VIEW              |      | 3000 | 152K  |   6  (17)  | 00:00:01 |
|  4 |     SORT ORDER BY    |      | 3000 | 152K  |   6  (17)  | 00:00:01 |
|  5 |      TABLE ACCESS FULL| T_T1 | 3000 | 152K  |   5   (0)  | 00:00:01 |
----------------------------------------------------------
Predicate Information (identified by operation id):
----------------------------------------------------------
   1 - filter("RN"<=30 AND "RN">=21)
Note
-----
   - dynamic sampling used for this statement (level=2)
Statistics
----------------------------------------------------------
          0  recursive calls
          0  db block gets
         16  consistent gets
          0  physical reads
          0  redo size
        895  bytes sent via SQL*Net to client
        416  bytes received via SQL*Net from client
          2  SQL*Net roundtrips to/from client
          1  sorts (memory)
          0  sorts (disk)
         10  rows processed
```

图 2-9　SQL 语句执行计划

（2）性能相对较差的查询语句 SQL2

执行语句如下：

```
SQL>
SET AUTOTRACE ON
SET AUTOTRACE TRACEONLY
SET AUTOTRACE ON
SET AUTOTRACE TRACEONLY
set pagesize 0
set long 200000
set feedback off
set echo off
spool c:\T_T1-2.txt
SELECT * from (SELECT * from t_t1 order by c desc) x where rownum < 30
minus
SELECT * from (SELECT * from t_t1 order by c desc) y where rownum < 20 order by 3 desc;
spool off                                                                 [0008]
```

执行计划如图 2-10 所示。

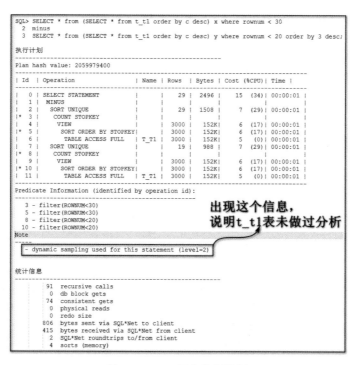

图 2-10　SQL 语句执行计划

观察图 2-9 和图 2-10，在全表扫描方面，SQL1 是一次，SQL2 是两次；在逻辑读方面，SQL1 是 16 次，SQL2 是 74 次；在总的 COST（成本）最大值方面，SQL1 是 6，SQL2

是 15；在 CPU 的 COST（成本）占总 COST（成本）百分比最大值方面，SQL1 是 17%，SQL2 是 34%；由此得出 SQL2 相比 SQL1 性能差的结论。

2.4.1 Oracle SQL 的硬解析和软解析

首先说明硬解析与软解析的概念。

1．硬解析的概念

硬解析，也称库缓存未命中。如果数据库不能重用现有 SQL 代码，则它必须生成一个新的可执行版本，本次操作称为一个硬解析。数据库对 DDL 语句始终执行硬解析。

在硬解析期间，数据库多次访问库缓存和数据字典缓存以检查数据字典。当数据库访问这些区域时，它在所需对象上使用一个叫作闩锁的串行化设备，以便控制这些对象不能被更改。闩锁的争用会增加语句的执行时间，并降低并发性。

2．软解析的概念

软解析，也称库缓存命中，任何跳过硬解析的解析都是软解析。如果接收到的 SQL 语句与在共享池中某个可重用 SQL 语句相同，则数据库将重用该现有代码。重用代码也称库缓存命中。

如果数据库中软解析频率比硬解析频率高则是最好的，因为数据库可以跳过优化和行源生成步骤，而直接进入执行阶段。

下面说明 SQL 硬解析与软解析的发生过程。

当数据库接收到一条 SQL 语句，在执行和返回结果前 Oracle 对此 SQL 将进行几个步骤的处理过程：

（1）语法检查（syntax check）

检查此 SQL 的拼写是否正确。

（2）语义检查（semantic check）

例如，检查 SQL 语句中的访问对象是否存在及该用户是否具备相应的权限。

（3）对 SQL 语句进行解析（prase）

当数据库接收到一个 SQL 语句时，会发出一个解析调用，以准备执行该语句，解析调用会打开或创建一个游标，它是一个对特定于会话的私有 SQL 区的句柄，其中包含已分析的 SQL 语句和其他处理信息。游标和私有 SQL 区位于 PGA 中。然后，利用内部算法对 SQL 进行解析，生成解析树（Parse Tree）及执行计划（Execution Plan），这些信息被存放于私有 SQL 区。具体的处理过程——数据库执行共享池检查，以确定是否跳过耗费大量资源的语句处理过程。为此，数据库使用一种哈希算法为每个接收到的 SQL 语句生成一个哈希值。语句的哈希值即是在 V$SQL.SQL_ID 中显示的 SQL_ID（4 个与 SQL 相关的字段：hash_value、sql_hash_value、plan_hash_value 和 sql_id）。当数据库再次接收到一个 SQL 语句时,搜索共享 SQL 区,以查看是否存在一个与现成的已分析过的语句具有相同的哈希值。SQL 语句的哈希值有别于该语句的内存地址值(V$sql 的 address 字段值)和该语句执行计划的哈希值(V$SQL_PLAN 视图的 plan_hash_value 字段值)。假设存在,则将此 SQL 与 cache 中的进行比较,假设"相同",将利用已有的解析树与执行计划,而省略了优化器的相关工作。这个过程称为软解析。当然,如果前述的两个假设中任意有一个不成立,那么优化器都将进行创建解析树、生成执行计划的动作。这个过程称为硬解析。硬解析对于 SQL 的执行来说是消耗大量资源的动作,所以,应当极力避免硬解析。而使用软解析,这是 SQL 开发者通过精心书写 SQL 可以做到的。

(4)执行 SQL,返回结果(execute and return)。

2.4.2 动态分析采样

如果在执行计划中有如下提示:

```
Note
---------------------------------------
-dynamic sampling used for the statement
```

这提示 CBO(基于成本的优化方式)当前使用的技术,需要用户在分析计划时考虑到这些因素。当出现这个提示时,说明当前表使用了动态采样,从而推断这个表可能没有做过分析。这里会出现以下两种情况:

(1)如果表没有做过分析,那么 CBO 可以通过动态采样的方式来获取分析数据,正确地执行计划。

(2)如果表做过分析,但是分析信息过旧,这时 CBO 就不会再使用动态采样,而是使用这些旧的分析数据,从而可能导致错误的执行计划。

2.5 关于 RBO 与 CBO

RBO(Rule-Based Optimization)是指基于规则的优化方式,CBO(Cost-Based Optimization)是指基于成本的优化方式。它们是优化器在优化 SQL 语句时所遵循的原则,下面分别进行描述。

1. 基于规则的优化方式(RBO)

优化器在分析 SQL 语句时,所遵循的是 Oracle 内部预定的一些规则,对数据不敏感。它只借助少量的信息来决定一个 SQL 语句的执行计划,包括:

- SQL 语句本身;
- SQL 中涉及的 Table、View、Index 等的基本信息;
- 本地数据库中数据字典中的信息(远程数据库数据字典信息对 RBO 无效)。

例如，当一个 Where 子句中的一列有索引时去走索引。但是需要注意，走索引不一定就是优的，比如一个表只有两行数据，一次 I/O 操作就可以完成全表的检索，而此时走索引时则需要两次 IO，这时全表扫描（FULL TABLE SCAN）的效率更优。

2. 基于成本的优化方式（CBO）

CBO 是根据语句的代价（Cost），通过代价引擎来估计每个执行计划所需的代价，该代价将每个执行计划所耗费的资源进行量化，CBO 根据这个代价选择出最优的执行计划。

一个查询所耗费的资源可分为 3 部分：I/O 代价、CPU 代价、Network 代价。

（1）I/O 代价是指把数据从磁盘读入内存时所需的代价（该代价是查询所需最主要的，所以在优化时一个基本原则就是降低 I/O 总次数）。

（2）CPU 代价是指处理内存中数据所需的代价，数据一旦读入内存，当识别出所要的数据后，会在这些数据上执行排序（Sort）或连接（Join）操作，这需要消耗 CPU 资源。

（3）对于访问远程节点来说，Network 代价的花费也是很大的。

优化器在判断是否用哪种方式时，主要参照的是表及索引的统计信息。统计信息给出表的大小、有多少行、每行的长度等信息。这些统计信息起初在库内是没有的，是做 Analyze（分析）后才出现的，很多时候过期统计信息会令优化器做出一个错误的执行计划，因此应及时更新这些信息（DBMS_STAT.ANALYZE）。

例如，星形连接排列查询、哈希连接查询、函数索引和并行查询等一些技术都是基于 CBO 的。

3. 优化模式

优化模式包括 Rule、Choose、First Rows、All Rows 4 种方式，如表 2-2 所示。

表 2-2　Oracle 优化模式

优化模式	描 述
Rule	基于规则的方式
Choose	默认情况下 Oracle 用的是这种方式。是指的当一个表或索引有统计信息，则走 CBO 的方式，如果表或索引没统计信息，表又不是特别小，而且相应的列有索引时，那么就走索引，走 RBO 方式
First Rows	它与 Choose 方式类似，所不同的是当一个表有统计信息时，它将以最快的方式返回查询最先的几行，从总体上减少了响应时间
All Rows	也就是所说的 Cost 方式，当一个表有统计信息时，它将以最快的方式返回表的所有行，从总体上提高查询的吞吐量。没有统计信息则走 RBO 方式

4. 设定选用哪种优化模式

（1）在 initSID.ora 中设定

OPTIMIZER_MODE=RULE/CHOOSE/FIRST_ROWS/ALL_ROWS（默认是 CHOOSE）。

选择方式：在 OPTIMIZER_MODE=CHOOSE 时，如果表有统计信息（分区表外），优化器将选择 CBO，否则选 RBO。

（2）Sessions 级别修改

在用户与 Oracle 数据库交互环境（SQL*Plus、SQL Developer、TOAD）中发出如下语句：

SQL>ALTER SESSION SET OPTIMIZER_MODE=RULE/CHOOSE/FIRST_ROWS/ALL_ROWS
[0009]

此修改只对当前会话有效。

（3）语句级别用 Hint（/*+ ... */）来设定

例如下面的 SQL 语句：

SQL>SELECT /*+ all_rows */ * from CHEPB where ID>=0 AND ID<=509999999;
[00010]

该语句强制使用 CBO。

关于在 SQL 语句中加入 Hint（提示）的强制操作，请参阅 2.8 节。

2.6 关于执行计划中的索引访问方法

数据库在处理 SQL 语句时，即前述的硬解析和软解析，到底采不采用索引、采用哪种索引访问方法，这些都是有先决条件的，这些先决条件可以由应用开发者控制，比如表上有没有主键、有没有索引、有什么样的索引、表做没做过分析（Analyze）以及分析（Analyze）的信息是否是最新的等。这些都是先决条件，数据库优化器将依据这些先决条件决定以何种方式访问数据。其中，索引访问方法是优化器优先考虑的方向，下面详细描述执行计划中的索引访问方法。

1. 执行计划的索引方法

执行计划的索引方法主要有以下 4 种。

（1）索引唯一扫描（INDEX UNIQUE SCAN）

（2）索引范围扫描（INDEX RANGE SCAN）

（3）索引跳跃扫描（INDEX SKIP SCAN）

（4）索引快速全扫描（INDEX FAST FULL SCAN）

2. 实验数据搭建

为了更好地说明执行计划中的索引访问方法，为此需要搭建一个数据环境，SQL 语句如下：

```
SQL>
--表删除
DROP table T_P cascade constraints;
--表创建
CREATE TABLE T_P
(
  OWNER           VARCHAR2(30),
```

```
    OBJECT_NAME     VARCHAR2(128),
    SUBOBJECT_NAME VARCHAR2(30),
    OBJECT_ID       NUMBER,
    DATA_OBJECT_ID NUMBER,
    OBJECT_TYPE     VARCHAR2(19),
    CREATED         DATE,
    LAST_DDL_TIME   DATE,
    TIMESTAMP       VARCHAR2(19),
    STATUS          VARCHAR2(7),
    TEMPORARY       VARCHAR2(1),
    GENERATED       VARCHAR2(1),
    SECONDARY       VARCHAR2(1),
    NAMESPACE       NUMBER,
    EDITION_NAME    VARCHAR2(30)
);
--加入数据
insert into T_P select * from dba_objects;
commit;
--删除 T_P 中 object_id is null 的记录
DELETE from T_P WHERE OBJECT_ID IS NULL;
COMMIT;
--创建普通唯一索引
CREATE UNIQUE index ind_TP_object_id ON T_P(object_id) nologging;
--创建普通非唯一索引
CREATE INDEX ind_TP_owner ON T_P(owner) nologging;
--创建普通唯一复合索引
CREATE UNIQUE INDEX ind_TP_oo ON T_P(object_id,owner) nologging;
--创建 owner 为引导列的普通复合索引
CREATE  UNIQUE  INDEX  ind_TP_ooo  ON  T_P(owner,object_id,object_type)
nologging;
--表分析（analyze）
    exec   dbms_stats.gather_table_stats(ownname     =>     'GCC',tabname=>
'T_P',estimate_percent => 100,cascade => true,method_opt =>'for all columns
size 1');                                                         [00011]
```

2.6.1 索引唯一扫描（INDEX UNIQUE SCAN）

通过这种索引访问数据的特点是对于某个特定的值只返回一行数据，通常在查询谓语中使用 UNIQE 和 PRIMARY KEY 索引的列作为条件时会选用这种扫描。

下面的执行语句将使用索引唯一扫描：

```
SQL>
set autotrace on
set autotrace traceonly
set pagesize 0
set long 200000
set feedback off
set echo off
```

```
spool c:\a.txt
SELECT * from T_P where object_id=4903;
--SELECT * from T_P where owner='SYS';
--SELECT * from T_P where object_id=4903 and owner='SYS';
spool off                                                    [00012]
```

该 SQL 语句的执行计划如图 2-11 所示。

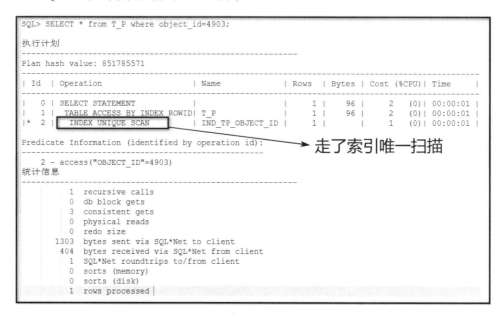

图 2-11　SQL 语句执行计划

图 2-11 说明该 SQL 语句的执行走了索引唯一扫描。

由于篇幅的限制，后面的实验不再给出截图图示，请读者依据本书所提供的代码自行制作截图查看。

2.6.2　索引范围扫描（INDEX RANGE SCAN）

谓语中包含将会返回一定范围数据的条件时就会选用索引范围扫描，索引可以是唯一的也可以是不唯一的，所指定的条件可以是"<、>、LIKE、BETWEEN、="等运算符，不过使用"LIKE"时，如果使用了通配符"%"，极有可能就不会使用范围扫描，因为条件过于宽泛。

范围扫描的条件需要准确地分析返回数据的数目，范围越大就越可能执行全表扫描。看一下下面的执行语句：

```
SQL>
set autotrace on
set autotrace traceonly
set pagesize 0
```

```
set long 200000
set feedback off
set echo off
spool c:\a.txt
--范围扫描
SELECT * from T_P where object_id<=4903;
--全表扫描
--SELECT * from T_P where object_id<=94903;
spool off                                                           [00013]
```

对于索引范围扫描的优化方法是使用升序排列的索引来获得降序排列的数据行，这种情况多发生在查询中包含索引列上的 ORDER BY 子句时，这样就可以避免一次排序操作。

```
SQL>
set autotrace on
set autotrace traceonly
set pagesize 0
set long 200000
set feedback off
set echo off
spool c:\a.txt
--范围扫描（INDEX RANGE SCAN DESCENDING）
--SELECT * from T_P where object_id<=4903 order by object_id desc;
SELECT * from T_P where object_id<=94903 order by object_id desc;
spool off                                                           [00014]
```

2.6.3 索引跳跃扫描（INDEX SKIP SCAN）

当谓语中包含索引中非引导列上的条件，并且引导列的唯一值较小时，就极有可能使用索引跳跃扫描方法，同范围扫描一样，它也可以升序或降序的访问索引。不同的是，跳跃扫描会根据引导列的唯一值数目将复合索引分成多个较小的逻辑子索引，引导列的唯一值数目越小，分割的子索引数目也就越少，就越可能达到相对全表扫描较高的运算效率。为此，搭建实验数据如下：

```
SQL>
CREATE TABLE test as select * from dba_objects;
commit;
CREATE INDEX i_test on test(owner,object_id,object_type);
exec dbms_stats.gather_table_stats('GCC','TEST');                   [00015]
```

查看引导列 OWNER 唯一值个数与总行数，语句如下：

```
SQL>
select count(*),count(distinct owner) from TEST;                    [00016]
```

执行结果如图 2-12 所示。

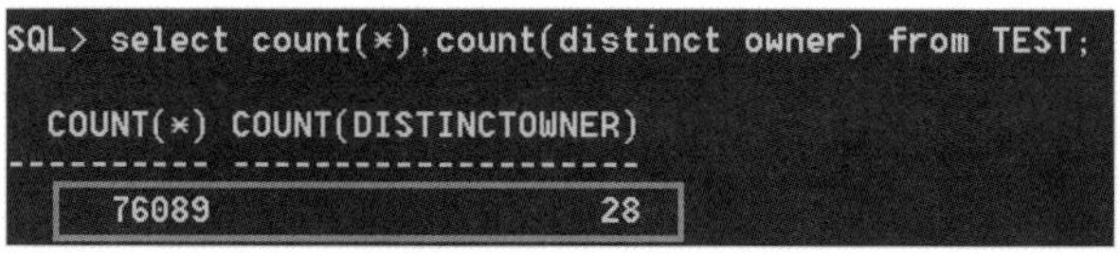

图 2-12　查看引导列 OWNER 唯一值个数与总行数

下面 SQL 语句的执行将走索引跳跃扫描，执行计划如图 2-13 所示。

```
SQL>
set autotrace on
set autotrace traceonly
set pagesize 0
set long 200000
set feedback off
set echo off
spool c:\a.txt
--执行计划走的是 INDEX SKIP SCAN
select * from TEST where object_id = 46;
spool off
```
[00017]

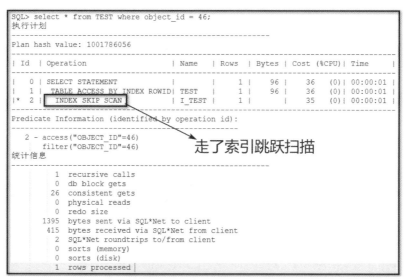

图 2-13　SQL 语句执行计划

2.6.4　索引快速全扫描（INDEX FAST FULL SCAN）

索引快速全扫描在获取数据上和全表扫描相同，都是通过无序的多块读取来进行的，因此也就无法使用它来避免排序代价了。索引快速全扫描通常发生在查询列都在索引中并且索引中一列有非空约束时，当然这个条件也容易发生索引全扫描，它的存在多可用来代替全表扫描，比较数据获取不需要访问表上的数据块，如下面的执行语句：

```
SQL>
set autotrace on
set autotrace traceonly
set pagesize 0
set long 200000
set feedback off
set echo off
spool c:\a.txt
--执行计划走的是 INDEX FAST FULL SCAN
SELECT OWNER from T_P where owner like '%SY%';
spool off
```
[00018]

2.7 通过 DBMS_XPLAN 包查看以往 SQL 的执行计划

所有 SQL 的实际执行计划都存储在数据库中，可通过 DBMS_XPLAN 包查看以往 SQL 的实际执行计划，下面进行详细说明。

DBMS_XPLAN 包用来查看 Explain Plan 生成的执行计划。

Oracle 11g 提供了以下 5 个函数的功能：

- DISPLAY：格式化和显示计划的内容；
- DISPLAY_AWR：在 AWR 中格式化和显示存储的 SQL 语句的执行计划的内容；
- DISPLAY_CURSOR：格式化和显示任何加载游标的执行计划的内容；
- DISPLAY_SQL_PLAN_BASELINE：为 SQL 句柄标识的 SQL 语句显示一个或多个执行计划；
- DISPLAY_SQLSET：格式化和显示存储在 SQL 调谐集中语句的执行计划的内容。

这里重点介绍 DISPLAY_CURSOR 函数，其他函数请参阅有关文档。

DISPLAY_CURSOR 函数显示存储在库缓存（Library Cache）中的实际执行计划，如果查询某个 SQL 语句的实际执行计划，前提是这个 SQL 的执行计划还在库缓存中，如果它已经被刷出库缓存，就无法获取其实际执行计划。

1. DISPLAY_CURSOR 的参数

DISPLAY_CURSOR 的参数及功能描述如表 2-3 所示。

表 2-3 DISPLAY_CURSOR 的参数

参 数	描 述
SQL_ID	指定位于库缓存执行计划中 SQL 语句的父游标。默认值为 NULL。当使用默认值时，当前会话的最后一条 SQL 语句的执行计划将被返回。可通过查询 V$SQL 或 V$SQLAREA 的 SQL_ID 列来获取 SQL 语句的 SQL_ID
CURSOR_CHILD_NO	指定父游标下子游标的序号。即指定被返回执行计划的 SQL 语句的子游标。默认值为 0。如果为 NULL，则 SQL_ID 所指父游标下所有子游标的执行计划都将被返回
FORMAT	控制 SQL 语句执行计划的输出部分，即哪些可以显示哪些不显示。与 Display 函数的 Format 参数及修饰符在这里同样适用

除此之外，当在开启 STATISTICS_LEVEL=ALL 时，或使用 GATHER_PLAN_STATISTICS 提示可以获得执行计划中实时的统计信息。

2. DISPLAY_CURSOR 函数的具体使用

（1）查找 SQL 语句的 SQL_ID

查询 V$SQL 视图，查找 SQL 语句的 SQL_ID，有可能 SQL 语句不在 Share Pool 中，表明 SQL 语句已经被踢出 Share Pool。

```
SQL>SELECT SQL_ID, CHILD_NUMBER, SQL_TEXT FROM V$SQL WHERE SQL_TEXT
LIKE '%UPDATE CHEPB a SET a.CHEPH=%';                         [00019]
```

执行结果如图 2-14 所示。

SQL_ID	CHILD_NUMBER	SQL_TEXT
40ky8pt0hjxtu	0	SELECT SQL_ID, CHILD_NUMBER, SQL_TEXT FROM V$SQL WHERE SQL_TEXT LIKE '%UPDATE CHEPB a SET a.CHEPH=%'
150adfj3p26k5	0	explain plan for UPDATE CHEPB a SET a.CHEPH='天-ABCD',a.YUANMKDW='天津BBBBBB', a.QINGCJJY='张XXXX',a.LURY='李XXXX' WHERE a.ID>=0 and a.ID<=999995101
150adfj3p26k5	1	explain plan for UPDATE CHEPB a SET a.CHEPH='天-ABCD',a.YUANMKDW='天津BBBBBB', a.QINGCJJY='张XXXX',a.LURY='李XXXX' WHERE a.ID>=0 and a.ID<=999995101
7wn83187pfxa3	0	UPDATE CHEPB a SET a.CHEPH='天-ABCD',a.YUANMKDW='天津BBBBBB', a.QINGCJJY='张XXXX',a.LURY='李XXXX' WHERE a.ID>=0 and a.ID<=99999510102210407
acsdwt4mambu8	0	SELECT SQL_ID, SQL_TEXT FROM V$SQL WHERE SQL_TEXT LIKE '% UPDATE CHEPB a SET a.CHEPH=%'
6j3z5smwy3wmt	0	SELECT SQL_ID, CHILD_NUMBER FROM V$SQL WHERE SQL_TEXT LIKE '% UPDATE CHEPB a SET a.CHEPH=%'

图 2-14　查找 SQL 语句的 SQL_ID

（2）查看实际执行计划

```
SQL> SELECT * FROM TABLE(DBMS_XPLAN.DISPLAY_CURSOR(' 7wn83187pfxa3',0));
                                                              [00020]
```

DISPLAY_CURSOR 函数给出的实际执行计划，如图 2-15 所示。

```
PLAN_TABLE_OUTPUT
-------------------------------------------------------
SQL_ID  7wn83187pfxa3, child number 0

UPDATE CHEPB a SET a.CHEPH='天-ABCD', a.YUANMKDW='天津BBBBBB',
a.QINGCJJY='张XXXX', a.LURY='李XXXX'  WHERE a.ID>=0 and
a.ID<=99999510102210407
Plan hash value: 3372093154
------------------------------------------------------------------------------
| Id  | Operation          | Name  | Rows  | Bytes | Cost (%CPU)| Time     |
------------------------------------------------------------------------------
|   0 | UPDATE STATEMENT   |       |       |       | 44028 (100)|          |
|   1 |  UPDATE            | CHEPB |       |       |            |          |
|*  2 |   TABLE ACCESS FULL| CHEPB | 3030K |  395M | 44028   (1)| 00:08:49 |
------------------------------------------------------------------------------
Predicate Information (identified by operation id):

   2 - filter(("A"."ID">=0 AND "A"."ID"<=99999510102210407))

21 rows selected
```

图 2-15　DISPLAY_CURSOR 函数给出的实际执行计划

2.8　常用 Hints（提示）

Oracle 中的 Hint 可以用来调整 SQL 的执行计划，提高 SQL 执行效率。下面分别介绍 Oracle 中的常见 Hint。

2.8.1 与优化器模式相关的 Hint

在查看分析 SQL 语句的执行计划前先要对操作表进行必要的分析，以确保 SQL 执行计划能够采集到最新信息，从而保证 SQL 执行计划最优。对操作表进行分析的 SQL 语句如下：

```
SQL>
analyze table CHEPB compute statistics for table;
analyze table CHEPB compute statistics for all indexes;
analyze table CHEPB compute statistics for all indexed columns;
set autotrace traceonly
--或
DECLARE
V1 VARCHAR2(20);
begin
V1:='GCC'; --账户
dbms_stats.gather_schema_stats(ownname=>V1,options=>'gather Stale');
end;
/                                                                [00021]
```

上面 SQL 语句执行后能确保优化器采集到最新信息或者参考，从而解析出或者制订出效率最优的 SQL 语句执行计划或者执行方案。

与优化器模式相关的 Hint 包括 ALL_ROWS、FIRST_ROWS(n)及 RULE，下面分别进行说明。

1. ALL_ROWS

ALL_ROWS 是针对整个目标 SQL 的 Hint，它的含义是让优化器启用 CBO，而且在得到目标 SQL 的执行计划时会选择那些吞吐量最佳的执行路径。这里的"吞吐量最佳"是指资源消耗量（对 I/O、CPU 等硬件资源的消耗量）最小，也就是说，在 ALL_ROWS Hint 生效的情况下，优化器会启用 CBO，而且会依据各个执行路径的资源消耗量来计算它们各自的成本。

格式：

`/*+ ALL_ROWS */`

示例：

`SQL>SELECT /*+ all_rows */ * from CHEPB where ID>=0 AND ID<=509999999;`

从 Oracle 10g 开始，ALL_ROWS 是默认的优化器模式，启用 CBO。

`SQL>show parameter optimizer_mode`

如果目标 SQL 中除了 ALL_ROWS 之外，还使用了其他与执行路径、表连接相关的 Hint，优化器会优先考虑 ALL_ROWS。

2. FIRST_ROWS(n)

FIRST_ROWS(n)是针对整个目标 SQL 的 Hint，它的含义是让优化器启用 CBO 模式，而且在得到目标 SQL 的执行计划时，会选择那些能以最快的响应时间返回头 n 条记录的执行路径。也就是说，在 FIRST_ROWS(n) Hint 生效的情况下，优化器会启用 CBO，而且会依据返回头 n 条记录的响应时间来决定目标 SQL 的执行计划。

格式：

```
/*+ FIRST_ROWS(n) */
```

示例：

```
SELECT /*+ first_rows(10000) */ *  FROM  CHEPB  where ID>=0  AND ID<=599999999;
```

上述 SQL 中使用了 /*+ first_rows(10000) */，其含义是告诉优化器以最短的响应时间返回满足条件"ID>=0 AND ID<=599999999，"的前 10 000 条记录。

注意，FIRST_ROWS(n) Hint 和优化器模式 FIRST_ROWS_n 不是一一对应的。优化器模式 FIRST_ROWS_n 中的 n 只能是 1、10、100、1 000。但 FIRST_ROWS(n) Hint 中的 n 还可以是其他值。

```
SQL>
ALTER SESSION set optimizer_mode=first_rows_9;
set autotrace traceonly
SELECT /*+ first_rows(300000) */ CHEPH, QINGCJJY, LURY from CHEPB where ID>=0 AND ID<=599999999;                                   [00022]
```

如果在 UPDATE、DELETE 或者含如下内容的查询语句中使用了 FIRST_ROWS(n) Hint，则该 Hint 会被忽略。

- 集合运算（如 UNION，INTERSACT，MINUS，UNION ALL 等）
- GROUP BY
- FOR UPDATE
- 聚合函数（如 SUM 等）
- DISTINCT
- ORDER BY(对应的排序列上没有索引)

优化器会忽略 FIRST_ROWS(n) Hint，是因为对于上述类型的 SQL，Oracle 必须访问所有的行记录后才能返回满足条件的头 n 行记录，即在上述情况下，使用该 Hint 是没有意义的。

3. RULE

RULE 是针对整个目标 SQL 的 Hint，它表示对目标 SQL 启用 RBO（基于规则的优化器，非 Oracle 默认）。

格式：

```
/*+ RULE */
```

示例：

```
SQL>
set autotrace traceonly
SELECT  /*+ rule */ CHEPH, QINGCJJY, LURY from CHEPB  where ID>=0  AND
ID<=599999999;                                                          [00023]
```

执行结果如图 2-16 所示。

```
Execution Plan
----------------------------------------------------------
Plan hash value: 1044986529

--------------------------------------------------------------
| Id | Operation                    | Name     |
--------------------------------------------------------------
|  0 | SELECT STATEMENT             |          |
|  1 |  TABLE ACCESS BY INDEX ROWID | CHEPB    |
|* 2 |   INDEX RANGE SCAN           | MK_CHEPB |
--------------------------------------------------------------

Predicate Information (identified by operation id):
---------------------------------------------------

   2 - access("ID">=0 AND "ID"<=599999999)

Note
-----
   - rule based optimizer used (consider using cbo)


Statistics
----------------------------------------------------------
          1  recursive calls
          0  db block gets
      98665  consistent gets
        177  physical reads
          0  redo size
    1686123  bytes sent via SQL*Net to client
      92200  bytes received via SQL*Net from client
       8346  SQL*Net roundtrips to/from client
          0  sorts (memory)
          0  sorts (disk)
     125166  rows processed
```

图 2-16　强制 RULE（基于规则优化器）的执行计划

RULE 不能与除 DRIVING_SITE 以外的 Hint 联用，当 RULE 与除 DRIVING_SITE 以外的 Hint 联用时，其他 Hint 可能会失效；当 RULE 与 DRIVING_SITE 联用时，它自身可能会失效，所以 RULE Hint 最好单独使用。

一般情况下，并不推荐使用 RULE Hint。一是因为 Oracle 早就不支持 RBO 了，二是启用 RBO 后优化器在执行目标 SQL 时可选择的执行路径将大大减少。很多执行路径 RBO 根本就不支持（如哈希连接），也就意味着启用 RBO 后目标 SQL 跑出正确执行计划的概率将大大降低。

因为很多执行路径 RBO 根本就不支持，所以即使在目标 SQL 中使用了 RULE Hint，如果出现了如下这些情况（包括但不限于），RULE Hint 依然会被 Oracle 忽略。

- 目标 SQL 除 RULE 之外还联合使用其他 Hint（如 DRIVING_SITE）。

- 目标 SQL 使用并行执行。
- 目标 SQL 所涉及的对象有 IOT。
- 目标 SQL 所涉及的对象有分区表。

2.8.2 与表访问相关的 Hint

与表访问相关的 Hint 包括 FULL 与 ROWID，下面分别进行介绍。

1. FULL

FULL 是针对单个目标表的 Hint，它的含义是让优化器对目标表执行全表扫描。

格式：

```
/*+ FULL(目标表) */
```

示例：

```
set autotrace traceonly
SELECT /*+ full(CHEPB) */ CHEPH, QINGCJJY, LURY from CHEPB where ID>=0
AND ID<=599999999;                                              [00024]
```

上述 SQL 中 Hint 的含义是让优化器对目标表 CHEPB 执行全表扫描操作，而不考虑走表 CHEPB 上的任何索引（即使列 CHEPB.ID 上有主键索引）。

2. ROWID

ROWID 是针对单个目标表的 Hint，它的含义是让优化器对目标表执行 ROWID 扫描。只有目标 SQL 中使用含 ROWID 的 where 条件时 ROWID Hint 才有意义。

格式：

```
/*+ ROWID(目标表) */
```

示例：

```
SQL>SELECT /*+ ROWID(CHEPB) */
CHEPH, QINGCJJY, LURY from CHEPB where ROWID='AAATJBAAAAAASiAAA';
                                                                [00025]
```

Oracle 11g R2 中即使使用了 ROWID Hint，Oracle 还是会将读到的块缓存在 Buffer Cache 中。

2.8.3 与索引访问相关的 Hint

与索引访问相关的 Hint 包括 INDEX、NO_INDEX、INDEX_DESC、INDEX_COMBINE、INDEX_FFS、INDEX_JOIN 以及 AND_EQUAL，下面分别进行介绍。

1. INDEX

INDEX 是针对单个目标表的 Hint，它的含义是让优化器对目标表的的目标索引执行索引扫描操作。

INDEX Hint 中的目标索引几乎可以是 Oracle 数据库中所有类型的索引（包括 B*tree 索引、位图索引、函数索引等）。

INDEX Hint 的格式有 4 种：

（1）格式 1

```
/*+
INDEX(目标表1 目标索引1)
INDEX(目标表2 目标索引2)
INDEX(目标表n 目标索引n)
...
*/
```

该格式表示仅指定目标表上的一个目标索引，此时优化器只会考虑对这个目标索引执行索引扫描操作，而不会考虑全表扫描或者对该目标表上的其他索引执行索引扫描操作。

示例：

```
SQL>SELECT /*+ INDEX(CHEPB MK_CHEPB) */  CHEPH, QINGCJJY, LURY from CHEPB
where ID>=0 AND ID<=599999999;                                    [00026]
```

（2）格式 2

```
/*+
INDEX(目标表1 目标索引1 目标索引2 ...目标索引n)
INDEX(目标表2 目标索引1 目标索引2 ...目标索引n)
INDEX(目标表n 目标索引1 目标索引2 ...目标索引n)
...
*/
```

该格式表示指定目标表上的 n 个目标索引，此时优化器只会考虑对这 n 个目标索引执行索引扫描操作，而不会考虑全表扫描或者对该目标表上的其他索引执行索引扫描操作。注意，优化器在考虑这 n 个目标索引时，可能是分别计算出单独扫描各个目标索引的成本后，再选择其中成本值最低的索引。也可能是先分别扫描目标索引中的两个或多个索引，然后对扫描结果执行合并操作。当然，后面这种可能性的前提条件是优化器计算出来这样做的成本值是最低的。

示例：

```
SQL>SELECT /*+ INDEX(CHEPB MK_CHEPB SY_CHEPB_FAHXXB_ID SY_CHEPB_YUSNDWB_ID)
*/ CHEPH, QINGCJJY, LURY from CHEPB where ID>=0 AND ID<=599999999  AND
FAHB_ID>=0 AND FAHB_ID<=509999999 AND YUNSDWB_ID=-1;              [00027]
```

（3）格式 3

```
/*+
INDEX(目标表1 (目标索引1的索引列名) (目标索引2的索引列名) ... (目标索引n的索引列名))
INDEX(目标表2 (目标索引1的索引列名) (目标索引2的索引列名) ... (目标索引n的索引列名))
```

```
         INDEX(目标表3 (目标索引1的索引列名) (目标索引2的索引列名) ... (目标索引n的索引
         列名)) ...
         */
```

该格式指定目标表上的 n 个目标索引，只不过此时是用指定目标索引的索引列名来代替对应的目标索引名。如果目标索引是复合索引，则在用于指定该索引列名的括号内也可以指定该目标索引的多个索引列，各个索引列之间用空格分隔即可。

示例：

```
SQL>SELECT /*+ INDEX(CHEPB (ID) (FAHB_ID) (YUNSDWB_ID)) */ CHEPH, QINGCJJY,
LURY from CHEPB  where ID>=0   AND   ID<=599999999   AND   FAHB_ID>=0   AND
FAHB_ID<=509999999 AND YUNSDWB_ID=-1;                                [00028]
```

（4）格式 4

```
/*+
INDEX(目标表1)
INDEX(目标表2)
INDEX(目标表n)
...
*/
```

该格式指定目标表上所有已存在的索引，此时优化器只会考虑对该目标表上所有已存在的索引执行索引扫描操作，而不会考虑全表扫描操作。

注意：这里优化器在考虑该目标表上所有已存在的索引时，可能是分别计算出单独扫描这些索引的成本后，再选择其中成本值最低的索引；也可能是先分别扫描这些索引中的两个或多个索引，然后对扫描结果执行合并操作。当然，后面这种可能性的前提条件是优化器计算出来这样做的成本值是最低的。

示例：

```
SQL>SELECT /*+ INDEX(CHEPB) */ CHEPH, QINGCJJY, LURY from CHEPB where
ID>=0   AND   ID<=599999999    AND   FAHB_ID>=0   AND   FAHB_ID<=509999999   AND
YUNSDWB_ID=-1;                                                       [00029]
```

2. NO_INDEX

NO_INDEX 是针对单个目标表的 Hint，它是 INDEX 的反义 Hint，其含义是让优化器不对目标表上的目标索引执行扫描操作。

INDEX Hint 中的目标索引也几乎可以是 Oracle 数据库中所有类型的索引（包括 B*tree 索引、位图索引、函数索引等）。

格式有如下 4 种：

（1）格式 1

```
/*+ NO_INDEX(目标表 目标索引) */                                     [00030]
```

该格式表示仅指定目标表上的一个目标索引，此时优化器只是不会考虑对这个目标索引执行索引扫描操作，但还是会考虑全表扫描或者对该目标表上的其他索引执行索引扫描操作。

示例：

```
SQL>SELECT /*+ no_index(CHEPB MK_CHEPB) */ CHEPH, QINGCJJY, LURY from
CHEPB where ID>=0 AND ID<=599999999  AND FAHB_ID>=0 AND FAHB_ID<=509999999 AND
YUNSDWB_ID=-1;                                                        [00031]
```

（2）格式 2

/*+ NO_INDEX(目标表 目标索引 1 目标索引 2 … 目标索引 n) */

该格式表示指定目标表上的 n 个目标索引，此时优化器只是不会考虑对这 n 个目标索引执行索引扫描操作，但还是会考虑全表扫描或者对该目标表上的其他索引执行索引扫描操作。

示例：

```
SQL>SELECT /*+ no_index(CHEPB MK_CHEPB SY_CHEPB_FAHXXB_ID SY_CHEPB_YUSNDWB_ID)
*/ CHEPH, QINGCJJY, LURY from CHEPB where ID>=0 AND ID<=599999999   AND
FAHB_ID>=0 AND FAHB_ID<=509999999 AND YUNSDWB_ID=-1;                  [00032]
```

（3）格式 3

/*+ NO_INDEX(目标表(目标索引 1 的索引列名) (目标索引 2 的索引列名) … (目标索引 n 的索引列名)) */

该格式表示指定目标表上的 n 个目标索引，使用列名代替。此时优化器只是不会考虑对这 n 个目标索引执行索引扫描操作，但还是会考虑全表扫描或者对该目标表上的其他索引执行索引扫描操作。

示例：

```
SQL>SELECT /*+ no_index(CHEPB (ID) (FAHB_ID) (YUNSDWB_ID)) */ CHEPH,
QINGCJJY, LURY from CHEPB where ID>=0 AND ID<=599999999  AND FAHB_ID>=0 AND
FAHB_ID<=509999999 AND YUNSDWB_ID=-1;                                 [00033]
```

（4）格式 4

/*+ NO_INDEX(目标表) */

该格式表示指定目标表上所有已存在的索引，即此时优化器不会考虑对该目标表上所有已存在的索引执行索引扫描操作，这相当于对目标表指定了全表扫描。

示例：

```
SQL>SELECT  /*+ no_index(CHEPB) */ CHEPH,  QINGCJJY,  LURY from CHEPB
where ID>=0 AND ID<=599999999   AND FAHB_ID>=0 AND FAHB_ID<=509999999 AND
YUNSDWB_ID=-1;                                                        [00034]
```

3. INDEX_DESC

INDEX_DESC 是针对单个目标表的 Hint，它的含义是让优化器对目标表上的目标索引执行索引降序扫描操作。如果目标索引是升序的，则 INDEX_DESC Hint 会使 Oracle 以降序的方式扫描该索引；如果目标索引是降序的，则 INDEX_DESC Hint 会使 Oracle

以升序的方式扫描该索引。

格式有如下 4 种，这 4 种格式的含义和 INDEX 中对应格式的含义相同，这里不再赘述。

（1）格式 1

/*+ INDEX_DESC(目标表 目标索引) */

示例：

```
SQL>SELECT /*+ index_desc (CHEPB MK_CHEPB) */ CHEPH, QINGCJJY, LURY from CHEPB where
    ID>=0 AND ID<=599999999  AND FAHB_ID>=0 AND FAHB_ID<=509999999 AND YUNSDWB_ID=-1;                                                          [00035]
```

（2）格式 2

/*+ INDEX_DESC(目标表 目标索引 1 目标索引 2 … 目标索引 n) */

示例：

```
SQL>SELECT /*+ index_desc (CHEPB MK_CHEPB SY_CHEPB_FAHXXB_ID SY_CHEPB_
YUSNDWB_ID) */ CHEPH, QINGCJJY, LURY from CHEPB where ID>=0 AND ID<=599999999
AND FAHB_ID>=0 AND FAHB_ID<=509999999 AND YUNSDWB_ID=-1;           [00036]
```

（3）格式 3

/*+ INDEX_DESC (目标表(目标索引 1 的索引列名) (目标索引 2 的索引列名) … (目标索引 n 的索引列名)) */

示例：

```
SQL>SELECT /*+ index_desc (CHEPB (ID) (FAHB_ID) (YUNSDWB_ID)) */ CHEPH,
QINGCJJY, LURY from CHEPB where ID>=0 AND ID<=599999999  AND FAHB_ID>=0 AND
FAHB_ID<=509999999 AND YUNSDWB_ID=-1;                              [00037]
```

（4）格式 4

/*+ INDEX_DESC(目标表) */

示例：

```
SQL>SELECT  /*+ index_desc(CHEPB) */ CHEPH,  QINGCJJY,  LURY from CHEPB
where ID>=0 AND ID<=599999999  AND FAHB_ID>=0 AND FAHB_ID<=509999999 AND
YUNSDWB_ID=-1;                                                      [00038]
```

4. INDEX_COMBINE

INDEX_COMBINE 是针对单个目标表的 Hint，它的含义是让优化器对目标表上的多个目标索引执行位图布尔运算。Oracle 数据库中有一个映射函数（Mapping Function），它可以实例 B*tree 索引中的 ROWID 和对应位图索引中的位图之间的互相转换，所以 INDEX_COMBINE Hint 并不局限于位图索引，它的作用对象也可以是 B*tree 索引。

格式有如下两种：

（1）格式 1

/*+ INDEX_COMBINE(目标表 目标索引 1 目标索引 2…目标索引 n) */

该格式表示指定目标表上的 n 个目标索引，此时优化器会考虑对这 n 个目标索引中的两个或多个执行位图布尔运算。

示例：

SQL>SELECT /*+ index_combine(CHEPB MK_CHEPB SY_CHEPB_FAHXXB_ID SY_CHEPB_YUSNDWB_ID) */ CHEPH, QINGCJJY, LURY from CHEPB where ID>=0 AND ID<=999999999 AND FAHB_ID>=0 AND FAHB_ID<=909999999 AND YUNSDWB_ID=-1;   [00039]

（2）格式 2

/*+ INDEX_COMBINE(目标表) */

该格式表示指定目标表上所有已存在的索引，此时优化器会考虑对该表上已存在的所有索引中的两个或多个执行位图布尔运算。

示例：

SQL>SELECT /*+ index_combine(CHEPB) */ CHEPH, QINGCJJY, LURY from CHEPB where ID>=0 AND ID<=99999999999 AND FAHB_ID>=0 AND FAHB_ID<=99909999999 AND YUNSDWB_ID=-1;   [00040]

执行计划中的关键字 "BITMAP CONVERSION FROM ROWIDS" "BITMAP AND" 和 "BITMAP CONVERSION TO ROWIDS"，这说明 Oracle 先分别对上述 3 个单键值的 B*tree 索引 IDX_CHEPB_MGR、IDX_CHEPB_DEPT 和 MK_CHEPB 用映射函数将其中的 ROWID 转换成位图，然后对转换后的位图执行 BITMAP AND（位图按位与）布尔运算，最后将布尔运算的结果再次用映射函数转换成 ROWID，并回表得到最终的执行结果。能走出这样的执行计划显然是因为 INDEX_COMBINE Hint 生效了。

用映射函数将 ROWID 转换成位图，然后再执行布尔运算，最后将布尔运算的结果再次用映射函数转换成 ROWID，并回表得到最终的执行结果。这个过程在实际生产环境中的执行效率可能有问题，可以使用隐含参数_B_TREE_BITMAP_PLANS 禁掉该过程中 ROWID 到位图的转换，通过修改_B_TREE_BITMAP_PLANS=FALSE 来禁用该隐含参数，SQL 如下：

SQL>
ALTER SESSION set "_b_tree_bitmap_plans"=false;
SELECT /*+ index_combine(CHEPB) */ CHEPH, QINGCJJY, LURY from CHEPB where ID>=0 AND ID<=99999999999 AND FAHB_ID>=0 AND FAHB_ID<=99909999999 AND YUNSDWB_ID=-1;   [00041]

此时，执行计划中不会出现 BITMAP 相关的关键字，即 INDEX_COMBINE Hint 被 Oracle 忽略了。

5. INDEX_FFS

INDEX_FFS 是针对单个目标表的 Hint，它的含义是让优化器对目标表上的目标索引执行索引快速全扫描操作。注意，索引快速全扫描成立的前提条件是 SELECT 语句中所有的查询列都存在于目标索引中，即通过扫描目标索引就可以得到所有的查询列而不用回表。

格式有如下 4 种，这 4 种格式的含义和 INDEX 中对应格式的含义相同，不再赘述。

（1）格式 1

/*+ INDEX_FFS(目标表 目标索引) */

示例：

SQL>SELECT /*+ index_ffs (CHEPB MK_CHEPB) */ ID from CHEPB;   [00042]

（2）格式 2

/*+ INDEX_FFS(目标表 目标索引1 目标索引2…目标索引n) */

示例：

SQL>SELECT /*+ index_ffs (CHEPB MK_CHEPB SY_CHEPB_FAHXXB_ID SY_CHEPB_YUSNDWB_ID) */ FAHB_ID from CHEPB;   [00043]

（3）格式 3

/*+ INDEX_FFS (目标表(目标索引1的索引列名) (目标索引2的索引列名) … (目标索引n的索引列名)) */

示例：

SQL>SELECT /*+ index_ffs (CHEPB (ID) (FAHB_ID) (YUNSDWB_ID)) */ YUNSDWB_ID from CHEPB;   [00044]

（4）格式 4

/*+ INDEX_FFS(目标表) */

示例：

SQL>SELECT /*+ index_ffs(CHEPB)*/ ID from CHEPB;   [00045]

6. INDEX_JOIN

NDEX_JOIN 是针对单个目标表的 Hint，它的含义是让优化器对目标表上的多个目标索引执行 INDEX JOIN 操作。INDEX_JOIN 成立的前提条件是 SELECT 语句中所有查询列都存在于目标表上的多个目标索引中，即通过扫描这些索引就可以得到所有的查询列而不用回表。

格式有如下两种，这两种格式的含义与 INDEX_COMBINE Hint 中对应格式的含义相同，不再赘述：

（1）格式 1

/*+ INDEX_COMBINE(目标表 目标索引1 目标索引2…目标索引n) */

示例：

SQL>SELECT /*+ index_join (CHEPB MK_CHEPB SY_CHEPB_FAHXXB_ID SY_CHEPB_YUSNDWB_ID) */ FAHB_ID from CHEPB;   [00046]

（2）格式 2

/*+ INDEX_COMBINE(目标表) */

示例：

SQL>SELECT /*+ index_ join (CHEPB)*/ FAHB_ID from CHEPB;   [00047]

7. AND_EQUAL

AND_EQUAL 是针对单个目标表的 Hint，它的含义是让优化器对目标表上的多个目标索引执行 INDEX MERGE 操作。INDEX MERGE 成立的前提条件是目标 SQL 的 where 条件中出现了多个针对不同单列的等值条件，并且这些列上都有单键值的索引。另外，在 Oracle 数据库中，能够做 INDEX MERGE 的索引数量的最大值是 5。

格式如下：

/*+ AND_EQUAL(目标表 目标索引1 目标索引2 ...目标索引5)*/

示例：

SQL>SELECT /*+ and_equal (CHEPB MK_CHEPB SY_CHEPB_FAHXXB_ID SY_CHEPB_YUSNDWB_ID) */ CHEPH, QINGCJJY, LURY from CHEPB where ID=99999999999 AND FAHB_ID=99909999999 AND YUNSDWB_ID=-1;   [00048]

2.8.4　与表连接顺序相关的 Hint

与表连接顺序相关的 Hint 包括 ORDERED 和 LEADING，下面分别进行介绍。

1. ORDERED

ORDERED 是针对多目标表的 Hint，它的含义是让优化器对多个目标表执行表连接操作时，执照它们在目标 SQL 的 where 条件中出现的顺序从左到右依次进行连接。

格式：

/*+ ORDERED */

示例：

SQL>SELECT /*+ RULE*/ a.CHEPH, a.QINGCJJY, a.LURY from CHEPB a, FAHB b where a.FAHB_ID=b.ID;
SELECT /*+ ordered*/ a.CHEPH, a.QINGCJJY, a.LURY from FAHB b, CHEPB a where a.FAHB_ID=b.ID;   [00049]

2. LEADING

LEADING 是针对多个目标表的 Hint，它的含义是让优化器将指定的多个表的连接结果作为目标表连接过程中的驱动结果集，并且将 LEADING Hint 中从左至右出现的第一个目标表作为整个表连接过程中的首个驱动表。

LEADING 比 ORDERED 要温和一些,因为它只是指定了首个驱动表和驱动结果集,没有像 ORDERED 那样完全指定了表连接的顺序。也就是说,LEADING 给了优化器更大的调整余地。

当 LEADING Hint 中指定的表并不能作为目标 SQL 的连接过程中的驱动表或者驱动结果集时,Oracle 会忽略该 Hint。

格式:

```
/*+ LEADING(目标表1 目标表2 …… 目标表n) */
```

示例:

```
SQL>SELECT /*+ leading(c b)*/ a.CHEPH,a.QINGCJJY,a.LURY from FAHB   b,
YUNSDWB c,CHEPB a where a.FAHB_ID=b.ID AND a.YUNSDWB_ID=c.ID order by a.CHEPH;
```
[00050]

2.9 实践案例:位图索引对性能的影响

在实际应用中,存在大量重复的数据,如果对这样的数据不做任何的处置,其访问效率很低。如果单表重复数据不是很多,几十万条之内,在不做任何处置的情况下,访问效率或许可以接受,但超过百万、几百万、几千万甚至上亿,如果不做任何处置,访问它们导致的结果很有可能是挂机或死机或宕机,这时就不得不采取措施了。

一般对重复度达到一定程度的数据通过创建位图索引来解决访问效率低的问题。

大家都知道,索引可以提升查询效率,但同时给 DML(INSERT、DELETE、UPDATE)语句增加了额外的开销,因此,该不该建索引、建什么样的索引以及创建时机成为值得研究的问题。通过本案例可以让读者对这些问题有一个很好的理解,了解在何种情况下适合创建位图索引以解决问题。

下面针对位图索引对性能的影响展开讨论。

1. 测试数据重复度准备

为了测试数据的重复度,需构建一个数据环境,通过下面的 SQL 语句来构建,SQL 语句如下:

```
SQL>
DROP table t purge;
set autotrace off
CREATE TABLE t as SELECT * from dba_objects;
commit;
insert into t SELECT * from t;
insert into t SELECT * from t;
insert into t SELECT * from t;
insert into t SELECT * from t;
insert into t SELECT * from t;
```

```
insert into t SELECT * from t;
commit;
UPDATE t set object_id=rownum;
commit;                                                              [00051]
```

2. 重复度检查

执行下面的 SQL 语句，执行结果如图 2-17 所示。

```
SQL>select count(*) "总行数",count(distinct object_id) "检测列: object_id",
(1 - round(count(distinct object_id)/count(*),4))*100 "重复度%" from t;
                                                                     [00052]
```

总行数	检测列：object_id	重复度%
4860736	4860736	0

图 2-17 表列值重复度检查

图 2-17 说明 object_id 列的重复度为 0，说明该列没有重复值。

再次执行下面的 SQL 语句：

```
SQL>select count(*) "总行数",count(distinct status) "检测列: status", (1 -
round(count(distinct status)/count(*),4))*100 "重复度%" from t;    [00053]
```

执行结果如图 2-18 所示。

总行数	检测列：status	重复度%
4860736	2	100

图 2-18 表列值重复度检查

图 2-18 说明 status 列的重复度为 100%，说明该列值都一样，即全部重复。

3. 创建位图索引

通过下面的 SQL 语句给表 t 的 object_id（重复度为 0）和 status（重复度为 100%）两列创建位图索引。

```
SQL>CREATE bitmap INDEX idx_bit_object_id on t(object_id);
CREATE bitmap INDEX idx_bit_status on t(status);                     [00054]
```

4. 收集统计信息

在做任何查询之前，都要进行收集统计信息操作，为的是让优化器能够采集到最新的参考，从而制订出最优的执行计划。SQL 语句如下：

```
SQL>exec dbms_stats.gather_table_stats(ownname => 'GCC',tabname =>
'T',estimate_percent => 10,method_opt=> 'for all indexed columns',cascade=>
TRUE) ;                                                              [00055]
```

注：查看某表都有哪些索引：

```
SELECT INDEX_NAME from dba_indexes where table_name='CHEPB';
```

5. 第 1 个查询

SQL 语句如下：

```
set autotrace on
set autotrace traceonly
set pagesize 0
set long 200000
set feedback off
set echo off
spool c:\a.txt
SELECT /*+INDEX(t, idx_bit_object_id)*/  count(*) from t;
spool off                                                              [00056]
```

执行计划如图 2-19 所示。

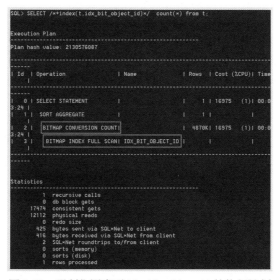

图 2-19　强制位图索引 idx_bit_object_id 的执行计划

图 2-19 说明该查询走了位图索引 idx_bit_object_id，是通过 Hints 强制走的。

6. 第 2 个查询

SQL 语句如下：

```
SQL>
set autotrace on
set autotrace traceonly
set pagesize 0
set long 200000
set feedback off
set echo off
spool c:\a.txt
SELECT /*+INDEX(t,index idx_bit_status)*/  count(*) from t;
spool off                                                              [00057]
```

执行计划如图 2-20 所示。

```
SQL> SELECT /*+index(t,index idx_bit_status)*/  count(*) from t;

Execution Plan
----------------------------------------------------------
Plan hash value: 1560196152

--------------------------------------------------------------------------------
--------
| Id  | Operation                     | Name           | Rows  | Cost (%CPU)| Ti
me     |
--------------------------------------------------------------------------------
--------
|   0 | SELECT STATEMENT              |                |     1 |   109   (0)| 00
:00:02 |
|   1 |  SORT AGGREGATE               |                |     1 |            |
       |
|   2 |   BITMAP CONVERSION COUNT     |                |  4870K|   109   (0)| 00
:00:02 |
|   3 |    BITMAP INDEX FAST FULL SCAN| IDX_BIT_STATUS |       |            |
       |
--------------------------------------------------------------------------------
--------


Statistics
----------------------------------------------------------
          1  recursive calls
          0  db block gets
        129  consistent gets
          0  physical reads
          0  redo size
        425  bytes sent via SQL*Net to client
        416  bytes received via SQL*Net from client
          2  SQL*Net roundtrips to/from client
          0  sorts (memory)
          0  sorts (disk)
          1  rows processed
```

图 2-20　强制位图索引 index idx_bit_status 的执行计划

图 2-20 说明该查询走了位图索引 idx_bit_status，是通过 Hints 强制走的。

7. 原理分析

通过获取某个查询的对位图索引的数据访问量来观察这个位图索引值不值得存在，通过下面的 SQL 语句获取刚刚建立的 idx_bit_object_id 和 idx_bit_status 位图索引的数据访问量。

```
set autotrace off
col segment_name format a20
SELECT segment_name,blocks,bytes/1024/1024 "SIZE(M)" from user_segments
where segment_name in( 'IDX_BIT_OBJECT_ID','IDX_BIT_STATUS');        [00058]
```

执行结果如图 2-21 所示。

```
SQL> set autotrace off
SQL> col segment_name format a20
SQL> SELECT segment_name,blocks,bytes/1024/1024 "SIZE(M)" from user_segments whe
re segment_name in( 'IDX_BIT_OBJECT_ID','IDX_BIT_STATUS');

SEGMENT_NAME             BLOCKS    SIZE(M)
-------------------- ---------- ----------
IDX_BIT_OBJECT_ID         18432        144
IDX_BIT_STATUS              256          2
```

图 2-21　位图索引原理分析

图 2-21 说明第 1 个查询 SQL 访问了 144M 的位图索引数据量，第 2 个查询 SQL 访问了 2M 的位图索引数据量，这充分说明 idx_bit_object_id 位图索引是不应该存在的，而 idx_bit_status 位图索引是必要的。idx_bit_object_id 位图索引是基于 t 表的 object_id 列创建，该列值的重复度为 0，即该列值全部唯一，是第一个查询用到的位图索引；而 idx_bit_status 位图索引是基于 t 表的 status 列创建，该列值重复度为 100%，即全部重复，是第 2 个查询用到的位图索引。第 2 个查询 2M 的数据访问量相较第 1 个查询 144M 的数据访问量，自然会得出第 2 个查询效率是最优的结论，因此第 2 个查询所用到的 idx_bit_status 位图索引是合理存在的，而第 1 个查询用到的 idx_bit_object_id 位图索引是不合理的。

根据经验，重复度超过 90%的列且其 DML 操作很少，可以为其创建位图索引，如果 DML 操作频繁，尤其是 UPDATE 操作，即便列值重复度达到 90%以上，也不建议创建位图索引，这样得不偿失。

2.10 实践案例：分区索引对性能的影响

给表进行分区，初衷是提高效率。分区的目的是将一个大表拆分成若干个小表。这样一来，无论是查询操作还是 DML 操作，效率都会提高。由于分区表及索引的特殊性，很多人即便是 DBA 对 Oracle 的分区表掌握也不是很透彻，因此，在阐述分区索引对性能影响前有必要先来温习 Oracle 分区的有关知识。

2.10.1 关于分区索引的说明

1. 分区表的索引分类

（1）全局索引：索引可以跨越分区表，在做跨分区查询时较快。
（2）局部索引：分区表某个分区的索引，速度比全局快，而且维护比较方便。

2. 全局索引和局部索引

表可以按 Range（范围）、Hash（哈希）、List（散列）分区，表分区后，其上的索引和普通表上的索引有所不同，Oracle 对于分区表上的索引分为两类，即局部索引和全局索引，以下分别对这两种索引的特点和局限性做个总结。

（1）局部索引（Local Index）
- 局部索引一定是分区索引，分区键等同于表的分区键，分区数等同于表的分区数。局部索引的分区机制和表的分区机制相同。
- 如果局部索引的索引列以分区键开头，则称为前缀局部索引。
- 如果局部索引的列不是以分区键开头，或者不包含分区键列，则称为非前缀索引。
- 前缀和非前缀索引都可以支持索引分区消除，前提是查询的条件中包含索引分区键。

- 局部索引只支持分区内的唯一性，无法支持表上的唯一性，因此如果要用局部索引去给表做唯一性约束，则约束中必须要包括分区键列。
- 局部索引是对单个分区的，每个分区索引只指向一个表分区，全局索引则不然，一个分区索引能指向 n 个表分区，同时，一个表分区也可能指向 n 个索引分区。
- 对分区表中的某个分区做 Truncate（删除）或者 Move（移动）、Shrink（收缩）等，对局部索引没有影响，但会影响全局索引，如果表存在全局索引，则它们必须 Rebuild（重建）。
- 位图索引只能为局部索引。
- 局部索引多应用于数据仓库环境中。

（2）全局索引（Global Index）

- 全局索引的分区键和分区数与表的分区键和分区数可能不一样，表和全局索引的分区机制不一样。
- 全局索引可以分区，也可以不分区，全局索引必须是前缀索引，即全局索引的索引列必须是以索引分区键作为其前几列。
- 全局索引的索引条目可能指向若干个分区，因此，对于全局索引，即使只改动一个分区中的数据，都需要 Rebulid（重建）若干个分区甚至是整个索引。
- 全局索引多应用于 OLTP（联机事务处理）系统中。
- 全局索引只允许 Range（范围）、Hash（哈希散列）的分区表。List（列表）的分区表不支持。
- Oracle 9i 以后对分区表做 Move（移动）或者 Truncate（删除）时，可以用"UPDATE Global Indexes"语句来同步更新全局索引。
- 假如表用"a"列分区，用"b"列做局部索引，若 Where 条件中用"b"来查询，那么，Oracle 会扫描所有的表和索引的分区，成本会比分区更高，此时可以考虑用"b"做全局索引。

3. 分区索引字典

- DBA_PART_INDEXES：分区索引的概要统计信息，可以得知每个表上有哪些分区索引，分区索引的类别（Local/Global）等。
- DBA_IND_PARTITIONS：每个分区索引的分区级统计信息。
- DBA_INDEXES、DBA_PART_INDEXES：通过这两个表可以得到每个表上有哪些非分区索引。

4. 索引重建

如果要对分区索引做 Rebuild（重建）时，可以选择"ONLINE"（不锁定表），或者"NOLOGGING"（建立索引时不生成日志）。例如，Alter index idx_name Rebuild [ONLINE NOLOGGING]。

对非分区索引，只能整个 index 重建。

注：

非分区表可以创建分区索引。

非分区表的分区索引必须是 GLOBAL。

非分区表的分区索引，可以是哈希全局分区索引、全局范围分区索引，但不可以是全局列表分区索引。

2.10.2 分区索引实验

为了更好地理解分区索引，下面进行一个实验。首先需搭建一个数据环境，请按下面的步骤进行。

1. 删除表

```
--DROP table T_P cascade constraints;                    [00059]
```

2. 创建分区表 T_P

```
SQL>CREATE TABLE T_P
(
  OWNER           VARCHAR2(30),
  OBJECT_NAME     VARCHAR2(128),
  SUBOBJECT_NAME  VARCHAR2(30),
  OBJECT_ID       NUMBER,
  DATA_OBJECT_ID  NUMBER,
  OBJECT_TYPE     VARCHAR2(19),
  CREATED         DATE,
  LAST_DDL_TIME   DATE,
  TIMESTAMP       VARCHAR2(19),
  STATUS          VARCHAR2(7),
  TEMPORARY       VARCHAR2(1),
  GENERATED       VARCHAR2(1),
  SECONDARY       VARCHAR2(1),
  NAMESPACE       NUMBER,
  EDITION_NAME    VARCHAR2(30)
)partition by list(owner)(
  partition p1 values('SYS'),
  partition p2 values('PUBLIC'),
  partition p3 values('SYSMAN'),
  partition p4 values('APEX_030200'),
  partition p5 values('ORDSYS'),
  partition p6 values('MDSYS'),
  partition p7 values('XDB'),
  partition p8 values('OLAPSYS'),
  partition p9 values('SYSTEM'),
  partition p_default values(DEFAULT));            [00060]
```

3. 加入数据

```
SQL>
insert into T_P select * from dba_objects;
commit;                                                                [00061]
```

4. 开始实验

实验思路：创建不同的索引，查看在每种索引下执行 3 种 where 条件的执行计划的不同表现。3 种条件如下。

- where object_id = 4903
- where owner='SYS'
- where object_id = 4903 and owner='SYS'

（1）创建局部前缀分区索引 ind_local_prfixed_tp_oo

```
SQL>
CREATE index ind_local_prfixed_tp_oo on T_P(owner,object_id) local
nologging;
exec dbms_stats.gather_table_stats(user,'T_P',cascade => true); [00062]
```

```
SQL>
SET AUTOTRACE OFF;
COL PARTITION_NAME FORMAT A18
COL SEGMENT_SUBTYPE FORMAT A18
select SEGMENT_NAME,PARTITION_NAME,SEGMENT_TYPE,SEGMENT_SUBTYPE FROM
user_segments where SEGMENT_NAME like 'IND_%';                        [00063]
```

局部前缀分区索引 ind_local_prfixed_tp_oo 信息如图 2-22 所示。

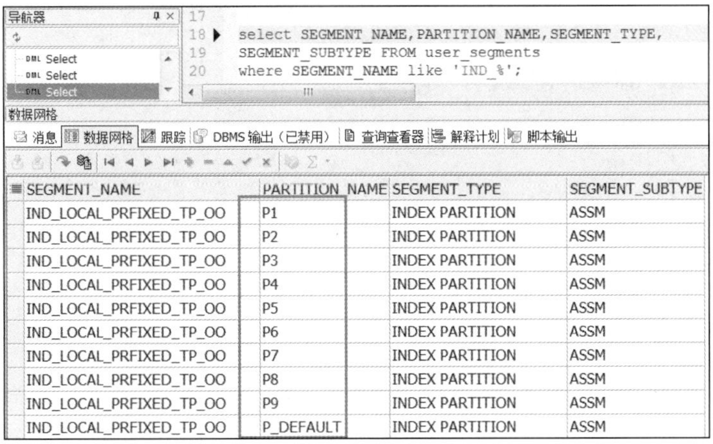

SEGMENT_NAME	PARTITION_NAME	SEGMENT_TYPE	SEGMENT_SUBTYPE
IND_LOCAL_PRFIXED_TP_OO	P1	INDEX PARTITION	ASSM
IND_LOCAL_PRFIXED_TP_OO	P2	INDEX PARTITION	ASSM
IND_LOCAL_PRFIXED_TP_OO	P3	INDEX PARTITION	ASSM
IND_LOCAL_PRFIXED_TP_OO	P4	INDEX PARTITION	ASSM
IND_LOCAL_PRFIXED_TP_OO	P5	INDEX PARTITION	ASSM
IND_LOCAL_PRFIXED_TP_OO	P6	INDEX PARTITION	ASSM
IND_LOCAL_PRFIXED_TP_OO	P7	INDEX PARTITION	ASSM
IND_LOCAL_PRFIXED_TP_OO	P8	INDEX PARTITION	ASSM
IND_LOCAL_PRFIXED_TP_OO	P9	INDEX PARTITION	ASSM
IND_LOCAL_PRFIXED_TP_OO	P_DEFAULT	INDEX PARTITION	ASSM

图 2-22　查看局部前缀分区索引 ind_local_prfixed_tp_oo 信息

① 查看 where object_id = 4903 执行计划：

```
SQL>
```

```
set autotrace on
set autotrace traceonly
set pagesize 0
set long 200000
set feedback off
set echo off
spool c:\a.txt
select * from T_P where object_id = 4903;
spool off
```
[00064]

执行计划走的是"INDEX SKIP SCAN",且扫描了全部分区 10 个(分区未被消除),如图 2-23 所示。

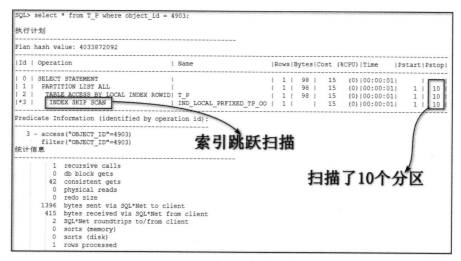

图 2-23 局部前缀分区索引的执行计划

② 查看 where owner='SYS'的执行计划:

```
SQL>
set autotrace on
set autotrace traceonly
set pagesize 0
set long 200000
set feedback off
set echo off
spool c:\a.txt
select * from T_P where owner='SYS';
spool off
```
[00065]

执行计划走的是"TABLE ACCESS FULL(全表扫描)",但只扫描了一个分区(其他分区被消除),如图 2-24 所示。

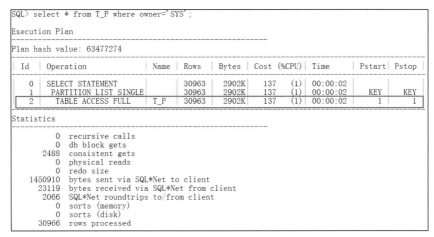

图 2-24　局部前缀分区索引的执行计划

③ 查看 where object_id = 4903 and owner='SYS' 的执行计划

```
SQL>
set autotrace on
set autotrace traceonly
set pagesize 0
set long 200000
set feedback off
set echo off
spool c:\a.txt
select * from T_P where object_id = 4903 and owner='SYS';
spool off                                                           [00066]
```

执行计划走的是"INDEX RANGE SCAN",且只扫描了一个分区(其他分区被消除),如图 2-25 所示。

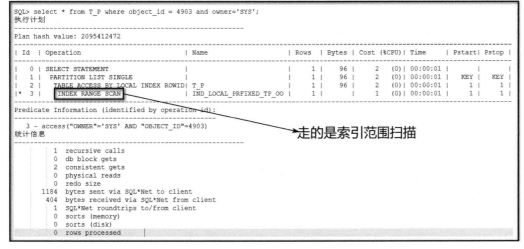

图 2-25　局部前缀分区索引的执行计划

通过上面的实验，图 2-25 反映的执行计划是最好的，因为走的是分区索引范围扫描且消除了其他 9 个分区。为什么会这样，因为在谓词条件中使用了 object_id 和 owner 列进行查询，而这两列恰恰是当初创建局部前缀分区索引所用到的列。据此，优化器选择了分区索引范围扫描并消除了其他无关的分区，优化器选择分区索引范围扫描，是由谓词条件中的 object_id 决定；分区的消除，是由谓词条件中的 owner（分区键）决定；其效率相对其他两个查询是很高的。

下面来看一下局部非前缀分区索引的情况。

（2）创建局部非前缀分区索引 ind_local_nonprfixed_tp_oo

```
SQL>
DROP index ind_local_prfixed_tp_oo ;
CREATE index ind_local_nonprfixed on T_P(object_id) local nologging;
exec dbms_stats.gather_table_stats(user,'T_P',cascade => true);   [00067]
```

① 查看 where object_id = 4903 的执行计划：

```
SQL>
set autotrace on
set autotrace traceonly
set pagesize 0
set long 200000
set feedback off
set echo off
spool c:\a.txt
select * from T_P where object_id = 4903;
spool off                                                          [00068]
```

执行计划走的是"INDEX RANGE SCAN"，但扫描了全部分区 10 个（分区未被消除），如图 2-26 所示。

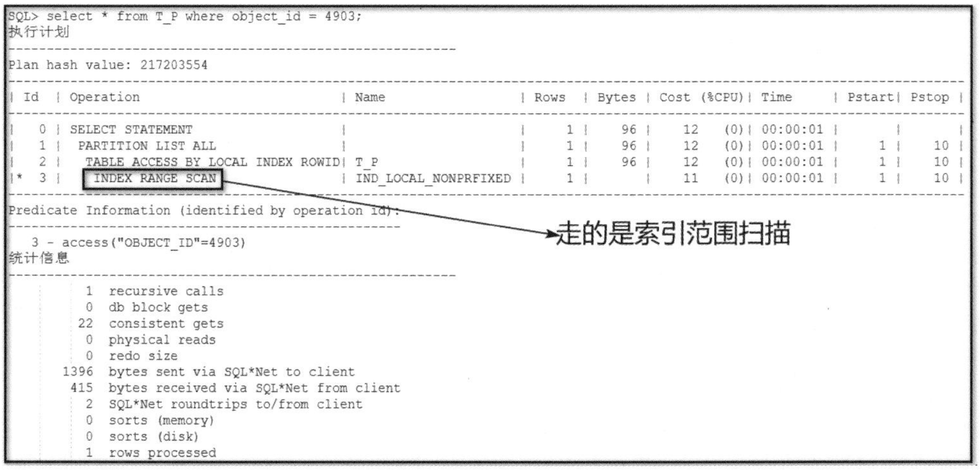

图 2-26 局部非前缀分区索引的执行计划

② 查看 where owner='SYS'的执行计划：

```
SQL>
set autotrace on
set autotrace traceonly
set pagesize 0
set long 200000
set feedback off
set echo off
spool c:\a.txt
select * from T_P where owner='SYS';
spool off                                                         [00069]
```

执行计划走的是"TABLE ACCESS FULL"，且只扫描了一个分区（其他分区被消除），如图 2-27 所示。

```
SQL> select * from T_P where owner='SYS';
Execution Plan
----------------------------------------------------------
Plan hash value: 63477274
----------------------------------------------------------
| Id | Operation              | Name | Rows  | Bytes | Cost (%CPU)| Time     | Pstart| Pstop |
----------------------------------------------------------
|  0 | SELECT STATEMENT       |      | 30963 | 2902K |  137   (1) | 00:00:02 |       |       |
|  1 |  PARTITION LIST SINGLE |      | 30963 | 2902K |  137   (1) | 00:00:02 |  KEY  |  KEY  |
|  2 |   TABLE ACCESS FULL    | T_P  | 30963 | 2902K |  137   (1) | 00:00:02 |   1   |   1   |
----------------------------------------------------------
Statistics
----------------------------------------------------------
          1  recursive calls
          0  db block gets
       2488  consistent gets
          0  physical reads
          0  redo size
    1450910  bytes sent via SQL*Net to client
      23119  bytes received via SQL*Net from client
       2066  SQL*Net roundtrips to/from client
          0  sorts (memory)
          0  sorts (disk)
      30966  rows processed
```

图 2-27　局部非前缀分区索引的执行计划

③ 查看 where object_id = 4903 and owner='SYS'的执行计划：

```
SQL>
set autotrace on
set autotrace traceonly
set pagesize 0
set long 200000
set feedback off
set echo off
spool c:\a.txt
select * from T_P where object_id = 4903 and owner='SYS';
spool off                                                         [00070]
```

执行计划走的是"INDEX RANGE SCAN"，且只扫描了一个分区（其他分区被消除），如图 2-28 所示。

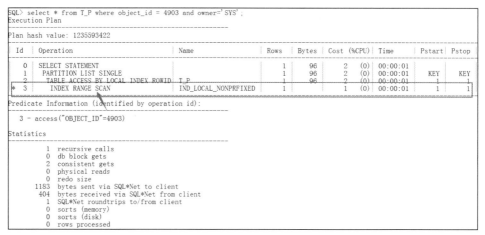

图 2-28　局部非前缀分区索引的执行计划

通过上面的实验，图 2-28 反映的执行计划是最好的，因为走的是分区索引范围扫描且消除了其他 9 个分区。和上个实验不同的是，本实验创建的是局部非前缀分区索引，即分区索引列中不包含分区键（owner）而只使用 object_id 这一个列；在效果上不同的是，上个实验中谓词条件为 object_id = 4903 的走了索引跳跃扫描，本实验谓词条件为 object_id = 4903 的走了索引范围扫描，其他都相同。针对本实验的数据状态，索引跳跃扫描的效率要优于索引范围扫描。下面来看一下全局 Hash（哈希）分区索引的情况。

（3）删除局部分区索引 ind_local_nonprfixed，创建全局 Hash（哈希）分区索引 "ind_gloabal_tp"

```
SQL>
DROP index ind_local_nonprfixed ;
CREATE index ind_gloabal_tp on T_P(owner) global partition by hash(owner)
(
  partition  p1,
  partition  p2,
  partition  p3,
  partition  p4,
  partition  p5,
  partition  p6,
  partition  p7,
  partition  p8,
  partition  p9,
  partition  p_default
);                                                              [00071]
SQL>
exec dbms_stats.gather_table_stats('GCC','T_P',cascade => true); [00072]
SQL>
SET AUTOTRACE OFF;
COL PARTITION_NAME FORMAT A18
```

```
COL SEGMENT_SUBTYPE FORMAT A18
select   SEGMENT_NAME,PARTITION_NAME,SEGMENT_TYPE,SEGMENT_SUBTYPE   FROM
user_segments where SEGMENT_NAME like 'IND_%';                   [00073]
```

如图 2-29 所示。

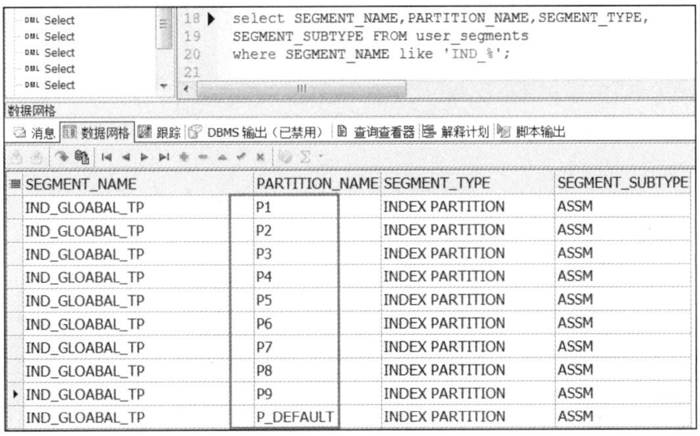

SEGMENT_NAME	PARTITION_NAME	SEGMENT_TYPE	SEGMENT_SUBTYPE
IND_GLOABAL_TP	P1	INDEX PARTITION	ASSM
IND_GLOABAL_TP	P2	INDEX PARTITION	ASSM
IND_GLOABAL_TP	P3	INDEX PARTITION	ASSM
IND_GLOABAL_TP	P4	INDEX PARTITION	ASSM
IND_GLOABAL_TP	P5	INDEX PARTITION	ASSM
IND_GLOABAL_TP	P6	INDEX PARTITION	ASSM
IND_GLOABAL_TP	P7	INDEX PARTITION	ASSM
IND_GLOABAL_TP	P8	INDEX PARTITION	ASSM
IND_GLOABAL_TP	P9	INDEX PARTITION	ASSM
IND_GLOABAL_TP	P_DEFAULT	INDEX PARTITION	ASSM

图 2-29　查看全局 Hash（哈希散列）分区索引 "ind_gloabal_tp" 信息

注：下面的两个命令仅限在实验环境操作。

ALTER SYSTEM flush shared_pool;（仅限在实验环境操作）

ALTER SYSTEM flush buffer_cache;（仅限在实验环境操作）

① 收集表的统计信息：

```
SQL>exec   dbms_stats.gather_table_stats(ownname   =>    'GCC',tabname=>
'T_P',estimate_percent => 100,cascade => true,method_opt =>'for all columns
size 1');                                                         [00074]
```

注：查看 T_P 表上的索引命令 SELECT INDEX_NAME from dba_indexes where table_name='T_P';

② 查看 where object_id = 4903 的执行计划：

```
SQL>
set autotrace on
set autotrace traceonly
set pagesize 0
set long 200000
set feedback off
set echo off
spool c:\a.txt
select * from T_P where object_id = 4903;
spool off                                                         [00075]
```

执行计划走的是 "TABLE ACCESS FULL（全表扫描）"，但扫描了全部分区 10 个（分区未被消除），如图 2-30 所示。

```
SQL> select * from T_P where object_id = 4903;
Execution Plan
----------------------------------------------------------
Plan hash value: 1458352440
--------------------------------------------------------------------------------------------
| Id | Operation            | Name | Rows | Bytes | Cost (%CPU)| Time     | Pstart| Pstop |
--------------------------------------------------------------------------------------------
|  0 | SELECT STATEMENT     |      |    1 |    98 |   346   (1)| 00:00:05 |       |       |
|  1 |  PARTITION LIST ALL  |      |    1 |    98 |   346   (1)| 00:00:05 |     1 |    10 |
|* 2 |   TABLE ACCESS FULL  | T_P  |    1 |    98 |   346   (1)| 00:00:05 |     1 |    10 |
--------------------------------------------------------------------------------------------
Predicate Information (identified by operation id):
---------------------------------------------------
   2 - filter("OBJECT_ID"=4903)
Statistics
----------------------------------------------------------
          1  recursive calls
          0  db block gets
       1211  consistent gets
          0  physical reads
          0  redo size
       1395  bytes sent via SQL*Net to client
        415  bytes received via SQL*Net from client
          2  SQL*Net roundtrips to/from client
          0  sorts (memory)
          0  sorts (disk)
          1  rows processed
```

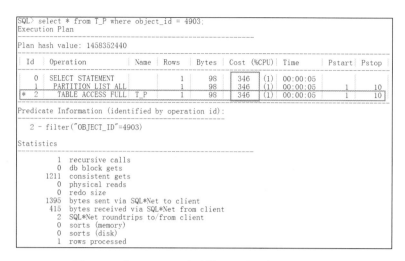

图 2-30　全局 Hash（哈希散列）分区索引执行计划

③ 查看 where owner='SYS'的执行计划：

```
SQL>
set autotrace on
set autotrace traceonly
set pagesize 0
set long 200000
set feedback off
set echo off
spool c:\a.txt
select * from T_P where owner='SYS';
spool off                                                  [00076]
```

执行计划走的是“INDEX RANGE SCAN”，跳式分区扫描 1 和 7（其他分区被消除）。执行计划如图 2-31 所示。

```
SQL> select * from T_P where owner='SYS';

Execution Plan
----------------------------------------------------------
Plan hash value: 2130096727
-----------------------------------------------------------------------------------------------------------------------
| Id | Operation                                 | Name            | Rows  | Bytes | Cost (%CPU)| Time     | Pstart| Pstop |
-----------------------------------------------------------------------------------------------------------------------
|  0 | SELECT STATEMENT                          |                 | 30966 | 2903K |    49   (0)| 00:00:01 |       |       |
|  1 |  PARTITION HASH SINGLE                    |                 | 30966 | 2903K |    49   (0)| 00:00:01 |     7 |     7 |
|  2 |   TABLE ACCESS BY GLOBAL INDEX ROWID      | T_P             | 30966 | 2903K |    49   (0)| 00:00:01 |     1 |     1 |
|* 3 |    INDEX RANGE SCAN                       | IND_GLOABAL_TP  |  1106 |       |     9   (0)| 00:00:01 |     7 |     7 |
-----------------------------------------------------------------------------------------------------------------------
Predicate Information (identified by operation id):
---------------------------------------------------
   3 - access("OWNER"='SYS')
Statistics
----------------------------------------------------------
          1  recursive calls
          0  db block gets
       4614  consistent gets
          0  physical reads
          0  redo size
    1450910  bytes sent via SQL*Net to client
      23119  bytes received via SQL*Net from client
       2066  SQL*Net roundtrips to/from client
          0  sorts (memory)
          0  sorts (disk)
      30966  rows processed
```

图 2-31　全局 Hash（哈希散列）分区索引的执行计划

④ 查看 where object_id = 4903 and owner='SYS'的执行计划：

```
SQL>
set autotrace on
set autotrace traceonly
set pagesize 0
set long 200000
set feedback off
set echo off
spool c:\a.txt
select * from T_P where object_id = 4903 and owner='SYS';
spool off                                                              [00077]
```

执行计划走的是"INDEX RANGE SCAN"，跳式分区扫描 1 和 7（其他分区被消除），如图 2-32 所示。

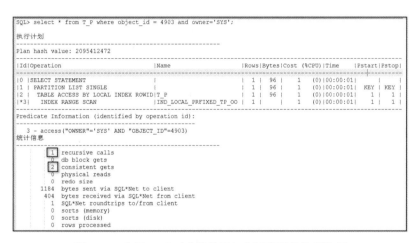

图 2-32　全局 Hash（哈希散列）分区索引的执行计划

⑤ 使用加 Hint 方式，查看 where object_id = 4903 的执行计划：

```
SQL>
set autotrace on
set autotrace traceonly
set pagesize 0
set long 200000
set feedback off
set echo off
spool c:\a.txt
select /* + index(T_P ind_gloabal_tp) */ * from T_P where object_id = 4903;
spool off                                                              [00078]
```

执行计划走了"INDEX SKIP SCAN（索引跳跃扫描）"，强制索引起了作用，且扫描全部 10 个分区（分区未被消除），如图 2-33 所示。

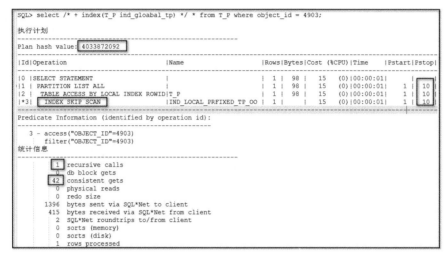

图 2-33 强制全局 Hash（哈希散列）分区索引的执行计划

在基于当前 3 种谓词条件的情况下，本实验查询效率要低于前两次实验。下面来看一下非分区的全局索引的情况。

（4）创建非分区的全局索引

```
SQL>
DROP index IND_GLOABAL_TP;
CREATE index IND_GLOABAL_TP_NOPAR on T_P(OWNER) global;

SET AUTOTRACE OFF;
COL PARTITION_NAME FORMAT A18
COL SEGMENT_SUBTYPE FORMAT A18
select  SEGMENT_NAME,PARTITION_NAME,SEGMENT_TYPE,SEGMENT_SUBTYPE   FROM
user_segments where SEGMENT_NAME like 'IND_%';              [00079]
```

执行结果如图 2-34 所示。

图 2-34 查看非分区的全局索引 IND_GLOABAL_TP_NOPAR 信息

① 收集表的统计信息：

```
SQL>
    exec dbms_stats.gather_table_stats(ownname  =>  'GCC',tabname=>  'T_P',
estimate_percent => 100,cascade => true,method_opt =>'for all columns size 1');
                                                            [00080]
```

注：查看 T_P 表上的索引命令 SELECT INDEX_NAME from dba_indexes where table_name='T_P';

② 查看 where object_id = 4903 的执行计划：

```
SQL>
set autotrace on
set autotrace traceonly
set pagesize 0
set long 200000
set feedback off
set echo off
spool c:\a.txt
select * from T_P where object_id = 4903;
spool off                                                              [00081]
```

执行计划依然走了"TABLE ACCESS FULL（全表扫描）"，且扫描了全部 10 个分区（分区未被消除），如图 2-35 所示。

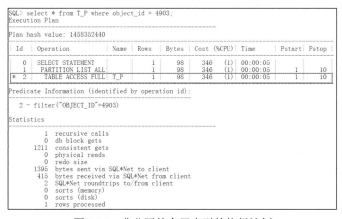

图 2-35　非分区的全局索引的执行计划

③ 查看 where owner='SYS'的执行计划：

```
SQL>
set autotrace on
set autotrace traceonly
set pagesize 0
set long 200000
set feedback off
set echo off
spool c:\a.txt
select * from T_P where owner='SYS';
spool off                                                              [00082]
```

执行计划依然走了"TABLE ACCESS FULL（全表扫描）"，但只扫描了一个分区（其他分区被消除），如图 2-36 所示。

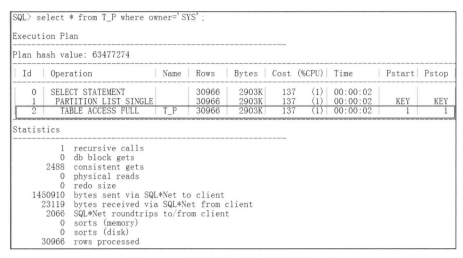

图 2-36 非分区的全局索引的执行计划

④ 查看 where object_id = 4903 and owner='SYS'执行计划：

```
SQL>
set autotrace on
set autotrace traceonly
set pagesize 0
set long 200000
set feedback off
set echo off
spool c:\a.txt
select * from T_P where object_id = 4903 and owner='SYS';
spool off                                                    [00083]
```

执行计划依然走了"TABLE ACCESS FULL（全表扫描）"，但只扫描了一个分区（其他分区被消除），如图 2-37 所示。

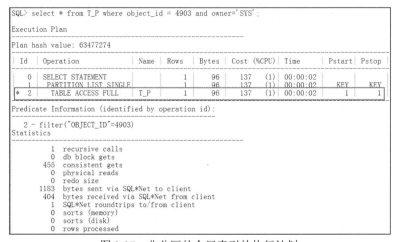

图 2-37 非分区的全局索引的执行计划

⑤ 使用加 hint 方式查看 where object_id = 4903 and owner='SYS'的执行计划：

```
SQL>
set autotrace on
set autotrace traceonly
set pagesize 0
set long 200000
set feedback off
set echo off
spool c:\a.txt
select /*+ index(T_P IND_GLOABAL_TP_NOPAR )*/ * from T_P where object_id = 4903 and owner='SYS';
spool off                                                                 [00084]
```

执行计划走了"INDEX RAGE SCAN"，强制索引有效，且只扫描了一个分区（其他分区被消除），如图 2-38 所示。

```
SQL> select /*+ index(T_P IND_GLOBAL_TP_NOPAR)*/ * from T_P where object_id = 4903 and owner='SYS';
Execution Plan
----------------------------------------------------------
Plan hash value: 1200426423
--------------------------------------------------------------------------------------------------
| Id | Operation                          | Name                | Rows  | Bytes | Cost (%CPU)| Time     | Pstart| Pstop |
--------------------------------------------------------------------------------------------------
|  0 | SELECT STATEMENT                   |                     |     1 |    96 |  1331   (1)| 00:00:16 |       |       |
|* 1 |  TABLE ACCESS BY GLOBAL INDEX ROWID| T_P                 |     1 |    96 |  1331   (1)| 00:00:16 |     1 |     1 |
|* 2 |   INDEX RANGE SCAN                 | IND_GLOABAL_TP_NOPAR| 76041 |       |   222   (1)| 00:00:03 |       |       |
--------------------------------------------------------------------------------------------------
Predicate Information (identified by operation id):
---------------------------------------------------
   1 - filter("OBJECT_ID"=4903)
   2 - access("OWNER"='SYS')
Statistics
----------------------------------------------------------
          1  recursive calls
          0  db block gets
        519  consistent gets
          0  physical reads
          0  redo size
       1183  bytes sent via SQL*Net to client
        404  bytes received via SQL*Net from client
          1  SQL*Net roundtrips to/from client
          0  sorts (memory)
          0  sorts (disk)
          0  rows processed
```

图 2-38　强制非分区的全局索引的执行计划

在基于当前 3 种谓词条件的情况下，本实验的查询效率较上个实验稍好一些。下面来看一下复合索引的情况。

（5）创建复合索引

```
SQL>
DROP index IND_GLOABAL_TP_NOPAR;
CREATE index ind_gloabal_nopar_tpoo_fuh on T_P(owner,object_id) global;
SET AUTOTRACE OFF;
COL PARTITION_NAME FORMAT A18
COL SEGMENT_SUBTYPE FORMAT A18
select  SEGMENT_NAME,PARTITION_NAME,SEGMENT_TYPE,SEGMENT_SUBTYPE FROM user_segments where SEGMENT_NAME like 'IND_%';     [00085]
```

如图 2-39 所示。

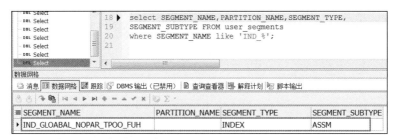

图 2-39　查看复合索引 ind_gloabal_nopar_tpoo_fuh 信息

① 收集表的统计信息：

```
SQL>
exec dbms_stats.gather_table_stats(ownname => 'GCC',tabname=> 'T_P',
estimate_percent => 100,cascade => true,method_opt =>'for all columns size 1');
                                                                    [00086]
```

注：查看 T_P 表上的索引命令 SELECT INDEX_NAME from dba_indexes where table_name='T_P';

② 查看 where object_id = 4903 的执行计划：

```
set autotrace on
set autotrace traceonly
set pagesize 0
set long 200000
set feedback off
set echo off
spool c:\a.txt
select * from T_P where object_id = 4903;
spool off                                                           [00087]
```

执行计划走了"INDEX SKIP SCAN"，但执行了全局索引访问（分区未被消除），如图 2-40 所示。

```
SQL> select * from T_P where object_id = 4903;
Execution Plan
----------------------------------------------------------
Plan hash value: 4021453415

---------------------------------------------------------------------------------------------------------
| Id | Operation                          | Name                   | Rows | Bytes | Cost (%CPU)| Time     | Pstart| Pstop |
---------------------------------------------------------------------------------------------------------
|  0 | SELECT STATEMENT                   |                        |    1 |    98 |   30   (0) | 00:00:01 |       |       |
|  1 |  TABLE ACCESS BY GLOBAL INDEX ROWID| T_P                    |    1 |    98 |   30   (0) | 00:00:01 | ROWID | ROWID |
|* 2 |   INDEX SKIP SCAN                  | IND_GLOABAL_NOPAR_TPOO_FUH |  1 |       |   29   (0) | 00:00:01 |       |       |
---------------------------------------------------------------------------------------------------------

Predicate Information (identified by operation id):
---------------------------------------------------
   2 - access("OBJECT_ID"=4903)
       filter("OBJECT_ID"=4903)
Statistics
----------------------------------------------------------
          1  recursive calls
          0  db block gets
         25  consistent gets
          0  physical reads
          0  redo size
       1395  bytes sent via SQL*Net to client
        415  bytes received via SQL*Net from client
          2  SQL*Net roundtrips to/from client
          0  sorts (memory)
          0  sorts (disk)
          1  rows processed
```

图 2-40　复合索引的执行计划

③ 查看 where owner='SYS'的执行计划：

```
SQL>
set autotrace on
set autotrace traceonly
set pagesize 0
set long 200000
set feedback off
set echo off
spool c:\a.txt
select * from T_P where owner='SYS';
spool off
```

执行计划走了"TABLE ACCESS FULL"，且扫描了一个分区，其他分区被消除，如图 2-41 所示。

```
SQL> select * from T_P where owner='SYS';
Execution Plan
----------------------------------------------------------
Plan hash value: 63477274
----------------------------------------------------------
| Id | Operation              | Name | Rows  | Bytes | Cost (%CPU)| Time     | Pstart| Pstop |
----------------------------------------------------------
|  0 | SELECT STATEMENT       |      | 30966 | 2903K |   137   (1)| 00:00:02 |       |       |
|  1 |  PARTITION LIST SINGLE |      | 30966 | 2903K |   137   (1)| 00:00:02 |  KEY  |  KEY  |
|  2 |   TABLE ACCESS FULL    | T_P  | 30966 | 2903K |   137   (1)| 00:00:02 |    1  |    1  |
----------------------------------------------------------
Statistics
----------------------------------------------------------
          1  recursive calls
          0  db block gets
       2488  consistent gets
          0  physical reads
          0  redo size
    1450910  bytes sent via SQL*Net to client
      23119  bytes received via SQL*Net from client
       2066  SQL*Net roundtrips to/from client
          0  sorts (memory)
          0  sorts (disk)
      30966  rows processed
```

图 2-41　复合索引的执行计划

④ 查看 where object_id = 4903 and owner='SYS'的执行计划：

```
set autotrace on
set autotrace traceonly
set pagesize 0
set long 200000
set feedback off
set echo off
spool c:\a.txt
select * from T_P where object_id = 4903 and owner='SYS';
spool off
```

执行计划走了"INDEX RANGE SCAN"且扫描了一个分区，其他分区被消除，如图 2-42 所示。

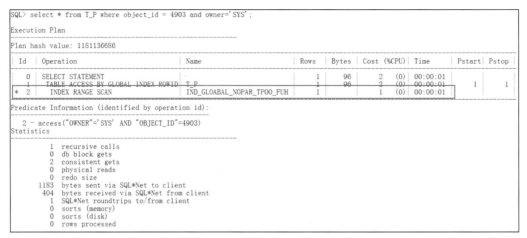

图 2-42 复合索引的执行计划

⑤ 使用加 Hint 方式，查看 where owner='SYS'的执行计划：

```
SQL>
set autotrace on
set autotrace traceonly
set pagesize 0
set long 200000
set feedback off
set echo off
spool c:\a.txt
select /*+ index(T_P ind_gloabal_nopar_tpoo_fuh)*/ * from T_P where owner='SYS';
spool off                                                                [00090]
```

执行计划走了"INDEX RAGE SCAN"且只扫描了一个分区（其他分区被消除），如图 2-43 所示。

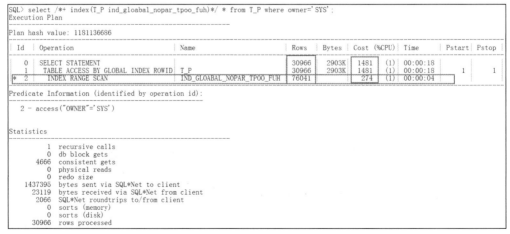

图 2-43 强制复合索引的执行计划

在基于相同的 3 种谓词条件的情况下，本实验的查询效率稍好于上个实验。

（6）实验总结

至此，基于这 3 种谓词查询条件不同分区索引类型下的查询实验结束，不同分区索引类型，相同的谓词查询条件所带来的查询效率不一样，有好有坏，其中最好的是第 1 个实验，即局部前缀分区索引实验。

每一种分区索引类型效率的高低取决于谓词条件。通过上面的实验，得出的结论是：谓词条件中涉及的列字段存在它们的复合索引，此情况下的查询效率最高，进而提示用户在创建什么样的分区表及分区索引前，要考虑未来查询谓词条件是怎么样的，据此创建合适的分区表及分区索引，本原则也适用于普通表与普通索引。

2.11 如何更好地判断 SQL 效率

在看执行计划时，除了看执行计划本身，还需要看谓词和提示信息。通过整体信息来判断 SQL 效率。

（1）查看总 COST，获得资源耗费的总体印象

一般而言，执行计划第一行所对应的 COST（成本耗费）值，反映了运行这段 SQL 的总体估计成本，单看这个总成本没有实际意义，但可以将它与相同逻辑不同执行计划的 SQL 的总体 COST 进行比较（同一条 SQL 语句之前与之后的 COST 比较），通常 COST 低的执行计划要好一些。

（2）按照"最右最上"原则，了解执行计划的执行步骤

执行计划按照层次逐步缩进，从左至右看，缩进最多的那一步，最先执行，如果缩进量相同，则按照从上而下的方法判断执行顺序，可粗略认为上面的步骤优先执行。每一个执行步骤都有对应的 COST，可从单步 COST 的高低，以及单步的估计结果集（对应 ROWS/基数），来分析表的访问方式，连接顺序以及连接方式是否合理。

（3）分析表的访问方式

表的访问方式主要有两种：全表扫描（TABLE ACCESS FULL）和索引扫描（INDEX SCAN），如果表上存在选择性很好的索引，却走了全表扫描，而且是大表的全表扫描，就说明表的访问方式可能存在问题；若大表上没有合适的索引而走了全表扫描，就需要分析能否建立索引，或者是否能选择更合适的表连接方式和连接顺序以提高效率。

（4）分析表的连接顺序和连接方式

① 表的连接顺序：就是以哪张表作为驱动表来连接其他表的先后访问顺序。

② 表的连接方式：简单来讲，就是两个表获得满足条件的数据时的连接过程。主要有 3 种表连接方式，嵌套循环（NESTED LOOPS）、哈希连接（HASH JOIN）和排序—合并连接（SORT MERGE JOIN）。

常见的是嵌套循环和哈希连接。

- 嵌套循环：最适用也是最简单的连接方式。类似于用两层循环处理两个游标，外层游标称为驱动表，Oracle 检索驱动表的数据，一条一条地代入内层游标，查找满足 WHERE 条件的所有数据，因此内层游标表中可用索引的选择性越好，嵌套循环连接的性能就越高。
- 哈希连接：先将驱动表的数据按照条件字段以散列的方式放入内存，然后在内存中匹配满足条件的行。哈希连接需要有合适的内存，而且必须在 CBO 优化模式下，连接两表的 WHERE 条件有等号的情况下才可以使用。哈希连接在表的数据量较大，表中没有合适的索引可用时比嵌套循环的效率要高。

2.12 本章小结

Oracle 体系结构是任何 Oracle 从业人员，包括 DBA 必须了解和掌握的，否则就是"无源之水，无本之木"。关于 SQL 性能优化是 DBA 和数据库开发人员应该了解和掌握的，尤其是数据库开发人员也包括 DBA，要充分了解和掌握 SQL 性能优化方面的技能。这样，可以设计出优秀的表结构、高效的索引以及写出高效的 SQL 语句。接下来，将进入 Oracle 的存储管理、内存管理、性能指标的追踪与分析等。

第 3 章　Oracle 数据库存储结构

Oracle 数据库的存储结构可以分为逻辑存储结构和物理存储结构，前者是 Oracle 内部组织和管理数据的方式；而后者则是 Oracle 外部（操作系统）组织和管理数据的方式。对于这两种存储结构，Oracle 是分别进行管理的。

在本节中，我们将针对这两种存储结构尤其是逻辑存储结构中的块、区、段和表空间等结构类型进行详细的讲述；同时也简要地告诉读者表空间和物理存储结构的数据文件之间的对应关系。这也为第 4 章中展开讲解 Oracle 表空间奠定基础。

3.1　逻辑存储结构

Oracle 在逻辑上将保存的数据划分为一个个小单元来进行存储和维护，更高一级的逻辑存储结构都是由这些基本的小单元组成的。Oracle 数据库逻辑存储结构如图 3-1 所示。

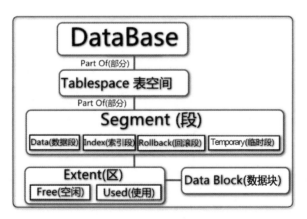

图 3-1　Oracle 数据库逻辑存储结构

由图 3-1 可知，逻辑结构类型按照尺寸从小到大分可分为：块（Block）、区（Extent）、段（Segment）、表空间（Tablespace）。下面将对它们进行一一讲解。

3.1.1　块（Block）

块是 Oracle 用来管理存储的最小单元，也是最小的逻辑存储结构。Oracle 数据库在进行输入/输出时，都是以块为单位进行读/写操作的。建议数据块的尺寸为操作系统块尺寸的整数倍（1、2、4 等）。另外，块的大小是在创建数据库时决定的，之后不能修改。

Oracle 同时支持不同的表空间拥有不同的数据块尺寸。

1. 块的头部信息区

（1）块头

包含块的一般属性信息，如块的物理地址、块所属的段的类型（表、索引、聚集、簇等数据库模式对象）。

（2）表目录

如果块中存储的数据是表数据，则在表目录中保存块中所包含的表的相关信息（表结构定义等）。

（3）行目录

行记录的相关信息，如 ROWID。

2. 块的存储区

块的存储区主要包含空闲空间和已经使用的空间。Oracle 主要通过以下两个参数对这部分空间进行管理。

（1）PCTFREE 参数

指定块中必须保留的最小空闲空间比例。当块中的空闲存储空间减少到 PCTFREE 所设置的比例后，Oracle 将块标记为不可用状态，新的数据行将不能被加入这个块。

（2）PCTUSED 参数

制定一个百分比，当块中已经使用的存储空间降低到这个百分比以下时，这个块才被重新标记为可用状态。

以上两个参数既可以在表空间级别进行设置，也可以在段（表、索引、聚集、簇等数据库模式对象）级别进行设置。段级别的设置优先级更高。

3.1.2 区（Extent）

区是比块高一级的逻辑存储结构，由连续的块组成，它是进行存储空间的分配和回收的最小单位。在创建具有独立段结构的数据库对象时，例如表、索引等，首先为这些对象创建一个"段"，并为该"段"分配一个"初始区"。后续区的分配方式，则根据要创建的这些对象的管理策略不同，而采用不同的分配方式，例如 AUTOEXTENT（自动分区管理），UNIFORM SIZE（统一区大小）或者在创建表或表空间时设置 DEFAULT STORAGE 子句（指明区的管理方式）。另外，用户还能够通过执行下面的命令来回收表、索引等对象中未使用的区。

SQL>ALTER table table_name deallocate unused --回收未使用的区；   [00091]

除此之外，还可以批量回收未使用区脚本，代码如下：

```
SQL>
set pagesize 0
set long 200000
set feedback off
set echo off
spool c:\a.sql
SELECT ' ALTER table ' || table_name || ' deallocate unused;' from USER_TABLES;
spool off
@c:\a.sql                                                              [00092]
```

3.1.3　段（Segment）

段由多个区组成，这些区可以是连续的，也可以是不连续的。当用户在数据库中创建各种具有实际存储结构的对象时（保存有数据的对象），比如表、索引等，Oracle 将为这些对象创建"段"。一般一个对象只拥有一个段。在创建段时，可以为它指定 PCTFREE、PCTUSED 等参数来控制其中块的存储空间管理方式，也可以为它指定 INITIAL（初始）、NEXT（后面）、PCTINCREASE（扩展百分比）等存储参数，以指定其中区的分配方式。如果没有为段指定这些参数，段将自动继承表空间的相应参数。

不同类型的数据库对象拥有不同类型的段，如下所示。

（1）数据段

数据段用于保存表中的记录。

（2）索引段

索引段用来存放索引中的索引条目。

（3）临时段

在执行查询等操作时，Oracle 可能需要使用到一些临时存储空间，用于临时保存解析过的查询语句以及在排序过程中产生的临时数据。

（4）回滚段

回滚段用于保存回滚数据。

3.1.4　表空间（Tablespace）

Tablespace 是最高级的逻辑存储结构，数据库由多个表空间组成。在创建数据库时会自动创建一些默认的表空间，例如 System 表空间，Sysaux 表空间等。通过使用表空间，Oracle 将所有相关的逻辑结构和对象组合在一起。可以在表空间级别指定存储参数，也可以在段级别指定。

下面列出常见的表空间和它们所存储的信息。

（1）数据表空间

数据表空间用于存储用户数据的普通表空间。

（2）系统表空间

系统表空间是默认的表空间，用于保存数据子典（一组保存数据库自身信息的内部系统表和视图，以及用于 Oracle 内部使用的其他一些对象），保存所有的 PL/SQL 程序的源代码和解析代码，包括存储过程和函数、包、数据库触发器等，保存数据库对象（表、视图、序列）的定义。

（3）回滚表空间

回滚表空间用于存放回滚段，每个实例最多只能使用一个撤销表空间。

（4）临时表空间

临时表空间用于存储 SQL 执行过程中产生的临时数据。

3.1.5　4 种逻辑存储结构的关系

可以用下面的比喻来描述 4 种逻辑存储结构之间的关系。

- 块：相当于一张张白纸。
- 区：相当于由每张白纸组成的一个本子。
- 段：相当于文件袋（将若干个本子放入其中）。
- 表空间：相当于文件柜（存放多个文件袋）。

3.2　Oracle 物理存储结构

Oracle 数据库逻辑上由一个或多个表空间组成，每个表空间在物理上由一个或多个数据文件组成，而每个数据文件是由数据块构成的。所以，逻辑上数据存放在表空间中，而物理上存储在表空间所对应的数据文件中。

图 3-2 描述了数据文件和表空间的关系。

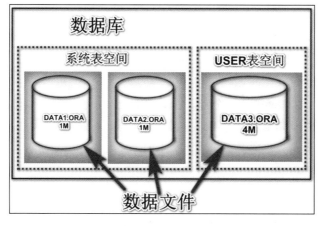

图 3-2　数据文件和表空间的关系

构成数据库的物理文件主要有以下 3 种：

（1）数据文件

数据文件主要用来存放数据库数据。

（2）控制文件

控制文件用来存放数据库的基本信息，告诉数据库到哪里找到数据文件和重做日志文件等。对数据库的成功启动和正常运行是很重要的。

（3）重做日志文件

重做日志文件主要存放对数据的改变。至少两组，Oracle 以循环方式来使用它们。

3.3 本章小结

将来，与数据库打交道最多的其实就是对其逻辑存储结构的维护。换句话说，对数据库的维护其实就是对这些逻辑存储结构的维护，而物理结构则依据逻辑结构的变化而变化。逻辑结构变化是主动方，物理结构变化是被动方。比如，调整逻辑结构的块大小将导致物理结构的数据文件中的数据重新排列与组合；调整逻辑结构的表空间大小将导致物理结构的数据文件占用磁盘空间的大小等，在此就不一一列举了。本章从总体上描述了数据库逻辑结构概念性的内容，更为细节的、实操性的内容将在下面的章节进行描述，包括前面提到的块大小的更改、表空间大小的更改是如何影响物理上的变化以及最佳调整策略。

第 4 章 Oracle 表空间

在数据库系统中，存储空间是较为重要的资源，合理利用空间，不但能节省空间，还可以提高系统的效率和工作性能。Oracle 可以存放海量数据，所有数据都在数据文件中存储。而数据文件大小受操作系统限制，并且过大的数据文件对数据的存取性能影响非常大。同时 Oracle 是跨平台的数据库，Oracle 数据可以轻松地在不同平台上移植，那么如何才能提供统一存取格式的大容量呢？Oracle 采用表空间来解决。

表空间是被 Oracle 数据库划分成的逻辑区域，形成 Oracle 数据库的逻辑结构。一个 Oracle 数据库能够有一个或多个表空间，而一个表空间则对应着一个或多个物理的数据库文件，但一个数据库文件只能与一个表空间相联系。表空间是 Oracle 数据库恢复的最小单位，容纳许多数据库实体，如表、视图、索引、聚簇、回滚段和临时段等。

每个 Oracle 数据库均有 SYSTEM 表空间，这是数据库创建时自动创建的，用于存储系统的数据字典表、程序单元、过程、函数、包和触发器等。SYSTEM 表空间必须总要保持联机，因为其包含着数据库运行所要求的基本信息，这些基本信息包括数据库的数据字典、联机求助机制、所有回滚段（Rollback）、临时段（Temporary）、自举段（Bootstrap）以及所有用户的数据库实体等。

本章将重点解释表空间的不同参数对存储性能的影响以及建议。

4.1 表空间管理

Tablespace 是 Oracle 空间管理上的逻辑单位，实际上存放数据的是 Tablespace 中的档案（Data File），而 Table 就放在这一个一个的档案中。所以 Tablespace 可以看成是 Data File 的群组。

Tablespace 可进一步分为 Segment（段）、Extents（区）和 Blocks（块）。一个 Data file 只属于一个数据库的一个 Tablespace。

当数据库刚建立起来，系统会建立一个叫作 SYSTEM 的系统 Tablespace，存放 SYS、System 等 User 重要的系统数据（数据字典与预储程序等），如果建立 Oracle User 时，不指定默认的 Tablespace，则此 User 会以 System Tablespace 作为默认的 Tablespace。这将造成管理上的混乱与严重的效能问题，这是必须特别注意的。

4.1.1 表空间（TABLESPACE）的类型

TABLESPACE 的类型：Permanent（永久）、Undo（回滚）、TEMPORARY（临时）和 BIGFILE（大文件），下面分别介绍。

1. 永久表空间（Permanent TABLESPACE）

一般创建给应用使用的都是 Permanent TABLESPACE,其中对象的生命周期不会随着交易或者用户的 SESSION 结束而消失。

2. 回滚表空间（UNDO TABLESPACE）

UNDO TABLESPACE 是系统用的特殊的 TABLESPACE,用来取代过去的 Rollback Segement 机制，主要的功用是提供用户修改数据未 Commit 之前的 Read Consistency（读一致性）的功能以及 Rollback 功能。也因为 UNDO TABLESPACE 主要是取代过去的 Rollback Segement 机制，所以不能存放其他种类的 Segement（表、索引、聚集、簇等数据库模式对象）。UNDO TABLESPACE 只能是 LOCAL MANAGED（本地管理）。

3. 临时表空间（TEMPORARY TABLESPACE）

TEMPORARY TABLESPACE 也是系统用的特殊的 TABLESPACE。当用户需要做排序时，有时就会使用 TEMPORARY TABLESPACE,因此其中的 Segement（表、索引、聚集、簇等数据库模式对象）的生命周期都很短，可能交易结束或者 User 的 Session 结束就会消失。每个系统都必须要有一个默认的 TEMPORARY TABLESPACE。

自动临时表空间（DEFAULT TEMPORARY TABLESPACE）可通过 CREATE DATABASE 语句的默认临时表空间子句创建数据库的默认临时表空间。如果没有 DEFAULT TEMPORARY TABLESPACE、CREATE USER 时又忘了指定使用哪个 TEMPORARY TABLESPACE，会以 SYSTEM TABLESPACE 来当作 TEMPORARY TABLESPACE，这样是很糟糕的，要绝对避免这样做。

以下列出几个 TEMPORARY TABLESPACE 的特性。

- TEMPORARY TABLESPACE 是 NOLOGGING（不进行或很少记录日志）模式，因此若数据库损毁，做 RECOVERY（恢复）不需要恢复 TEMPORARY TABLESPACE。
- TEMPORARY 最好是使用 LOCAL MANAGED TABLESPACE。
- 若使用 LOCAL MANAGED 模式，UNIFORM SIZE（统一区大小）参数最好是 Sort_Area_Size 的参数,这样效能比较好。Uniform size 默认 1 024K,而 Sort_area_size 默认是 512K。
- TEMPORARY TABLESPACE 不能使用 LOCAL MANAGED 的 AUTOALLOCATE（区大小自动管理）参数。

4. 大文件表空间（BIGFILE TABLESPACE）

从 Oracle 11g 版本开始，引进了一个新的表空间类型——大文件（Bigfile）。与以前版本最多可由 1 022 个文件组成的表空间不同，大文件表空间存放在一个单一的数据文件中，并且它需要更大的磁盘容量来存放数据。大文件表空间可以根据选择的块的大小变化，从 32TB 增至 128TB。

大文件表空间是为超大型数据库而设计的。当一个超大型数据库具有上千个读/写数据文件时，更新数据文件头部（如检查点）的操作可能会花费相当长的时间。如果降低数据文件的数量，那么这些操作完成起来可能会快很多。创建一个大文件表空间，只需要在 CREATE 语句中使用 BIGFILE 关键字即可。

例如，创建一个大文件表空间，指定一个数据文件，并且数据文件的大小为 100M。

```
SQL>CREATE BIGFILE TABLESPACE tbs_big datafile 'D:\app\Administrator\
oradata\dalin\ tbs_big.DBF' SIZE 100M;                          [00093]
```

由于大文件表空间只有一个数据文件，所以，当需要重新设置其大小时，不需要标识数据文件的具体路径和名称，只需使用 ALTER TABLESPACE 命令指定大文件表空间的名称，即可很方便地修改其大小。需要注意的是，在创建表空间的语法中使用 size 来标识数据文件的大小，而在修改表空间时，需要使用 resize 来重置数据文件的大小。

例如，将大文件表空间 tbs_big 的大小修改为 200M。

```
SQL>ALTER TABLESPACE tbs_big RESIZE 200M;                       [00094]
```

4.1.2 表空间（TABLESPACE）的管理

无论表空间（TABLESPACE）的类型是 Permanent（永久）的，或是 UNDO（回滚）的，还是 TEMPORARY（临时）的以及 BIGFILE（大文件）的等，都需要数据库对其实施不同的管理方式。这些不同的管理方式，自 8i 以后的数据库版本提供了两种，分别是 LOCAL MANAGED（本地管理）与 DICTIONARY MANAGED（字典管理），在创建表空间时只能指定其中的一种（两种不能同时指定），一旦指定了某种管理方式。数据库将对该表空间实施此种方式的管理。下面简要介绍两种管理方式的不同及优缺点。

LOCAL MANAGED 与 DICTIONARY MANAGED 最主要的区别，在于空间管理方式的不同。LOCAL MANAGED 的管理方式是让每个 TABLESPACE 自己利用 Bitmaps 去管理它自己的空间，而 DICTIONARY MANAGED 则是利用 SYSTEM TABLESPACE 的数据字典来做空间管理。这两者最大的不同在于 LOCAL MANAGED 大大改善了 Oracle 进行表空间管理（如解决了产生新的 Exten 或释放旧的 Extent 时，抢夺 SYSTEM TABLESPACE 资源的问题）。所以 Oracle 从 8i 以后已经向 LOCAL MANAGED 的方向转，所以应尽量使用 LOCAL MANAGED 的方式才对，因此 Dictionary Managed 的方式在此不多做介绍了。

1. LOCAL MANAGED TABLESPACE（本地管理表空间）

LOCAL MANAGED 使用 Bitmaps 做空间管理。

Bitmaps 中每个 Bit 代表一个 Data Block 或者一堆相邻的 Data Block（Extent）

从 10g 开始，SYSTEM TABLESPACE 默认使用 LOCAL MANAGED。

假如 SYSTEM TABLESPACE 是 LOCAL MANAGED，那么其他 TABLESPACE 必须是 LOCAL MANAGED。

若没指定使用 LOCAL MANAGED 或者 DICTIONARY MANAGED，则默认使用 LOCAL MANAGED。

使用 LOCAL MANAGED 可以增进效能，因为减少了 SYSTEM TABLESPACE 的效能竞争。

使用 LOCAL MANAGED 则不需要做空间缝合（Loalescing），因为相邻的不同大小的 Extent，辨识 Extent 使用状态的 bits 也在一起，Oracle 可以直接使用这些相邻的 Extent，不需要先进行缝合才可以使用。这也可以增进部分效能。

2. LOCAL MANAGED（本地管理）的 Extent（区）空间管理

（1）AUTOALLOCATE 与 UNIFORM 表空间参数

AUTOALLOCATE 与 UNIFORM 这两个参数，是用来设定 LOCAL MANAGED 的 Extent 大小的参数。AUTOALLOCATE 是让 Oracle 自己来决定 Extent 的大小；而 UNIFORM 则是强制规定 TABLESPACE 中的 Extent 为固定的大小。

通常若明确知道 Extent 必须多大，才会使用 UNIFORM，使用 UNIFORM 的好处是每个 Extent 的大小都相同，不会产生空间碎片的问题。但是如果无法预知 Extent 必须多大，使用 AUTOALLOCATE 会比较好，让 Oracle 自己决定使用 Extent 的大小，可以比较符合实际的需求，因此会比较节省空间，但这可能会产生部分空间碎片的问题。

使用 AUTOALLOCATE 参数，Oracle 会使用的 Extent 大小为 64K、1M、8M、64M。根据 Oracle 数据库系统上的 Extent 使用结果，99.95%的 Extent 使用的是 64K，只有少部分使用 1M 的 Extent，所以，其实碎片的情况并不严重，使用 AUTOALLOCATE 其实就够用了。

（2）查看某个 TABLESPACE 所使用的 Extent 种类

SQL>Select bytes,count(*) from dba_extents where TABLESPACE_NAME='<表空间名>' group by bytes;

例如：

SQL>Select bytes "空间字节",count(*) "该字节的个数" from dba_extents where TABLESPACE_NAME='GCC_TS_YJ_1' group by bytes; [00095]

3. LOCAL MANAGED 中的 Segment（段）的空间管理 AUTO（自动）与 MANUAL（手动）参数

表空间中的 Segment 空间管理，可以设置的参数为 AUTO（自动）与 MANUAL（手动)。MANUAL（手动）是使用 PCTUSED（已用百分比）、FREELISTS（空闲列表数，相当于一个个的饮水机，而一个想喝水的人就是一个准备向 Segment 中插入数据的会话）、FREELIST GROUPS（相当于往饮水机里注水的注水员）的方式来管理 Segment 中的 Data Block；而 AUTO 则是使用 Bitmaps 来管理 Data Block。如果使用 AUTO 来管理，以往 CREATE 表空间或 CREATE TABLE 使用的 STORAGE 参数不需要了，因为 Data Block 的管理已经是 Bitmaps，不再是 Free List。如果没有特别的需求，使用 AUTO 会比使用 MANUAL 有更好的空间利用率与效能上的提升。Oracle 11g 的表空间默认都是 AUTO。

4.1.3 表空间（TABLESPACE）的创建

在 4.1.2 节简要描述了数据库对表空间（TABLESPACE）的两种管理方式，重点介绍了本地管理表空间（LOCAL MANAGED TABLESPACE），下面对表空间（TABLESPACE）的创建及维护进行描述。

1. 创建表空间的完整语法

```
Create [UNDO|BIGFILE] TABLESPACE <ts_name>
DATAFILE <file_spec1> [,<file_spec2>]
mininum extent <m> k|m
blocksize <n> [k]
logging
force logging
DEFAULT STORAGE
ONLINE | OFFLINE
permanent | TEMPORARY
extent manager
AUTOALLOCATE | UNIFORM
segment manager


CREATE [PERMANENT|TEMPORARY|BIGFILE|UNDO] TABLESPACE tablespace_name
      DATAFILE 'path/filename' [SIZE INTEGER[K| M]] [REUSE]
      [AUTOEXTEND [OFF | ON ]]
      [NEXT INTEGER[K | M]]
      [MAXSIZE [UNLIMITED | INTEGER[K | M]]]
      [MINIMUM EXTENT INTEGER[K | M]]
      [BLOCKSIZE integer [k]]
      [DEFAULT STORAGE storage_clause]
      [ONLINE | OFFLINE]
      [LOGGING | NOLOGGING]
      [FORCE LOGGING]
      [EXTENT MANAGEMENT [DICTIONARY | LOCAL]]
      [AUTOALLOCATE | UNIFORM [SIZE INTEGER[K | M]]]
      [SEGMENT SPACE MANAGEMENT [AUTO | MANUAL]]
```

语法中的参数说明如表 4.1 所示。

表 4.1 创建表空间完整语法中的参数说明

参　　数	说　　明	备　　注
PERMANENT|TEMPORARY|BIGFILE|UNDO	指定系统创建一个永久、临时的大文件或回滚表空间。 永久表空间存放的是永久对象，临时表空间存放的是 SESSION 生命期中存在的临时对象。这个参数生成的临时表空间创建后一直都是字典管理，不能使用 Extent Management local 选项。如果要创建本地管理临时表空间，必须使用 CREATE TEMPORARY TABLESPACE … TEMPFILE…。声明了这个参数就不能声明 Block Size。	如果指定了 UNDO 参数，则 PERMANENT | TEMPORARY 参数不能指定。如果指定了 BIGFILE 参数，则 DATAFILE 只能是一个。 从 Oracle 11g 版本开始，引进了一个新的表空间类型，即大文件（BIGFILE）。与以前版本的最多可由 1022 个文件组成的表空间不同，大文件表空间存放在一个单一的数据文件中，并且它需要更大的磁盘容量来存放数据。大文件表空间可以根据选择的块的大小变化，从 32TB 增至 128TB
TABLESPACE	指定表空间名称	
DATAFILE	指定数据文件的路径、名称、大小及自增长状况。 [SIZE INTEGER[K|M]]：用来指定表空间在数据文件中所占的空间大小，K|M 是说大小的单位是 K 还是 M。具体形如：'D:\app\Administrator\oradata\gcc\TEST.DBF' size 50M autoextend on next 10M maxsize 500M，也可以指定 ON 为 OFF，就没有后面的递增和最大尺寸了，形如：'D:\app\Administrator\oradata\gcc\TEST.DBF' size 50M autoextend off，如果"Autoextend"为"On"，可以在 Maxsize 后面指定最大尺寸 Unlimited，表示表空间无限大，即没有限制 [REUSE]：如果创建表空间指定的数据文件已经存在，则需要使用 reuse 注明，否则会报错。 [AUTOEXTEND [OFF | ON]]： 禁止或允许自动扩展数据文件，默认情况下为 OFF。 [NEXT INTEGER[K|M]]：指定当需要更多盘区时分配给数据文件的磁盘空间，以 K 或 M 为单位。 [MAXSIZE [UNLIMITED | INTEGER[K | M]]]：指定允许分配给数据文件的最大磁盘空间，当为 UNLIMITED 时表示只有当磁盘空间满时，才不允许再扩展数据文件	一般对于生产系统，通常的做法是禁用"ON"选项而采用 OFF，这样，避免 Oracle 在此方面耗费系统资源，以提高性能
MINIMUM EXTENT INTEGER[K | M]	指定表空间的 Extent 的最小值。 initial 和 next 盘区大小应为 minimum extent 的整数倍	这个参数可以减少空间碎片，保证在表空间的 Extent 是这个数值的整数倍。 minextents 用于指定在创建时分配给段的盘区总数。使用这个参数，即使可用空间是不连续的，在创建对象时也能分配很大的空间。默认值和最小值都是 1。如果 minextents>1，盘区大小以 next 和 pctincrease 为基础计算

续上表

参　数	说　明	备　注
BLOCKSIZE integer [k]	设置块的大小。 这个参数可以设定一个非标准的块的大小。如果要设置这个参数，必须设置 db_block_size,至少一个 db_nk_block_size,并且声明的 integer 的值必须是 db_nk_block_size 的整数倍。注意：在临时表空间不能设置这个参数	如果要设置这个参数，必须设置成 DB_BLOCK_SIZE 或 db_nk_block_size 的整数倍
DEFAULT STORAGE storage_clause	表示为在该表空间创建的全部对象指定默认存储参数，没有指定时 Oracle 将会为所有对象指定系统默认的存储参数	storage_clause 的语法格式如下： 　STORAGE(　INITIAL integer[K|M] 　--为段分配第一个区的大小 　NEXT　 integer[K|M] 　--为第一个扩展分区的大小 　MINEXTENTS integer|UMLIMITED 　--创建段时分配的最小总区间数 　MAXEXTENTS integer|UMLIMITED 　--创建段时分配的最大总区间数 　PCTINCREASE integer 　--每次扩展增量的大小 　FREELISTS integer 　--模式对象中每一个自由列表组中自由列表的数量，表、族或索引的每个空闲列表组中的列表数量。 　FREELISTS GROUPS integer 　--指定表、族或索引的每个空闲列表组数量。 　)
ONLINE|OFFLINE	指定表空间状态	ONLINE（在线），OFFLINE（不在线）。 　ONLINE 是指在创建表空间之后使该表空间立即对授权访问该表空间的用户可用。 　OFFLINE 是指 OFFLINE 以后，未完成的事物可以提交或回滚，但不能发起新的事物，也不能进行查询。OFFLINE 的四种模式： 　（1）NORMAL：做检查点 　　alter tablespace gccs　offline; alter tablespace gccs online; 　（2）TEMPORARY：可以用在数据文件损坏的情况下： 　　offline tablespace 　　alter tablespace gccs offline temporary;alter tablespace gccs online; 　（3）IMMEDIATE：不做检查点，只有在归档模式下才可以 offline tablespace，online 时需要 recover，如下： 　　alter tablespace gccs offline immediate;recover tablespace gccs;alter tablespace gccs online; 　（4）FOR RECOVER：在归档模式下才可以 offonline

续上表

参　数	说　明	备　注
LOGGING | NOLOGGING	指定日志属性，它表示将来的表、索引等是否需要进行日志处理	默认是 LOGGING，表示需要进行日志处理；而 NOLOGGING 表示不需要进行日志处理
FORCE LOGGING	使用这个子句，指定表空间进入强制日志模式	此时系统将记录表空间上对象的所有改变，除了临时段的改变。这个参数高于 LOGGING 参数中的 NOLOGGING 选项。在临时表空间和回滚表空间中不能使用这个选项
EXTENT MANAGEMENT [DICTIONARY | LOCAL] 及 AUTOALLOCATE | UNIFORM [SIZE INTEGER[K | M]]	这是最重要的子句，说明表空间如何管理 Extent。一旦声明了这个子句，则只能通过移植的方式改变这些参数。 　　如果希望表空间本地管理的话，声明 local 选项。本地管理表空间是通过位图管理的。autoallocate 说明表空间自动分配 Extent，用户不能指定 Extent 的大小。 　　只有 9.0 以上的版本具有这个功能。uniform 说明表空间的范围的固定大小，默认是 1m。 　　不能将本地管理的数据库的 system 表空间设置成字典管理。Oracle 公司推荐使用本地管理表空间。 　　如果没有设置,extent_management_clause,oracle 会给它设置一个默认值。如果初始化参数 compatible 小于 9.0.0,那么系统创建字典管理表空间。 　　如果大于 9.0.0,那么按照如下设置： 　　如果没有指定 default storage_clause,Oracle 创建一个自动分配的本地管理表空间。否则，如果指定了 mininum extent,那么 oracle 判断 mininum extent、initial、next 是否相等,以及 pctincrease 是否=0,如果满足以上的条件，Oracle 创建一个本地管理 　　表空间,extent size 是 initial。 　　如果不满足以上条件，那么 Oracle 将创建一个自动分配的本地管理表空间。如果没有指定 mininum extent.initial、那么 Oracle 判断 next 是否相等,以及 pctincrease 是否=0。表示满足 Oracle 创建一个本地管理表空间并指定 uniform。否则 Oracle 将创建一个自动分配的本地管理表空间	本地管理表空间只能存储永久对象。如果声明了 local，将不能声明 default storage_clause、mininum extent 及 temporary
SEGMENT SPACE MANAGEMENT [AUTO | MANUAL]	指定表空间段的管理方式，AUTO 为系统自动管理，MANUAL 为手工管理。默认为 AUTO	段空间管理默认为自动（AUTO）

2. 表空间的状态

表空间（TABLESPACE）的状态有 3 种：ONLINE（在线）、OFFLINE（下线）、READ ONLY（只读）。

（1）ONLINE 是正常工作的状态。

（2）OFFLINE 状态下，是不允许访问数据的。

SYSTEM TABLESPACE 和 DEFAULT TEMP TABLESPACE 是不能被 OFFLINE 的，且带有 Active Undo Segments（活动的回滚段）的 TABLESPACE 也不能被 OFFLINE。

切换 ONLINE 和 OFFLINE 状态的命令如下：

```
SQL>ALTER TABLESPACE <ts_name> OFFLINE|ONLINE;                    [00096]
```

（3）当状态变成 READ ONLY 时，会产生一个 CheckPoint，此时数据只能读不能写，但是可以 DROP 对象，相关命令如下：

```
SQL>ALTER TABLESPACE <ts_name> READ ONLY; --只读                  [00097]
SQL>ALTER TABLESPACE <ts_name> READ WRITE;--可读写                [00098]
```

3. 表空间的存储设置

修改 TABLESPACE 和 DATAFILES 的存储设置。这项工作是指修改 TABLESPACE 的大小和 DATAFILE 的存放位置。

在修改 TABLESPACE 的大小之前，需要先知道 TABLESPACE 的当前存储情况。可以用下面的 SQL 语句实现：

```
SQL>SELECT a.TABLESPACE_NAME,a.bytes/1024/1024 "总大小(M)",b.largest/
1024/1024 "已使用(M)",round(((a.bytes - b.bytes) / a.bytes)*100, 2) "使用百分
比%" FROM (SELECT TABLESPACE_NAME,SUM(bytes) bytes FROM Dba_Data_Files GROUP
BY TABLESPACE_NAME) a,(SELECT TABLESPACE_NAME,SUM(bytes) bytes,MAX(bytes)
largest FROM dba_free_space GROUP BY TABLESPACE_NAME) b WHERE a.TABLESPACE_
NAME = b.TABLESPACE_NAME ORDER BY ((a.bytes - b.bytes) / a.bytes) DESC;
                                                                  [00099]
```

修改 TABLESPACE 的大小，主要通过 DATAFILE 的大小来实现，修改 DATAFILE 的大小有以下 3 种方法。

（1）使数据文件自增长

表 DBA_DATA_FILES 中有一个字段 AUTOEXTENSIBLE 与这个方法对应，它指示数据文件是否自增长，也就是数据文件不能满足存储需求时，是否自动增加大小来满足需求。先运行下列命令创建一个 DATAFILE 大小为 5M 的表空间 TS_TEST_001：

```
SQL>CREATE TABLESPACE TS_TEST_001 DATAFILE 'D:\app\Administrator\oradata\
gcc\TS_TEST_001_01.DBF' size 5M;                                  [000100]
```

这时，AUTOEXTENSIBLE 是 NO，也就是数据文件的大小是固定的，不会自增长（当然，也可以在创建命令中加入指令设置自增长）。下面手动来修改数据文件为自增长：

```
SQL>ALTER DATABASE DATAFILE 'D:\app\Administrator\oradata\gcc\TS_TEST_
001_01.DBF' autoextend on next 5M maxsize 50M;                    [000101]
```

这条命令将 TS_TEST_001_01.DBF 数据文件设置为按 5M 大小进行自增长，最大为 50M。（临时表空间用 ALTER DATABASE tempfile…，下同）

改变数据文件大小：以前面的数据文件为例，想将数据文件设置为 100M 大小，可以执行命令：

```
SQL>ALTER DATABASE DATAFILE 'D:\app\Administrator\oradata\gcc\TS_TEST_
001_01.DBF' resize 100M;                                          [000102]
```

（2）添加数据文件

这应该是最好的一种方式，便于管理。以本例表空间 TS_TEST_001 为例，添加数据文件的命令如下：

```
SQL>ALTER TABLESPACE TS_TEST_001 ADD DATAFILE 'D:\app\Administrator\
oradata\gcc\TS_TEST_001_02.DBF' size 5M autoextend on next 5M maxsize 50M;
                                                                   [000103]
```

这条命令就直接指定了数据文件自增长。

（3）移动数据文件

除了修改表空间的大小，存储设置中还可以进行的一项工作就是移动数据文件。

移动数据文件有两种方法，一种是使用 ALTER TABLESPACE 命令，另一种是使用 ALTER DATABASE 命令。

使用 ALTER TABLESPACE 移动数据文件前，需要先将表空间 OFFLINE，然后目标数据文件必须存在（也就是将需要移动的数据文件复制到目的地）。以数据文件 TS_TEST_001_01.DBF 移动到上一层目录为例。

首先执行命令：

```
SQL>ALTER TABLESPACE TS_TEST_001 OFFLINE ;                        [000104]
```

然后将 TS_TEST_001_01.DBF 复制到上一级目录，再执行命令：

```
SQL>ALTER TABLESPACE TS_TEST_001 RENAME DATAFILE 'D:\app\Administrator\
oradata\gcc\TS_TEST_001_01.DBF' TO 'D:\app\Administrator\oradata\TS_TEST_
001_01.DBF';                                                       [000105]
```

再次将表空间 ONLINE（在线）即可。

```
SQL>ALTER TABLESPACE TS_TEST_001 ONLINE;                          [000106]
```

使用 ALTER DATABASE 移动数据文件时，同样，目标数据文件必须存在（原文件的副本）且数据库需要处于 MOUNTED 状态。第一种方法，已经将数据文件移动到父一级目录，下面再将它移回来。先关闭数据库：

```
SQL>SHUTDOWN IMMEDIATE;                                           [000107]
```

最后启动数据库，启动选项为 MOUNT，即 STARTUP MOUNT，执行移动命令：

```
SQL>ALTER DATABASE rename file 'D:\app\Administrator\oradata\TS_TEST_
001_01.DBF' TO  'D:\app\Administrator\oradata\gcc\TS_TEST_001_01.DBF';
                                                          [000108]
```

使用 ALTER DATABASE 移动数据文件，执行完移动命令后需再执行介质恢复，因为在这种情况下，Oracle 认为此数据文件已经破坏，需要介质恢复（使用备份、日志信息来恢复）。

如果不执行介质恢复，直接打开数据库，即 ALTER DATABASE OPEN，数据库会报出如下错误信息：

ORA-01113:文件 21 需要介质恢复

ORA-01110:数据文件 21：'D:\app\Administrator\oradata\gcc\TS_TEST_001_01.DBF'

执行命令介质恢复命令：

```
SQL>RECOVER DATAFILE 'D:\app\Administrator\oradata\gcc\TS_TEST_001_01.DBF';
                                                          [000109]
```

提示完成介质恢复，再打开数据库：

```
SQL>ALTER DATABASE OPEN;                                  [000110]
```

4．删除表空间

删除表空间，使用命令：

```
SQL>DROP TABLESPACE  <TS_NAME>                            [000111]
```

有 3 个删除选项：

- INCLUDING CONTENTS：指示删除表空间中的 Segments（段），即只删除表空间，数据文件保留。
- INCLUDING CONTENTS AND DATAFILES：指示删除 Segments 和 DATAFILES，即表空间及数据文件都删除。
- CASCADE CONSTRAINTS：删除所有与该空间相关的完整性约束条件。

例如，将表空间 TS_TEST_001 彻底删除。

```
SQL>DROP TABLESPACE TS_TEST_001 INCLUDING CONTENTS AND DATAFILES CASCADE
CONSTRAINTS;                                              [000112]
```

注：SYSTEM 表空间以及具有 Active（活动） Segments 的表空间不允许删除。

4.2　表空间的查看

对表空间的查看是数据库运维人员必须掌握的技能，也是经常性的操作。本节将表空间信息分成两类：一类是固定信息，包括表空间创建时设定的固定参数信息、表空间的名称及大小、表空间物理文件的名称及大小、Database 的 DEFAULT TEMPORARY

TABLESPACE 等；另一类是动态信息，包括数据文件使用情况、表空间的使用情况等，下面针对这两类信息的查看进行描述。

4.2.1 表空间固定信息的查看

1. 表空间创建时设定的固定参数信息的查看

在使用命令行创建表空间时，Extent（区）分配规则方案、ALLOCATION_TYPE（区分配类型）以及 Segment（段）对象管理方式，以下 3 个参数是必须配置的。

（1）Extent（区）分配规则方案

表空间对 Segment（段）对象（表、索引、聚集、簇等数据库模式对象）进行增加空间分配时，使用的分配方法和策略。一个是 Local（本地），另一个是 Dictionary（字典），这些分配方法和策略体现为 Oracle 数据库自 8i 起为表空间提供两种管理方式，数据字典管理（Extent Management Dictionary）和本地管理（Extent Management Local），前者为传统管理方式。其详细介绍参见 4.6、4.7 节。

（2）ALLOCATION TYPE（区分配类型）

ALLOCATION TYPE（区分配类型）有 3 个选项值。

① system：一旦设定该值，next_extent 值将为空，只有 extents 值。

该值是默认值。这个选项的最小值是 64K。

② user：一旦设定该值，就允许控制 next_extent 了。只有两种情况出现 users：一是该表空间是数据字典管理的；另一个是该表空间是从数据字典管理（dictionary）转移到本地管理（local）的（使用 SQL>exec dbms_space_Admin.tablespace_migrate_to_local (tablespace_name=>'表空间名称')实现转移）。

③ uniform：将标明所有的 extent 的大小将一致，临时（temp）表空间只能采用这个方式；以上两个情况的 extent 的大小将不一致；uniform 中的默认值为 1M。

其详细介绍参见 4.6、4.7 节。

（3）Segment（段）对象管理方式

Segment（段）对象管理方式分为 AUTO（自动段对象管理）和 MANUAL（手动段对象管理）。

① AUTO（自动）：使用 bitmap 管理段（segment）。当设置为 AUTO 时，对表而言，INITRANS 和 MAXTRNAS 不再设置，由 Oracle 自己管理。

② MANUAL（手动）：使用 freelist 管理段（segment）。当设置为 MANUAL 时，对表而言，使用 INITRANS 和 MAXTRNAS 来控制事务。

其详细介绍参见 4.6、4.7 节。

查看上面 3 个固定参数信息的 SQL 语句如下：

SQL>SELECT TABLESPACE_NAME "表空间名称", extent_management "管理方式",

allocation_type "区分配类型",SEGMENT_SPACE_MANAGEMENT "段管理方式" from DBA_TABLESPACEs;　　　　　　　　　　　　　　　　　　　　　　　　　　　　[000113]

2. 查看表空间的名称及大小

SQL>select t.TABLESPACE_NAME, round(sum(bytes/(1024*1024)),0) "总空间(M)" from dba_TABLESPACEs t, dba_data_files d where t.TABLESPACE_NAME = d.TABLESPACE_NAME group by t.TABLESPACE_NAME;　　　　　　　　[000114]

3. 查看表空间物理文件的名称及大小

（1）查看永久表空间

SQL>select TABLESPACE_NAME, file_id, file_name,round(bytes/(1024*1024),0) "总空间(M)" from dba_data_files order by TABLESPACE_NAME;　　[000115]

（2）查看临时表空间

SQL>select TABLESPACE_NAME, file_id, file_name,round(bytes/(1024*1024),0) "总空间" from dba_temp_files order by TABLESPACE_NAME;　　　　[000116]

4. 查看/修改 Database 的 DEFAULT TEMPORARY TABLESPACE

SQL>SELECT PROPERTY_NAME, PROPERTY_VALUE FROM DATABASE_PROPERTIES WHERE PROPERTY_NAME='DEFAULT_TEMP_TABLESPACE';
SQL>ALTER DATABASE DEFAULT TEMPORARY TABLESPACE TABLESPACE_NAME;　[000117]

示例：将 GCC_TS_LS_1 临时表空间更改为自动临时表空间。

SQL>ALTER DATABASE DEFAULT TEMPORARY TABLESPACE GCC_TS_LS_1;　[000118]

4.2.2 表空间动态信息的查看

1. 查看数据文件使用情况

SQL>select /*+ ordered use_hash(a,b,c) */ a.file_id "文件编号",a.file_name "文件名称",a.filesize "数据文件占用磁盘空间大小", b.freesize "文件中被标记为空闲的空间大小", (a.filesize-b.freesize) "使用的空间大小", c.hwmsize "已经分配出去的空间大小",c.hwmsize - (a.filesize-b.freesize) unsedsize_belowhwm, a.filesize - c.hwmsize "剩余磁盘空间" from (select file_id,file_name,round(bytes/1024/1024) filesize from dba_data_files) a, (select file_id,round(sum(dfs.bytes)/1024/1024) freesize from dba_free_space dfs group by file_id) b, (select file_id,round(max(block_id)*8/1024) HWMsize from dba_extents group by file_id) c where a.file_id = b.file_id and a.file_id = c.file_id order by unsedsize_belowhwm desc;　　　　　　　　　　　　　　　　　　　　　　[000119]

注：unsedsize_belowhwm：理论上可以回收的空间。

2. 查看表空间的使用情况

（1）永久表空间的使用情况

SQL>select TABLESPACE_NAME,sum(bytes)/(1024*1024) "剩余空间(M)" from dba_free_space group by TABLESPACE_NAME;　　　　　　　　　　　　[000120]

（2）临时表空间的使用情况

```
SQL>SELECT * from DBA_TEMP_FREE_SPACE;                    [000121]
```

4.3 表空间管理准则

上面对表空间的类型、管理以及查看进行了简要介绍，对于如何维护好表空间，使得数据库的存储性能更好，这其中是有很大学问的。下面从 Oracle 数据库存储部署方面说明表空间的一般管理准则。

1．使用多个表空间

使用多个表空间的优点如下。
- 用户数据与数据字典数据分离，减少竞争。
- 应用程序之间的数据分离，防止某个表空间脱机后对整个应用造成影响。
- 不同磁盘驱动器上存储数据，减少 I/O 竞争。
- 回滚段数据与用户数据分离，防止单磁盘故障造成数据永久丢失。
- 可以控制单个表空间脱机，提供更高的整体可用性。
- 为特定类型数据库使用保留表空间，可优化表空间的使用。
- 可以备份单独的表空间。

2．指定表空间默认的存储参数

优点是为表空间设置合适的参数。

3．为用户指定表空间限额

优点是可以有效控制表空间的大小，限制用户权限，防止发生意外。

依据上述 3 项管理准则，在具体实施上，可以这样做。

- 如果数据库的登录账户不止一个，应该为每个账户维护一套独立的表空间系统，做到表空间在账户间不相互混用（笔者在实际部署中就是这样做的，效果很好），这一点很重要。如何把表空间归属到各自所属的账户下，请参阅有关账户创建文献中的描述（Oracle 数据库账户的创建与维护不在此描述）。
- 独立的表空间系统是指每个账户都拥有属于自己的表空间类型，主要的表空间类型是永久、临时、回滚。对于永久表空间类型，还要区分出用于专门存放表数据的和索引数据的。也就是说，要维护 n 个专门存储表原始数据的永久类型表空间和 n 个专门存储索引数据的永久类型表空间，换句话说就是表原始数据和索引数据不得混用，这一点也很重要。如何把表原始和索引数据归属到各自所属表空间上，请参阅有关表和索引创建文献中的描述（Oracle 数据库表和索引的创建与维护不在此描述）。
- 关于数据文件（datafile 和 tempfile）的存放位置，原则上分散部署存放。如果是盘阵且条件允许，则各自部署到不同的物理磁盘上，这样会极大地提高访问速度。

或者也可以这样做——为每个账户分配一个物理磁盘，然后把所属此账户的表空间统一部署到这个磁盘上。也就是说一个账户占用一个磁盘，当然，前提是条件允许。
- 关于数据库存储的部署策略要依据实际的生产环境及条件，以及未来对数据库维护需求进行周密规划，拿出一个切实可行且效率最优的方案。

4.4 创建表空间应遵循的一般原则

在 4.3 节中说明了表空间管理的准则，是从数据库存储部署方面说明的，而就具体表空间的创建也是有原则要求的，一般应遵循的原则包括下面的内容：
- 创建本地管理的表空间；
- 在本地管理表空间 TABLESPACE 中指定段空间管理；
- 关于本地管理表空间 TABLESPACE 的修改规则；
- 创建临时表空间。

下面逐一说明。

1. 创建本地管理的表空间

Oracle 创建的表空间默认均是本地管理，明确的表述应该是：

在 CREATE 表空间语句中 EXTENT MANAGEMENT 子句中指定 LOCAL，然后可以用 AUTOALLOCATE 选项（默认）来使 Oracle 自动管理盘区。

例如：

```
SQL>CREATE   TABLESPACE   TS_TEST_002   DATAFILE   'D:\app\Administrator\
oradata\gcc\TS_TEST_00201.dbf' SIZE 50M
    EXTENT MANAGEMENT LOCAL AUTOALLOCATE;                    [000122]
```

也可以使用一个指定大小（UNIFORM SIZE）的统一大小区来管理该 TABLESPACE。

```
SQL>CREATE   TABLESPACE   TS_TEST_002   DATAFILE   'D:\app\Administrator\
oradata\gcc\TS_TEST_00201.dbf' SIZE 50M
    EXTENT MANAGEMENT LOCAL UNIFORM SIZE 128K;               [000123]
```

如果未指定区大小，则默认为 1M，说明数据文件至少要大于 1MB。

如果 TABLESPACE 被期望用于包含需要不同区大小和拥有很多区大小变动的对象，那么，选择 AUTOALLOCATE 是最好的选择。

AUTOALLOCATE 是一种管理 TABLESPACE 的简便方法，它有可能造成空间浪费。如果需要准确控制未用空间，并能够精确预计出一个或多个对象的分配空间以及它们各自的区大小，那么就可以使用 UNIFORM SIZE 指定统一区大小，以达到充分利用空间的目的，否则，采用 AUTOALLOCATE。

2. 在本地管理表空间 TABLESPACE 中指定段空间管理

可使用 SEGMENT SPACE MANAGEMENT 子句来设置段空间管理模式，有以下几种模式。

（1）MANUAL：使用段中管理空闲空间的空闲列表。

（2）AUTO（默认）：使用位图管理段中的空闲空间，又称自动段空间管理。

AUTO 是更加简单、有效的管理方法，完全消除了为表空间中创建的段指定和调整 PCTUSED、FREELISTS、FREELISTS GROUPS 属性的任何必要。

示例：

```
SQL>CREATE    TABLESPACE   TS_TEST_002   DATAFILE   'D:\app\Administrator\
oradata\gcc\TS_TEST_00201.dbf' SIZE 50M EXTENT MANAGEMENT LOCAL SEGMENT SPACE
MANAGEMENT AUTO;                                                     [000124]
```

注：尽管 AUTO 自动段管理显示出令人激动的特性并能够简化 DBA 的工作，但也有局限性，具体如下：

（1）一旦 DBA 被分配之后，它就无法控制 TABLESPACE 内部的独立表格和索引的存储行为。

（2）大型对象不能使用 ASSM，而且必须为包含有 LOB 数据类型的表格创建分离的 TABLESPACE。

（3）不能使用 ASSM 创建临时的 TABLESPACE，这是由排序时临时分段的短暂特性所决定的。

（4）只有本地管理的 TABLESPACE 才能使用位图分段管理。

（5）使用超高容量的 DML（如 INSERT、UPDATE 和 DELETE 等）时可能会出现性能上的问题。

3. 关于本地管理表空间 TABLESPACE 的修改规则

- 不能将本地管理 TABLESPACE 改为本地管理的 TEMP TABLESPACE。
- 不能改变 TABLESPACE 的段空间管理方式。
- 本地管理 TABLESPACE 没有必要合并空闲盘区。
- 可以添加数据文件。
- 可以改变 TABLESPACE 状态（ONLINE/OFFLINE）。
- 修改 TABLESPACE 为只读 OR 只写。
- Rename（移动）数据文件。
- 启用/禁用该 TABLESPACE 数据文件的自动盘区（EXTENT）大小。

4. 创建临时表空间

临时表空间主要用于提高多个排序操作的并发能力、减小开销，或避免 Oracle 空间管理操作混在一起进行。临时表空间创建之后，可以被多个用户共享。

一个给定实例和表空间的所有排序操作共享一个单一的排序段，即排序段为一个给定表空间的每个执行排序操作的实例而存在。

排序段由使用临时表空间用于排序的第一个语句创建，并在关闭时释放，一个盘区不能被多个事务共享。

可以使用 V$SORT_SEGMENT 视图来查看临时表空间排序段的空间分配和回收情况。

用 V$SORT_USAGE 视图查看这些段的当前排序用户。

注：临时表空间中不能创建明确对象。

（1）创建本地管理的临时表空间

```
SQL>CREATE TEMPORARY TABLESPACE TS_TEMP_001 TEMPFILE 'D:\app\Administrator\
oradata\gcc\TS_TEMP_00101.dbf' SIZE 20M REUSE EXTENT MANAGEMENT LOCAL UNIFORM
SIZE 16M;                                                          [000125]
```

注 1：临时数据文件信息查询与数据文件不同，需要查询 V$TEMPFILE 和 DBA_TEMP_FILES，但结构与 V$DATAFILE 和 DBA_DATA_FILES 类似。

注 2：临时表空间在初次使用时才分配空间，可以更快地创建和修改大小，但要注意磁盘大小。

（2）本地管理临时表空间的修改

① 添加临时文件，语句如下：

```
SQL>ALTER TABLESPACE TS_TEMP_001 ADD TEMPFILE 'D:\app\Administrator\
oradata\gcc\TS_TEMP_00102.dbf' SIZE 20M REUSE;                     [000126]
```

② 改变临时文件状态：

```
SQL>ALTER DATABASE TEMPFILE 'D:\app\Administrator\oradata\gcc\TS_TEMP_
00102.dbf' ONLINE|OFFLINE;                                         [000127]
```

③ 更改临时文件大小：

```
SQL>ALTER DATABASE TEMPFILE 'D:\app\Administrator\oradata\gcc\TS_TEMP_
00102.dbf' RESIZE 4M;                                              [000128]
```

④ 取消临时文件并删除相应操作系统文件：

```
SQL>ALTER DATABASE TEMPFILE 'D:\app\Administrator\oradata\gcc\TS_TEMP_
00102.dbf' DROP INCLUDING DATAFILES;                               [000129]
```

4.5 表空间创建模板及其删除应用场景分析

在前面的章节对表空间的管理、维护以及表空间管理准则、创建原则进行了必要的描述。在实际运维中，尤其是表空间的删除操作，对于作废的不再使用的表空间彻底清除很好理解，目的是为了腾出空间；但对于把正常的且在用的表空间删除，就不好理解了。数据库运维人员在维护自己的数据库时，可能为达到某种目的（如数据表迁移、数据文件迁移、表空间迁移等），到底创建一个什么样的能够适合需要且满足某种需求的表空间以及为达到某种目的（如表空间碎片太多了又无法回收，需将旧表空间的数据迁移到新表空间，然后删除旧表空间及数据文件以达到节省磁盘存储空间的目的，或者为了改善存储及检索性能需将旧数据"搬家"，"搬家"后需将旧的东西清除；抑或是表空间出了问题不能 ONLINE 了，但数据文件是好的，需要清除有问题的表空间，然后把问题表空间对应的数据文件迁移到新表空间下，这就需要删除问题表空间保留数据文件操作……)，到底以怎样的方式删除表空间，下面就这些问题进行说明。

4.5.1 表空间创建模板语句

在前面讲述了表空间的创建语法及简单的维护示例，以及管理准则和创建应遵循的一般原则，只是从理论和经验角度展开的论述，更多人更关心的是有没有一个成熟的模板来参考，以指导工作中的实践。这些模板是应用中比较常见且多的，包括指定不同于标准块大小的表空间创建模板 SQL、区统一/段自动/文件扩展非自动表空间创建模板 SQL、区大小统一为 1M 表空间创建模板 SQL、区自动大小表空间创建模板 SQL 等，拿来与读者分享并希望能帮到读者朋友们，下面分别进行介绍。

1．指定不同于标准块大小的表空间创建

```
SQL>ALTER SYSTEM SET DB_16K_CACHE_SIZE=256M scope=both  --开辟非标准块缓存；
SQL>CREATE TABLESPACE TS03 DATAFILE  'D:\app\Administrator\oradata\gcc\TS03_01.dbf' SIZE 10485760
    LOGGING ONLINE PERMANENT  --永久在线
    BLOCKSIZE 16k  --指定非标准块大小
    EXTENT MANAGEMENT LOCAL  --区本地管理
    UNIFORM SIZE 4194304  --统一区的大小
    SEGMENT SPACE MANAGEMENT AUTO  --段自动管理；            [000130]
```

上面 SQL 语句中指定了 16K 大小的块字节，那么在指定区大小字节时，一般为块字节大小的整数倍。此 SQL 语句指定了区大小为 4 194 304 字节，是 16K（16×1 024=16 384 字节）的 256（4 194 304/16 384=256）倍。

2．区统一/段自动/文件扩展非自动表空间创建

（1）段自动管理

```
SQL> CREATE TABLESPACE TS04
     DATAFILE  'D:\app\Administrator\oradata\gcc\TS04_01.dbf'  size  100m autoextend off
     extent management local  --区本地管理
     UNIFORM SIZE 1m  -- 统一区大小
     segment space management auto  -- 段自动管理；          [000131]
```

（2）段手动管理

```
SQL>CREATE TABLESPACE TS05
    DATAFILE  'D:\app\Administrator\oradata\gcc\TS05_01.dbf'  size  50m autoextend off
```

```
extent management local --区本地管理
UNIFORM SIZE 1m -- 统一区大小
segment space management manual -- 段手动管理;                    [000132]
```

3. 创建区统一 1M 大小表空间

```
SQL>CREATE TABLESPACE TS20 DATAFILE
    'D:\app\Administrator\oradata\gcc\TS20_01.DBF'  SIZE 50M
    REUSE --重复使用
    AUTOEXTEND ON NEXT 51200K MAXSIZE 3900M --自动扩展,每次扩展51200K,文件最大 3900M,
    'D:\app\Administrator\oradata\gcc\TS20_02.DBF'  SIZE 50M
    REUSE --重复使用
    AUTOEXTEND ON NEXT 51200K MAXSIZE UNLIMITED --自动扩展,每次扩展51200K,文件最大无限制,
    'D:\app\Administrator\oradata\gcc\TS20_03.DBF'  SIZE 50M
    REUSE --重复使用
    AUTOEXTEND ON NEXT 51200K MAXSIZE UNLIMITED --自动扩展,每次扩展51200K,文件最大无限制
    LOGGING
    ONLINE PERMANENT BLOCKSIZE 8192 --永久在线,块字节 8192 (8K)
    EXTENT MANAGEMENT LOCAL UNIFORM SIZE 1M ----区管理本地,统一区字节大小为 1M
    DEFAULT NOCOMPRESS --不压缩
    SEGMENT SPACE MANAGEMENT AUTO --段管理自动;                   [000133]
```

4. 创建区自动大小表空间

```
SQL>CREATE TABLESPACE TS21 DATAFILE
    'D:\app\Administrator\oradata\gcc\TS21_01.DBF'  SIZE 50M
    REUSE --重复使用
    AUTOEXTEND ON NEXT 51200K MAXSIZE 3900M --自动扩展,每次扩展51200K,文件最大 3900M,
    'D:\app\Administrator\oradata\gcc\TS21_02.DBF'  SIZE 50M
    REUSE --重复使用
    AUTOEXTEND ON NEXT 51200K MAXSIZE UNLIMITED --自动扩展,每次扩展51200K,文件最大无限制
    'D:\app\Administrator\oradata\gcc\TS21_03.DBF'  SIZE 50M
    REUSE --重复使用
    AUTOEXTEND ON NEXT 51200K MAXSIZE UNLIMITED --自动扩展,每次扩展51200K,文件最大无限制
    LOGGING
    ONLINE PERMANENT BLOCKSIZE 8192 --永久在线,块字节 8192 (8K)
    EXTENT MANAGEMENT LOCAL AUTOALLOCATE --区管理本地,区字节大小自动
    DEFAULT NOCOMPRESS --不压缩
    SEGMENT SPACE MANAGEMENT AUTO --段管理自动;                   [000134]
```

4.5.2 表空间删除的 4 种方式及其应用场景分析

对于一个在线应用来说,正常情况下,联机表空间的删除操作一般不会发生,除误

操作外，基本没有，特殊情况除外。因为联机表空间被误删后会导致数据库报 ORA-01203 的错误，这个错误将使得数据库不能正常打开，还有其他一些问题，在此就不一一列举了。通常只有在为达到某种目的（如旧表空间磁盘碎片严重到一定程度且无法根治、存在大量的闲置空间且不能有效利用以及访问效率严重低下等问题），将旧表空间数据迁移到新表空间已达到更好的存储性能、访问效率，且在经过严格确认旧表空间已经彻底作废后，为了腾出空间而实施的彻底清除。这就是前面提到的特殊情况。

表空间的 4 种删除方式如下：
- 删除表空间及其数据文件；
- 删除表空间及其数据文件、约束条件；
- 只删除表空间，数据文件保留；
- 删除表空间及其约束条件等，数据文件保留。

下面针对表空间的 4 种删除方式及其应用场景进行描述。

1. 删除表空间及其数据文件

如果其他表空间中的表有外键等约束关联到本表空间中的表的字段，比如外键，即本表空间的这张被外键引用的表肯定是父表（主表），而设置外键的表（引用表）不在本表空间中，肯定是子表（从表），就要加上 CASCADE CONSTRAINTS，否则将报出"ORA-02449: 表中的唯一/主键被外部关键字引用"错误。

此删除方式将删除与表空间相关联的数据文件，如与表空间相关联的各种约束信息保留。一般应用场景是数据迁移（搬家），表空间及其包含的数据文件已经彻底作废，但表空间除"外键（FOREIGN KEY… REFERENCES…）"以外的约束，比如非空约束（NOT NULL）、唯一约束（UNIQUE）、主键约束（Primary Key）、检查约束（Check）等，打算让它们仍然有效。

通常的做法是将旧表空间中的数据迁移到新表空间后实施此操作，原有的约束条件不需要重建。

删除表空间及其数据文件的 SQL 语句如下：

```
SQL>DROP TABLESPACE 表空间名称 including contents and datafiles --删除表空间及其数据文件；                                                      [000135]
```

2. 删除表空间及其数据文件、约束条件

此删除方式将删除与本表空间相关联的所有东西，为不留任何痕迹地彻底清除，一般应用场景是数据迁移（搬家），旧的表空间及其包含的数据文件、约束等已经彻底作废。通常的做法是将旧表空间中的数据迁移到新表空间后实施此操作，与上面不同的是相关约束条件必须重建。

删除表空间及其数据文件、约束条件的 SQL 语句如下：

```
SQL>DROP TABLESPACE 表空间名称 INCLUDING CONTENTS AND DATAFILES CASCADE CONSTRAINTS  --删除表空间及其数据文件、约束条件等；           [000136]
```

3. 只删除表空间，数据文件保留

此删除方式只删除表空间本身，其他相关联的东西（数据文件、约束等）保留，其应用场景笔者没有亲历过。表空间一旦删除后，通过 Oracle 数据库自身是无法恢复该删除表空间所属数据文件数据的。据了解，Oracle 以外的第三方工具可以做到，这个第三方工具叫 PRM（ParnassusData Recovery Manager），该工具是企业级 Oracle 数据库灾难恢复软件，可直接从 Oracle9i/10g/11g/12c 的数据库数据文件（datafile）中抽取还原数据表上的数据，而不需要通过 Oracle 数据库实例上执行 SQL 来拯救数据（笔者没用过）。

只删除表空间，数据文件保留 SQL 语句如下：

```
SQL>DROP TABLESPACE TS20 including contents --只删除表空间，数据文件保留；
                                                              [000137]
```

4. 删除表空间及其约束条件等，数据文件保留

此删除方式将删除表空间本身及其约束，其他相关联的东西（数据文件等）保留，其应用场景笔者没有亲历过。

删除表空间及其约束条件等，数据文件保留的 SQL 语句如下：

```
SQL>DROP TABLESPACE TS08_1 INCLUDING CONTENTS CASCADE CONSTRAINTS --删
除表空间及其约束条件等，数据文件保留；
                                                              [000138]
```

注：这些删除操作都需要使用 DBA 用户才可以，普通用户必须具备 DROP TABLESPACE 的权限，而在删除表空间的物理文件时需要格外注意，否则，一旦删除表空间的物理文件，Oracle 的数据是无法恢复的。因此，无论是开发环境还是生产环境，尤其是生产环境，凡涉及规模较大的数据删除操作，在操作之前一定做好数据备份，以防不测。

4.6 关于表空间创建的数据文件 DATAFILE 参数

表空间是"表空间、段、区、块"4 层逻辑结构中唯一与特定物理文件对应的层次。一个表空间可以对应不同硬盘上的多个文件，而一个文件只能属于一个表空间。

在建立表空间时，都会生成至少一个数据文件作为表空间信息保存的地方。如果在 CREATE TABLESPACE 时没有进行指定 DATAFILE 子句，那么 Oracle 会自动依据 OMF（Oracle Managed File，Oracle 自动文件管理）的方式创建出一个数据文件。

指定数据文件的子句是使用 DATAFILE 作为关键字，后面内容包括文件路径、初始大小、扩展方式和每次增加空间大小。

```
SQL> CREATE TABLESPACE TS07
DATAFILE 'D:\app\Administrator\oradata\gcc\TS07_1.dbf' size 100m
REUSE --重复使用
AUTOEXTEND ON NEXT 50M MAXSIZE UNLIMITED -- 文件大小没有限制
extent management local --区本地管理
UNIFORM SIZE 1m  -- 统一区大小
segment space management auto -- 段自动管理;
                                                              [000139]
```

4.6.1 SIZE 子句

指定生成数据文件的初始大小，默认值通常为 100M。对成熟的系统部署移植工作而言，通常是可以确定文件的固定大小。避免经常性的文件膨胀，引起性能变化。

（1）Autoextend 开关与 Next 子句：文件大小变化开关是通过 Autoextend 来实现的。如果设置 On，表示该文件允许进行动态扩展，文件写满之后就会以 Next 指定的大小进行扩展。如果设置为 Off，则该文件不进行扩展。

（2）Next 子句：当文件设置为可扩展时，Next 为每次进行扩展的步长。如果数据文件是经常大批量的增加，设置一个较大的 Next 值为好。

（3）Maxsize 子句：文件大小上限。

4.6.2 EXTENT 分区分配方案

表空间 TABLESPACE 内部容纳的逻辑结构就是段 Segment 对象，其空间管理中一个重要方面就是将新的 EXTENT 分配给 Segment 对象。

一个 Segment 会包含一个或者多个 EXTENT 对象。EXTENT 区就是连续的 block 块集合。

数据库的一个重要指标就是并行度。一旦出现并行瓶颈，就意味着系统架构存在缺陷。DMT（Dictionary Managed Tablespace，字典管理表空间）就存在这样的问题，当表空间存在大量的分配请求时，该数据表容易形成瓶颈。于是，DMT 就被一种新的分配方法本地管理表空间（Locally Mangage Tablespace，LMT）所取代。

目前的 Oracle 数据库，都是默认使用 LMT 方法的。简单来说，就是利用位图表技术，将分配 EXTENT 的方法和记录都记载在数据文件的文件头上。这样，不同文件的分配压力，就从一个数据表上分散到多个文件上。

目前的 Oracle 数据库，是可以同时支持 LMT 和 DMT 的。但是，新系统一般都会使用 LMT。LMT 策略下，有存在分配 EXTENT 大小的问题。

每次进行 EXTENT 分配的策略，有自动分配大小（AUTOMATIC ALLOCATION）和统一大小（UNIFORM SIZE）两种方法。

AUTOMATIC ALLOCATION 自动分配大小：对每个分配 EXTENT 的大小，由系统自动进行大小判定。优点是每次的 EXTENT 大小比较灵活；缺点是很严重，就是引起大量的存储碎片。

UNIFORM SIZE 统一大小：每次分配的 EXTENT 的大小都是固定的，这样可以很大程度地避免碎片问题。默认 UNIFORM SIZE 大小是 1M。

4.6.3 关于 REUSE（重复使用）的说明

对于一个表空间，在向这个表空间创建或添加数据文件时，可以通过"REUSE"引用一个表空间删除后留下的数据文件（删除表空间时没有把数据文件一起删除），REUSE 的数据文件可以是存在的或不存在的，如存在则必须是不属于当前数据库的文件，或者说这个 DATA FILE 已被当前数据库视为无效。

创建表空间时，如果 REUSE 的数据文件指定了新的属性，如 FILE SIZE，那么就重用原文件并使用新的属性并继承新属性以外的原有其他属性。如果没有指定新属性，如 FILE SIZE，则完全继承当初设定的所有属性。不管哪种情况，其中的数据将全部丢失。换句话说，REUSE（重复使用）将清空原数据文件中的数据，这一点敬请读者注意。

对于一个表空间,在向这个表空间创建或添加数据文件时,如果 REUSE 的 DATA FILE 不存在，此参数将被忽略。

下面来做一个实验，实验的过程是先创建一个表空间并向其中加入数据，然后删除表空间，保留数据文件，最后再创建另外一个表空间，继续使用保留下来的已存在的数据文件，看一下数据是否还存在，如果不存在就对了。

1. 检验 DATAFILE 不存在，REUSE 参数被忽略

```
SQL> CREATE TABLESPACE TS08_1
DATAFILE 'D:\app\Administrator\oradata\dalin\TS08_1.dbf' size 100M
REUSE --重复使用
AUTOEXTEND ON NEXT 50M MAXSIZE UNLIMITED --文件大小没有限制
extent management local --区本地管理
UNIFORM SIZE 1m  -- 统一区大小
segment space management auto --段自动管理;                    [000140]
```

2. 创建表并指给 TS08_1

```
SQL> CREATE TABLE T0001 TABLESPACE TS08_1 as select * from dba_objects;
commit;
select count(*) from T0001;                                    [000141]
```

3. 删除表空间 TS08_1

```
SQL>DROP TABLESPACE TS08_1 including contents --只删除表空间,数据文件保留;
                                                               [000142]
```

4. 创建表空间，重复使用原来的 TS08_1.DBF 数据文件

```
SQL> CREATE TABLESPACE TS08_1
DATAFILE 'D:\app\Administrator\oradata\dalin\TS08_1.dbf' size 200M
REUSE --重复使用
AUTOEXTEND ON NEXT 100M MAXSIZE UNLIMITED
extent management local UNIFORM SIZE 1m  -- 统一区大小
segment space management auto --段自动管理;
select count(*) from T0001;                                    [000143]
```

"select count(*) from T0001;"语句会提示"ORA-00942 表或视图不存在"的信息，说明 REUSE（重复使用）后原数据文件中的数据被清空了。

4.7 关于表空间参数的其他说明

1. 段 Segment 管理策略

表空间创建参数中的 Segment 管理策略。Segment 对应的通常是一个数据库留存对象信息，如数据段、索引段、回滚段。Segment space management 对应的是对 Segment 空间管理的策略，目前有 auto 和 manual 两种方式。

（1）ASSM（Auto Segment Space Management）方式：ASSM 是代表新趋势的技术，10g 以后的版本中对应的 Shrink（收缩）Space 功能，就是以 ASSM 技术作为基础，有效减低 HWM，避免出现过多的空间浪费。在过去需要设计的 PCTFREE、PCTLIST 等参数，也使用自动化方式进行管理。

（2）手动（Manual）方式：与自动 ASSM 相对应。与 ASSM 的不同在于每个 Segment 对象都拥有独立的存储设置参数。

在 Segment 管理策略上，目前一般都选择 ASSM 策略。但并不意味着 ASSM 是万能的，还存在一些局限（参考前面的章节）。

2. Table/Segment/Extent/Block 之间的关系

Table 创建时，默认创建了一个 Data Segment，每个 Data Segment 含有 Min Extents 指定的 Extents 数，每个 Extent 根据表空间的存储参数分配一定数量的 Blocks。

3. TABLESPACE 和 DATAFILE 之间的关系

一个 TABLESPACE 可以有一个或多个 DATAFILE，每个 DATAFILE 只能在一个 TABLESPACE 内，table 中的数据，通过 HASH 算法分布在 TABLESPACE 中的各个 DATAFILE 中，TABLESPACE 是逻辑上的概念，DATAFILE 则在物理上存储了数据库的种种对象。

4.8 回收表空间中浪费的空间

如果数据库的 DML 操作非常频繁，尤其是 DELETE 操作，极易产生表空间碎片以及大量的闲置空间，而且这些闲置空间不能用作他用，造成空间的极大浪费，而且对数据访问效率也有一定的影响，在上面描述的表空间删除章节，就涉及这一问题的解决。因此，回收表空间中浪费的空间，是数据库运维必做的工作，下面就有关回收表空间中浪费空间问题进行描述。

关于 Oracle 高水位线（HWM）的解释说明如下。

Oracle 高水位线（HWM），用来界定一个段中使用的块和未使用的块。

当创建一个表时，Oracle 就会为这个对象分配一个段，在这个段中即使未插入任何记录，也至少有一个区被分配，第一个区的第一个块就称为段头块（SEGMENT_HEADER），段头中就存储了一些信息，其中 HWM 的信息就存储在此。

因为第一个区的第一块用于存储段头的一些信息，虽然没有存储任何实际的记录，但也算是被使用，HWM 是位于第二个块，当不断插入数据后，第一个块已经放不下后面新插入的数据。此时，Oracle 将高水位之上的块用于存储新增数据，同时，HWM 本身也向上移，也就是说当不断插入数据时，HWM 会不断上移。这样，在 HWM 之下就表示使用过的块，HWM 之上的就表示已分配但从未使用过的块。

HWM 在插入数据时，当现有空间不足而进行空间的扩展时会向上移，但删除数据时不会往下移。

HWM 本身的信息是存储在段头，在段空间是手动管理方式时，Oracle 通过 FREELIST（一个单向链表）来管理段内的空间分配；在段空间是自动管理方式时，Oracle 通过 BITMAP 来管理段内的空间分配。

Oracle 的全表扫描是读取高水位标记（HWM）以下的所有块，因此，问题就产生了，当用户发出一个全表扫描时，Oracle 始终必须从段一直扫描到 HWM，即使它什么也没有发现。该任务延长了全表扫描的时间。

4.8.1 查看表空间碎片率

```
SQL>select  a.TABLESPACE_NAME,sqrt(max(a.blocks)/sum(a.blocks))*(100/sqrt
(sqrt(count(a.blocks)))) "FSFI(碎片率)" from DBA_FREE_SPACE a,DBA_TABLESPACES
b where a.TABLESPACE_NAME=b.TABLESPACE_NAME and b.contents not in ('TEMPORARY',
'UNDO') group by a.TABLESPACE_NAME order by 2;                    [000144]
```

FSFI 的值越小，表空间碎片较多，当小于 30%时说明碎片程度很可观了，如图 4-1 所示。

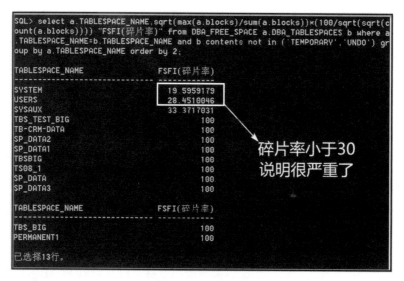

图 4-1　表空间碎片率

图 4-1 说明表空间 SYSTEM 和 USERS 的碎片率均小于 30，依据 30 原则，到了该整理的时候了。

4.8.2 得到表空间的 DDL（创建）语句

在某些时候，需要关注表空间创建时的一些基本参数，通过获取该表空间的 DDL 语句就可以方便快捷地知晓。下面是某表空间创建时的 DDL 语句：

```
SQL>
set pagesize 0
set long 200000
set feedback off
set echo off
select trim(dbms_metadata.get_ddl('TABLESPACE','USERS')) sqltxt from dual;
```

同时，在这里提供获取其他方面 DDL 语句的方法，具体如下：

- 得到所属某账户下某索引的 DDL 语句；
- 得到所属某账户下某表的 DDL 语句；
- 得到数据库全部表、索引、存储过程的 DDL 语句；
- 得到数据库全部表空间的 DDL 语句；
- 得到所属 n 个用户下表空间的 DDL 语句；
- 得到所有账户的 DDL 语句。

数据库中无非就是这些 DDL，比较全了，供读者参考使用，请看下面备注内容。

注：下面是 DDL 语句获取模板。

```
SQL>
SPOOL C:\TS_0424.SQL
set pagesize 0
set long 200000
set feedback off
set echo off
...   -- 生成DDL的语句,如: select dbms_metadata.get_ddl('INDEX','MK_CHEPB','GCC') from dual;
SPOOL OFF
```

示例如下：

（1）得到所属某账户下某索引的 DDL 语句

```
SPOOL C:\index_DDL_0424.SQL
set pagesize 0
set long 200000
set feedback off
set echo off
select dbms_metadata.get_ddl('INDEX','MK_CHEPB','GCC') from dual;
SPOOL OFF
```

（2）得到所属某账户下某表的 DDL 语句

```
SPOOL C:\TABLE_DDL_0424.SQL
set pagesize 0
set long 200000
set feedback off
set echo off
SELECT DBMS_METADATA.GET_DDL('TABLE','CHEPB','GCC') FROM DUAL;
SPOOL OFF                                                          [000147]
```

（3）得到数据库全部表、索引、存储过程的 DDL 语句

```
SPOOL C:\TIP_DDL_0424.SQL
set pagesize 0
set long 200000
set feedback off
set echo off
SELECT DBMS_METADATA.GET_DDL(U.OBJECT_TYPE,u.object_name) FROM USER_OBJECTS u where U.OBJECT_TYPE IN ('TABLE','INDEX','PROCEDURE');
SPOOL OFF                                                          [000148]
```

（4）得到数据库全部表空间的 DDL 语句

```
SPOOL C:\TS_DDL_0424.SQL
set pagesize 0
set long 200000
set feedback off
set echo off
SELECT DBMS_METADATA.GET_DDL('TABLESPACE',TS.TABLESPACE_NAME) FROM DBA_TABLESPACES TS;
SPOOL OFF                                                          [000149]
```

（5）得到所属 n 个用户下表空间的 DDL 语句

```
SPOOL C:\TS2_DDL_0424.SQL
set pagesize 0
set long 200000
set feedback off
set echo off
SELECT   DBMS_METADATA.GET_DDL('TABLESPACE',sm.TABLESPACE_NAME)   FROM DBA_SEGMENTS  sm  where  sm.OWNER  in  ('GCC','MEIHUA','WUTONG','WUTONG1','WUTONG2','WUTONGA','WUTONGB') GROUP BY sm.TABLESPACE_NAME;
SPOOL OFF                                                          [000150]
```

（6）得到所有账户的 DDL 语句

```
SPOOL C:\ALLUSERS_DDL_0424.SQL
set pagesize 0
set long 200000
set feedback off
set echo off
SELECT DBMS_METADATA.GET_DDL('USER',U.USERNAME)  FROM DBA_USERS U;
SPOOL OFF                                                          [000151]
```

4.8.3 表空间属性 PCTINCREASE（百分比）参数的修改

对于 ASSM（自动段管理）的表空间，一般都是由后台进程（SMON）自动整理，前提是表空间的 PCTINCREASE 值为非 0，可以将表空间的默认存储参数 PCTINCREASE 改为非 0，一般将其设置为 1。如修改 TEMP 表空间的 PCTINCREASE 属性：ALTER TABLESPACE TEMP DEFAULT STORAGE(PCTINCREASE 1)，这样就可以自动整理表空间级别的碎片整理了，但对于 AUTOMATIC ALLOCATION 自动分区管理的表空间不允许修改此项参数。

```
SQL>ALTER TABLESPACE <表空间名> DEFAULT STORAGE(pctincrease 1);   [000152]
```

对于 AUTOMATIC ALLOCATION 自动分区管理的表空间，只能手动回收。

```
SQL>ALTER TABLESPACE <表空间名> coalesce;
SQL>ALTER TABLESPACE GCC_TS_YJ_1 coalesce;                        [000153]
```

如果上面的命令没起作用，就只能新建表空间并将表移动到新的表空间。

```
SQL>ALTER table <表名> move TABLESPACE <表空间名>;
SQL>ALTER table CHEPB move TABLESPACE GCC_TS_YJ_2;                [000154]
```

如果对于字典管理的表空间，可以用下面的命令进行回收。

```
SQL>ALTER TABLESPACE <表空间名> collesce;                         [000155]
```

4.8.4 回收表空间碎片

下面将要讲述的是表空间碎片的回收过程。在前述章节，把块、区、段和表空间之间的关系形象地比喻为纸张（块）、本子（区，由 n 张纸装订成的本子）、袋子（段，袋子里装了 n 个本子）和柜子（柜子里码放了 n 个袋子）。在此仍沿用这个比喻，表空间碎片就相当于 100 张纸的本子被撕（删除）得可能只剩下半张或 1 张或 2 张了，大部分的袋子（段）里都存在残缺不全的本子，还比较多，有的袋子甚至都空了，也比较多，在这一时刻，柜子（表空间）里无论是残缺不全本子的袋子，还是空的袋子，都已经横七竖八、上下颠倒、杂乱无章、凌乱不堪了，尤其是空了的袋子，有一个处在第 10 层位置且一直被占着，导致柜子（表空间）空间浪费和处在 10 层位置的高水位线（HWM）降不下来。

那么，表空间碎片回收过程就是把柜子里所有袋子里的本子拿出来，该补全的补全，袋子也是一样，该补全的补全，最后把补全后的袋子按规矩重新码放回柜子，结果是袋子由原来的 10 层存放变为当前的 6 层存放且秩序井然、有条有理，同时也把原来 10 层的高水位线（HWM）降到了 6 层，好处是腾出了 4 层的空间，高水位线（HWM）被降下来，全表扫描由原来的从 10 层扫变为当前的从 6 层扫，提高了访问效率。

上述就是表空间碎片产生及回收的过程，既节省空间又提高访问效率是表空间碎片回收的目的，也是其意义所在。

下面，具体讲述表空间碎片回收处理过程。

1. 查看数据文件使用情况

select /*+ ordered use_hash(a,b,c) */ a.file_id "文件编号",a.file_name "文件名称",a.filesize "数据文件占用磁盘空间大小", b.freesize "文件中被标记为空闲的空间大小", (a.filesize-b.freesize) "使用的空间大小", c.hwmsize "已经分配出去的空间大小",c.hwmsize - (a.filesize-b.freesize) unsedsize_belowhwm, a.filesize - c.hwmsize "未分配出去的空间" from (select file_id,file_name,round(bytes/1024/1024) filesize from dba_data_files) a, (select file_id,round(sum(dfs.bytes)/1024/1024) freesize from dba_free_space dfs group by file_id) b, (select file_id,round(max(block_id)*8/1024) HWMsize from dba_extents group by file_id) c where a.file_id = b.file_id and a.file_id = c.file_id order by unsedsize_belowhwm desc;   [000156]

注：unsedsize_belowhwm：在 HWM（高水位标记线之下的空闲空间数），这是理论上可以回收的空间大小。

2. 对收缩表空间中的表及索引进行 Rebuild（重建）

（1）建立目标表空间

```
SQL> CREATE TABLESPACE TS_HWM datafile 'D:\app\Administrator\oradata\gcc\TS_HWM01.dbf' size 5000M;
SQL> ALTER TABLESPACE TS_HWM add datafile 'D:\app\Administrator\oradata\gcc\TS_HWM02.dbf' size 5000M;                                             [000157]
```

（2）Move 表空间的 LONG 类型

LONG 类型的数据非常难管理，不能通过 Move 来传输，也不能通过诸如 INSERT t1 select long_col from t2 的方式（但使用游标可以解决这个问题）。建议在设计中尽量避免使用 LONG 类型。

检查当前表空间中的 LONG 类型字段。

SQL>select /*+use_hash(ds,dtc)*/ ds.TABLESPACE_NAME,ds.owner||'.'||ds.segment_name,ds.segment_type, dtc.DATA_TYPE,dtc.COLUMN_NAME from dba_tab_columns dtc , dba_segments ds where dtc.TABLE_NAME = ds.segment_name and dtc.OWNER = ds.owner and ds.TABLESPACE_NAME not in ('SYSTEM','CWMLITE','EXAMPLE','UNDOTBS2','TS_HWM') and data_type = 'LONG';   [000158]

对 LONG 类型的数据处理的一个简单的方法是将 LONG 类型字段直接修改为 LOB 类型。

```
SQL>
set pagesize 0
set long 200000
set feedback off
set echo off
spool c:\a.sql
```
select /*+use_hash(ds,dtc)*/ 'ALTER table '||ds.owner||'.'||ds.segment_name||' modify '||dtc.COLUMN_NAME||' clob;' from dba_tab_columns dtc , dba_segments ds where dtc.TABLE_NAME = ds.segment_ name and dtc.OWNER =

```
ds.owner and ds.TABLESPACE_NAME not in ('SYSTEM', 'CWMLITE','EXAMPLE',
'UNDOTBS2','TS_HWM') and data_type = 'LONG';
    SPOOL OFF
    @c:\a.sql                                                    [000159]
```

(3) Move 表空间下的普通 table 及 index

```
SQL> ALTER table tbname move TABLESPACE newtbname;                [000160]
```

Move 一个表到另一个表空间时，索引不会跟着一块 Move，而且会失效。在创建失效的索引之前，使用到索引的查询语句将会报错。失效的索引需要使用 Rebuild 重创建。

```
Alter index index_name rebuild;
Alter index pk_name rebuild;                                      [000161]
```

如果需要 Move 索引到另外一个表空间，则需要使用 Rebuild。

```
Alter index index_name rebuild TABLESPACE tbs_name;
Alter index pk_name rebuild TABLESPACE tbs_name;                  [000162]
```

① 移动表

下面的命令中，"GCC_TS_YJ_1"为源，"TS_HWM"为移动目的地，即将 GCC_TS_YJ_1 表空间中的表移动到 TS_HWM。

```
SQL>
set pagesize 0
set long 200000
set feedback off
set echo off
spool c:\a.sql
select 'ALTER table '||ds.owner||'.'||ds.segment_name||' move TABLESPACE
TS_HWM;' from dba_segments
ds  where ds.TABLESPACE_NAME not in('SYSTEM','CWMLITE','EXAMPLE','UNDOTBS2
','TS_HWM','XDB','WKSYS','CTXSYS','ODM_MTR','USERS','DRSYS','HTEC','HAPPYT
REE') and ds.TABLESPACE_NAME in  ('GCC_TS_YJ_1') and ds.segment_type
= 'TABLE';
    SPOOL OFF
    @c:\a.sql                                                    [000163]
```

② 移动索引

下面的命令中，"GCC_INDEX"为源，"TS_HWM"为移动目的地，即将 GCC_INDEX 表空间中的索引移动到 TS_HWM 并重建。

```
SQL>
set pagesize 0
set long 200000
set feedback off
set echo off
spool c:\a.sql
select 'ALTER   INDEX   '||ds.owner||'.'||ds.segment_name||'   rebuild
```

```
TABLESPACE  TS_HWM;'  from  dba_segments  ds  where  ds.TABLESPACE_NAME  not
in('SYSTEM','CWMLITE','EXAMPLE','UNDOTBS2','TS_HWM','XDB','WKSYS','CTXSYS'
,'ODM_MTR','USERS','DRSYS','HTEC','HAPPYTREE')  and  ds.TABLESPACE_NAME  in
('GCC_INDEX') and ds.segment_type = 'INDEX';
    SPOOL OFF
    @c:\a.sql                                                       [000164]
```

（4）Move 表空间下的分区 Table 及 Index

和普通表一样，索引也会失效，区别的仅仅是语法而已。

分区表 Move 基本语法如下：

如果是单级分区，则使用关键字 Partition。如果是多级分区，则使用 subPartition 替代 Partition。如果分区或分区索引比较大，可以使用并行（Parallel）Move 或 Rebuild。

① 重建分区全局索引

```
Alter index global_index rebuild;
```

或

```
Alter index global_index rebuild TABLESPACE tbs_name;             [000165]
```

② 重建分区局部索引

```
Alter table tab_name modify partition partition_name rebuild unusable
local indexes;
```

或

```
Alter index local_index_name rebuild partition partition_name TABLESPACE
tbs_name;                                                         [000166]
```

③ Move 分区表

下面的命令中，"GCC_TS_YJ_1"为源，"TS_HWM"为移动目的地，即将 GCC_TS_YJ_1 表空间中的分区表移动到 TS_HWM。

```
SQL>
set pagesize 0
set long 200000
set feedback off
set echo off
spool c:\a.sql
    select cname from ( select  rownum rm,'ALTER table '||ds.owner||'.'||ds.
segment_name||' move partition '||ds.partition_name||' TABLESPACE TS_HWM;'
cname from dba_segments ds where ds.TABLESPACE_NAME not in('SYSTEM','CWMLITE',
'EXAMPLE','UNDOTBS2','TS_HWM','XDB','WKSYS','CTXSYS','ODM_MTR','USERS','DR
SYS','HTEC','HAPPYTREE')  and  ds.TABLESPACE_NAME  in  ('GCC_TS_YJ_1')  and
ds.segment_type = 'TABLE PARTITION' ) c where rm between 1 and 100;
    SPOOL OFF
    @c:\a.sql                                                       [000167]
```

重复执行上述语句，直到无结果。

④ 重建分区全局索引

Oracle 的分区全局索引也存储在 DBA_SEGMENTS 中，并以 Index 为标志，而且其重建方式跟普通索引一致，所以在执行"回导"（"MOVE 的逆顺序"，在下面）时需要按照：Move 普通表，Move 分区表，Move 全局索引，Move 分区索引，Move Lob 对象的顺序进行。

⑤ 重建分区局部索引

DBA_PART_INDEXES：分区索引的概要统计信息，可以得知每个表上有哪些分区索引，有哪些非分区索引，分区索引的类别（Local/Global）等。比如，分区索引是 Global（全局）还是 Local（本地、局部），PREFIXED（有前缀）还是 NON-PREFIXED（无前缀）等。

- DBA_IND_PARTITIONS：每个分区索引的分区级统计信息。
- DBA_TAB_PARTITIONS：记录表的分区信息。

下面的命令中，"GCC_INDEX"为源，"TS_HWM"为移动目的地，即将 GCC_INDEX 表空间中的分区索引移动到 TS_HWM。

```
SQL>
set pagesize 0
set long 200000
set feedback off
set echo off
spool c:\a.sql
select 'ALTER INDEX '||ds.owner||'.'||ds.index_name||' rebuild partition
' || A.PARTITION_NAME || ' TABLESPACE TS_HWM;' from dba_part_indexes  ds,
dba_ind_partitions a , dba_tab_partitions b where a.index_owner= ds.owner and
a.index_owner = b.table_owner and a.TABLESPACE_NAME not in('SYSTEM','CWMLITE',
'EXAMPLE','UNDOTBS2','XDB','WKSYS','CTXSYS','ODM_MTR','USERS','DRSYS','HTE
C','HAPPYTREE') and a.TABLESPACE_NAME in ('GCC_INDEX') group by ds.owner,
ds.index_name,A.PARTITION_NAME ;
   SPOOL OFF
   @c:\a.sql                                                        [000168]
```

（5）lob 的移动

在建立含有 lob 字段的表时，Oracle 会自动为 lob 字段建立两个单独的 Segment，一个用来存放数据（Segment_type=LOBSEGMENT），另一个用来存放索引（Segment_type=LOBINDEX）。默认它们会存储在该表所属的表空间。

对表 Move 时，LOB 类型字段和该字段索引不会跟着 Move，必须使用单独的语句来执行该字段的 Move，语法如下：

```
SQL>
Alter table STAT_TABLE move TABLESPACE TS_HWM;
Alter table STAT_TABLE move lob(CL1) store as (TABLESPACE TS_HWM);
SQL>
set pagesize 0
```

```
set long 200000
set feedback off
set echo off
spool c:\a.sql
select 'ALTER table '||a.owner||'.'||a.TABLE_NAME||' move lob('||a.COLUMN_
NAME||') store as(TABLESPACE TS_HWM);' from dba_tab_columns a where a.OWNER
in('GCC') and a.DATA_TYPE like '%LOB';
    SPOOL OFF
    @c:\a.sql                                                           [000169]
```

执行完上述操作后，TABLESPACE 的所有相关数据文件的 HWM 应该变为 0，这就意味着所有的空间都已经变为未分配状态。

3. MOVE 对象的逆顺序（再移回来）

（1）普通表对象

将普通表对象和分区表对象按照其 OWNER 的不同从 TS_HWM 表空间 Move 到其默认的表空间中。

```
SQL>
set pagesize 0
set long 200000
set feedback off
set echo off
spool c:\a.sql
select ds.TABLESPACE_NAME,'ALTER table '||ds.owner||'.'||ds.segment_
name||' move TABLESPACE '||du.default_TABLESPACE||';' from dba_segments
ds,dba_users du where ds.owner = du.username and ds.owner in ('GCC') and ds.
TABLESPACE_NAME = 'TS_HWM' and ds.segment_type = 'TABLE';
    SPOOL OFF
    @c:\a.sql                                                           [000170]
```

（2）分区表对象

```
SQL>
set pagesize 0
set long 200000
set feedback off
set echo off
spool c:\a.sql
select cname from (select rownum rm,'ALTER table '||ds.owner||'.'||ds.
segment_name||' move partition '||ds.partition_name||' TABLESPACE '||du.
default_TABLESPACE||';' cname from dba_segments         ds,dba_users
du where ds.owner = du.username and ds.owner in ('GCC') and ds.TABLESPACE_
NAME = 'TS_HWM' and ds.segment_type = 'TABLE PARTITION' ) c where rm
between 1 and 500;
    SPOOL OFF
    @c:\a.sql                                                           [000171]
```

反复执行上述 SQL，直到没有记录可以选择。

（3）普通及全局索引对象

索引对象存储的 TABLESPACE 的命令标准为 username+'I'，如果类似的表空间不存在，就将索引数据存储到用户的默认表空间中。可以使用下面的语句将 Index Rebuild 到对应的表空间中。

```
SQL>
set pagesize 0
set long 200000
set feedback off
set echo off
spool c:\a.sql
select 'ALTER INDEX '||ds.owner||'.'||ds.segment_name||' rebuild TABLESPACE '||nvl(dt.TABLESPACE_NAME,du.default_TABLESPACE)||';' from dba_segments ds , dba_users du, dba_TABLESPACEs dt where ds.owner = du.username  and dt.TABLESPACE_NAME(+) = du.username||'I' and ds.owner in ('GCC') and ds.TABLESPACE_NAME ='TS_HWM' and ds.segment_type='INDEX';
SPOOL OFF
@c:\a.sql                                                          [000172]
```

（4）分区索引对象

下面的命令中，"TS_HWM"为源，"GCC_INDEX"为移动目的地，即将 TS_HWM 表空间中的分区索引移动到 GCC_INDEX。

```
SQL>
set pagesize 0
set long 200000
set feedback off
set echo off
spool c:\a.sql
select 'ALTER INDEX '||ds.owner||'.'||ds.index_name||' rebuild partition ' || A.PARTITION_NAME || ' TABLESPACE GCC_INDEX;' from dba_part_indexes ds, dba_ind_partitions a , dba_tab_partitions b where a.index_owner= ds.owner and a.index_owner = b.table_owner  and  a.TABLESPACE_NAME not in('SYSTEM', 'CWMLITE','EXAMPLE','UNDOTBS2','XDB','WKSYS','CTXSYS','ODM_MTR','USERS','DRSYS','HTEC','HAPPYTREE')  and a.TABLESPACE_NAME in ('TS_HWM') group by ds.owner,ds.index_name,A.PARTITION_NAME ;
SPOOL OFF
@c:\a.sql                                                          [000173]
```

（5）LOB 类型

LOB 类型数据随着 Table 对象存储在对象 OWNER 的默认表空间中。

```
SQL>
set pagesize 0
set long 200000
set feedback off
set echo off
spool c:\a.sql
```

```
select 'ALTER table '||dtc.owner||'.'||dtc.TABLE_NAME||' move lob('||dtc.
COLUMN_NAME||') store as(TABLESPACE '||du.default_TABLESPACE||');' from
dba_tab_columns dtc,dba_users du where dtc.OWNER = du.username and dtc.OWNER
in('GCC') and dtc.DATA_TYPE like '%LOB';
SPOOL OFF
@c:\a.sql                                                    [000174]
```

4. 回收空闲的 TABLE 的空间

首先，如果没有分配的空间不足 100M，则不考虑收缩。

收缩目标：当前数据文件大小 −（没分配空间-100M）×0.8。

```
SQL>
select /*+ ordered use_hash(a,c) */ 'ALTER DATABASE datafile '''||
a.file_name||''' resize ' ||round(a.filesize - (a.filesize - c.hwmsize -
100)*0.8)||'M;',a.filesize,c.hwmsize from (select file_id,file_name,round
(bytes/1024/1024) filesize from dba_data_files ) a, (select file_id,
round(max(block_id)*8/1024) HWMsize from dba_extents group by file_id) c where
a.file_id= c.file_id and a.filesize - c.hwmsize >100;           [000175]
```

注：下面的语句去掉 "a.filesize,c.hwmsize"。

```
SQL>
set pagesize 0
set long 200000
set feedback off
set echo off
set linesize 200;
spool c:\a.sql
select /*+ ordered use_hash(a,c) */ 'ALTER DATABASE datafile '''||
a.file_name||''' resize ' ||round(a.filesize - (a.filesize - c.hwmsize -
100)*0.8)||'M;'   from   (select file_id,file_name,round(bytes/1024/1024)
filesize from dba_data_files ) a, (select file_id,round(max(block_id)*8/1024)
HWMsize from dba_extents group by file_id)  c where a.file_id=  c.file_id
and a.filesize - c.hwmsize >100;
SPOOL OFF
@c:\a.sql                                                    [000176]
```

5. 效果

执行上述操作之前，磁盘剩余空间不足 20G；执行上述操作之后，剩余空间 38G，效果明显。

4.8.5　Oracle 移动索引到其他表空间

在 4.8.4 节中，涉及索引数据的移动操作，但不全面。为了提高查询效能，往往索引数据移动也是数据库运维人员必做的事项，在此把移动索引到其他表空间操作命令做一个全面总结，具体如下。

1. 移动普通索引到其他表空间

```
ALTER index <索引名> Rebuild TABLESPACE <表空间名>;
```

2. 移动分区索引到其他表空间

```
ALTER table <表名> Move partition <分区名> TABLESPACE <表空间名>;
```

4.9 TABLE 的碎片回收

表空间的碎片是一个大规模的碎片，其实就是由一个个表碎片累积而成，下面针对某张表或 *n* 张表进行碎片回收，达到节省空间的目的。另外，对于表碎片的回收操作只对 ASSM（自动段空间管理）的表空间有效，特此说明。

下面我们讲一下具体的回收过程。

4.9.1 与回收 TABLE 碎片有关的两个存储过程

1. 查看 table 的空间指标存储过程

该存储过程用于查看表的空间使用情况及碎片化程度，据此来确定表是否需要做回收处理。

```
CREATE or replace procedure show_space(v_segment_name   in varchar2,
v_segment_owner  in varchar2 default user,
v_segment_type   in varchar2 default 'TABLE',
p_analyzed       in varchar2 default 'Y',
p_partition_name in varchar2 default null) as
p_segment_name   varchar2(30);
p_segment_owner  varchar2(30);
p_segment_type   varchar2(30);
p_space varchar2(30);
l_unformatted_blocks number;
l_unformatted_bytes number;
l_fs1_blocks number;
l_fs1_bytes number;
l_fs2_blocks number;
l_fs2_bytes number;
l_fs3_blocks number;
l_fs3_bytes number;
l_fs4_blocks number;
l_fs4_bytes number;
l_full_blocks number;
l_full_bytes number;
l_free_blks number;
l_total_blocks number;
l_total_bytes number;
l_unused_blocks number;
l_unused_bytes number;
l_lastusedextfileid number;
l_lastusedextblockid number;
l_last_used_block number;
```

```
    procedure p(p_label in varchar2, p_num in number) is
    begin
       dbms_output.put_line(rpad(p_label, 60, '.') || p_num);
     end;
  begin
    p_segment_name  := upper(v_segment_name);
    p_segment_owner := upper(v_segment_owner);
    p_segment_type  := upper(v_segment_type);
    if (p_segment_type = 'I' or p_segment_type = 'INDEX') then
      p_segment_type := 'INDEX';
    elsif (p_segment_type = 'T' or p_segment_type = 'TABLE') then
      p_segment_type := 'TABLE';
    elsif (p_segment_type = 'C' or p_segment_type = 'CLUSTER') then
      p_segment_type := 'CLUSTER';
    end if;
    execute immediate 'select ts.segment_space_management from dba_segments
seg, dba_TABLESPACEs ts where seg.segment_name = :p_segname and (:p_partition
is null or seg.partition_name = :p_partition) and seg.owner = :p_owner and
seg.TABLESPACE_NAME = ts.TABLESPACE_NAME'
       into p_space
       using p_segment_name, p_partition_name, p_partition_name, p_segment_owner;
     dbms_space.unused_space(
   segment_owner => p_segment_owner,
   segment_name  => p_segment_name,
   segment_type  => p_segment_type,
   total_blocks  => l_total_blocks,
   total_bytes   => l_total_bytes,
   unused_blocks => l_unused_blocks,
   unused_bytes  => l_unused_bytes,
   last_used_extent_file_id  => l_lastusedextfileid,
   last_used_extent_block_id => l_lastusedextblockid,
   last_used_block => l_last_used_block,
   partition_name  => p_partition_name);
    p('Total Blocks-段分配总块数:', l_total_blocks);
    p('Total Bytes-段分配总字节数:', l_total_bytes);
    p('Total Mbytes-段分配总字节M:', l_total_bytes / 1024 / 1024);
    p('Unused Blocks-HWM 之上的未用块数:', l_unused_blocks);
    p('Unused Bytes-HWM 之上的未用字节数:', l_unused_bytes);
    p('Unused KBytes-HWM 之上的未用字节 KB 数:', l_unused_bytes / 1024);
    p('Used Blocks-HWM 之下的已用块数:', l_total_blocks - l_unused_blocks);
    p('Used Bytes-HWM 之下的已用字节数:', l_total_bytes - l_unused_bytes);
    p('Used KBytes-HWM 之下的已用字节 KB 数:', (l_total_bytes - l_unused_bytes)
/ 1024);
    p('Last Used Ext FileId-最后使用的文件 ID:', l_lastusedextfileid);
    p('Last Used Ext BlockId-最后一个区段开始处的块 ID:', l_lastusedextblockid);
    p('Last Used Block-最后一个区段中最后一个块的偏移量:', l_last_used_block);
    if p_analyzed = 'Y' then
      if p_space = 'AUTO' then
```

```
dbms_space.space_usage(
segment_owner => p_segment_owner,
segment_name => p_segment_name,
segment_type => p_segment_type,
unformatted_blocks => l_unformatted_blocks,
unformatted_bytes  => l_unformatted_bytes,
fs1_blocks => l_fs1_blocks,
fs1_bytes => l_fs1_bytes,
fs2_blocks => l_fs2_blocks,
fs2_bytes => l_fs2_bytes,
fs3_blocks => l_fs3_blocks,
fs3_bytes => l_fs3_bytes,
fs4_blocks => l_fs4_blocks,
fs4_bytes => l_fs4_bytes,
full_blocks => l_full_blocks,
full_bytes => l_full_bytes,
partition_name => p_partition_name);
dbms_output.put_line('');
dbms_output.put_line('The segment is analyzed below');
p('FS1(空闲) Blocks (0-25)-空闲度为 0~25%的块数:', l_fs1_blocks);
p('FS2(空闲) Blocks (25-50)-空闲度为 25~50%的块数:', l_fs2_blocks);
p('FS3(空闲) Blocks (50-75)-空闲度为 50~75%的块数:', l_fs3_blocks);
p('FS4(空闲) Blocks (75-100)-空闲度为 75~100%的块数:', l_fs4_blocks);
p('Unformatted Blocks-HWM 之下未用的块数', l_unformatted_blocks);
p('Full Blocks-已满的块数:', l_full_blocks);
else
dbms_space.free_blocks(
segment_owner => p_segment_owner,
segment_name => p_segment_name,
segment_type => p_segment_type,
freelist_group_id => 0,
free_blks => l_free_blks);
    p('Free Blocks', l_free_blks);
  end if;
 end if;
end;
/                                                                       [000177]
```

2. 查看表的回收空间指标存储过程

该存储过程用于查看表回收处理后的回收效果,通过特定指标来反映。

```
CREATE or replace procedure show_space_assm(
p_segname in varchar2,
p_owner in varchar2 default user,
p_type in varchar2 default 'TABLE' )
as
l_fs1_bytes number;
l_fs2_bytes number;
l_fs3_bytes number;
```

```
l_fs4_bytes number;
l_fs1_blocks number;
l_fs2_blocks number;
l_fs3_blocks number;
l_fs4_blocks number;
l_full_bytes number;
l_full_blocks number;
l_unformatted_bytes number;
l_unformatted_blocks number;
procedure p( p_label in varchar2, p_num in number )
is
begin
dbms_output.put_line( rpad(p_label,60,'.') ||p_num );
end;
begin
dbms_space.space_usage(
segment_owner => p_owner,
segment_name => p_segname,
segment_type => p_type,
fs1_bytes => l_fs1_bytes,
fs1_blocks => l_fs1_blocks,
fs2_bytes => l_fs2_bytes,
fs2_blocks => l_fs2_blocks,
fs3_bytes => l_fs3_bytes,
fs3_blocks => l_fs3_blocks,
fs4_bytes => l_fs4_bytes,
fs4_blocks => l_fs4_blocks,
full_bytes => l_full_bytes,
full_blocks => l_full_blocks,
unformatted_blocks => l_unformatted_blocks,
unformatted_bytes => l_unformatted_bytes);
p('free space 0-25% Blocks-空闲度为 0~25%的块数:',l_fs1_blocks);
p('free space 25-50% Blocks-空闲度为 25~50%的块数:',l_fs2_blocks);
p('free space 50-75% Blocks-空闲度为 50~75%的块数:',l_fs3_blocks);
p('free space 75-100% Blocks-空闲度为 75~100%的块数:',l_fs4_blocks);
p('Full Blocks-已满的块数:',l_full_blocks);
p('Unformatted blocks-HWM 之下未用的块数:',l_unformatted_blocks);
end;
/                                                                [000178]
```

3. 查看 ASSM（自动段空间管理）的表空间

下面的 SQL 语句用来查看数据库中都有哪些 ASSM（自动段空间管理）的表空间：

```
SQL>SELECT TABLESPACE_NAME,BLOCK_SIZE,EXTENT_MANAGEMENT,ALLOCATION_TYPE,
SEGMENT_SPACE_MANAGEMENT FROM DBA_TABLESPACES WHERE SEGMENT_SPACE_
MANAGEMENT='AUTO';                                               [000179]
```

4. 查看表的空间分布情况

这里用到第一个存储过程——查看 table 的空间指标存储过程。

```
SQL>
set serveroutput on
exec show_space('CHEPB','GCC','TABLE','Y');  -- "CHEPB" 为表名;"GCC" 为表
```
的拥有者(账户);"TABLE"为表类型;"Y"对表进行分析(analyze)   [000180]

注：以 DBA 身份运行。

运行结果如图 4-2 所示。

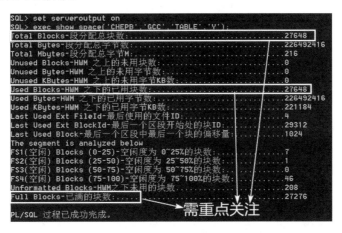

图 4-2　表的空间分布情况

在图 4-2 中重点关注 "Unformatted Blocks-HWM 之下未用的块数" 这个指标，下面就有关指标进行解释说明，如表 4-2 所示。

表 4-2　表空间分布情况指标说明

表空间分布指标	描　　述
Unformatted Blocks	为表分配的位于高水位线（High-Water Mark，HWM）之下但未用的块数。把未格式化和未用的块加在一起，就是已为表分配但从未用于保存 ASSM 对象数据的总块数
FS1 Blocks-FS4 Blocks	包含数据的格式化块。项名后的数字区间表示各块的"空闲度"。例如，(0-25) 是指空闲度为 0~25%的块数
Full Blocks	已满的块数，不能再对这些执行插入
Total Blocks、Total Bytes、Total Mbytes	为所查看的段分配的总空间量，单位分别是数据库块、字节和兆字节
Unused Blocks、Unused Bytes：	表示未用空间所占的比例（未用空间量）。这些块已经分配给所查看的段，但目前在段的 HWM 之上
Last Used Ext FileId	最后使用的文件 ID，该文件包含最后一个含数据的区段（extent）
Last Used Ext BlockId	最后一个区段开始处的块 ID，这是最后使用的文件中的块 ID
Last Used Block	最后一个区段中最后一个块的偏移量

分析图 4-2 中反映的指标，得出下面的结论。

HWM 高水位线块数= Total Blocks - Unused Blocks + Last Used Ext FileId = 27648 – 0

+ 4=27652，说明 HWM（high water mark）在 27652 块处。

HWM 下的空闲块数=HWM 水位线位置块数 - Full Blocks（已满的块数）=27652 – 27276=376。

实际表的大小=FS4×2 + FS3×4 + HWM 下空闲块数占 HWM 水位线块数的百分比= HWM 下的空闲块数/ HWM 水位线位置块数×100=376/27652×100=1.4。

依据 50 原则，当 HWM 下空闲块数占 HWM 水位线块数的百分比大于等于 50%时，应该进行表碎片整理，本例为 1.4%，因此无须整理，即 GCC 账户下的 CHEPB 表无须整理其碎片。

5. 查看当前表回收情况

这里用到第二个存储过程——查看表的回收空间指标存储过程。

当对某表实施完碎片回收后可通过下面的 SQL 语句来观察碎片整理效果。如果空闲块数和 HWM 之下未用的块数较回收前减少或已满块数较回收前增多，说明 HWM 水位线肯定下降了，碎片回收取得一定成效。

```
SQL>
set serveroutput on
exec show_space_ASSM('CHEPB','GCC','TABLE'); --"CHEPB" 为表名；"GCC" 为表的拥有者（账户）；"TABLE" 为表类型。                       [000181]
```

注：以 DBA 分身运行。

运行结果如图 4-3 所示。

```
SQL> set serveroutput on
SQL> exec show_space_ASSM('CHEPB','GCC','TABLE');
free space 0-25% Blocks-空闲度为0~25%的块数:................7
free space 25-50% Blocks-空闲度为25~50%的块数:...............1
free space 50-75% Blocks-空闲度为50~75%的块数:...............0
free space 75-100% Blocks-空闲度为75~100%的块数:............46
Full Blocks-已满的块数:.................................27276
Unformatted blocks-HWM之下未用的块数:.....................208
PL/SQL 过程已成功完成。
```

图 4-3　表回收情况信息

4.9.2　表碎片回收处理

在 4.9.1 节对与表碎片处理有关的两个存储过程进行了介绍，接下来将进入实质的表碎片处理过程。首先请看以下与表碎片处理有关的 SQL 语句：

```
SQL>
ALTER table CHEPB enable row movement --允许行移动；
ALTER table CHEPB shrink space cascade -- shrink 压缩表及相关数据段并下调 HWM；
ALTER table CHEPB shrink space compact --只 shrink 压缩不下调 HWM；
ALTER table CHEPB shrink space --开始处理；
ALTER table CHEPB disable row movement --关闭行移动；           [000182]
```

1. 手段 1

手段 1 是指通过对表本身实施 shrink（压缩）、调低 HWM 实现碎片回收。数据库中存在很多表，不可能人工一个一个地进行，需通过 SQL 语句一次性生成表碎片回收 SQL 处理代码，代码以 SQL 文件的形式存放，这就是所谓的批处理。下面的 SQL 负责一次性生成表碎片回收 SQL 处理代码，生成完了以后可以马上执行这个生成的 SQL 文件，也可以将这个 SQL 文件保存起来，需要时调出来执行即可。一次性生成表碎片回收 SQL 处理代码的 SQL 语句如下：

```
SQL>
set pagesize 0
set long 200000
set feedback off
set echo off
spool c:\a.sql
SELECT
' ALTER table ' || table_name || ' enable row movement;' ,
' ALTER table ' || table_name || ' shrink space cascade;' ,
' ALTER table ' || table_name || ' shrink space compact;' ,
' ALTER table ' || table_name || ' shrink space;' ,
' ALTER table ' || table_name || ' disable row movement;'
from USER_TABLES;
spool off
@c:\a.sql                                           [000183]
```

2. 手段 2

手段 2 与手段 1 最大的不同是通过直接修改数据文件的形式达到回收表碎片的目的。数据库中不止 1 个数据文件，也不可能人工一个一个地进行，和手段 1 一样，也要一次性生成表碎片回收 SQL 处理代码，生成完了以后可以马上执行这个生成的 SQL 文件，也可以将这个 SQL 文件保存起来，需要时调出来执行即可。下面这段 SQL 是表碎片回收 SQL 原型：

```
SQL>
select /*+ ordered use_hash(a,c) */ 'ALTER DATABASE datafile '''||
a.file_name||''' resize ' ||round(a.filesize - (a.filesize - c.hwmsize -
100)*0.8)||'M;',a.filesize,c.hwmsize from (select file_id,file_name,round
(bytes/1024/1024) filesize from dba_data_files ) a, (select file_id,
round(max(block_id)*8/1024) HWMsize from dba_extents group by file_id) c where
a.file_id= c.file_id and a.filesize - c.hwmsize >100;         [000184]
```

注：下面的语句去掉 "a.filesize,c.hwmsize"。

一次性生成表碎片回收 SQL 处理代码的 SQL 语句如下：

```
SQL>
set pagesize 0
set long 200000
set feedback off
```

```
    set echo off
    set linesize 200;
    spool c:\a.sql
    select /*+ ordered   use_hash(a,c)   */  'ALTER  DATABASE  datafile
'''||a.file_name||''' resize ' ||round(a.filesize - (a.filesize - c.hwmsize
- 100)*0.8)||'M;' from  (select file_id,file_name,round(bytes/1024/1024)
filesize from dba_data_files                                        ) a,
(select file_id,round(max(block_id)*8/1024)
HWMsize from dba_extents group by file_id)   c where a.file_id=  c.file_id
and a.filesize - c.hwmsize >100;
    SPOOL OFF
    @c:\a.sql                                                      [000185]
```

4.10 Oracle 11g undo_retention（撤销保留时间）

无论任何数据库，都需要有一种管理回滚或者撤销数据的方法。当一个 DML 发生以后，在用户还没有提交（Commit）改变时，如果用户不希望这种改变继续保持，需要撤销所做的修改，将数据回退到没有发生改变以前的状态，这时就需要使用一种被称为撤销记录的数据。

使用撤销记录，可以：

- 当使用 ROLLBACK 语句时回滚事务，撤销 DML 操作改变的数据；
- 恢复数据库；
- 提供读取的一致性；
- 使用 Oracle Flashback（闪回）Query 分析基于先前时间点的数据；
- 使用 Oracle Flashback（闪回）特性从逻辑故障中恢复数据库。

UNDO（回滚表空间）中记录的是被修改的数据块的前镜像，但是它并不是原数据块的 COPY，而是一个改变向量，真正的一致性读要借助 CR（Consistent Read）块，CR（Consistent Read）块也就是 Consistent Read（一致性读）块，它用来维护 Oracle 的读一致性的数据块。当查询某些数据时，发现数据块的版本比要查询的新，例如，SESSION1 执行了 DML 操作并没有提交，SESSION2 此时查找跟 SESSION1 相关的 DML 操作的数据信息，此时查询的数据应是原来的数据信息。

查询的过程会在 UNDO 段中查找该数据块的前映像后，然后把前映像和 Current（当前）块合并形成了一个 CR（Consistent Read）Block，通过查询 CR（Consistent Read）Block 就可以满足数据的一致性。

CR（Consistent Read）Block 存在于 SGA 的 Buffer Cache 中，在 DB Cache 中申请一个数据块（当前块），然后和对应的回滚段的前映像生成 CR（Consistent Read）Block。

总之，UNDO（回滚表空间）只做一件事，保存旧值，其段自动生成，区自动分配与回收，且是不连续的。Oracle 自动使用 UNDO 段，在某种意义上，只要关注 UNDO 表空间的大小即可。

4.10.1 关于 undo 的参数

自 Oracle 10g 开始，对于回滚段的管理可以通过配置参数而实现 AUM（自动撤销管理）。为启用撤销空间的自动管理，首先必须在 init.ora 中或者 SPFILE 文件中指定自动撤销模式。其次需要创建一个专用的表空间来存放撤销信息，这保证用户不会在 SYSTEM 表空间中保存撤销信息。此外还需要为撤销选择一个保留时间。

如果需要实现 AUM，需要配置以下 3 个参数：
- undo_management
- undo_tablespace
- undo_retention

通过以下 show parameter undo 命令查看这 3 个参数：
```
SQL> show parameter undo                                                    [000186]
```
结果如图 4-4 所示。

图 4-4　查看 undo（回滚）参数信息

通过查询结果得知，撤销表空间是自动管理的且撤销数据保留时间为 900 秒，撤销表空间为 UNDOTBS1。

从 11g 开始 Oracle 默认都是 UNDO TABLESPACE 自动管理，并且如果没有指定 undo_tablespace 这个参数（见 init<实例名>.ora 参数文件），也就是说，没有 UNDO 表空间，那么 Oracle 就会把修改块的前镜像放到 SYSTEM 表空间中，并且会在 ALERT 日志中警告：数据库 running without an undo TABLESPACE（不使用撤销表空间运行）。

关于 undo_retention 的值应该设置为多少才合理？回答是——不存在理想的 undo_retention 的时间间隔。保留时间间隔依赖于估计最长的事务可能运行的时间长度。根据数据库中最长事务长度的信息，可以给 undo_retention 分配一个大致的时间。可以通过 v$undostat 视图的 maxquerylen 列查询在过去的一段时间内，最长的查询执行的时间（以秒为单位）。undo_retention 参数中的时间设置应该至少与 maxquerylen 列中给出的时间一样长。

Oracle 给出 undo_retention 参数大小的建议如下：
- OLTP（联机事务处理）系统：15 分钟；
- DSS（决策支持）系统：3 小时；
- 有闪回需求的应用：24 小时。

undo_retention 参数的较高值并不保证撤销数据保留 undo_retention 参数指定的时间。为保证撤销保留指定的时间，必须使用 RETENTION GRARANTEE 子句。例如：
```
CREATE UNDO TABLESPACE UNDOTBS01 DATAFILE 'E:\oracle\product\10.2.0\
```

oradata\keymen\UNDOTBS01.DBF' SIZE 500M AUTOEXTEND ON RETENTION GUARANTEE   [000187]

也可以使用 ALTER TABLESPACE 命令保证数据库中的撤销保留。例如：

ALTER TABLESPACE UNDOTBS01 RETENTION GUARANTEE   [000188]

也可以关闭撤销保留。例如：

ALTER TABLESPACE UNDOTBS01 RETENTION NOGUARANTEE   [000189]

关于设置撤销表空间的大小，Oracle 的建议是——可以创建一个小尺寸（大约 500M）的撤销表空间，AUTOEXTEND 数据文件属性设置为 ON，从而允许表空间自动扩展。此表空间将自动增长以支持数据库中活动事务数目的增长以及事务长度的增长。

在数据库运行一段时间后，可以使用 UNDO Advisor 来得出关于设置撤销表空间尺寸的建议。应该使用 Analysis Time Period 字段中允许的最大时间。出于此目的，可以使用 OEM UNDO MANAGEMENT 页面中给出的 Longest——Runing Query 长度，还必须根据闪回需求指定新的 UNDO_RETENTION 字段的值。例如，如果希望表能闪回 24 小时，应该使用 24 小时作为这个字段的值。

假如数据库中使用 RETENTION GUARANTEE 子句配置了保证保留撤销。如果撤销表空间太小不能满足使用它的所有活动事务，那么会发生以下情况：

- 如果撤销表空间用完 85%，Oracle 将发布一个自动表空间警告；
- 当撤销表空间用完 97%时，Oracle 将发布一个自动表空间严重警告；
- 所有 DML 语句将不允许，并且会接收到一个空间超出错误；
- DDL 语句允许继续执行。

4.10.2　undo_retention（撤销保留时间）状态说明及参数调整

undo_segments 的 EXTENTS（大小数目）的状态共有 4 种：free、active、inacitve 和 EXPIRED。

通过下面的命令来查看 UNDO 回滚段状态信息：

SQL> select SEGMENT_NAME,TABLESPACE_NAME,STATUS from DBA_UNDO_EXTENTS;   [000190]

结果如图 4-5 所示。

SEGMENT_NAME	TABLESPACE_NAME	STATUS
_SYSSMU15_3240778276$	UNDOTBS1	EXPIRED
_SYSSMU15_3240778276$	UNDOTBS1	EXPIRED
_SYSSMU15_3240778276$	UNDOTBS1	UNEXPIRED
_SYSSMU14_522312146$	UNDOTBS1	EXPIRED
_SYSSMU14_522312146$	UNDOTBS1	EXPIRED
_SYSSMU14_522312146$	UNDOTBS1	UNEXPIRED
_SYSSMU13_3880116518$	UNDOTBS1	EXPIRED

图 4-5　查看 UNDO 回滚段状态信息

- free：没有分配给任何一个段。
- active：区中有事务没有提交。
- inactive：区中的事务提交了但是还没有达到 undo_retention 的时间。
- EXPIRED：事务提交而且达到 undo_retention。

可以通过设定 undo_retention 来保住 inactive 的区，若没有 free，则自动扩展；若扩展不了，则优先使用 EXPIRED；若还不够，则会使用 inactive，但如果此时 RETENTION 是 GUARANTEE 保证的（也就是 ALTER TABLESPACE undotbs1 RETENTION GUARANTEE），则无法使用 inactive，会报 ORA-30036。

如果倾向于保证数据一致性，也就是专注于查询，那么有必要通过"ALTER TABLESPACE UNDOTBS1 RETENTION GUARANTEE"来保证一致性，也就是不管空间够不够用，都不可以使用 Inactive 状态的区，这样就有可能导致由于没有可用的 UNDO 空间而导致数据库 Hang（悬挂），但这样可以保证查询语句执行时间在 UNDO_RETENTION 值之内所有查询的一致性。

如果应用倾向于事务，可以不去设置 RETENTION GUARANTEE，这样当没有可用的 UNDO 空间时，可以去覆盖 Inactive 状态的区，这样就有可能报 ORA-01555 的错，也就是不能一致读了，因为 UNDO_RETENTION 值是通过咨询当前应用的查询语句执行时间最长的那个时间来确定的。也就是说，undo_retention 大于最长的那个 SQL 执行时间，因此使不使用 GUARANTEE 取决于应用或业务的需求。

4.11 本章小结

Oracle 表空间至此已告一段落，表空间是 Oracle 数据库最重要的概念之一，也是优秀数据库架构的基础，因此，要求读者要充分把握表空间的概念并掌握其机理，为设计出优良的表空间以及优秀的数据库架构而打下坚实的基础。

接下来，将讲述 Oracle 数据库关于存储的另一大技术——ASM 自动存储管理。

第 5 章　自动存储管理（ASM）

自动存储管理（Automatic Storage Management，ASM）是 Oracle 内置的卷管理器，是对自动文件管理功能的扩充，它进一步简化了数据库管理的工作。如果仅仅使用自动文件管理功能，那么数据库文件都将存储在一些操作系统目录中。自动存储管理提供了卷管理功能，数据库管理员可以创建磁盘组，把多个磁盘以磁盘组的形式组织在一起，数据库中的文件将存储在磁盘组中。利用自动存储管理功能，还可以实现磁盘的镜像和条带状划分，从而提高数据库系统的性能和数据的安全。

在数据库运行的过程中，如果要创建表空间、重做日志文件、控制文件，可以把磁盘组指定为文件的存储位置，文件的名称和大小可以省略，Oracle 将利用自动文件管理功能创建并且管理这些文件。

从 Oracle 11g 开始，还提供了一个集群文件系统（ASM Cluster File System，ACFS），在这种文件系统中，可以存储 Oracle 软件的可执行文件、数据库的跟踪文件、警告文件、视频、音频等类型的文件。值得注意的是，在 ACFS 中目前还不能存储数据库文件，所有能存储在 ASM 磁盘组中的文件都不能存储在 ACFS 中。

ASM、ACFS 及 OMF 是 Oracle 强力推荐使用的文件存储机制，尽管在单实例数据库中用户不一定会使用这些技术，但是的 RAC（Real Application Clusters，实时应用集群）环境中，它们的应用非常多。通过这些技术，Oracle 向用户提供了一个统一的存储数据库文件的方法，这样在不同的操作系统中配置 RAC 环境时，不再完全依赖操作系统所提供的存储方法。

为了使用 Oracle 11g 的 ASM 和 ACFS，需要一个 ASM 实例。这个实例与数据库实例是相互独立的，在启动 ASM 实例时并不需要启动数据库实例，但是在启动数据库实例时，ASM 实例必须已经启动。

基于单实例数据库的 ASM 是构建 RAC 的基础，本章中所说的数据库实例是指单实例数据库，而非 RAC 的多实例数据库（多个实例都指向同一个数据库即多对一），这一点请读者注意。

本书将在实战案例篇重点介绍 Oracle RAC 的构建案例。

5.1 ASM 概述

ASM 是自从 Oracle 10g R2 开始为了简化 Oracle 数据库的管理而推出的一项新功能，这是 Oracle 自己提供的卷管理器，主要用于替代操作系统所提供的 LVM，它不仅支持单实例，同时对 RAC 的支持也非常好。ASM 可以自动管理磁盘组并提供有效的数据冗余功能。使用 ASM 后，数据库管理员不再需要对 Oracle 中成千上万的数据文件进行管理和分类，从而简化了 DBA 的工作量，可以使得工作效率大大提高。

ASM 提供了以平台无关的文件系统、逻辑卷管理以及软 RAID 服务。ASM 可以支持条带化和磁盘镜像，从而实现了在数据库被加载的情况下添加或移除磁盘，以及自动平衡 I/O 以删除"热点"。它还支持直接和异步 I/O，并使用 Oracle 9i 中引入的 Oracle 数据管理器 API（简化的 I/O 系统调用接口）。

ASM 是作为单独的 Oracle 实例实施和部署，并且它只需要有参数文件，不需要其他的任何物理文件，即可启动 ASM 实例，只有它在运行时，才能被其他数据访问。在 Linux 平台上，只有运行了 OCSSD 服务（Oracle 安装程序默认安装）才能访问 ASM。

使用 ASM 的好处如下：
- 将 I/O 平均分布到所有可用磁盘驱动器上以防止产生热点，并且最大化性能；
- 配置更简单，并且最大化推动数据库合并的存储资源利用；
- 内在的支持大文件；
- 在增量增加或删除存储容量后执行自动联系重分配；
- 维护数据的冗余副本以提高可用性；
- 支持 10g、11g 的数据存储及 RAC 的共享存储管理；
- 支持第三方的多路径软件；
- 使用 OMF 方式来管理文件。

5.1.1 ASM 冗余

ASM 使用独特的镜像算法：不镜像磁盘，而是镜像盘区。作为结果，为了在产生故障时提供连续的保护，只需磁盘组中的空间容量，而不需要预备一个热备（hot spare）磁盘。不建议用户创建不同尺寸的故障组，因为这将会导致在分配辅助盘区时产生问题。

ASM 将文件的主盘区分配给磁盘组中的一个磁盘时，它会将该盘区的镜像副本分配给磁盘组中的另一个磁盘。给定磁盘上的主盘区将在磁盘组中的某个伙伴磁盘上具有各自的镜像盘区。ASM 确保主盘区和其镜像副本不会驻留在相同的故障组中。磁盘组的冗余可以有如下的形式：双向镜像文件（至少需要两个故障组）的普通冗余（默认冗余）和使用三向镜像（至少需要 3 个故障组）提供较高保护程度的高冗余。一旦创建磁盘组，就不可以改变它的冗余级别。为了改变磁盘组的冗余，必须创建具有适当冗余的另一个磁盘组，然后必须使用 RMAN 还原或 DBMS_FILE_TRANSFER 将数据文件移动到这个新创建的磁盘组。

3 种不同的冗余方式如下。

（1）外部冗余（External Redundancy）

表示 Oracle 不帮助管理镜像，功能由外部存储系统实现，比如通过 RAID 技术；有效磁盘空间是所有磁盘设备空间的大小之和。

（2）默认冗余（Normal Redundancy）

表示 Oracle 提供 2 份镜像来保护数据，有效磁盘空间是所有磁盘设备大小之和的 1/2（使用最多）。

（3）高度冗余（High Redundancy）

表示 Oracle 提供 3 份镜像来保护数据，以提高性能和数据的安全，最少需要 3 块磁盘（3 个 Failure Group）；有效磁盘空间是所有磁盘设备大小之和的 1/3，虽然冗余级别高了，但是硬件的代价也最高。

5.1.2　ASM 进程

ASM 实例除了传统的 DBWR、LGWR、CKPT、SMON、PMON 等进程外，还包含如下 4 个新后台进程。

（1）RBAL：负责协调磁盘组的重新平衡活动（负责磁盘组均衡）。

（2）ARB0～ARBn：在同一时刻可以存在许多此类进程，它们分别名为 ARB0、ARB1，依此类推，执行实际的重新平衡分配单元移动进程。

（3）GMON：用于 ASM 磁盘组监控。

（4）O0nn01～10：这组进程建立到 ASM 实例的连接，某些长时间操作比如创建数据文件，RDBMS 会通过这些进程向 ASM 发送信息。

ASMB 与 ASM 实例的前台进程连接，周期性地检查两个 Instance 的健康状况。每个数据库实例同时只能与一个 ASM 实例连接，因此数据库只有一个 ASMB 后台进程。如果一个节点上有多个数据库实例，它们只能共享一个 ASM 实例。

RBAL 用来进行全局调用，以打开某个磁盘组内的磁盘。ASMB 进程与该节点的 CSS 守护进程进行通信，并接收来自 ASM 实例的文件区间映射信息。ASMB 还负责为 ASM 实例提供 I/O 统计数据。

CSS 集群同步服务。要使用 ASM，必须确保已经运行了 CSS 集群同步服务，CSS 负责 ASM 实例和数据库实例之间的同步。

注意：ASM 实例必须要先于数据库实例启动，和数据库实例同步运行，迟于数据库实例关闭。ASM 实例和数据库实例的关系可以是 1：1，也可以是 1：n。如果是 1：n，最好为 ASM 安装单独的 ASM_HOME。

ASM 的主要功能是支持 DATAFILE、Logfiles、Control Files、Archivelogs、RMAN Backup Sets 等自动的数据库文件管理。

5.1.3 ASM 实例和数据库实例对应关系

如果在存储架构中引入 ASM（自动存储管理），按照 Oracle 数据库的规矩，必须先启动 ASM 实例，然后由 ASM 实例统领和管理 Oracle 数据库实例，即 Oracle 数据库。因此，ASM 的实例和数据库的实例是各自存在的，它们之间的关系如图 5-1 所示。

图 5-1 左侧为 Oracle 实例，即 Oracle 数据库存储机制部分（表空间、段、区及块）；右侧为 ASM 实例部分，包括 ASM 磁盘组、ASM 文件、AU（分配单元）及物理块；中间为 Oracle 实例下的数据文件

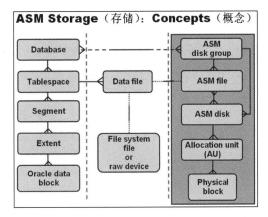

图 5-1　ASM 实例和数据库实例对应关系示意

和所基于的文件系统或裸设备，即数据文件将被存放在所基于的文件系统或裸设备中。

图 5-1 的关键看点是"ASM file（ASM 文件）→DATA file（数据文件）"，说明 ASM 会把 ASM 实例下的存储机制和 Oracle 数据库的存储机制通过基于某种文件系统或裸设备的数据文件物理地连接起来。

5.1.4　Cluster（集群） ASM 架构

在商业应用中，ASM 的应用大多是 Cluster（集群）ASM 架构，其示意如图 5-2 所示。

图 5-2 为 ASM 集群架构典型示意图，在节点 1 上有一个 Oracle 数据库实例，在节点 2 上也有一个。在实际需求中，节点可能不只 2 个，会更多，会有更多的 Oracle 数据库实例，即 $n>2$ 个数据库实例。

图 5-2 说明 ASM 实例统领了两个 Oracle 数据库实例，这两个数据库实例都指向同一个 ASM 磁盘组，这意味着两个数据库实例对数据库的操作都发生在同一个地方，都对同一个地方的数据产生影响，这就是人们常说的多例库（前述的都是单例库，即在单例库下展开的描述），即有两个以上实例的数据库，这两个以上的库实例完全由 ASM 实例控制与协调或者说统领。

下面将说明 ASM 实例的搭建过程。

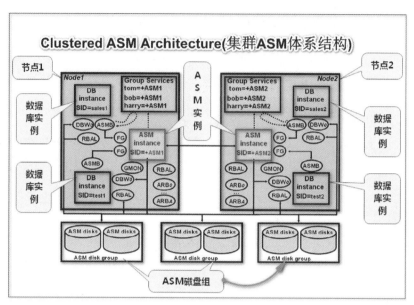

图 5-2　Cluster（集群）ASM 架构

5.2　ASM 实例搭建

本节将介绍如何在 Windows 下创建裸设备，并创建 ASM 磁盘组以及安装 Oracle grid 组件和 DATABASE。Windows 采用如下。Windows Server 2008 X64 R2，在虚拟机上安装，必备的组件如下。

注：关于 Windows Server 服务器版本的选取，本 ASM 实例搭建是在 Windows Server 2008 X64 R2 虚拟机下成功完成，生产环境大多都采用此版本，但在其他 Windows Server 服务器版本，如 Windows Server 2012/2016/2019 上搭建，笔者没有亲历，不敢说一定能行，但搭建过程及原理是可以参考借鉴的，特此说明。

（1）磁盘虚拟软件

StartWind 6.0 的下载地址是：http://qunying.jb51.net:8080/201707/tools/starwind6_jb51.rar。

（2）Oracle 数据库

Oracle 11g R2 X64，版本（11.2.0.4）。

（3）网络基础架构

win64_11gR2_grid（p13390677_112040_MSWIN-X86-64_1of7.zip，网上提供下载）。

5.2.1　环境介绍

虚拟机上安装有 Windows Server 2008 R2 X64 操作系统，具体配置如图 5-3 所示：

图 5-3　Windows Server 2008 R2 x64 操作系统虚拟机

由于在 Windows 下使用 ASM，所以不能对硬盘进行分区操作，必须创建裸设备，这和在 Linux 下使用 ASM 相反。这里的 Oracle 版本是 11g r2 X64。

5.2.2　创建裸设备以及创建 ASM 磁盘组

引入 ASM 自动存储管理，首先要有裸设备，也称裸磁盘，即该磁盘没有任何属主（不属于任何一方），是完完全全赤裸的状态，这就是被人们常称作的裸设备，对于这样的磁盘也可称为裸磁盘。

Windows 环境下创建裸设备的步骤如下：首先要通过虚拟软件虚拟出一块新的硬盘，因为服务器上的硬盘早已不再是新的硬盘了，必须借助第三方工具（虚拟软件）从当前磁盘中划出一部分空间区域充作新的硬盘；然后是把这块新的硬盘变成裸设备或裸磁盘。

1. 通过 StartWind 6.0 虚拟磁盘

首先通过 StartWind 6.0 磁盘虚拟软件虚拟出磁盘，通过"开始→管理工具→iSCSI 发起程序"来共享虚拟磁盘。

关于 StartWind 6.0 软件的安装，其使用很简单（首先在"targets"标签上右键添加 target；然后为该 target 创建相应的 device，在"devices"标签上右键添加并创建），具体操作请参阅有关文献。其下载地址是：http://qunying.jb51.net:8080/ 201707/tools/starwind6_jb51.rar。

该虚拟软件大多用于测试环境，当然也可以应用于生产环境。下面说明创建裸设备的步骤：

（1）打开"计算机管理"窗口，如图 5-4 所示。

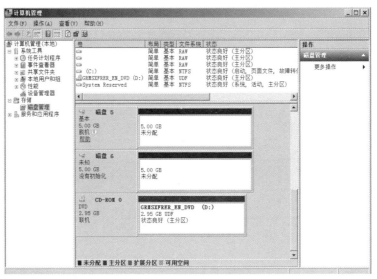

图 5-4　"计算机管理"窗口

（2）要创建裸设备，硬盘必须已经初始化且联机，在磁盘 6（通过 StartWind6.0 虚拟出来的磁盘）上右击，在弹出的快捷菜单中选择"初始化磁盘"命令并单击"确定"按钮，如图 5-5 所示。

（3）完成之后，即可进行分区等操作。右击，在弹出的快捷菜单中选择"新建简单卷"命令，如图 5-6 所示。

图 5-5　初始化磁盘

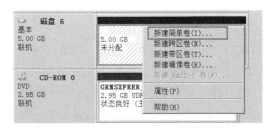

图 5-6　选择"新建简单卷"命令

（4）根据向导进行操作即可。务必选中"不分配驱动器号或驱动器路径"及"不要格式化这个卷"单选按钮，如图 5-7 所示。

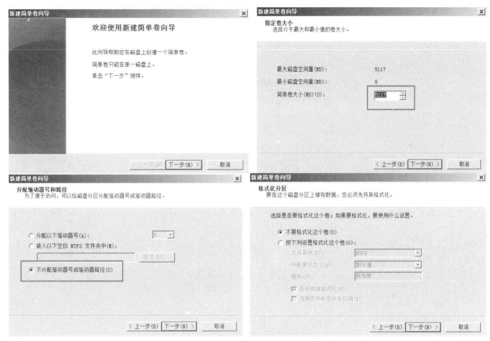

图 5-7 新建简单卷过程

(5) 新建完成后,可以看到磁盘 6 已经是一个大小为 5G 的裸设备了,如图 5-8 所示。

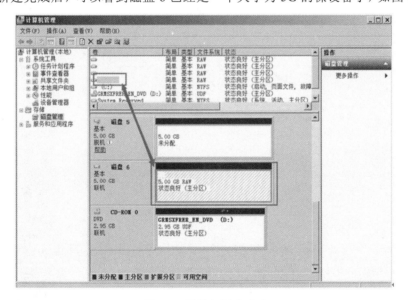

图 5-8 裸设备创建成功

2. 创建 ASM 磁盘组

在 grid(win64_11gR2_grid 组件)软件包中提供了一个 asmtool 图形界面操作和 asmtool 命令行界面,位于 grid 文件夹的 asmtool 文件夹里,如图 5-9 所示。

图 5-9　asmtoolg.exe 图形界面操作命令位置

初次使用建议使用 asmtoolg 工具方便直观点，步骤如下。

（1）双击 asmtoolg 开始创建，如图 5-10 所示。

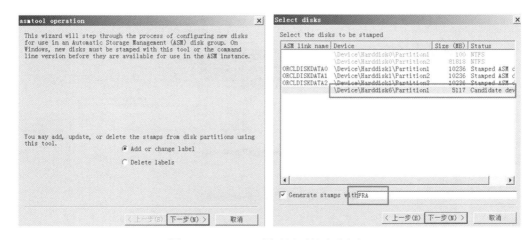

图 5-10　asmtoolg 图形界面创建磁盘组

（2）在图 5-10 中，"Add or change label"单选按钮默认，然后单击"下一步"按钮，在弹出的对话框中，"\Device\Harddisk6\Partition1"就是磁盘 6，磁盘组名使用默认的 DATA，改为 FRA（打算用于数据库闪回区）。如果所选分区不是裸设备，就像上面的 disk0 的几个分区一样是灰色的，无法进行后续操作。然后单击"下一步"按钮。如图 5-11 所示。

（3）单击"下一步"按钮，然后单击"完成"按钮，ASM 磁盘组+FRA 就创建成功了。

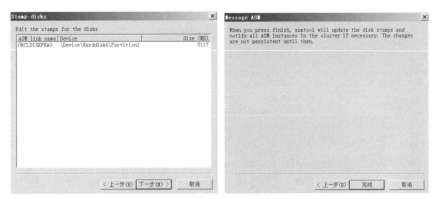

图 5-11　磁盘组创建成功

5.2.3　安装 Oracle 网络基础架构 win64_11gR2_grid 组件

Oracle 网络基础架构 win64_11gR2_grid 组件请从网上下载，网上的文件是："p13390677_112040_MSWIN-x86-64_1of7.zip"。将此文件解压缩后，解压后的根文件夹中有一个"setup.exe"文件，启动该文件，开始安装，安装过程如下：

（1）选择"独立服务器配置"而非"群集配置"，如图 5-12 所示。

图 5-12　选择产品语言、创建 ASM 磁盘组、指定 ASM 账户口令

（2）这里已经认出了先前创建 ASM 磁盘，磁盘组名称为 DATA。在图 5-12 中，选择产品语言、创建 ASM 磁盘组、指定 ASM 账户口令，这些都完成后，继续单击"下一步"按钮如图 5-13 所示。

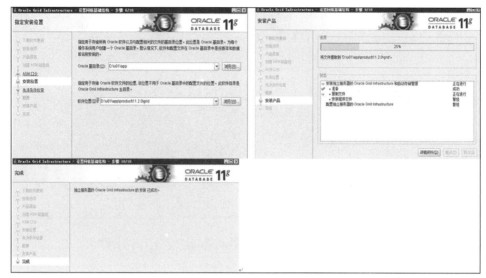

图 5-13 指定安装位置、开始产品安装

(3) 在图 5-13 中，指定 grid 的安装位置，单击"下一步"按钮开始安装产品，等待一段时间（大约二十几分钟），直到安装完成。

接下来就是 Oracle 数据库的安装，安装过程不再赘述。

5.2.4 后续处理

Oracle 的网络基础架构和数据库都安装好后，还不算彻底结束，还需要进一步的处理，这些处理如下。

1. 设置 Oracle 数据库实例伴随 OHAS 的启动而启动

OHAS 是 Oracle High Availability Services 的缩写，高可用性服务。

首先查看 ora.orcl.db 配置文件内容。"ora.orcl.db"中的"orcl"为安装数据库的实例名。

```
d:\u01\app\product\11.2.0\grid\BIN\crs_stat.exe -p ora.orcl.db [000191]
```

结果如图 5-14 所示。

图 5-14 查看 ora.orcl.db 配置文件内容

将图 5-14 中的"AUTO_START"项设置为 1 即可，即 AUTO_START=1。命令如下：

```
d:\u01\app\product\11.2.0\grid\BIN\crsctl.exe modify resource ora.orcl.db -attr "AUTO_START=1"
d:\u01\app\product\11.2.0\grid\BIN\crs_stat.exe -p ora.orcl.db [000192]
```

结果如图 5-15 所示。

图 5-15　设置 ora.orcl.db 配置文件中的"AUTO_START"项为 1

2. 查看各个资源的状态

d:\u01\app\product\11.2.0\grid\BIN\crs_stat.exe -t -v　　　　[000193]

结果如图 5-16 所示。

图 5-16　查看各个资源的状态

3.关闭 ohas 服务

d:\u01\app\product\11.2.0\grid\BIN\crsctl.exe stop has　　　　[000194]

结果如图 5-17 所示。

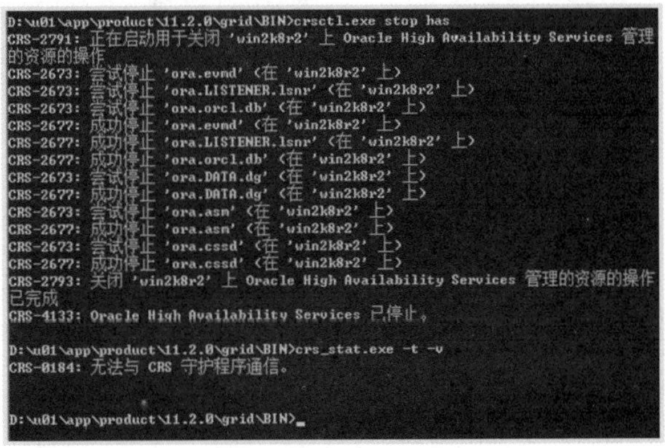

图 5-17　关闭 ohas 服务

4. 启动 ohas 服务

d:\u01\app\product\11.2.0\grid\BIN\crsctl.exe start has　　　　[000195]

结果如图 5-18 所示。

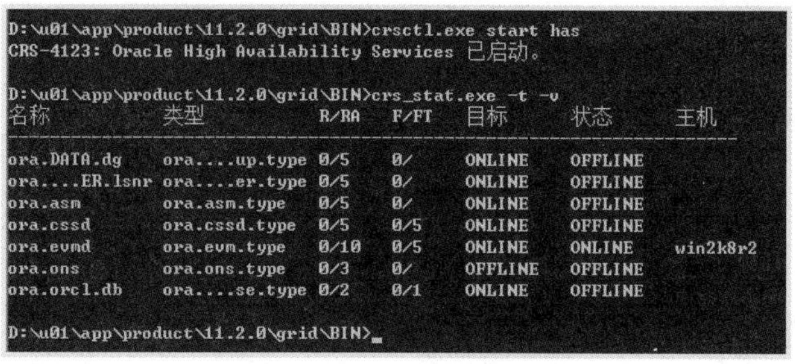

图 5-18 启动 ohas 服务

5. 其他相关信息的查看

以 SYS 账户的 SYSDBA 身份登录到 grid 的 SQL*Plus。

（1）查看磁盘组信息

SQL>select name,state,total_mb from v$asm_diskgroup;   [000196]

如图 5-19 所示。

（2）查看实例及参数文件位置信息

SQL>select instance_name,status,database_status from v$instance; [000197]

如图 5-20 所示。

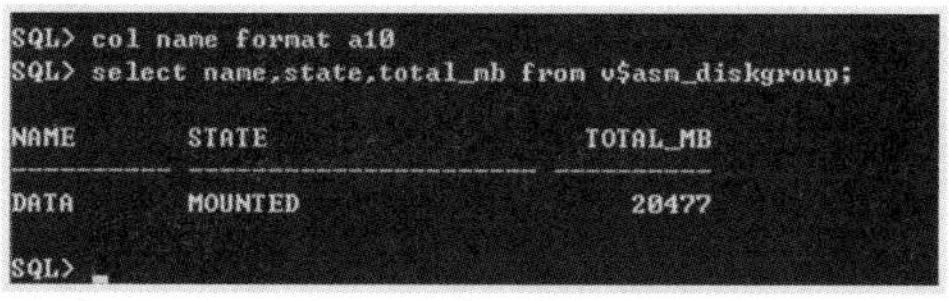

图 5-19 查看 ASM 磁盘组信息   图 5-20 查看实例信息

5.3 ASM 实例管理

为了在数据库中使用 ASM，在安装数据库之前需要安装 Grid Infrastructure 软件，然后创建一个 ASM 实例，并在 ASM 实例下创建磁盘组。数据库中的数据文件、重做日志文件、控制文件、服务器参数文件等类型的文件就存储在 ASM 磁盘组中。ASM 实例可以利用命令行、EM、ASMCA 及 DBCA 等工具来创建。

如果通过命令行创建 ASM 实例，就需要为它创建一个参数文件。参数文件的用法与数据库实例类似，在参数文件中只需设置少数几个初始化参数。ASM 实例启动后，利用 SQL*Plus 登录，然后通过 CREATE DISKGROUP 命令创建磁盘组。

表 5.1 列出了与 ASM 实例相关的初始化参数。

表 5.1　ASM 实例的初始化参数

参　　数	说　　明
INSTANCE_TYPE	指定实例的类型，设置为 ASM
DB_UNIQUE_NAME	ASM 实例的名称，默认为 ASM+
ASM_POWER_LIMIT	ASM 实例的磁盘重新平衡的能力，默认为 1
ASM_DISKSTRING	指定一个字符串，ASM 实例在创建磁盘组时按照这个字符串搜索可用的磁盘
ASM_DISKGROUPS	指定磁盘组的名称，ASM 实例启动时将自动加载这些磁盘组。例如，ASM_DISKGROUPS=DATA,DG_1

由于篇幅所限，通过 EM、ASMCA 及 DBCA 创建 ASM 的实例，在此不做详述。

ASM 实例建立后，即可启动。ASM 实例的启动和关闭方法与数据库实例类似，利用 SQL*Plus 登录，通过执行 STARTUP 命令，即可启动 ASM 实例。同样，执行 SHUTDOWN 命令，即可关闭 ASM 实例。

ASM 实例也会读自己的参数文件。ASM 实例的名称默认为+ASM，参数文件的默认名称为 SPFILE+ASM.ora，存储在默认位置，11g R2 以后存放在磁盘组上。

Oracle 还提供了实用工具 SRVCTL，利用该工具可以对 ASM 实例进行控制。常用以下 3 条命令：

- srvctl status ASM：ASM 实例的状态；
- svrctl stop ASM：关闭 ASM 实例；
- svrctl start ASM：启动 ASM 实例。

5.3.1　查看可用分区

关于磁盘制作，参见 5.2 节，首先 list 一下有哪些磁盘分区是能被 ASM 使用的，用 ASMtool -list 这个命令：

C:\app\Administrator\product\11.2.0\grid\BIN\ASMtool.exe -list [000198]

如图 5-21 所示。

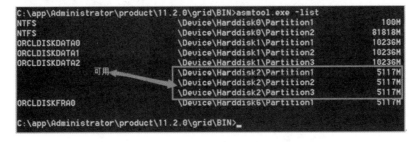

图 5-21　查看可以被 ASM 使用的磁盘分区

图 5-21 中，凡未标有"ORCLDISKDATA0~n"的磁盘，说明未被使用，"ORCLDISKDATA0~n"为已使用所属磁盘组的磁盘名称。或者看左侧有没有空置的，凡空置的属于可用磁盘分

区，非空置的为在用磁盘分区。

5.3.2 加入 ASM 磁盘

在图 5-21 中反映出来的“\device\harddisk2\partition1～partition3”是可用的。使用 ASMtool –add 命令加入 ASM 磁盘，命令如下：

```
    C:\app\Administrator\product\11.2.0\grid\BIN\ASMtool.exe -add \Device\
Harddisk2\Partition1 ZgdtDiskAsm0
    C:\app\Administrator\product\11.2.0\grid\BIN\ASMtool.exe -add \Device\
Harddisk2\Partition2 ZgdtDiskAsm1
    C:\app\Administrator\product\11.2.0\grid\BIN\ASMtool.exe -add \Device\
Harddisk2\Partition3 ZgdtDiskAsm2                                [000199]
```

结果如图 5-22 所示。

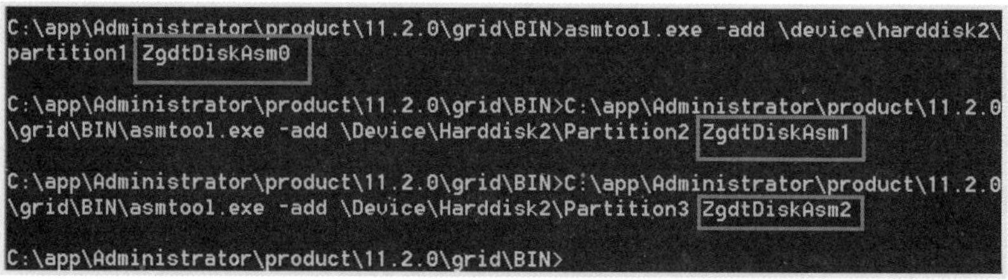

图 5-22　将未被使用的磁盘加入 ASM 磁盘组

再查看一下有哪些磁盘分区能被 ASM 使用，命令如下。

```
C:\app\Administrator\product\11.2.0\grid\BIN\ASMtool.exe -list [000200]
```

如图 5-23 所示。

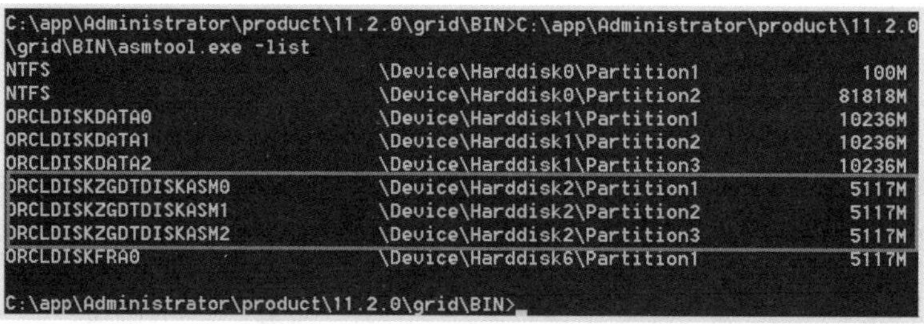

图 5-23　查看磁盘分区使用情况

图 5-23 反映的都是在用分区，已无可用磁盘分区。看左侧有没有空置的，凡空置的属于可用磁盘分区，非空置的为在用磁盘分区。

刚才加入的 3 组 ASM 磁盘已被标上“ORCLDISKZGDTDISKASM0~3”，该标识为磁盘组名称，说明已被使用。

5.3.3　开启 CSS 服务

另外，由于 ASM 实例需要 CSS（Cluster Synchronization Services，主要用来同步 ASM Instance 和它的 Client，也就是 DATABASE Instance。可以由 Oracle 自带的 localconfig.bat 命令来完成）服务，第一次使用之前，需要开启 CSS 服务。在命令行运行：

```
C:\app\Administrator\product\11.2.0\grid\BIN\localconfig.bat -add
                                                           [000201]
```

如图 5-24 所示。

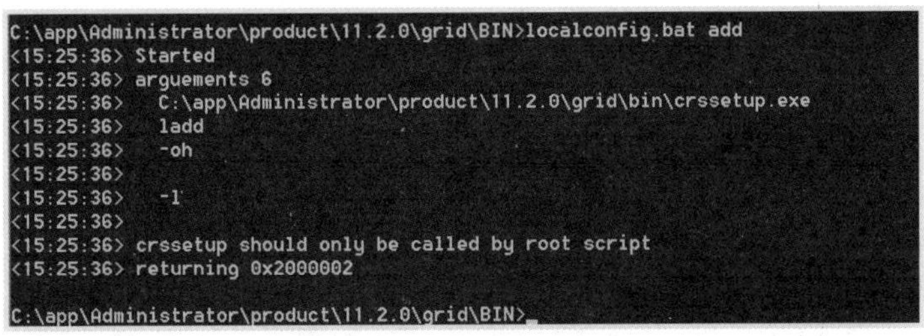

```
C:\app\Administrator\product\11.2.0\grid\BIN>localconfig.bat add
<15:25:36> Started
<15:25:36> arguements 6
<15:25:36>    C:\app\Administrator\product\11.2.0\grid\bin\crssetup.exe
<15:25:36>    ladd
<15:25:36>    -oh
<15:25:36>
<15:25:36>    -1
<15:25:36>
<15:25:36> crssetup should only be called by root script
<15:25:36> returning 0x2000002

C:\app\Administrator\product\11.2.0\grid\BIN>_
```

图 5-24　开启 CSS 服务

建立完成后检查一下是否运行正常，在命令行运行：

```
C:\app\Administrator\product\11.2.0\grid\BIN\crsctl.exe check css [000202]
```

如图 5-25 所示。

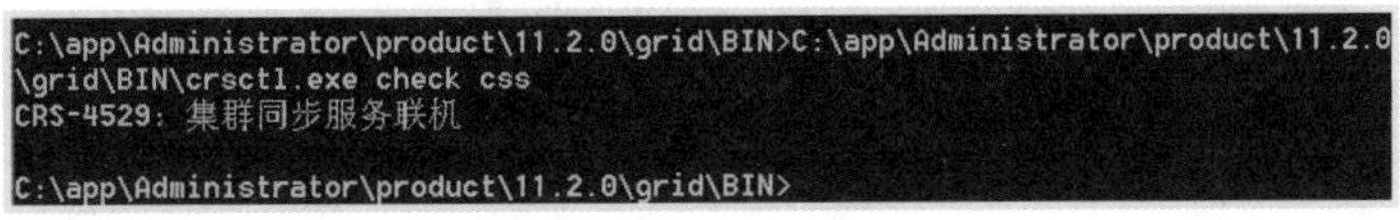

```
C:\app\Administrator\product\11.2.0\grid\BIN>C:\app\Administrator\product\11.2.0
\grid\BIN\crsctl.exe check css
CRS-4529: 集群同步服务联机

C:\app\Administrator\product\11.2.0\grid\BIN>
```

图 5-25　查看 CSS 服务

图 5-25 说明 css 运行正常。

5.3.4　新建 ASM DiskGroup 给数据库使用

前面讲述了把磁盘分区变成 ASM 磁盘，即将磁盘分区加入 ASM 磁盘序列中来，但还没有把 ASM 磁盘加入磁盘组，即还没正式交给数据库使用。下面介绍如何将 ASM 磁盘加入磁盘组以达到使用该磁盘分区的目的。

1. 检查 ASM disk 的状态是否为 cache

注意：这里以 SYSASM 而非 SYSDBA 身份登录，才能有权限对磁盘组操作。这是 11g 的一个改进。

```
shell>set oracle_sid=+ASM
shell>SQLPlus SYS/TJGDDwzk660601 as SYSASM                 [000203]
```

如图 5-26 所示。

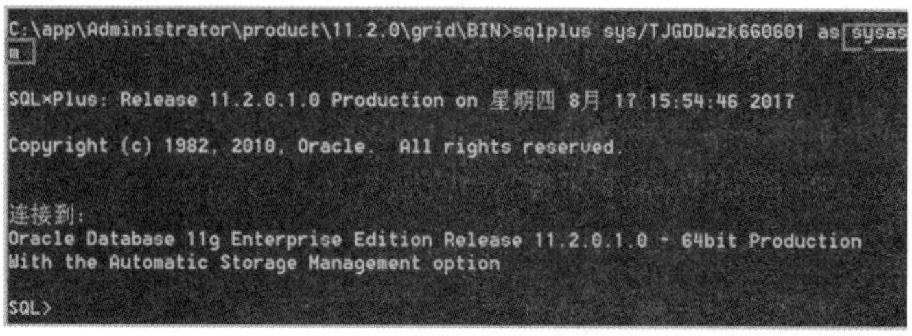

图 5-26 以 SYSASM 身份登录 grid 的 SQL*Plus

查看 ASM 磁盘的状态，命令如下：

SQL> select path,mount_status from v$asm_disk;   [000204]

如图 5-27 所示。

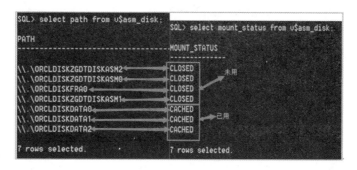

图 5-27 查看 ASM 磁盘状态

图 5-27 中，左侧为 ASM 磁盘序列，右侧为是否启用状态，其中"CACHED"说明已被 MOUNT（装载），表明启用；"CLOSED"说明未被 MOUNT，表明未被启用。

2. 新建数据库 diskgroup（磁盘组）

命令如下：

SQL>create diskgroup dg_zgdtasm_02 external redundancy disk '\\.\orcldiskzgdtdiskasm1';   [000205]

如图 5-28 所示。

图 5-28 将'\\.\orcldiskzgdtdiskasm1'加入磁盘组 dg_zgdtasm_02

SQL>create diskgroup dg_zgdtasm_03 external redundancy disk '\\.\orcldiskzgdtdiskasm2';   [000206]

如图 5-29 所示。

```
SQL> create diskgroup dg_zgdtasm_03 external redundancy disk '\\.\orcldiskzgdtdi
skasm2';

Diskgroup created.
```

图 5-29　将'\\.\orcldiskzgdtdiskasm2'加入磁盘组 dg_zgdtasm_02

3. 检查 ASM disk 的状态以及 Diskgroup 的使用

```
SQL>select path,mount_status from v$asm_disk order by disk_number;
```
[000207]

如图 5-30 所示。

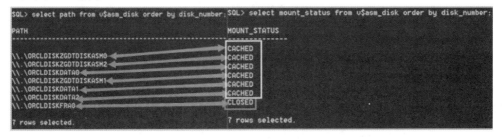

图 5-30　查看 ASM disk 的状态

图 5-30 说明"\\.\ORCLDISKFRA0"的 ASM 磁盘处于未启用状态。

4. 把 Diskgroup 加入初始化文件中

查看都有哪些磁盘组，命令如下：

```
SQL> show parameter asm_disk
```
[000208]

如图 5-31 所示。

图 5-31　查看都有哪些磁盘组

图 5-31 中，"TYPE"列未标识"string"的，说明是刚才新加入的磁盘组，接下来的任务是把这些磁盘组加入 SPFILE（INIT+ASM.ora）文件中，这样，即可自动加载这些磁盘组。加入步骤如下。

（1）编辑 PFILE 文件内容。

（2）在 SPFILE（INIT+ASM.ora）中加入："*.asm_diskgroups='DG_ZGDTASM_01'，

'DG_ZGDTASM_02','DG_ZGDTASM_03'"。

（3）SHUTDOWN ASM 实例，CREATE SPFILE from PFILE。

（4）从 SPFILE 启动。

这样，ASM 实例就建立完成了，操作过程如下。

（1）将当前 SPFILE 文件内容提取出来，命令如下：

```
SQL>create pfile=' C:\app\Administrator\product\11.2.0\grid\dbs\asmpfile.ora'
from spfile;                                                       [000209]
```

结果如图 5-32 所示。

图 5-32　将当前 SPFILE 文件内容提取出来

提取出的 ASMPFILE.ora 文件的内容如图 5-33 所示。

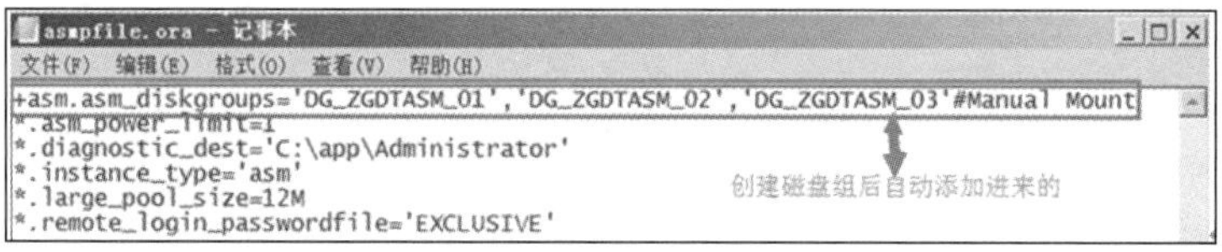

图 5-33　SPFILE 文件内容

（2）修改 asmfile.ora 文件。

不建议在原有的 asmpfile.ora 文件上修改，目的是保留原有文件内容，以便需要时参考。将 asmpfile.ora 另存为 asmpfile2.ora 后，修改这个文件，修改后的内容如下：

```
+ASM.asm_diskgroups='DG_ZGDTASM_01','DG_ZGDTASM_02','DG_ZGDTASM_03'#
Manual Mount (手工装载)
*.asm_power_limit=1
*.diagnostic_dest='C:\app\Administrator'
*.instance_type='asm'
*.large_pool_size=12M
*.remote_login_passwordfile='EXCLUSIVE'                            [000210]
```

结果如图 5-34 所示。

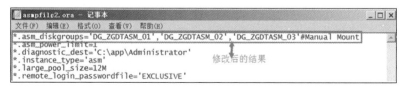

图 5-34　修改后的 asmpfile2.ora 文件内容

（3）关闭 ASM 实例，然后重新创建 SPFILE 文件，命令如下：

```
SQL>shutdown abort
SQL>create spfile from pfile='C:\app\Administrator\product\11.2.0\grid\
dbs\asmpfile2.ora' ;                                                    [000211]
```

结果如图 5-35 所示。

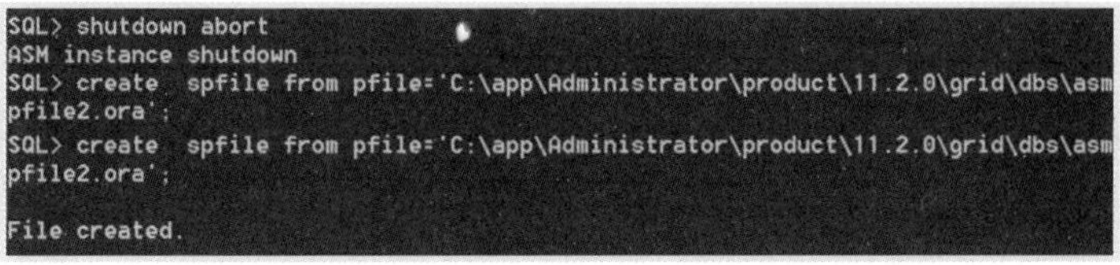

图 5-35　关闭 ASM 实例，创建 SPFILE 文件

（4）重新启动 ASM 实例，命令如下：

```
SQL>startup                      [000212]
```

结果如图 5-36 所示。

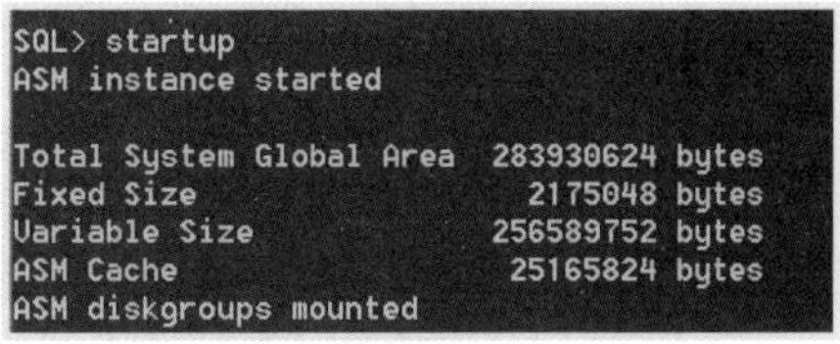

图 5-36　启动 ASM 实例

5.4　磁盘组的管理

磁盘组是指一组磁盘（其裸盘可通过 StartWind6.0 虚拟出来），Oracle 通过 ASM 技术将多个磁盘组织在一起，使它们作为一个整体向数据库提供存储空间，数据库中大部分类型的文件都可以存储在磁盘组上，就像使用一个单独的磁盘一样。

在数据库运行时，数据将平均分布在磁盘组的各个磁盘上。数据库管理员可以在不关闭数据库的情况下向磁盘组中添加新磁盘，或者将磁盘从磁盘组中删除。在添加或删除磁盘时，自动存储管理将重新平衡磁盘，即将数据重新平均分布在各个磁盘中。

为了获得最佳性能，在创建磁盘组时，应该将大小、性能相同或者相近的磁盘放在一个磁盘组中。如果磁盘的大小或性能差别较大，应将它们放在不同的磁盘组中。

磁盘组的管理涉及磁盘组的创建与删除、磁盘的添加和删除、磁盘组的加载和卸载等内容。在这里仅介绍如何通过 SQL*Plus 工具对磁盘组进行管理。

创建磁盘组时，需要为磁盘组起一个名字，还要指定磁盘组中的磁盘。为了防止磁盘组出现故障，可以为磁盘组指定"失败组"，即镜像组，同时指定磁盘的冗余级别。普通冗余至少需要两个磁盘组互为镜像，高冗余至少需要三个互为镜像的磁盘组。由于这些磁盘组互为镜像，所以把它们称为"失败组"。如果使用磁盘阵列中的 RAID 盘，那么指定外部冗余即可。

"查看能够被 ASM 使用的磁盘分区"及"将新建的磁盘分区加入 ASM 磁盘序列"是磁盘组管理的具体操作实施，其操作命令参见 5.3 节。下面针对磁盘组的创建与删除再做进一步的说明。

5.4.1 磁盘组的创建与删除

创建磁盘组的命令是 CREATE DISKGROUP，删除磁盘组的命令是 DROP DISKGROUP。再实施命令之前用户须以 SYS 账户，SYSASM 身份登录到 ASM 实例，然后将 ASM 实例启动到 NOMOUNT 状态。

登录 ASM 实例的 SQL 语句如下：

```
shell> set Oracle_SID=+ASM
shell> SQL*Plus  / as SYSASM
```

或

```
shell>SQL*Plus SYS/TJGDDwzk660601 as SYSASM                [000213]
```

结果如图 5-37 所示。

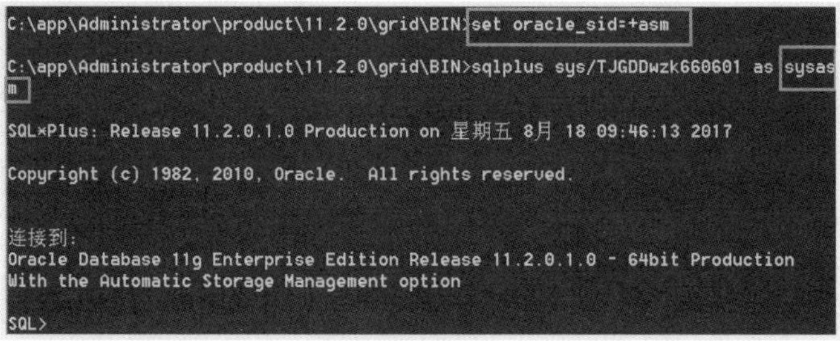

图 5-37　以 SYSASM 身份登录到 ASM 实例

在创建磁盘组之前，首先要检查 ASM 磁盘的状态，查看还有哪些 ASM 磁盘可用于加入新建磁盘组，查看 ASM 磁盘状态的命令如下：

```
SQL>select path,mount_status from v$asm_disk;               [000214]
```

结果如图 5-38 所示。

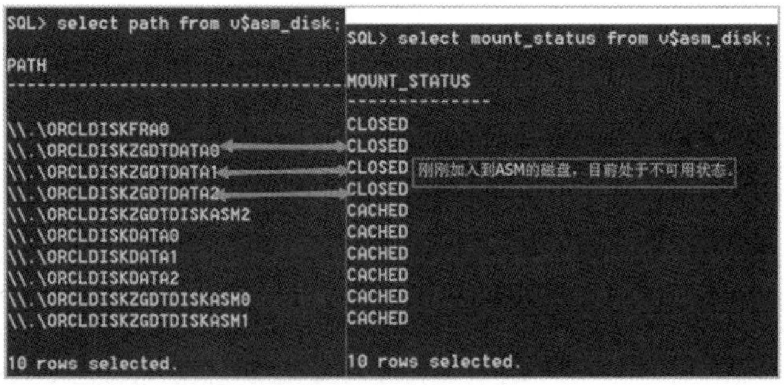

图 5-38　查看磁盘状态

在图 5-38 中，右侧标识为"CLOSED"的 ASM 磁盘允许加入磁盘组。注：左侧为 ASM 磁盘序列。则将右侧标识为"CLOSED"的 ASM 磁盘加入新建磁盘组，命令如下：

```
SQL>CREATE DISKGROUP DG1 NORMAL REDUNDANCY
FAILGROUP FG1 DISK '\\.\orcldiskzgdtdata0'
FAILGROUP FG2 DISK '\\.\orcldiskzgdtdata1'
FAILGROUP FG3 DISK '\\.\orcldiskzgdtdata2';                         [000215]
```

结果如图 5-39 所示。

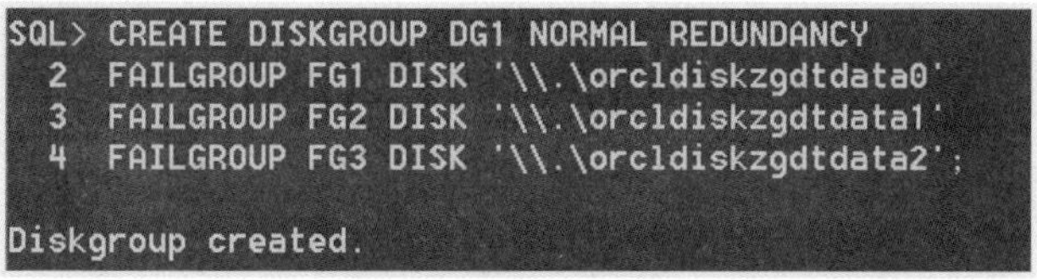

图 5-39　创建磁盘组

再检查 asm disk 的状态以及 Diskgroup 的使用，如图 5-40 所示。

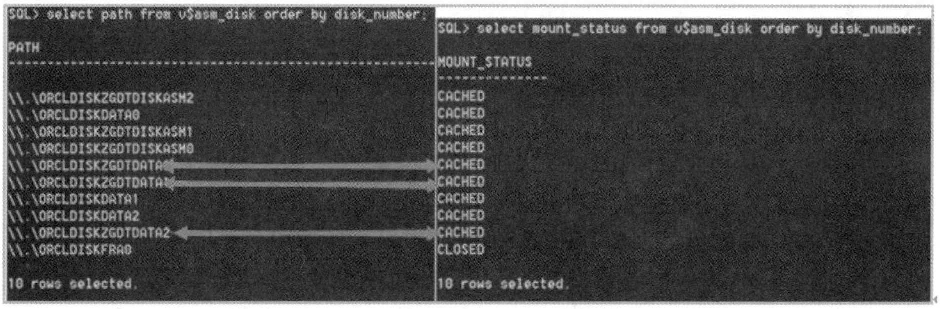

图 5-40　检查 asm disk 的状态

再用以下命令查看一下 ASM 的磁盘组：

```
SQL>show parameter asm_disk                                         [000216]
```

结果如图 5-41 所示。

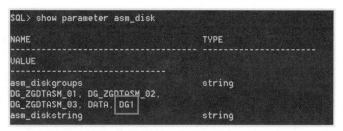

图 5-41　查看 ASM 的磁盘组

在创建磁盘组 DG1 时，为它指定了普通冗余级别，并指定了一个"失败组"，磁盘组和失败组互为镜像，它们分别包含一个磁盘。磁盘组创建成功后，磁盘即被格式化为 ASM 磁盘。

如果使用磁盘阵列中的 RAID 盘，就不需要为磁盘组指定镜像。

删除磁盘组的操作很简单。删除磁盘组时,磁盘组上的所有文件将一起被删除。为了删除磁盘组,ASM 实例必须启动,磁盘组必须被加载,并且磁盘组上的所有文件都必须关闭。

删除磁盘组的命令是 DROP DISKGROUP。例如,下面的语句将用于删除磁盘组 dgl:

```
SQL>DROP DISKGROUP dg1;                                          [000217]
```

结果如图 5-42 所示。

如果磁盘组中包含文件,上述命令将执行失效。为了将磁盘组和文件一起删除,还必须使用 DROP DISKGROUP 命令的 INCLUDING CONTENTS 子句。例如:

```
SQL>DROP DISKGROUP dg_zgdtASM_03 INCLUDING CONTENTS;             [000218]
```

结果如图 5-43 所示。

图 5-42 删除 ASM 磁盘组    图 5-43 删除 ASM 磁盘组

磁盘组的删除操作,将导致 ASM 实例配置文件中的"+ASM.ASM_diskgroups"磁盘组项的设置改变,因此,需要关注 SPFILE 文件的最新内容,操作过程如下。

先 Shutdown(关闭)ASM 实例,命令如下:

```
SQL>Shutdown                                                     [000219]
```

如图 5-44 所示。

在 Startup(启动)ASM 实例,命令如下:

```
SQL>STARTUP                                                      [000220]
```

如图 5-45 所示。

图 5-44 关闭 ASM 实例 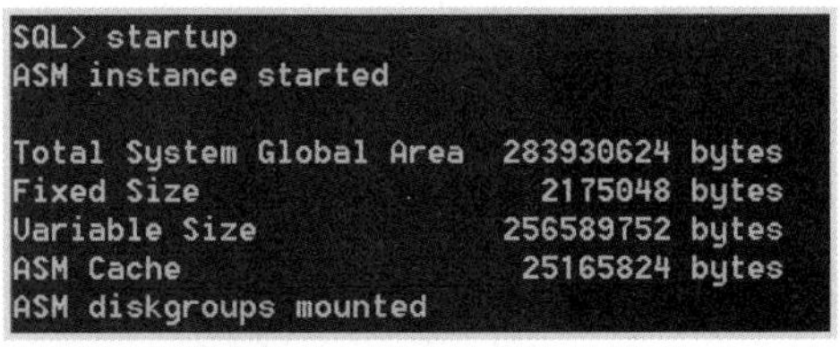   图 5-45 启动 ASM 实例

导出并查看 SPFILE 实例配置文件,命令如下:

```
SQL>create pfile=' C:\app\Administrator\product\11.2.0\grid\dbs\asmpfile3.
ora' from spfile;                                                [000221]
```

如图 5-46 和图 5-47 所示。

图 5-46 提取 SPFILE 文件内容

图 5-47 SPFILE 文件内容

导出后的文件为"asmpfile3.ora",用记事本或其他工具打开查看。图 5-47 说明磁盘组 DG_ZGDTASM_03 被删除后,配置文件中的"+asm.asm_diskgroups"项去掉了"DG_ZGDTASM_03"。

5.4.2 ASM 磁盘的添加和删除

为了更好地介绍 ASM 磁盘的添加与删除,需创建一个示范磁盘组,以方便后面的操作。在创建新的磁盘组之前需要看看有哪些 ASM 磁盘可用,命令如下:

SQL>select path,mount_status from v$asm_disk;   [000222]

如图 5-48 所示。

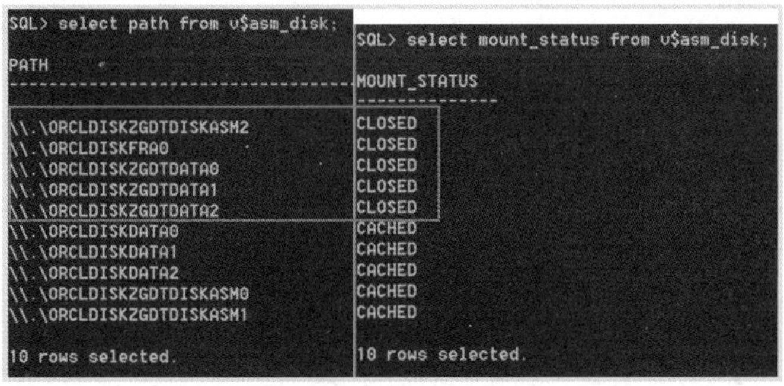

图 5-48 查看可用磁盘

图 5-48 说明存在可用 ASM 磁盘(右侧标识打上"CLOSED"的都是)。创建磁盘组命令如下:

```
SQL>CREATE DISKGROUP DG1 NORMAL REDUNDANCY  FAILGROUP FG1 DISK '\\.
\orcldiskzgdtdata0' FAILGROUP FG2 DISK '\\.\orcldiskzgdtdata1';    [000223]
```

如图 5-49 所示。

图 5-49　创建磁盘组

磁盘组创建以后，用户可以在不关闭数据库的情况下向磁盘组中添加磁盘，或者删除磁盘组中的磁盘。无论是哪种操作，ASM 实例都将对磁盘组进行重新平衡。例如，下面的语句将向磁盘组中添加一个磁盘。

```
SQL>ALTER DISKGROUP dg1 ADD DISK '\\.\orcldiskzgdtdata2' NAME disk3;
                                                                 [000224]
```

如图 5-50 所示。

图 5-50　向磁盘组中添加磁盘

如果一次性添加一个以上的磁盘，命令如下：

```
SQL>ALTER   DISKGROUP   dg1   ADD   DISK   '\\.\orcldiskzgdtdata1'   ,
'\\.\orcldiskzgdtdiskASM2',...;
```

或

```
SQL>ALTER DISKGROUP dg1 ADD FAILGROUP FG2 DISK '\\.\orcldiskzgdtdata1',
'\\.\orcldiskzgdtdiskASM2',...;                                   [000225]
```

如果没有指定 ASM 磁盘所属的失败组，Oracle 自动确定磁盘属于哪个失败组。如果要明确地将磁盘添加到某个失败组，则需要在 ADD 关键字之后指定 FAILGROUP 关键字及失败组的名称。命令如下：

```
SQL>ALTER DISKGROUP dg1 ADD FAILGROUP FG2 DISK '\\.\orcldiskFRA0' NAME
disk4;                                                            [000226]
```

如图 5-51 所示。

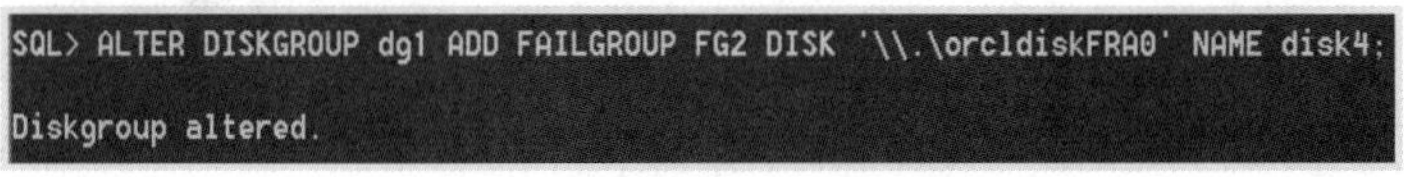

图 5-51　将磁盘添加到失败组

删除磁盘的方法是，使用 ALTER DISKGROUP 命令及 DROP DISK 子句，可以一次删除一个磁盘，或者删除一个失败组中的所有磁盘。删除磁盘时，磁盘组要进行重新平衡，被删除磁盘上的内容被重新平均分布到其他磁盘上。

下面的语句将删除磁盘组 DG1 中的磁盘 D1SK3：

```
SQL>ALTER DISKGROUP dg1 DROP DISK disk3;                    [000227]
```

如图 5-52 所示。

下面的语句用于删除失败组 FG2 中的所有磁盘：

```
SQL>ALTER DISKGROUP dg1 DROP DISKS IN FAILGROUP fg2;        [000228]
```

如图 5-53 所示。

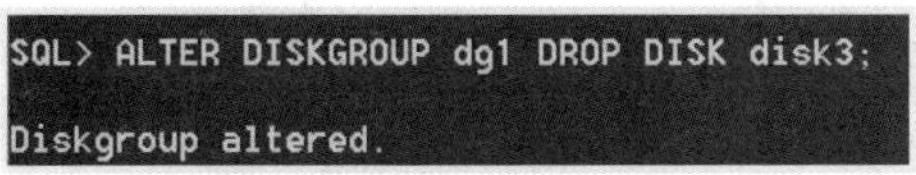

```
SQL> ALTER DISKGROUP dg1 DROP DISK disk3;

Diskgroup altered.
```

图 5-52　删除磁盘组 DG1 中的磁盘 D1SK3

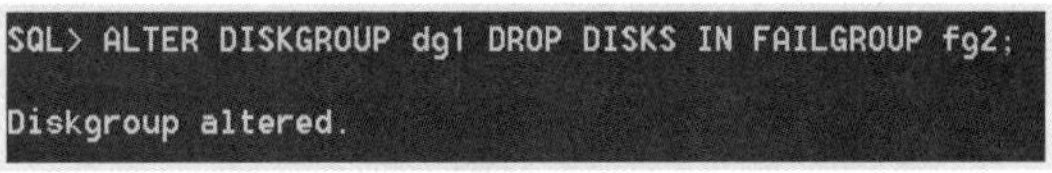

```
SQL> ALTER DISKGROUP dg1 DROP DISKS IN FAILGROUP fg2;

Diskgroup altered.
```

图 5-53　删除失败组 FG2 中的所有磁盘

删除磁盘的操作需要较长的一段时间。在删除操作完成之前，可以取消这次操作。但如果删除操作已经完成，或者在删除命令中使用 FORCE（强制）关键字进行强行删除，磁盘上的内容将无法恢复。例如，下面的语句用于取消删除磁盘的操作：

```
SQL>ALTER DISKGROUP dg1 UNDROP DISKS;
                                                            [000229]
```

如图 5-54 所示。

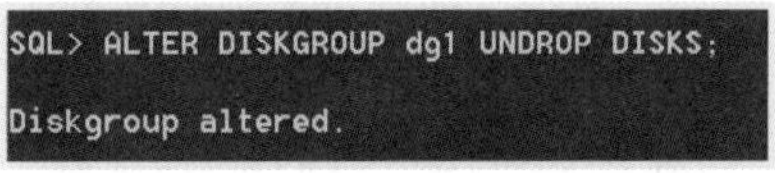

```
SQL> ALTER DISKGROUP dg1 UNDROP DISKS;

Diskgroup altered.
```

图 5-54　取消删除磁盘的操作

5.4.3　磁盘组信息的查询

在 ASM 实例中，可从动态性能视图中查看磁盘组磁盘的信息。从视图 v$asm_diskgroup 中可以查询磁盘组的信息。

例如，下面的 SELECT 语句用于查看所有磁盘组的名称、状态、冗余级别、总的空间大小、剩余空间大小：

```
SQL>SELECT name,state,type,total_mb,free_mb from v$asm_diskgroup;
                                                            [000230]
```

结果如图 5-55 所示。

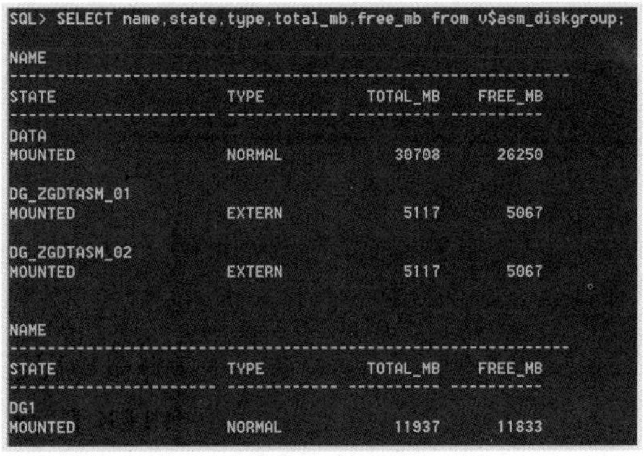

```
SQL> SELECT name,state,type,total_mb,free_mb from v$asm_diskgroup;

NAME
--------------------------------------------------------------
STATE                  TYPE           TOTAL_MB   FREE_MB
---------------------- ------------ ---------- ----------
DATA
MOUNTED                NORMAL            30708      26250

DG_ZGDTASM_01
MOUNTED                EXTERN             5117       5067

DG_ZGDTASM_02
MOUNTED                EXTERN             5117       5067

NAME
--------------------------------------------------------------
STATE                  TYPE           TOTAL_MB   FREE_MB
---------------------- ------------ ---------- ----------
DG1
MOUNTED                NORMAL            11937      11833
```

图 5-55　查看磁盘组的相关信息

从视图 v$asm_disk 中可以查询磁盘的信息，无论这个磁盘是属于某个磁盘组，还是一个空闲的磁盘。下面的 SELECT 语句用于查询所有磁盘的所属磁盘组号、操作系统中的路径、状态、总的存储空间、剩余存储空间。

```
SQL>select group_number,path,state, mount_status ,total_mb,free_mb from
v$asm_disk;                                                        [000231]
```

如图 5-56 所示。

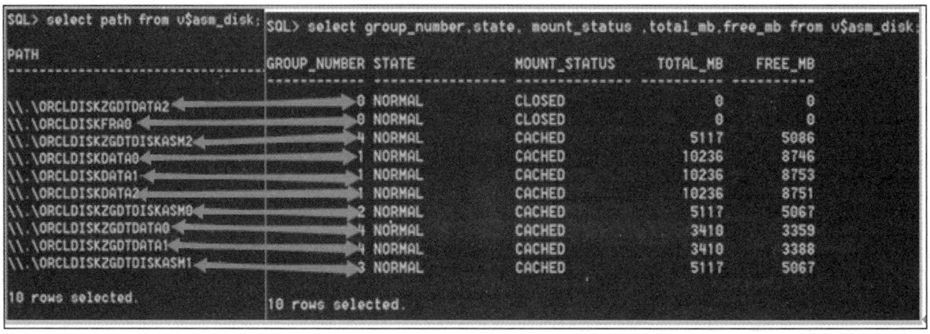

图 5-56　查看磁盘组的相关信息

5.4.4　磁盘组的重新平衡

当磁盘组中的磁盘数目发生改变时，ASM 实例将对其自动进行一次重新平衡，将磁盘组中的内容重新平均分布到现有的各个磁盘上。用户也可以手动对磁盘组进行平衡，目的是为了获得不同的平衡速度。

磁盘组的平衡能力从 0 到 11 共分为 12 级，其中 0 表示停止平衡操作，11 表示速度最快的平衡操作。在手动进行平衡操作时，可以指定平衡的级别。当然，指定的级别越高，消耗的系统资源就越多。初始化参数 ASM_POWER_LIMIT 限制了可以使用的最高平衡级别。如果在进行平衡操作时指定的级别高于初始化参数 ASM_POWER_LIMIT 的值，是不起任何作用的。

下面的语句用于对磁盘组 dg1 进行平衡操作。在语句中通过 POWER 关键字指定平衡的级别为 3。

```
SQL>ALTER DISKGROUP dg1 REBALANCE POWER
3;                                  [000232]
```

结果如图 5-57 所示。

图 5-57　修改磁盘组 dg1 的平衡级别为 3

5.4.5　磁盘组的加载和卸载

为了能够访问磁盘组中的文件，必须在 ASM 实例启动时加载该磁盘组。初始化参数 ASM_DISKGROUP 用于指定自动加载的磁盘组。当关闭 ASM 实例时，磁盘组被自动卸载。在刚创建一个磁盘组时，用户需要手动加载或卸载磁盘组。

下面的语句用于手动加载磁盘组 dg1：

```
SQL>ALTER DISKGROUP dg1 MOUNT;                                     [000233]
```

结果如图 5-58 所示。

如果希望加载所有的磁盘组，用 ALL 关键字代替上述命令中的磁盘组名称即可。用同样的方法可以卸载一个磁盘组或所有的磁盘组。

图 5-58　手动加载磁盘组 dg1

下面的语句用于卸载磁盘组 dg1：

SQL>ALTER DISKGROUP dg1 DISMOUNT;

或

SQL>ALTER DISKGROUP dg1 DISMOUNT FORCE;　　　　　　　　　　[000234]

结果如图 5-59 所示。

如果磁盘组上的某些文件处于打开状态，卸载操作将失败。这时可以在上述语句的最后加上 FORCE 关键字，强制卸载磁盘组。结果如图 5-60 所示。

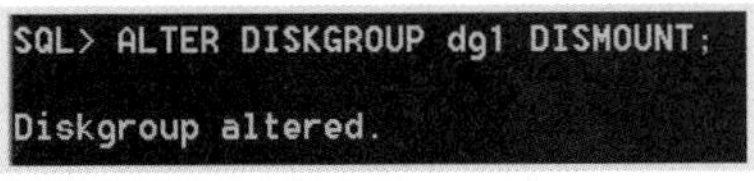

图 5-59　卸载磁盘组 dg1　　　　　　图 5-60　强制卸载磁盘组 dg1

5.4.6　目录管理

在磁盘组中包含一套完整的目录层次，这些目录在创建磁盘组时自动产生，数据库文件就存储在这些目录中。每个文件的名称是由 Oracle 自动产生的，称为"系统别名"。用户也可以为数据库文件指定用户别名，并将它们存储在用户创建的目录中。

如果用户希望为数据文件指定用户别名，首先需要创建一系列目录，每个目录以"+"符号和磁盘组的名称开始，并包括它的完整路径。在创建任何一个目录时，它的上层目录必须已经存在。

下面的语句分别在磁盘组 dg1 上创建目录 dir1 和它的子目录 dir2：

```
SQL>ALTER DISKGROUP dg1 ADD DIRECTORY '+dg1\dir1';
SQL>ALTER DISKGROUP dg1 ADD DIRECTORY '+dg1\dir1\dir2';         [000235]
```

结果如图 5-61 所示。

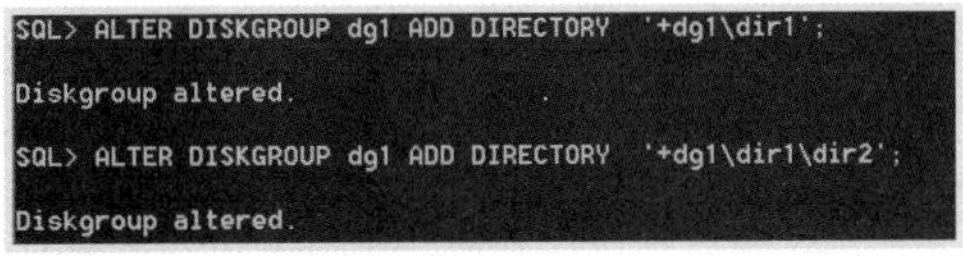

```
SQL>ALTER DISKGROUP data ADD
DIRECTORY '+data\dir1';       [000236]
```

结果如图 5-62 所示。

图 5-61　在磁盘组 dg1 上创建目录 dir1 和它的子目录 dir2

```
SQL>ALTER DISKGROUP data ADD DIRECTORY
'+data\dir1\dir2';            [000237]
```

结果如图 5-63 所示。

图 5-62　在磁盘组 data 上创建目录 dir1 　　图 5-63　在磁盘组 data 上创建目录 dir1 的子目录 dir2

对于一个已经存在的目录，可以对其进行重命名。对于磁盘组上一开始就存在的目录（由 Oracle 自动产生的目录），不能修改它们的名称。例如，下面的语句用于把目录 dir2 改为 dir22：

```
SQL>ALTER DISKGROUP dg1 RENAME DIRECTORY '+dg1\dir1\dir2' TO '+dg1\dir1\dir22';                                                [000238]
```

结果如图 5-64 所示。

图 5-64　将磁盘组 dg1 上的子目录 dir2 改为 dir22

如果一个目录不再需要，可以将其删除。如果目录中包含文件，那么在删除目录时需要使用 FORCE 关键字，将该目录强制删除。对于磁盘组上一开始就存在的目录，不能对其进行删除操作。例如：

```
SQL>ALTER DISKGROUP dg1 DROP DIRECTORY '+dg1\dir1' FORCE;     [000239]
```

结果如图 5-65 所示。

图 5-65　将磁盘组 dg1 上的目录 dir1 强制删除

5.4.7　别名管理

在磁盘组上创建数据库文件时，Oracle 自动为每个文件指定一个系统别名。由于系统别名的命名规则比较复杂，用户可能希望为每个文件指定一个用户别名。在添加用户别名时，需要指定该别名的完整路径。

下面的语句用于为数据文件 YONGYSQ.254.2 指定别名 YONGYSQ.DBF。

```
SQL>ALTER DISKGROUP dg1 ADD ALIAS '+dg1\dir1\dir22\YONGYSQ.DBF' FOR '+dg2\ore1\DATAFILE\YONGYSQ.254.2';                        [000240]
```

对于一个已经存在的用户别名，可以修改它的名称和存储位置。例如：

```
SQL>ALTER DISKGROUP dg1 RENAME ALIAS '+dg1\dir1\dir22\YONGYSQ.DBF' TO
```

```
'+dg1\dir2\dir2\YONGYSQ1.DBF'                                                    [000241]
```

当一个用户别名不再需要时，可以将其删除。删除用户别名时不会影响原来的数据库文件。例如：

```
SQL>ALTER DISKGROUP dg1 DELETE ALIAS '+dg1\dir2\dir2\YONGYSQ1.DBF';
                                                                                 [000242]
```

系统别名是数据库服务器为了引用数据库文件为其指定的名称，这种文件的管理是自动的，不需要用户的干预。用户别名是为了方便用户引用数据库文件而添加的名称，这种文件需要用户手动进行管理。

5.5 如何使用 ASM 磁盘组

Oracle 引入 ASM 的目的是为了简化数据库的管理工作。用户在创建数据库文件时，可以将磁盘组作为文件的默认存储位置，这样便省去了指定文件名称、文件大小等信息的诸多麻烦，从而大大减轻了数据库管理员的负担。

当利用 ASM 管理数据库文件时，这些文件将存储在磁盘组的磁盘中。磁盘组中的文件对操作系统是不可见的，用户只能通过 Oracle 提供的实用工具查看这些文件。

数据库中的大部分文件类型都可以利用自动存储管理功能进行管理，只有少数类型的文件如警告文件、跟踪文件、审计文件、备份文件等，不能存储在磁盘组中。

5.5.1 创建数据文件

数据文件是属于某个表空间的，所以创建数据文件的情况一般有两种，一种情况是在创建表空间的同时创建数据文件；另一种情况是向一个已经存在的表空间中添加数据文件。如果要在某个磁盘组上创建数据文件，首先通过初始化参数将该磁盘组指定为数据文件的默认存储位置。例如：DB_CREATE_FILE_DEST ='+dg1'，看一下该参数放在哪里。

以 Oracle_home 的 SQL*Plus 登录，如图 5-66 所示。

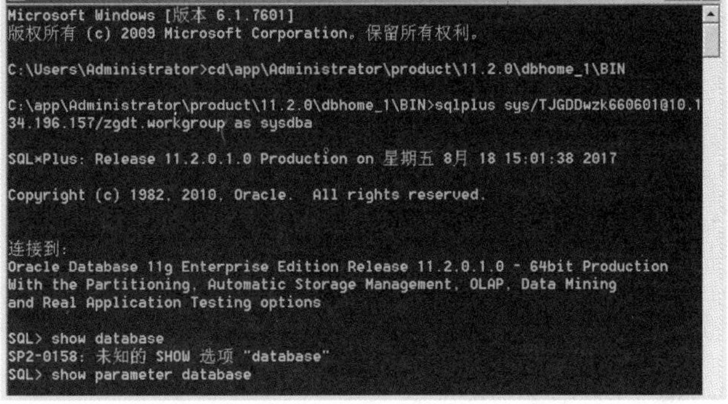

图 5-66 以 Oracle_home 的 SQL*Plus 登录

```
SQL>CREATE pfile='C:\app\Administrator\product\11.2.0\grid\dbs\ASMpfile4.
ora' from spfile;                                                [000243]
```

导出当前 SPFILE 文件，导出后的文件名为 asmpfile4.ora，其内容如图 5-67 所示。

```
zgdt.__db_cache_size=754974720
zgdt.__java_pool_size=16777216
zgdt.__large_pool_size=16777216
zgdt.__oracle_base='C:\app\Administrator'#Oracle_BASE set from
environment
zgdt.__pga_AGGREGATE_target=805306368
zgdt.__sga_target=1191182336
zgdt.__shared_io_pool_size=0
zgdt.__shared_pool_size=385875968
zgdt.__streams_pool_size=0
*.audit_file_dest='C:\app\Administrator\admin\zgdt\adump'
*.audit_trail='db'
*.compatible='11.2.0.0.0'
*.control_files='+DATA/zgdt/controlfile/current.256.952109561','+
DATA/zgdt/controlfile/current.257.952109563'
*.db_block_size=8192
*.db_create_file_dest='+DATA'          ──→默认数据文件的存放位置
*.db_domain='workgroup'
*.db_name='zgdt'
*.db_recovery_file_dest='+DATA'
*.db_recovery_file_dest_size=5218762752
*.diagnostic_dest='C:\app\Administrator'
*.dispatchers='(PROTOCOL=TCP) (SERVICE=zgdtXDB)'
```

图 5-67 导出当前 SPFILE 文件

脚本如下：

```
zgdt.__db_cache_size=754974720
zgdt.__java_pool_size=16777216
zgdt.__large_pool_size=16777216
zgdt.__oracle_base='C:\app\Administrator'#Oracle_BASE set from environment
zgdt.__pga_AGGREGATE_target=805306368
zgdt.__sga_target=1191182336
zgdt.__shared_io_pool_size=0
zgdt.__shared_pool_size=385875968
zgdt.__streams_pool_size=0
*.audit_file_dest='C:\app\Administrator\admin\zgdt\adump'
*.audit_trail='db'
*.compatible='11.2.0.0.0'
*.control_files='+DATA/zgdt/controlfile/current.256.952109561','+DATA/zgdt/controlfile/current.257.952109563'
*.db_block_size=8192
*.db_create_file_dest='+DATA'
*.db_domain='workgroup'
*.db_name='zgdt'
*.db_recovery_file_dest='+DATA'
*.db_recovery_file_dest_size=5218762752
*.diagnostic_dest='C:\app\Administrator'
*.dispatchers='(PROTOCOL=TCP) (SERVICE=zgdtXDB)'
*.job_queue_processes=1000
*.memory_target=1990197248
*.nls_language='SIMPLIFIED CHINESE'
*.nls_territory='CHINA'
```

```
*.open_cursors=300
*.processes=150
*.remote_login_passwordfile='EXCLUSIVE'
*.undo_TABLESPACE='UNDOTBS1'
```

首先建立一个不带任何参数的表空间，代码如下：

```
SQL>CREATE TABLESPACE ts1;
```

结果如图 5-68 所示。

这样就在数据库中创建了一个表空间 ts1，表空间所对应的数据文件存储在磁盘组 data 上，数据文件的大小和扩展属性都采用了默认的信息。

图 5-68　创建不带任何参数的表空间

如果在创建数据文件时不希望采用默认信息，那么可以指定文件大小和扩展属性等信息，和单实例+文件系统 Oracle 一样。例如下面的命令序列：

1. 创建永久表空间

下面的 SQL 语句创建的表空间为本地管理模式，其段空间管理为自动，其数据文件将部署到磁盘组+dg1 上，大小 1200M。

```
CREATE BIGFILE  TABLESPACE ts_yj_1
NOLOGGING
DATAFILE
'+DG1\DIR1\ts_yj_data_1.dbf' SIZE 1200M
EXTENT
MANAGEMENT LOCAL SEGMENT
SPACE MANAGEMENT AUTO
/
```

结果如图 5-69 所示。

下面的 SQL 语句创建的表空间为本地管理模式，其段空间管理为自动，其数据文件将部署到磁盘组+data 上，大小 600M，SQL 语句如下：

```
CREATE TABLESPACE ts_yj_xiao_1
NOLOGGING
DATAFILE
'+data\ts_yj_data_xiao_1.dbf' SIZE 120M,
 '+data\ts_yj_data_xiao_2.dbf' SIZE 120M,
 '+data\ts_yj_data_xiao_3.dbf' SIZE 120M,
 '+data\ts_yj_data_xiao_4.dbf' SIZE 120M,
 '+data\ts_yj_data_xiao_5.dbf' SIZE 120M
EXTENT
MANAGEMENT LOCAL SEGMENT
SPACE MANAGEMENT AUTO
/
```

图 5-69　创建永久表空间，数据文件放在磁盘组+dg1 上。

结果如图 5-70 所示。

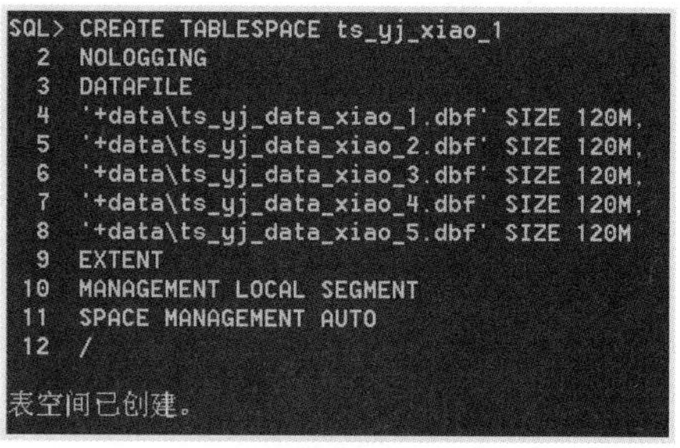
```
SQL> CREATE TABLESPACE ts_yj_xiao_1
  2  NOLOGGING
  3  DATAFILE
  4  '+data\ts_yj_data_xiao_1.dbf' SIZE 120M,
  5  '+data\ts_yj_data_xiao_2.dbf' SIZE 120M,
  6  '+data\ts_yj_data_xiao_3.dbf' SIZE 120M,
  7  '+data\ts_yj_data_xiao_4.dbf' SIZE 120M,
  8  '+data\ts_yj_data_xiao_5.dbf' SIZE 120M
  9  EXTENT
 10  MANAGEMENT LOCAL SEGMENT
 11  SPACE MANAGEMENT AUTO
 12  /

表空间已创建。
```

图 5-70 创建永久表空间，数据文件放在磁盘组+data 上

2. 创建临时表空间

下面的 SQL 语句创建的表空间为大文件、临时表空间，其管理模式为本地，空间扩展为自动，每次扩展 256M，大小没有限制，区统一大小为 1M，数据文件将部署到磁盘组+dg1 上，大小 100M。

```
CREATE BIGFILE TEMPORARY TABLESPACE "TS_LS_1" TEMPFILE '+DG1\DIR1\ts_ls_data_1' SIZE 100M AUTOEXTEND ON NEXT 256M MAXSIZE UNLIMITED EXTENT MANAGEMENT LOCAL  UNIFORM SIZE 1M
/                                                                    [000248]
```

结果如图 5-71 所示。

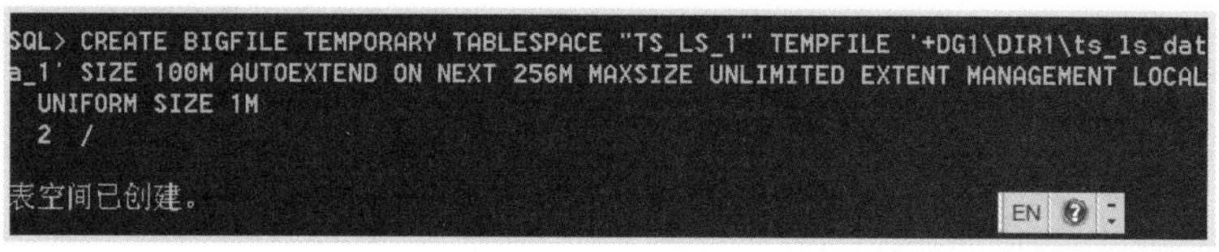
```
SQL> CREATE BIGFILE TEMPORARY TABLESPACE "TS_LS_1" TEMPFILE '+DG1\DIR1\ts_ls_data_1' SIZE 100M AUTOEXTEND ON NEXT 256M MAXSIZE UNLIMITED EXTENT MANAGEMENT LOCAL
  UNIFORM SIZE 1M
  2  /

表空间已创建。
```

图 5-71 创建永久大文件表空间，数据文件放在磁盘组+dg1 上

3. 创建撤销表空间

下面的 SQL 语句创建的表空间为撤销表空间，数据文件将部署到磁盘组+data 上，大小 100M。

```
CREATE UNDO TABLESPACE TS_zgdt_cs_9  DATAFILE '+Data\ts_cs_data_9.dbf' size 100M
/
```

下面的 SQL 语句创建的表空间为撤销表空间，数据文件将部署到磁盘组+data 上，大小 50M，重复使用数据文件。

```
CREATE UNDO TABLESPACE TS_zgdt_cs_10  DATAFILE '+Data\ts_cs_data_10.dbf' SIZE 50M REUSE autoextend on                                 [000249]
/
```

结果如图 5-72 所示

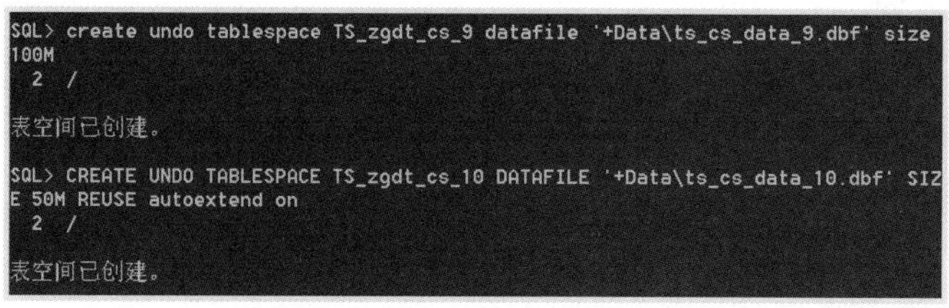
```
SQL> create undo tablespace TS_zgdt_cs_9 datafile '+Data\ts_cs_data_9.dbf' size 100M
  2  /

表空间已创建。

SQL> CREATE UNDO TABLESPACE TS_zgdt_cs_10 DATAFILE '+Data\ts_cs_data_10.dbf' SIZE 50M REUSE autoextend on
  2  /

表空间已创建。
```

图 5-72 创建回滚表空间，数据文件放在磁盘组+data 上

4. 创建用户

下面的 SQL 语句创建永久表空间为 ts_yj_1，在 ts_yj_1 表空间上的限额为 20 000M，临时表空间为 ts_ls_1，口令有到期限制，立即生效，账户名为 ffgl 的账户。

```
SQL> CREATE USER ffgl IDENTIFIED BY "123456"
DEFAULT   TABLESPACE ts_yj_1
TEMPORARY TABLESPACE TS_LS_1
QUOTA 20000M ON ts_yj_1
PASSWORD EXPIRE
ACCOUNT UNLOCK
/
```

结果如图 5-73 所示。

下面的 SQL 语句将 SYSDBA、SYSOPER、DBA 角色授权给 ffgl 账户。

```
GRANT SYSDBA TO ffgl;
GRANT SYSOPER TO ffgl;
GRANT DBA TO ffgl;
```

结果如图 5-74 所示。

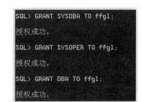

图 5-73 创建用户　　　　　　　　图 5-74 授权用户

5.5.2 添加重做日志文件

在一个日志组中可以有多个日志成员，这些日志成员可以位于不同的磁盘组上。在添加新的日志组时，可以通过初始化参数指定多个日志成员，也可以直接在命令中指定。假设有以下初始化参数设置：

- DB_CREATE_ONLINE_LOG_DEST_1='+dg1'
- DB_CREATE_ONLINE_LOG_DEST_2='+dg2'
- DB_CREATE_ONLINE_LOG_DEST_3='+dg3'

那么通过下面的语句可以添加一个日志组，在这个日志组中有 3 个日志成员，分别位于磁盘组 dg1、dg2 和 dg3 上。

上面的 3 个初始化参数应放在 SPFILE 文件中，内容如图 5-75 所示。

```
zgdt.__db_cache_size=754974720
zgdt.__java_pool_size=16777216
zgdt.__large_pool_size=16777216
zgdt.__oracle_base='C:\app\Administrator'#ORACLE_BASE set from environment
zgdt.__pga_aggregate_target=805306368
zgdt.__sga_target=1191182336
zgdt.__shared_io_pool_size=0
zgdt.__shared_pool_size=385875968
zgdt.__streams_pool_size=0
*.audit_file_dest='C:\app\Administrator\admin\zgdt\adump'
*.audit_trail='db'
*.compatible='11.2.0.0.0'
*.control_files='+DATA/zgdt/controlfile/current.256.952109561','+DATA/zgdt/controlfile/current.257.952109563'
*.db_block_size=8192
*.db_create_file_dest='+DATA'
*.DB_CREATE_ONLINE_LOG_DEST_1='+dg1'
*.DB_CREATE_ONLINE_LOG_DEST_2='+dg2'
*.DB_CREATE_ONLINE_LOG_DEST_3='+dg3'
*.db_domain='workgroup'
*.db_name='zgdt'
*.db_recovery_file_dest='+DATA'
*.db_recovery_file_dest_size=5218762752
*.diagnostic_dest='C:\app\Administrator'
*.dispatchers='(PROTOCOL=TCP) (SERVICE=zgdtXDB)'
*.job_queue_processes=1000
*.memory_target=1990197248
*.nls_language='SIMPLIFIED CHINESE'
*.nls_territory='CHINA'
*.open_cursors=300
*.processes=150
*.remote_login_passwordfile='EXCLUSIVE'
```

图 5-75 当前 SPFILE 文件内容

内容脚本如下：

```
zgdt.__db_cache_size=754974720
zgdt.__java_pool_size=16777216
zgdt.__large_pool_size=16777216
zgdt.__oracle_base='C:\app\Administrator'#ORACLE_BASE set from environment
zgdt.__pga_aggregate_target=805306368
zgdt.__sga_target=1191182336
zgdt.__shared_io_pool_size=0
zgdt.__shared_pool_size=385875968
zgdt.__streams_pool_size=0
*.audit_file_dest='C:\app\Administrator\admin\zgdt\adump'
*.audit_trail='db'
*.compatible='11.2.0.0.0'
*.control_files='+DATA/zgdt/controlfile/current.256.952109561','+DATA/zgdt/controlfile/current.257.952109563'
*.db_block_size=8192
*.db_create_file_dest='+DATA'
*.DB_CREATE_ONLINE_LOG_DEST_1='+dg1'
*.DB_CREATE_ONLINE_LOG_DEST_2='+dg2'
*.DB_CREATE_ONLINE_LOG_DEST_3='+dg3'
*.db_domain='workgroup'
*.db_name='zgdt'
*.db_recovery_file_dest='+DATA'
*.db_recovery_file_dest_size=5218762752
*.diagnostic_dest='C:\app\Administrator'
*.dispatchers='(PROTOCOL=TCP) (SERVICE=zgdtXDB)'
*.job_queue_processes=1000
*.memory_target=1990197248
*.nls_language='SIMPLIFIED CHINESE'
*.nls_territory='CHINA'
*.open_cursors=300
```

```
*.processes=150
*.remote_login_passwordfile='EXCLUSIVE'
*.undo_TABLESPACE='UNDOTBS1'                                    [000252]
```

下面添加这个重做日志组。

```
SQL>ALTER DATABASE ADD LOGFILE;         [000253]
```

结果如图 5-76 所示。

图 5-76 添加重做日志组

5.5.3 创建数据库

利用自动存储管理功能，通过最简单的语句创建一个数据库，不再需要指定数据文件、重做日志文件和控制文件等信息。假设有以下初始化参数设置：

- DB_CREATE_FILE_DEST ='+dg1'
- DB_RECOVERY_FILE_DEST = '+dg2'
- DB_KEC0VERY_FILE_DEST_SIZE = 500M

那么可以通过下面的语句创建数据库 test:

```
SQL>CREATE DATABASE gchch;              [000254]
```

这条语句执行的结果是：创建了 SYSTEM 和 SYSAUX 表空间，对应的数据文件存储在磁盘组 dg1 上，创建了一个重做日志组，它包含两个日志成员，分别位于磁盘组 dg1 和 dg2 上；如果在数据库实例的参数文件中没有设置初始化参数 CONTROL_FILES，那么将创建两个控制文件，它们分别位于磁盘组 dg1 和 dg2 上。上述文件均属于 Oracle 自动管理的文件。

5.6 本章小结

本章主要介绍了 ASM 的实例搭建和实例管理，并对磁盘组的管理以及如何使用 ASM 磁盘组的内容进行了重点阐述。

本章内容是 Oracle RAC 集群部署的基础，要求读者务必掌握 ASM 的技术，为 Oracle RAC 集群部署与管理的学习夯实基础。

接下来，我们进入 Oracle 内存管理的讲解。

第 6 章 Oracle 的内存结构

Oracle 数据库为程序代码、用户共享的数据以及每个连接用户的私有数据区域，创建和使用了多个内存区域。这些相关的基本内存结构包括 System Global Area（SGA）、Program Global Area（PGA）、User Global Area（UGA）和 Software Code Areas。

在数据库实例启动时，首先在服务器内存中分配一个包含了实例数据和控制信息的共享内存区域（SGA），然后启动一组常驻内存的后台进程（执行维护任务，如执行实例恢复、清理进程、编写重做缓冲区到磁盘等）。当客户端/应用程序连接实例并操作接数据库时，实例通过创建服务器进程（基于客户端请求执行工作，如解析 SQL 查询并将放在共享池、创建和执行查询计划、从缓冲区缓存或磁盘中读取数据块），分配该进程专用的包含进程数据和控制信息的内存区域（PGA），来处理连接到该实例的客户端进程的请求。

本章将重点介绍 Oracle 内存组件及其相互关系。

6.1 Oracle 内存结构

内存结构是 Oracle 数据库最重要的组成部分之一，在数据库中的操作或多或少都会依赖内存，是影响数据库性能的重要因素。Oracle 数据库中包括 3 类基本的内存结构，分别是 SGA（系统全局区）、PGA（程序全局区）和 UGA（用户全局区），这 3 类内存结构之间的相互作用及相互影响就形成了 Oracle 完整的内存工作体系，其内存结构示意图如图 6-1 所示。

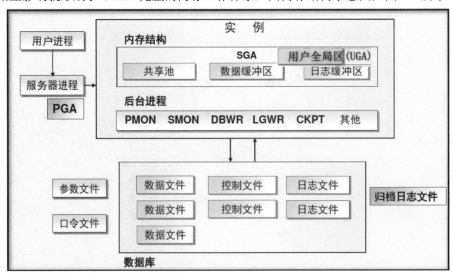

图 6-1 Oracle 实例及内存结构

在图 6-1 中，UGA 负责发出请求队列；SGA 由所有服务进程和后台进程共享；PGA 由每个服务进程和后台进程专有，每个进程都有一个 PGA。

下面对 SGA、PGA、UGA 分别进行介绍。

6.1.1 SGA（系统全局区）

SGA 即系统全局区域，是一组共享的内存结构，包含一个数据库实例的相关数据和控制信息，在实例启动时自动分配，在实例关闭时回收，包含一个数据库实例的相关数据和控制信息。所有的用户和服务器进程都共享。

SGA 与后台进程一起构成一个数据库实例。服务器和后台进程是不驻留在 SGA 中的，而是存在于单独的内存空间。SGA 由多个内存组件组成，这些内存组件是用于满足特定类别的内存分配请求的内存池。

SGA 中的数据字典缓存和其他信息会被实例的后台进程所访问，它们在实例启动后就固定在 SGA 中，而且不会改变，所以这部分又称固定 SGA（Fixed SGA）；Shared Pool、Java Pool、LARGE POOL 和 Streams Pool 这几块内存区的大小是随着系统参数设置而改变的，所以又通称为可变 SGA（Variable SGA）。

SGA 包含的内存组件如表 6.1 所示。

表 6.1 SGA 内存组件

SGA 内存组件	描述
Database Buffer Cache（数据库高速缓存）	缓存了从磁盘上检索的数据块
Redo Log Buffer（重做日志缓存）	缓存了写到磁盘之前的重做信息
Shared Pool（共享池缓存）	一个可选的区域，用来缓存大的 I/O 请求，以支持并行查询、共享服务器模式以及某些备份操作
Java Pool（Java 池缓存）	保存 Java 虚拟机中特定会话的数据与 java 代码
Streams Pool（流池缓存）	由 Oracle Streams 使用
Keep Buffer Cache（保持缓存）	保存 Buffer Cache 中存储的数据，使其尽可能时间长
Recycle Buffer Cache（回收缓存）	保存 Buffer Cache 中即将过期的数据
nK Block Size Buffer（非标准块缓存）	与数据库默认数据块大小不同的数据块提供缓存，用来支持表空间传输

Oracle 数据库支持同一数据库中有多种块大小，和标准块一样，要通过各自的数据块缓存实现，可通过 DB_nK_CACHE_SIZE 参数指定，例如：

- DB_2K_CACHE_SIZE
- DB_4K_CACHE_SIZE
- DB_8K_CACHE_SIZE
- DB_16K_CACHE_SIZE

标准块（8K）缓存区大小必须由 DB_CACHE_SIZE 指定。如果标准块为 8K，则不能通过 DB_8K_CACHE_SIZE 参数来指定 8K 标准块缓存区的大小，必须由 DB_CACHE_SIZE 指定。换句话说就是如果数据库设置为 8K 的标准块大小，则 DB 缓存大小必须用 DB_CACHE_SIZE 参数名指定，这是 Oracle 数据库的规定；如果数据库设置为非 8K 的块大小，即非标准块大小；如果非标准块大小为 2K 或 4K 或 16K，则数据库可以设置 DB 缓存大小的参数名，具体如下：

- DB_2K_CACHE_SIZE（指定块大小为 2K 的缓存区）
- DB_4K_CACHE_SIZE（指定块大小为 4K 的缓存区）
- DB_16K_CACHE_SIZE（指定块大小为 16K 的缓存区）

数据库默认的缓存块大小为标准块 8K，由 DB_CACHE_SIZE 指定 DB 缓存区的大小。

下面的 SQL 语句作用是修改数据库缓存块大小为 16K（非标准块），缓存大小为 256M。据此可以算出 256M 的 DB 缓存一共有多少 16K 的块。16K 的块数量=256×1 024/16=16 384，即数据库在内存中开辟了 16 384 个 16K 块的 DB 缓存区。

```
SQL>ALTER SYSTEM SET DB_16K_CACHE_SIZE=256M scope=both;        [000255]
```

例如，指定不同于标准块大小的表空间创建。

```
SQL>ALTER SYSTEM SET DB_16K_CACHE_SIZE=256M scope=both --开辟非标准块缓存；
SQL>
    CREATE TABLESPACE "TS03" DATAFILE 'D:\app\Administrator\oradata\gcc\
DATA01_03.dbf' SIZE 10485760
    LOGGING ONLINE PERMANENT
    BLOCKSIZE 16k --指定非标准块大小
    EXTENT MANAGEMENT LOCAL --本地管理
    UNIFORM SIZE 4194304 --统一区大小
    SEGMENT SPACE MANAGEMENT AUTO --段自动管理；                  [000256]
```

注：如果打算使用非标准块的数据库模式对象，如表、索引、聚集等，则事先必须通过 DB_nK_CACHE_SIZE 在内存开辟非标准块的数据库高速缓存。例如，使用 16K 的非标准块模式对象，则事先必须通过 DB_16K_CACHE_SIZE 开辟该非标准块数据库高速缓存，可以通过"ALTER SYSTEM SET DB_16K_CACHE_SIZE=256M scope=both"来实现。对使用 2K 或 4K 等非标准块的数据库模式对象，开辟非标准块数据库高速缓存的方法同前。自 9i 起，数据库支持不同块尺寸的高速缓存共存。

Database Buffer Cache，Shared Pool，Large Pool，Streams Pool 与 Java Pool 根据当前数据库状态，自动调整。

Keep Buffer Cache，Recycle Buffer Cache，nK Block Size Buffer 可以在不关闭的实例情况下，动态修改。

6.1.2 PGA（程序全局区）

一个 PGA 是一块独占内存区域，Oracle 进程以专有的方式用它来存放数据和控制信息。当 Oracle 进程启动时，PGA 就由 Oracle 数据库创建。当用户进程连接到数据库并创建一个对应的会话时，Oracle 服务进程会为这个用户专门设置一个 PGA 区，用来存储这个用户会话的相关内容。当这个用户会话终止时，系统自动释放这个 PGA 区所占用的内存。这个 PGA 区对于数据库的性能有比较大的影响，特别是对于排序操作的性能。所以，在必要时合理管理 PGA 区，能够在很大程度上提高数据库的性能。

PGA 主要包含排序区、会话区、堆栈区和游标区 4 部分内容，它们各司其职，完成用户进程与数据库之间的会话。通常情况下，系统管理员主要关注的是排序区，在必要时需要手动调整这个排序区的大小。另外需要注意的是，游标区是一个动态的区域，在游标打开时创建，关闭时释放。故在数据库开发时，不要频繁地打开和关闭游标可以提高游标操作的效率，改善数据库的性能。其他分区的内容管理员只需了解其用途，日常的维护交给数据库系统来完成即可。

1. 为排序设置合理的排序区大小。

当用户需要对某些数据进行排序时，数据库是如何处理的呢？首先，数据库系统会将需要排序的数据保存到 PGA 程序缓存区中的一个排序区内。然后在这个排序区内对这些数据进行排序。如果需要排序的数据有 2M，那么排序区内必须至少要有 2M 的空间来容纳这些数据。排序过程中又需要有 2M 的空间来保存排序后的数据。由于系统从内存中读取数据比从硬盘中读取数据的速度要快几千倍，所以，如果这个数据排序与读取的操作都能够在内存中完成，无疑在很大程度上提高数据库排序与访问的性能。如果这个排序的操作都能够在内存中完成，显然这是很理想的。但是如果 PGA 区中的排序区容量不够，不能够容纳排序后的数据，那会如何呢？此时，系统会从硬盘中获取一个空间，用来保存这些需要排序的数据。此时排序的效率就会降低许多。因此在数据库管理中，如果发现用户的很多操作都需要用到排序，那么就为用户设置比较大的排序区，可以提高用户访问数据的效率。

在 Oracle 数据库中，这个排序区主要用来存放排序操作产生的临时数据。一般来说，这个排序区的大小占据 PGA 程序缓存区的大部分空间，这是影响 PGA 区大小的主要因素。在小型应用中，数据库管理员可以直接采用其默认的值。但是在一些大型应用中，或者需要进行大量记录排序操作的数据库系统中，管理员可能需要手动调整这个排序区的大小，以提高排序的性能。如果系统管理员需要调整这个排序区大小，则通过初始化参数 SORT_AREA_SIZE 来实现。为了提高数据访问与排序的性能，数据库系统利用内存比硬盘要快几千倍的事实，将准备排序的数据临时存放到这个排序区，并在排序区内完成数据的排序。管理员需要牢记这个原则，并在适当的情况下调整排序区的大小，以提高数据访问与数据排序的性能。

2. 会话区保存用户的权限等重要信息

在程序缓存区内还包含一个会话区。虽然绝大部分情况下，管理员不用维护这个会话区，可以让数据库系统进行维护。但是，管理员还是需要了解这个会话区的作用。因为这个会话区直接关系着数据库系统中数据的安全性。数据库系统不仅是存放数据一个很好的载体，而且还提供了一个统一管理数据的平台，可以根据实际需要，为不同的用户设置不同的访问权限。简单地说，在数据库中控制用户可以访问哪些数据，从而提高数据的安全性。

当用户进程与数据库建立会话时，系统会将这个用户的相关权限查询出来，然后保存在这个会话区内。用户进程在访问数据时，系统就会核对会话区内的用户权限信息，看看其是否具有相关的访问权限。由于系统将这个用户的权限信息存放在内存上，所以其核对用户权限的速度非常快。因为系统不用再去硬盘中读取数据，直接从内存中读取。而从内存读取数据的效率要比硬盘上快几千倍。

通常情况下，这个会话区内保存了会话所具有的权限、角色、性能统计等信息。这个会话区一般都是由数据库进行自我维护的，系统管理员不用干预。

3. 堆栈区保存变量信息

有时候为了提高 SQL 语句的重用性，会在语句中使用绑定变量。简单地说，就是 SQL 语句可以接收用户传入的变量，从而用户只需输入不同的变量值，就可以满足不同的查询需求。例如，现在用户需要查询所有员工的信息，然后其又要查询所有工龄在 3 年以上的员工等。此时它们采用的是同一个 SQL 语句，只是传递给系统的变量不同。这可以在很大程度上降低数据库开发的工作量，这个变量在 Oracle 数据库系统中称为绑定变量，利用绑定变量可以加强与用户的互动性。另外在这个堆栈区内还保存着会话变量、SQL 语句运行时的内存结构等重要的信息。

通常情况下，这个堆栈区跟上面介绍的会话区一样，都可以让数据库系统进行自我维护，而管理员不用参与到其中。这些分区的大小，也是系统根据实际情况来进行自动分配的。当这个用户会话结束时，系统会自动释放这些区所占用的空间。

4. 游标区

游标技术是所有数据库都离不开的。对于 Oracle 数据库来说，当运行使用游标语句时，数据库系统会在程序缓存区中间为其分配一块区域，这块区域称为游标区。通常情况下，游标用来完成一些比较特殊的功能。一般来说，采用游标的语句要比其他语句的执行效率低一点。因此管理员在使用游标时，还需要慎重。

游标区是一个动态的区域。当用户执行游标语句时，系统就会在这个游标区内创建一个区域。当关闭游标时，这个区域就会被释放。创建与释放，需要占用一定的系统资源，花费一定的时间。因此在使用游标时，如果频繁地打开和关闭游标，就会降低语句的执行性能。所以笔者建议，在写语句时，如果真的有必要使用游标技术时，则要注意游标不要频繁地打开和关闭。

另外在 Oracle 数据库中，还可以通过限制游标的数量来提高数据库的性能，如在数据库系统中有一个初始化参数 OPEN_CURSORS。管理员可以根据实际需要，来设置这个参数，控制用户能够同时打开游标的数目。需要注意的是，在确实需要才有游标的情况下，如果硬件资源能够支持，那么就需要放宽这个限制。这可以避免用户进程频繁地打开和关闭游标。因为频繁地打开和关闭游标对游标的操作不利，会影响数据库的性能。

6.1.3 UGA（用户全局区）

专用服务器模式下，进程和会话是一对一的关系，UGA 被包含在 PGA 中，在联机服务器模式下，进程和会话是一对多的关系，所以 UGA 就不再属于 PGA 了，而会在大型池（Large Pool）中分配。但如果从大型池中分配失败，如大型池太小，或是根本没有设置大型池，则从共享池（Shared Pool）中分配。

6.2 SGA 组件介绍

SGA 是一组共享内存结构，被所有的服务和后台进程所共享。当数据库实例启动时，系统全局区内存被自动分配。当数据库实例关闭时，SGA 内存被回收。SGA 是占用内存最大的一个区域，同时也是影响性能的重要因素。

通过 show SGA 命令查询 SGA 区的情况，SQL 语句如下：

```
SQL>show SGA;                                                    [000257]
```

输出结果如图 6-2 所示。

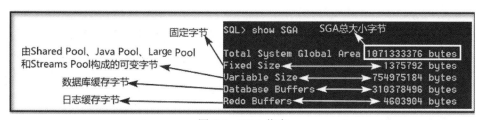

图 6-2 SGA 信息

图 6-2 信息说明如下：

- Fixed Size 表示固定区域，存储 SGA 各个组件的信息，不能修改大小；
- Variable Size 表示可变区域，比如共享池、Java 池、大池等；
- Database Buffers 表示数据库高速缓冲区；
- Redo Buffers 表示日志缓冲区。

更改 SGA 大小，可通过下面的 SQL 语句来更改：

```
SQL>ALTER SYSTEM SET DB_CACHE_SIZE=1500M scope=both;                [000258]
```

关于语句中 scope 参数说明如下：
- scope=both：内存和 SPFILE 都更改；
- scope=memory：仅仅更改内存，不改 SPFILE，也就是下次启动就失效了；
- scope=SPFILE：仅仅更改 SPFILE 中的记载，不更改内存，也就是不立即生效，而是等下次数据库启动生效；
- 不指定 scope 参数：等同于 scope=both。

6.2.1 固定 SGA（Fixed SGA）

固定 SGA，顾名思义是一段不变的内存区，指向 SGA 中其他部分，Oracle 通过它找到 SGA 中的其他区，可以简单理解为用于管理的一段内存区。

6.2.2 块缓冲区（Database Buffer Cache）

块缓冲区用于存放从数据文件读取的数据块，由初始化参数 DB_CACHE_SIZE 决定。

工作原理和过程是 LRU（最近最少使用 Least Recently Used）。查询时，Oracle 会先把从磁盘读取的数据放入内存供所有用户共享，以后再查询相关数据时不用再次读取磁盘。插入和更新时，Oracle 会先在该区中缓存数据，之后批量写到硬盘中。

通过块缓冲区，Oracle 可以通过内存缓存提高磁盘的 I/O 性能（注：磁盘 I/O 的速率是毫米级的，而内存 I/O 的速率为纳秒级）。

数据高速缓存块由许多大小相等的缓存块组成，这些缓存块的大小和 OS 块的大小相同。这些缓存块分为以下三大类：

（1）脏缓存块（Dirty Buffers）

脏缓存块中保存的是被修改过的缓存块，即当一条 SQL 语句对某个缓存块中的数据进行修改后，该缓存块就被标记为脏缓存块。最后该脏缓存块被 DBWn 进程写入硬盘的数据文件中，永久保留起来。

（2）命中缓存块（Pinned Buffers）

命中缓存块中保存的是最近正在被访问的缓存块，它始终被保留在数据高速缓存中，不会被写入数据文件。

（3）空闲缓存块（Free Buffers）

空闲缓存块中没有数据，等待被写入数据。Oracle 从数据文件中读取数据后，寻找空闲缓存块，以便写入其中。

Oracle 通过以下 2 个列表（DIRTY、LRU）来管理缓存块。

① DIRTY 列表中保存已经被修改但还没有被写入数据文件中的脏缓存块。

② LRU 列表中保存所有的缓存块（还没有被移动到 DIRTY 列表中的脏缓存块、空闲缓存块、命中缓存块）。当某个缓存块被访问后，该缓存块就被移动到 LRU 列表的头部，其他缓存块就向 LRU 列表的尾部移动，放在最尾部的缓存块就最先被移出 LRU 列表。

6.2.3 数据高速缓存的工作原理过程

（1）Oracle 在将数据文件中的数据块复制到数据高速缓存中之前，先在数据高速缓存中找空闲缓存块，以便容纳该数据块。Oracle 将从 LRU 列表的尾部开始搜索，直到找到所需的空闲缓存块为止。

（2）如果先搜索到的是脏缓存块，将该脏缓存块移动到 DIRTY 列表中，然后继续搜索。如果搜索到的是空闲缓存块，则将数据块写入，然后将该缓存块移动到 DIRTY 列表的头部。

（3）如果能够搜索到足够的空闲缓存块，就将所有的数据块写入对应的空闲缓存块中，则搜索写入过程结束。

（4）如果没有搜索到足够的空闲缓存块，则 Oracle 就先停止搜索，而是激活 DBWn 进程，开始将 DIRTY 列表中的脏缓存块写入数据文件中。

（5）已经被写入数据文件中的脏缓存块将变成空闲缓存块，并被放入 LRU 列表中。执行完成这个工作后，再重新开始搜索，直到找到足够的空闲缓存块为止。

这里可以看出，如果你的高速缓冲区很小，不停地写，会造成很大 I/O 开销。

块缓冲区可以配置 1、2 或 3 个缓冲池（Buffer Pool），这些缓冲池（Buffer Pool）包括以下 3 种：

- 默认池（Default pool）。所有数据默认都在这里缓存，除非你在建表时指定 Store（buffer_pool keep）or Store（buffer_pool recycle）。使用 LRU 算法管理；
- 保持池（Keep pool）。缓存需要多次重用的数据，长期保存内存中，默认值为 0；
- 回收池（Recycle pool）。用来缓存很少重用的数据，用完就释放，默认值为 0。

数据库默认只有一个池，就是 Default pool 默认池，所有数据都在这里缓存。这样会产生一个问题：大量很少重用的数据会把需重用的数据"挤出"缓冲区，造成磁盘 I/O 增加，运行速度下降。后来分出了保持池和回收池，根据是否经常重用来分别缓存数据。这三部分内存池需要手动确定大小，并且之间没有共享。例如，保持池中已经满了，而回收池中还有大量空闲内存，这时回收池的内存不会分配给保持池，这些池一般被视为一种非常精细的低级调优设备，只有所有其他调优手段大多用过之后才应考虑使用。

自 9i 以后，数据缓冲区的大小由参数 DB_CACHE_SIZE 及 DB_nK_CACHE_SIZE 确

定。不同的表空间可以使用不同的块大小，在创建表空间中加入参数 BLOCKSIZE 指定该表空间数据块的大小，如果指定的是 2K，则对应的缓冲区大小为 DB_2K_CACHE_SIZE 参数的值；如果指定的是 4K，则对应的缓冲区大小为 DB_4K_CACHE_SIZE 参数的值，依此类推。如果不指定 BLOCKSIZE，则默认为参数 DB_BLOCK_SIZE 的值，对应的缓冲区大小是 DB_CACHE_SIZE 的值。

为对象明确指定缓冲池（Buffer Pool）。

buffer_pool 是一个子句，用来为对象指定默认的缓冲池（Buffer Pool），是 storage 子句的一部分。

对 CREATE 与 ALTER Table、CLUSTER、Index 语句有效。

如果现有对象没有明确指定缓冲池（Buffer Pool），则默认都指定为 Default Pool，大小为 DB_CACHE_SIZE 参数设置的值。

下面的 SQL 语句为对象明确指定缓冲池（Buffer Pool）：

```
SQL>
CREATE INDEX chepb_idx ON CHEPB(CHEPH) STORAGE (BUFFER_POOL KEEP); --为
chepb_idx 索引明确指定使用 KEEP POOL
  ALTER TABLE CHEPB STORAGE (BUFFER_POOL RECYCLE); --为 CHEPB 表明确指定使用
RECYCLE POOL
  ALTER INDEX chepb_idx STORAGE (BUFFER_POOL KEEP); --为 chepb_idx 索引明确
指定使用 KEEP POOL                                                    [000259]
```

重点提示：为了更好地利用数据库高速缓存，对 Oracle 数据库中哪些表、索引的数据需要常驻内存；哪些表、索引数据用一次就释放等维护内容要有一个充分把握，然后通过与上面类似的 SQL 语句进行必要的维护，这样可以大大提升数据访问效率。不建议把所有数据都放在 Default pool 中，数据库默认就是这样干的，因此，建议读者在这个地方好好研究一下，让数据去该去的地方。笔者在实际运维中依据数据的特点将数据部署到该去的地方，效果显著。

6.2.4　重做日志缓冲区（Redo Log Buffer）

服务进程从用户空间复制每条 DML/DDL 语句的 REDO 条目到 REDO LOG BUFFER 中，用于存放日志条目，日志条目就是记录对数据的改变。当这块区域用光时，后台进程 LGWR 把日志条目写到磁盘上的联机日志文件中。它由初始化参数 log_buffer 决定大小。同样的道理，日志缓冲区应该稍微大点，特别是有长时间运行的事务时，可以大量减少 I/O。

REDO LOG BUFFER 是一个可以循环使用的 Buffer，服务进程复制新的 REDO 覆盖掉 REDO LOG BUFFER 中已通过 LGWR 写入磁盘（ONLINE REDO LOG）的条目。

导致 LGWR 进程执行写 REDO LOG BUFFER（REDO LOG 缓存块）到 ONLINE REDO

LOG（在线日志）的条件，即把重做日志缓冲区的数据写到重做日志文件的条件如下：
- 每隔 3 秒；
- 缓存达到 1MB 或 1/3 满时；
- 用户提交时；
- DBWn 进程将修改的缓冲区写入磁盘时（如果相应的重做日志数据尚未写入磁盘）。

只要条件满足上面的任何一个，LGWR 进程开始向重做日志文件写。

6.2.5 共享池（Shared Pool）

共享池用于存放 SQL 语句、PL/SQL 代码、数据字典、资源锁和其他控制信息。它由初始化参数 shared_pool_size 控制其大小，包含以下几个缓冲区。

1. 数据字典缓存（Data Dictionary Cache）

数据字典缓存用于存储经常使用的数据字典信息，比如，表的定义、用户名、口令、权限、数据库的结构等。Oracle 运行过程中经常访问该缓存以便解析 SQL 语句，确定操作的对象是否存在，是否具有权限等。如果不在数据字典缓存中，服务器进程就从保存数据字典信息的数据文件中将其读入数据字典缓存中。数据字典缓存中保存的是一条一条的记录（就像是内存中的数据库），而其他缓存区中保存的是数据块信息。

2. 库缓冲区（Library Cache）

库缓存的目的就是保存最近解析过的 SQL 语句、PL/SQL 过程和包。这样一来，Oracle 在执行一条 SQL 语句、一段 PL/SQL 过程和包之前，首先在"库缓存"中搜索，如果查到它们已经解析过了，就利用"库缓存"中解析结果和执行计划来执行，而不必重新对它们进行解析，显著提高执行速度和工作效率。

Oracle 将每一条 SQL 语句分解为可共享、不可共享两部分。

（1）共享 SQL 区

存储的是最近执行的 SQL 语句、解析后的语法树和优化后的执行计划。这样，以后执行相同的 SQL 语句就直接利用在共享 SQL 区中的缓存信息，不必重复语法解析。Oracle 在执行一条新的 SQL 语句时，会为它在共享 SQL 区中分配空间，分配的大小取决于 SQL 语句的复杂度。如果共享 SQL 区中没有空闲空间，就利用 LRU 算法，释放被占用的空间。

（2）私用 SQL 区（共享模式时）

存储的是在执行 SQL 语句时与每个会话或用户相关的私有信息。其他会话即使执行相同的 SQL 语句也不会使用这些信息，比如绑定变量、环境和会话参数。

3. 结果高速缓存（Result Cache）

结果高速缓存包含 SQL 查询结果高速缓存和 PL/SQL 函数结果高速缓存。此高速缓存用于存储 SQL 查询或 PL/SQL 函数的结果，以加快其将来的执行速度。

4. 锁与其他控制结构

存储 Oracle 例程内部操作所需的信息，比如各种锁、闩、寄存器值。

5. 参数指定

Shared Pool 可通过 shared_pool_size 参数指定，SQL 语句如下：

```
SQL> ALTER SYSTEM set shared_pool_size=1200M scope=both;        [000260]
```

6.2.6 大池（Large Pool）

大池由初始化参数 LARGE_POOL_SIZE 确定大小，可以使用 ALTER SYSTEM 语句来动态改变大池的大小，是可选项，DBA 可以根据实际业务需要来决定是否在 SGA 区中创建大池。如果没有创建大池，则需要大量内存空间的操作将占用共享池的内存，将对 SHARED POOL 造成一定的性能影响，而 Large Pool 是起着隔离作用的一块区域。

Oracle 需要大量内存的操作如下：

- 数据库备份和恢复，如 RMAN 某些情况下用于磁盘 IO 缓冲区；
- 具有大量排序操作的 SQL 语句；
- 并行化的数据库操作，存放进程间的消息缓冲区；
- 共享服务器模式下 UGA 在大池中分配（如果设置了大池）。

Large Pool 大小通过 large_pool_size 参数指定，SQL 语句如下：

```
SQL> ALTER SYSTEM set large_pool_size=20m scope=both;           [000261]
```

6.2.7 Java 池（Java Pool）

Java 池用于支持在数据库中运行 java 代码，一般由 java_pool_size 控制。

1. 参数指定

- 通过 JAVA_POOL_SIZE 参数指定 Java Pool 大小。
- 保存了 Jvm 中特定会话的 Java Code 和数据。

2. 作用

- 在编译数据库中的 Java 代码和使用数据库中的 Java 资源对象时，都会用到 Java Pool。
- Java 的类加载程序对每个加载的类会使用约 8K 的空间。
- 系统跟踪运行过程中，动态加载的 Java 类，也会使用到 Java Pool。

6.2.8 流池（Stream Pool）

加强对流的支持，一般由 stream_pool_size 控制。流池（或者如果没有配置流池，则是共享池中至多 10%的空间）会用于缓存流进程在数据库间移动/复制数据时使用的队列消息。

6.3 PGA 结构

6.2 节介绍了 Oracle 内存结构组成之一的 SGA，下面介绍 Oracle 内存结构组成之二的 PGA，PGA 结构如图 6-3 所示。

图 6-3 说明 PGA 可以工作在专用服务器和共享服务器模式下，两种不同服务器模式下的 PGA 工作机制是不同的，在详细介绍之前，先简要介绍专用服务器与共享服务器。

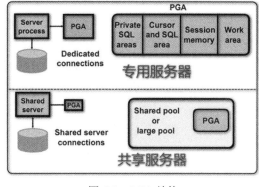

图 6-3　PGA 结构

（1）专用服务器（Dedicated）概念

一个客户端连接对应一个服务器进程，适合批处理和大任务的应用。

（2）专用服务器体系

每个客户进程与专用服务器进程连接，服务器进程没被任何另外的客户共享。

（3）共享服务器（Shared）概念

多个客户端连接对应一个服务器进程，服务器端存在一个进程调度器来管理。它必须使用网络服务（Net services），也就是说必须配置 TNS（Transparence Network Substrate，透明网络底层，监听服务是它重要的一部分，不是全部，不要把 TNS 只当作监听器）。它适用于高并发，事务量小的业务应用，如果这时采用了共享模式，可以大大减少由于高并发对于 Oracle 服务器的资源消耗。

关于共享服务器模式，参数文件（init<实例名>.ora）中的 shared_server>0 只是说明数据库支持共享服务器模式连接，但当前会话是否处在共享模式下运行，需要查 v$session 里的 server 字段值有没有"shared"。

（4）共享服务器体系

客户进程最终与一个调度程序连接，PMON 进程注册了调度程序的位置和负荷，使监听器能够提交到负荷最小的调度程序。一个调度程序能并发地支持多重的客户连接。

两种不同服务器模式下的 PGA 工作机制详细介绍如下。

6.3.1　Private SQL Area（私有 SQL 区）

Private SQL Area 关系到 SQL 语句的执行过程，在第 2 章 SQL 执行计划有关章节里涉及 SQL 的硬解析与软解析内容，SQL 的软、硬解析就是在 Private SQL Area 中完成的，下面详细介绍有关 Private SQL Area 的内容。

Server Process 每执行一个 SQL 都需要申请一个 Private SQL Area，就是 Cursor(游标)。

Private SQL Area 中保存的是每个 Session 私有的信息，例如 Cursor（游标）行数。Shared Pool 中有一个 Public SQL Area，保存的是 SQL 执行计划等共享信息，两者截然不同。

Server Process 在执行 SQL 语句前，必须在 Shared Pool 中定位语句的 Shared SQL Area。在 PGA 中，情形类似，比如在 PGA 中定位该 SQL 语句的 Private SQL Area。如果定位失败（找不到），服务器必须为其分配一个 Private SQL Area，并初始化。这个过程消耗大量 CPU 资源。

Private SQL Area 可以分成两个部分：Persistent Area 和 Run-Time Area。

Persistent Area 存放的是绑定变量，数据类型转换等 Cursor（游标）结构信息，Cursor（游标）关闭时，该区域释放。

Run-Time Area 在 SQL 运行过程中使用，大小依赖于 SQL 语句操作方式，处理数据行数和每行记录大小。如果是 DML 语句，执行完就释放；如果是 SELECT，在记录全部传给客户端或者取消查询后才释放。

一个 SQL 语句执行完后，Run-Time Area 就会被释放，而 Private SQL Area 可以被其他 SQL 语句重用，重用时同样必须初始化。

PGA 可以同时包含多个 Private SQL Area，Server Process 也会使用重用算法，增大 Private SQL Area 的重用。一个大的 PGA 可以避免 Private SQL Area 的置换，相应减少 CPU 开销。

PGA 寻找 Cursor（游标）的过程如下：

（1）是否存在某个 OPEN CURSOR，如果是，执行；如果否，继续下一步。

（2）是否存在 SESSION CACHED CURSOR，如果是，执行；如果否，继续下一步。

（3）是否存在 HOLD（保持）CURSOR，如果是，执行；如果否，继续下一步。

（4）OPEN CURSOR，继续下一步。

（5）检索 SQL AREA，继续下一步。

（6）是否可重用判断，如果是，软解析，执行；如果否，执行下一步。

（7）硬解析，执行。

6.3.2　Work Area（工作区）

对于复杂的查询，PGA 的很大一部分将被那些内存需求很大的操作分配给 SQL 工作区（SQL Work Area）。这些操作包括：

- 基于排序的操作（ORDER BY、GROUP BY、ROLLUP、窗口函数）
- Hash Join
- Bitmap merge
- Bitmap create

例如，一个排序操作使用工作区（这时也可称为排序区 Sort Area）将一部分数据行在内存排序；而一个 Hash Join 操作则使用工作区（这时也可以称为 Hash 区 Hash Area）来建立 Hash 表。如果这两种操作所处理的数据量比工作区大，那么就会将输入的数据分成一些更小的数据片，使一些数据片能够在内存中处理，而其他的就在临时表空间的磁盘上稍后处理。尽管工作区太小时，Bitmap 操作不会将数据放到磁盘上处理，但是它们的复杂性和工作区大小成反比。总的来说，工作区越大，这些操作就运行越快。

工作区的大小是可以调整的，一般来说，大的工作区能让一些特定的操作性能更佳，但也会消耗更多的内存。工作区的大小足够适应输入的数据和相关的 SQL 操作所需的辅助的内存就是最优的。如果不满足，则需要将一部分数据放到临时表空间磁盘上处理，操作的响应时间会增长。

总之，SQL Work Area 将承担下列任务。

- 基于操作符的排序，group by、order by、group by、rollup 和窗口函数，参数为 SORT_AREA_SIZE。
- HASH 散列连接，参数为 HASH_AREA_SIZE。
- 位图合并，参数为 BITMAP_MERGE_AREA_SIZE。
- 位图创建，参数为 CREATE_BITMAP_AREA_SIZE。

6.3.3　Session Memory

为保存会话中的变量以及其他与会话相关的信息，而分配的内存区。保存的信息包括登录信息及其他与会话相关的信息。在共享服务器模式下，Session Memory 是共享的。

关于会话信息查看，可通过下面的 SQL 语句获取：

```
SQL>SELECT server "服务器模式", s.username "用户", osuser "操作系统用户", NAME "内存名称", ROUND(VALUE / 1024 / 1024,4) "占用内存 MB", s.SID "会话 ID", s.serial# "session 的序列号", spid "操作系统进程 ID" FROM v$session s, v$sesstat st, v$statname sn, v$process p WHERE st.SID = s.SID AND st.statistic# = sn.statistic# AND sn.NAME LIKE 'session pga memory' AND p.addr = s.paddr ORDER BY VALUE DESC;                                                    [000262]
```

运行结果如图 6-4 所示。

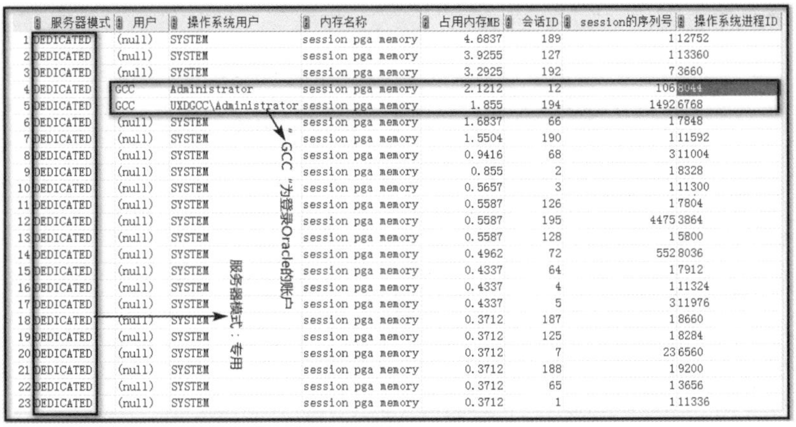

	服务器模式	用户	操作系统用户	内存名称	占用内存MB	会话ID	session的序列号	操作系统进程ID
1	DEDICATED	(null)	SYSTEM	session pga memory	4.6837	189	1	12752
2	DEDICATED	(null)	SYSTEM	session pga memory	3.9255	127	1	13360
3	DEDICATED	(null)	SYSTEM	session pga memory	3.2925	192	7	3660
4	DEDICATED	GCC	Administrator	session pga memory	2.1212	12	106	8044
5	DEDICATED	GCC	UXDGCC\Administrator	session pga memory	1.855	194	1492	6768
6	DEDICATED	(null)	SYSTEM	session pga memory	1.6837	66	1	7848
7	DEDICATED	(null)	SYSTEM	session pga memory	1.5504	190	1	11592
8	DEDICATED	(null)	SYSTEM	session pga memory	0.9416	68	3	11004
9	DEDICATED	(null)	SYSTEM	session pga memory	0.855	2	1	8328
10	DEDICATED	(null)	SYSTEM	session pga memory	0.5657	3	1	11300
11	DEDICATED	(null)	SYSTEM	session pga memory	0.5587	126	1	7804
12	DEDICATED	(null)	SYSTEM	session pga memory	0.5587	195	4475	3864
13	DEDICATED	(null)	SYSTEM	session pga memory	0.5587	128	1	5800
14	DEDICATED	(null)	SYSTEM	session pga memory	0.4962	72	552	8036
15	DEDICATED	(null)	SYSTEM	session pga memory	0.4337	64	1	7912
16	DEDICATED	(null)	SYSTEM	session pga memory	0.4337	4	1	11324
17	DEDICATED	(null)	SYSTEM	session pga memory	0.4337	5	3	11976
18	DEDICATED	(null)	SYSTEM	session pga memory	0.3712	187	1	8660
19	DEDICATED	(null)	SYSTEM	session pga memory	0.3712	125	1	8284
20	DEDICATED	(null)	SYSTEM	session pga memory	0.3712	7	23	6560
21	DEDICATED	(null)	SYSTEM	session pga memory	0.3712	188	1	9200
22	DEDICATED	(null)	SYSTEM	session pga memory	0.3712	65	1	3656
23	DEDICATED	(null)	SYSTEM	session pga memory	0.3712	1	1	11336

图 6-4　会话内存信息

由图 6-4 可看出，当前服务器模式为"专用"，登录数据库的账户为"GCC"等信息。

6.3.4 自动 PGA 管理

设置 PGA_AGGREGATE_TARGET 为非 0 值（为 PGA 开辟的总内存），则启用 PGA 自动管理，并忽略所有*_area_size 的设置，如 SORT_AREA_SIZE, HASH_AREA_SIZE 等。

默认为启用 PGA 的自动管理，Oracle 根据 SGA 的 20%来动态调整 PGA 中专用与 Work Area 部分的内存大小，最小为 10MB。

用于实例中各活动工作区（Work Area）的 PGA 总量，为 PGA_AGGREGATE_TARGET 减去其他组件分配的 PGA 内存。得到的结果，按照特定需求动态分配给对应的工作区。

1. PGA_AGGREGATE_TARGET 的设置

设置 PGA_AGGREGATE_TARGET 为 SGA 的 20%，SQL 语句如下：

```
SQL> ALTER SYSTEM set PGA_AGGREGATE_TARGET=1200m scope=both;   [000263]
```

运行典型的负载,通过 Oracle 收集的 PGA 统计信息来调整 PGA_AGGREGATE_TARGET 的值。

根据 Oracle 的 PGA 建议调整 PGA_AGGREGATE_TARGET 大小。

（1）查看会话 PGA 占用情况

① 查看所有会话：

```
SQL>SELECT p.Spid "OS Thread(操作系统进程)", b.NAME "Name-User(后台进程)", s.Program "正在运行的客户端程序名称", s.Sid "session ID", s.Serial# "session 子进程号 Serial#",s.Osuser "操作系统用户名称", s.Machine "计算机名称" FROM V$process p, V$session s, V$bgprocess b WHERE p.Addr = s.Paddr AND p.Addr = b.Paddr UNION ALL SELECT p.Spid "OS Thread(操作系统进程)", s.Username "Name-User(后台进程)", s.Program "正在运行的客户端程序名称", s.Sid "session ID",s.Serial# "session 子进程号 Serial#", s.Osuser "操作系统用户名称", s.Machine "计算机名称" FROM V$process p, V$session s WHERE p.Addr = s.Paddr AND s.Username IS NOT NULL;   [000264]
```

② 查看当前会话：

```
SQL>SELECT s. Username,s.sid, s.serial# FROM V$locked_object lo, dba_objects ao, V$session s WHERE ao.object_id = lo.object_id AND lo.session_id = s.sid;                                                                 [000265]
```

③ 查看某会话 PGA 占用情况：

```
SQL>select a.name, b.value from v$statname a, v$sesstat b where a.statistic# = b.statistic# and b.sid = &sid and a.name like '%ga %' order by a.name;                                                                  [000266]
```

（2）建议 PGA 大小 SQL1

```
SQL>select   round(pga_target_for_estimate   /(1024*1024))   "预测 pga_AGGREGATE_target 的值 M", estd_pga_cache_hit_percentage "Est.Cache Hit(缓
```

存命中率)%", round(estd_extra_bytes_rw/(1024*1024)) "Est.ReadWrite 额外读写字节 (M)", estd_overalloc_count "Est.Over-Alloc(超过分配的次数)" from v$pga_target_advice ;   [000267]

将 SQL 放在 TOAD 中，运行结果如图 6-5 所示。

预测pga_AGGREGATE_target的值M	Est.Cache Hit(缓存命中率)%	Est.ReadWrite额外读写字节(M)	Est.Over-Alloc(超过分配的次数)
53	51	670	9
106	81	162	0
212	94	46	0
318	100	0	0
424	100	0	0
509	100	0	0
594	100	0	0

图 6-5　建议 PGA 大小

（3）建议 PGA 大小 SQL2

SQL> SELECT 'PGA AGGREGATE Target' "条目", ROUND (pga_target_for_estimate / 1048576) "目标值(M)", estd_pga_cache_hit_percentage "相关缓存命中率", ROUND (((estd_extra_bytes_rw / DECODE ((b.BLOCKSIZE * i.avg_blocks_per_io),0, 1, (b.BLOCKSIZE * i.avg_blocks_per_io)))* i.iotime)/100) "响应时间(秒)" FROM v$pga_target_advice, (SELECT /*+AVG TIME TO DO AN IO TO TEMP TABLESPACE*/ AVG ((readtim + writetim) / DECODE ((phyrds + phywrts), 0, 1, (phyrds + phywrts))) iotime, AVG ((phyblkrd + phyblkwrt)/ DECODE ((phyrds + phywrts), 0, 1, (phyrds + phywrts))) avg_blocks_per_io FROM v$tempstat) i, (SELECT /* temp ts block size */ VALUE BLOCKSIZE FROM v$parameter WHERE NAME = 'db_block_size') b;
                                                             [000268]

将 SQL 放在 TOAD 中，运行结果如图 6-6 所示。

注：上面的两个 PGA 大小建议 SQL，需要在系统负荷较重且运行一段时间后的侦测结果最好。

条目	目标值(M)	相关缓存命中率	响应时间(秒)
PGA AGGREGATE Target	53	51	370
PGA AGGREGATE Target	106	81	90
PGA AGGREGATE Target	212	94	25
PGA AGGREGATE Target	318	100	0
PGA AGGREGATE Target	424	100	0
PGA AGGREGATE Target	509	100	0
PGA AGGREGATE Target	594	100	0

图 6-6　建议 PGA 大小

2. 禁用自动 PGA 管理

为向后兼容，设置 PGA_AGGREGATE_TARGET 为 0，即禁用 PGA 的自动管理。可通过 "*_area_size" 参数调整对应工作区的大小，这些工作区如下：

- BITMAP_MERGE_AREA_SIZE
- CREATE_BITMAP_AREA_SIZE
- HASH_AREA_SIZE
- SORT_AREA_SIZE

6.4　Oracle 11g 系统进程介绍

为了实现为多用户提供服务且保证系统性能，在一个多进程 Oracle 系统（multiprocess

Oracle system）中，存在多个被称为后台进程（Background Process）的 Oracle 进程。

当 Oracle 实例启动时，多个后台进程就会启动。后台进程是设计用于执行特定任务的可执行代码块。

一个 Oracle 实例中可以包含多种后台进程，这些进程不一定全部出现在实例中。系统中运行的后台进程数量众多，用户可以通过 V$bgprocess 视图查询关于后台进程的信息。Oracle 实例中可能运行的后台进程如下：

- 数据库写进程（DBWn）
- 日志文件写进程（LGWR）
- 检查点进程（CKPT）
- 系统监控进程（SMON）
- 进程监控进程（PMON）
- 恢复进程（RECO）
- 作业队列进程（CJQn）
- 归档进程（ARCn）
- 队列监控进程（QMNn）
- 其他后台进程

这些后台进程和 SGA 结合起来组成 Oracle 实例，如图 6-7 所示。

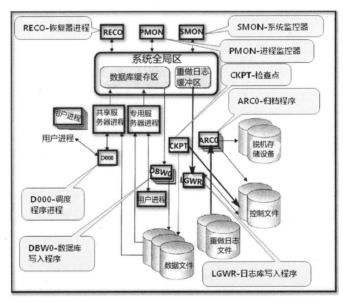

图 6-7　Oracle 11g 主要后台进程示意

图 6-7 中，上部为 RECO、PMON 及 SMON 进程，中间为 SGA，其间的双向箭头表示各进程与实例间的通信。下部为 DBW0 和 LGWR 进程，这两个进程分别和数据库缓存

区与重做日志缓冲区进行通信，同时还分别访问数据文件和重做日志文件。

图 6-6 中还展示了一些其他进程，例如 ARC0，需要访问脱机存储设备和控制文件以及 CKPT，需要访问数据文件和控制文件。

总之，后台进程负责保证数据库的稳定工作，每当数据库启动时，这些后台进程会自动启动，并且持续整个实例的生命周期，每个进程负责一个独特的任务。下面把最重要的后台进程通过表格的形式列出，如表 6-2 所示。

表 6-2 Oracle 11g 最重要的后台进程

进　程	缩　写	描　述
Database Writer（process）	DBWn	负责把脏数据写回磁盘
Log Writer	LGWR	负责把日志数据写入联机日志文件
Checkpoint	CKPT	负责检查点操作
Process Monitor	PMON	负责维护用户进程
System Monitor	SMON	负责实例恢复
Archiver	ARCn	负责归档操作，生成归档日志
Manageability Monitor	MMON	和 AWR 有关
Manageability Monitor Light	MMNL	和 AWR 有关
Memory Manager	MMAN	和自动 SGA 管理有关
Job Queue Coordination Process	CJQO	定时任务进程
Recover Writer	RVWR	和 Flashback Database 功能有关
Change Tracking Writer	CTWR	跟踪数据块变化，支持快速增量备份

下面对表 6-2 中的后台进程进行详细介绍。

6.4.1 数据库写进程（DBWn）

数据库写进程（Database Writer Process，DBWn），将 buffer 中的内容写入数据文件中。DBWn 进程负责将在 buffer cache 中那些修改的 buffer，也就是脏数据写入磁盘中。

对于大多数系统来说，1 个进程（DBW0）就足够了，但也可以通过设置初始化参数 DB_WRITER_PROCESSES，增加数据库写入进程，编号从 DBW0 至 DBW9 以及 DBWa-DBWj，最多可以运行 20 个进程。但是前提是必须有足够多的 CPU 供这些进程使用，在一个单 CPU 的系统中，额外地配置该进程并不能提高性能，所以需要根据 CPU 及处理器的个数决定如何设置该参数。

当一个 buffer 在数据库的 buffer cache 中被修改了，就会被标记为脏数据（dirty）。Buffer cache 的冷端（cold buffer）是指根据 LRU（Least Recently Used）算法选择出的，最近最少使用的 buffer。这就好比一个书店，有些书经常被读者翻来翻去，这些书就被称为"热端"书，而其余少有问津的书则被称为"冷端"书，店主把冷端的书从书架（缓存）

拿回仓库（磁盘）腾出位置给其他书使用；那些热端的书被买走后，同样腾出了位置给其他书使用。这里，书架相当于缓冲区，仓库相当于磁盘，书架上的书相当于磁盘中的数据。DBWn 进程将冷端的、脏的 buffer 写入磁盘，这样用户进程就可以查找冷端、干净的 buffer 用于将新的数据块读入 cache 中。当一个 buffer 被用户进程修改（弄脏），此 buffer 就不再是 free buffer，不能用于新数据的写入。如果 free buffer 数量过少，用户进程就会找不到足够的空间用于数据写入。而 DBWn 进程有效地管理了 buffer cache，让用户进程总是能够获得 free buffer。

DBWn 进程总是将冷端、脏 buffer 写入磁盘，DBWn 在改善查找 free buffer 性能的同时，也令最近频繁使用的 buffer 保留在内存中。例如，存储那些频繁访问且较小的表或索引的数据块，可以 keep 在 cache 中，没必要反复地从磁盘中读取。由于 LRU 算法将访问频率高的数据块保留在 buffer cache 中，所以一个 buffer 被写入磁盘中，该 buffer 所包含的数据被马上访问的概率较小。

满足以下条件时，DBWn 进程会将脏数据缓冲区（dirty buffers）写入磁盘。

- 当服务器进程扫描了一定数量的 buffer 之后，没有找到干净的可用的 buffer，它通知 DBWn 写入。DBWn 将 buffer 写入磁盘的操作是异步的，因为在 DBWn 工作的同时还有其他进程在执行。
- DBWn 周期性地写 buffer，从而使得 checkpoint 前移，checkpoint 是当一个实例需要实例恢复时，应用重做日志的起始位置。这个位置是由 buffer 中最早的脏数据缓冲区（dirty buffers）决定的。

无论哪种情况，DBWn 进程都是批量（一次多数据块）地写入以提高性能。一次批量写入的数据块的数量随着操作系统的不同而改变，没有固定值。

6.4.2　日志文件写进程（LGWR）

日志文件写进程（Log Writer Process，LGWR）负责管理日志缓冲区，将日志缓冲区写入磁盘上的日志文件。LGWR 将从上次之后才复制到 buffer 中的重做条目写入磁盘。

日志缓冲区（Redo Log Buffer）是一个环形的缓冲区（circular buffer）。当 LGWR 进程将日志缓冲区的重做条目写入日志文件，服务器进程同时也将新的条目复制到日志缓冲区覆盖那些已经写入磁盘的条目。LGWR 通常需要保证足够快地写入，即使在频繁访问重做日志（redo log）时也要确保缓冲区有足够的空间用于写入新的条目。

LGWR（日志文件写进程）负责将一部分连续 buffer（缓冲区）中的用户进程提交事务的记录写入磁盘。其写入条件只要满足以下 3 个中的任意一个即可。

- 每 3 秒写入一次。
- 当日志缓冲区使用了 1/3。
- 当 DBWn 进程向磁盘写入脏缓冲区，但需要写入的日志还没有写入。

注意：

在 DBWn 进程向磁盘写入脏数据之前，所有与修改数据相关的重做记录都必须被写入磁盘，这就是先写日志原则（write-ahead protocol）。如果 DBWn 发现有一些重做记录没有写入磁盘，会通知 LGWR 将它们写入，并等待 LGWR 进程将重做日志缓冲区内的相关数据写入磁盘后，才能将数据缓冲区写入磁盘。

LGWR 同步地向一个日志组的多个镜像成员写入。如果其中的一个成员文件损坏了，LGWR 继续向其他成员写入，并将错误记录到 LGWR 进程的 trace 文件和 alert log 中。如果一个日志组的所有成员文件都损坏了，或者日志组由于未归档而暂时不可用，那么 LGWR 就无法继续工作。

当用户执行了一句 commit 时，LGWR 将提交记录放进日志缓冲区，并且将它与事务的重做条目一起立即写入磁盘。而相关的被修改的数据块要等待更高效的时机时才写入磁盘。这被称为快速提交（fast commit）机制。一个事务的提交记录及相关的重做条目将通过一个原子性（atomic）的写操作记录到磁盘上，这个单一事件决定了事务是否被成功地提交。尽管此时被修改的数据缓冲区还没有写入磁盘，Oracle 已经能够向用户返回事务提交成功的信息。

注意：

有时，如果重做日志缓冲区内空间不足，LGWR 进程会在事务提交前就将重做日志条目写入磁盘。这样的重做日志条目只有在相关事务提交后才能永久地存储。

当一个用户提交一个事务时，这个事务就被赋予了一个系统改变号 system change number（SCN），Oracle 将在事务的重做条目中记录此编号。SCN 是被记录在 redo log 中的，所以恢复（recovery）操作可以在 RAC、分布式数据上同步地进行。

在数据修改操作较频繁时，LGWR 进程能够采取批量提交（group commits）技术向重做日志文件写入数据。例如，当一个用户提交了一个事务后，LGWR 进程会将此事务的重做条目（redo entry）写入磁盘。与此同时，系统中的其他用户也可能在执行 COMMIT 语句。但是 LGWR 进程需要在之前的写入操作完成后，才能为后续的提交事务写入重做信息。当第一个事务的重做条目被写入磁盘后，在此期间等待提交的事务的重做条目可以被一起写入磁盘，这比分别写入每个事务的重做条目所需的 I/O 操作要少。Oracle 通过这种办法减少了磁盘 I/O 并提升了 LGWR 进程的性能。如果系统中的提交频率一直很高，那么 LGWR 进程每次从重做日志缓冲区向磁盘的写入数据中都包含多个提交事务的信息。

6.4.3 检查点进程（CKPT）

当一个 Checkpoint 发生时，Oracle 必须更新所有数据文件的文件头，记录这个 Checkpoint 的详细信息。这个动作是由 CKPT 进程完成的，但是 CKPT 进程并不将数据块写入磁盘，写入的动作总是由 DBWn 进程完成的。

由企业管理器（Enterprise Manager）的 System_Statistics 监视器显示的 DBWR checkpoints 统计信息显示了系统中需要完成的检查点操作。

6.4.4 系统监控进程（SMON）

实例启动时如有需要，系统监控进程（System Monitor Process，SMON）将负责进行恢复（Recovery）工作。此外，SMON 还负责清除系统中不再使用的临时段（Temporary Segment），以及为数据字典管理的表空间（Dictionary Managed Tablespace）合并相邻的可用数据扩展（Extent）。在实例恢复过程中，如果由于文件读取错误或所需文件处于脱机状态而导致某些异常终止的事务未被恢复，SMON 将在表空间或文件恢复联机状态后再次恢复这些事务。SMON 进程定期检查自己是否被需要，系统内的其他进程发觉需要时也能够调用 SMON 进程。

在 RAC 环境中，一个实例的 SMON 进程能够为出错的 CPU 或实例进行实例恢复（Instance Recovery）。

6.4.5 进程监控进程（PMON）

当一个用户进程（User Process）失败后，进程监控进程（Process Monitor，PMON）将对其进行恢复。PMON 进程负责清理数据高速缓冲区（Database Buffer Cache）并释放用户进程使用的资源。例如，它可以重置活动事务表（Active Transaction Table）的状态，释放锁，将某个进程 ID 从活动进程列表中移除。

PMON 进程会周期性地对调度器（Dispatcher）和服务进程（Server Process）进行检查，重新启动停止运行的进程（不包括 Oracle 有意停止的进程）。PMON 进程还负责将实例和调度器进程的信息注册到网络监听器（Network Listener）。

同 SMON 一样，PMON 进程定期检查自己是否被需要，系统内的其他进程发觉需要时也能够调用 PMON 进程。

6.4.6 恢复进程（RECO）

恢复进程（Recoverer Process，RECO）用于分布式数据库结构，自动解决分布式事务的错误。一个节点的 RECO 进程会自动地连接到一个有疑问的分布式事务的相关其他数据库。当 RECO 重新连接到相关的数据库服务时，它会自动地解决有疑问的事务。并从相关数据库的活动事务表（Pending Transaction Table）中移除和此事务有关的数据。

如果 RECO 进程无法连接到远程服务，RECO 会在一定时间间隔后尝试再次连接，但是每次尝试连接的时间间隔会以指数级的方式增长。只有实例允许分布式事务时才会启动 RECO 进程，实例中不会限制并发的分布式事务的数量。

6.4.7　作业队列进程（CJQn）

一般由如下两类进程组成。

作业队列协调进程（Coordinator Job Queue Process，CJQn），起到对作业队列的监控作用。

执行作业的队列进程（Job Queue Processes，Jnnn），由 CJQn 完成调度产生。

作业队列进程用于批处理，执行用户 job，可以将它们看作一个调度服务，用于调度 Oracle 实例上如 PL/SQL 语句或存储过程的 job。提供开始的时间和调度的时间间隔，作业队列进程可以根据这个配置，自动地周期性地执行。

作业队列进程可以被动态地管理，可以允许作业队列客户端根据需要使用多个作业队列进程，当一个作业队列进程进入空闲状态（idle）后，其使用的资源将被释放。

动态的作业队列进程可以按指定的时间间隔运行大量的作业，用户的作业由 CJQ 进程交给作业队列进程执行，具体步骤如下。

（1）名为 CJQ0 的协调进程（coordinator process）定期地从系统 JOB$ 表中选择需要运行的 job，被选出的作业将按照时间排序。

（2）CJQ0 进程动态地产生 job 队列的 slave 进程来运行这些 job，编号从 J000-J999。

（3）作业队列进程执行一个由 CJQ 进程选出的作业，每个进程每次只能执行一个 job。

（4）当一个工作队列进程执行完一个作业后，就能够接收下一个作业。如果此时系统中已经没有需要被调度的作业了，此进程将进入休眠状态（sleep state）；此进程还会定期地苏醒（wake up）等待分配其他作业。如果在预设的时间内没有新的作业，此进程将终止。

初始化参数 JOB_QUEUE_PROCESSES 表示实例中可以并行执行的最大作业队列进程数。但是，客户端不应该假设所有的作业队列进程都用于执行 job。

注意：

如果初始化参数 JOB_QUEUE_PROCESSES 被设置为 0，协调进程（CJQ）将不会被启动。

6.4.8　归档进程（ARCn）

归档进程（Archiver Process，ARCn）在发生日志切换（log switch）时将重做日志文件复制到指定的存储设备中。只有当数据库运行在 ARCHIVELOG 模式下，且自动归档功能被开启时，系统才会启动 ARCn 进程。

一个 Oracle 实例中最多可以运行 10 个 ARCn 进程（ARC0～ARC9）。如果当前的 ARCn 进程还不能满足工作负载的需要，LGWR 进程将启动新的 ARCn 进程。Alert log 会记录 LGWR 启动 ARCn 进程。

如果预计系统存在繁重的归档任务，例如将进行大批量数据装载，可以通过设置初始化参数 LOG_ARCHIVE_MAX_PROCESSES 来指定多个归档进程，通过 ALTER SYSTEM 语句可以动态地修改该参数，增加或减少归档进程的数量。然而，通常不需要去改变该参数，该参数默认值为 1，因为当系统负载增大时，LGWR 进程会自动地启动新的 ARCn 进程。

6.4.9 队列监控进程（QMNn）

队列监控进程是一个可选择的进程，它提供 Oracle 工作流高级队列，用于监控信息队列，可以配置最多 10 个监控进程。这些进程类似作业队列进程，与其他 Oracle 后台进程的区别在于，这两类进程出错不会导致整个实例出错。

6.4.10 调度进程（Dnnn）

调度进程（Dispatcher，Dnnn）是一个可选的 Oracle 后台进程，只存在于共享服务器环境中。

6.4.11 内存管理进程（MMAN）

内存管理进程（Memory Manager，MMAN）是一个 SGA 后台进程。10g 开始有的特性，自动共享内存管理（Automatic Shared Memory Management，ASMM）启用时，会有这个新的后台进程。MMAN 服务像是 SGA 内存的经纪人（SGA Memory Broker）一样，协调内存各组成部分的大小。SGA Memory Broker 很清楚内存各组成部分的大小和有待调整的操作。

6.4.12 恢复写入进程（RVWR）

Flashback Database 是 Oracle10g 的新增功能，在启动 Flashback Database 之后，它定期将已发生变化的块写入闪回日志的日志文件中。这些日志不是由传统的 Log Writer（LGWR）进程写入，而是由一种称作（Recovery Writer，RVWR）的新进程写入。

这是 Oracle10g 开始的新增进程。闪回数据库是指将数据库返回到一个早前的数据库状态，闪回数据库特性提供了一种快速的方法，将数据库迅速地返回到早前的某个时间点，它不同于传统的基于时间的恢复。

数据库闪回只能从以下错误中恢复。
- 由于逻辑错误导致的。
- 由于用户错误导致的。

不能从介质错误中通过闪回特性恢复数据库。

闪回数据库所需的时间是与被改变的数据成正比，而不是数据库的大小。

注意，一旦 resetlogs（重置日志）之后，将不能再 flashback 至 resetlogs（重置日志）之前的时间点。

6.4.13 内存管理进程（MMON）

内存管理进程（Memory Monitor，MMON）是 10g 开始有的进程，它联合 AWR 新特性负责执行多种和可管理性相关（manageability-related）的后台任务，例如：
- 当某个测量值（metrics）超过预设的限定值（threshold value）后提交警告；
- 创建新的 MMON 隶属进程（MMON slave process）来进行快照（snapshot）；
- 捕获最近修改过的 SQL 对象的统计信息。

它的 slave（从属）进程是 M000。

6.4.14 其他后台进程

Oracle 数据库中还可能运行其他后台进程。

（1）Memory Monitor Light（MMNL）进程

负责执行轻量级且频率较高的和可管理性相关的后台任务，例如，捕获会话历史信息、测量值计算等。它与 AWR 一起起作用，将需要的 buffer 统计信息写入磁盘。

（2）MMAN 进程

负责执行数据库系统的内部任务。

（3）RBAL 进程

在使用了自动存储管理（Automatic Storage Management）的实例中，RBAL 进程负责协调磁盘组间的负载平衡工作，它可以使多个实例同时访问一个 ASM 磁盘（global open）。最终由 ORBn 进程实际执行数据扩展的负载均衡。实例中可以运行多个 ORBn 进程，分别为 ORB0，ORB1，依此类推。

（4）OSMB 进程

当数据库实例使用 ASM 磁盘组时，还要启动 OSMB 进程。此进程负责和 ASM 实例（Automatic Storage Management instance）通信。

（5）LMS（Global Cache Service）进程

在 RAC 环境中存在，该进程管理资源，并提供实例资源交互控制。

（6）Change Tracking Writer（CTWR）进程

CTMR 进程是 10g 中的新进程，用于对最近改变的块进行跟踪，让 RMAN 可以更快地进行增量备份。

6.5 自动共享内存管理（ASMM）

从 Oracle 10g 开始，Oracle 提供了自动 SGA 的管理（Automatic Shared Memory

Management，ASMM）新特性。所谓 ASMM，就是指不再需要手动设置 shared pool、buffer pool 等若干内存池的大小，而是为 SGA 设置一个总的大小尺寸即可。Oracle 数据库会根据系统负载变化，自动调整各组件的大小，从而使得内存始终能够流向最需要它的地方。下面进行详细介绍。

1. SGA_TARGET

参数文件（init<实例名>.ora）中的"SGA_TARGET"默认值为 0，即 ASMM 被禁用，此种情况下，需要手动设置 SGA 各组件的大小。

查看 sga_target 参数值，SQL 语句如下：

```
SQL>show parameters sga_target                            [000269]
```

结果如图 6-8 所示。

图 6-8 说明当前数据库开启了 ASMM。

当参数文件（init<实例名>.ora）中的"sga_target"为非 0 时，则启用 ASMM，自动调整以下各组件大小。

图 6-8　查看 sga_target 值

- DB BUFFER CACHE（DEFAULT POOL，DB_CACHE_SIZE 参数指定）
- SHARED POOL（SHARED_POOL_SIZE 参数指定）
- LARGE POOL（LARGE_POOL_SIZE 参数指定）
- STREAMS POOL（STREAMS_POOL_SIZE 参数指定）
- JAVA POOL（JAVA_POOL_SIZE 参数指定）

但 ASSM 中，以下参数仍需要手动指定：

- LOG BUFFER
- KEEP、RECYCLE 及非标准块缓冲区
- 固定 SGA 及其他内部分配

2. ASMM 的启用

启用 ASMM 需要将 STATISTICS_LEVEL 设置成 TYPICAL 或 ALL。

STATISTICS_LEVEL 控制数据库收集统计信息的级别，有以下 3 个参数值。

- BASIC：收集基本的统计信息。
- TYPICAL：收集大部分统计信息（数据库的默认设置）。
- ALL：收集全部统计信息。

查看 STATISTICS_LEVEL 参数：show parameter STATISTICS_LEVEL;

可通过下面的命令修改该参数值（开关）：

```
ALTER system set STATISTICS_LEVEL=basic;
ALTER system set STATISTICS_LEVEL=typical;
ALTER system set STATISTICS_LEVEL=ALL;
```

```
or
ALTER SESSION set STATISTICS_LEVEL=basic;
ALTER SESSION set STATISTICS_LEVEL=typical;
ALTER SESSION set STATISTICS_LEVEL=ALL;
```

启用 ASMM，自动调整 SGA 内部组件大小后。若手动指定某一组件值，则该值为该组件的最小值。

例如，手动设置 SGA_TARGET=8G，SHARE_POOL_SIZE=1G，则 ASMM 在自动调整 SGA 内部组件大小时，保证 Share Pool 不会低于 1G。

查看各组件大小：

```
SQL> SELECT component, current_size/1024/1024 size_mb FROM V$SGA_
DYNAMIC_COMPONENTS;                                       [000270]
```

3．SGA_MAX_SIZE

- SGA_MAX_SIZE 指定内存中可以分配给 SGA 的最大值，不允许动态调整，是一个固定值。
- SGA_TARGET 是一个动态参数，其最大值为 SGA_MAX_SIZE 指定的值。

6.6 关于 11g 与 12c 内存管理

11g 中新增 MEMORY_MAX_TARGET 参数，它是设定 Oracle 能占 OS 多大的内存空间，一个是 SGA 区最大能占多大内存空间，另一个是 PGA 区最大能占多大内存空间，那么，这个值就是 SGA +PGA 的总和。

在 12c 中，由于引进 CDB（数据库容器）和 PDB（可插拔数据库）的概念，其内存管理就涉及 CDB 和 PDB 两者之间的控制与协调，与 11g 在内存管理机制上有本质的不同。

在 12cR2 中，可以控制在 CDB 中，PDB 可以使用的最大 SGA，以及需要为 PDB 分配的最小 SGA。SGA_TARGET 参数可用于限制 PDB 的最大 SGA 大小。PDB 中的 SGA_TARGET 设置必须小于或等于 CDB 根中的 SGA_TARGET 设置。只有当 SGA_TARGET 初始化参数设置为 CDB 根中的非零值时，PDB 中的 SGA_TARGET 和 SGA_MIN_SIZE 设置才会被强制执行。可以使用 SGA_MIN_SIZE 参数指定 PDB 的最小 SGA 大小。

关于 PGA 的管理，在 11g 中不需要单独设定，即 11g 中的 PGA=MEMORY_MAX_TARGET - SGA。而在 12c 中，为了控制 PDB 的 PGA 使用，可以在 PDB 级别设置参数 PGA_AGGREGATE_TARGET 和 PGA_AGGREGATE_LIMIT。PGA_AGGREGATE_TARGET 设置的是一个目标。因此，Oracle 数据库尝试将 PGA 内存使用限制在目标以内，但是使用可以超过设置的目标。要指定对 PGA 内存使用的硬限制，可以使用 PGA_AGGREGATE_LIMIT 初始化参数。Oracle 数据库确保 PGA 大小不超过这个限制。如果数据库超过限制，那么数据库就会中止具有最高可调 PGA 内存分配的会话的调用。另外，12c 引入了 IM(In-Memory Column Store)特性，该特性开启后会在数据库启动阶段在 SGA 中分配一块静态的内存池 In-Memory Area，用于存放以列式存储的用户表。列式存储的优点是在访问数据时只需访问数据的部分列，而不像行式存储，需要访问数据的所有列。列式存储可以避免大量不必要的 I/O，且每一列的列值即为索引，可以显著提高查询性能。IM 列式存储并不会替换传统的 buffer cache 行式存储，而是作为补充，Oracle 优化器会根据两种方式的特点自行选择适合的方式来取数据。

11g 的 MEMORY_MAX_TARGET 参数包含两部分内存，一个是 SGA，另一个是 PGA，11g 已经可以将 PGA 和 SGA 一起动态管理了。

11g 的 MEMORY_TARGET，从 OS 的角度上说，是 Oracle 所使用的最大内存值，是一个动态参数即运行期间可调。在 12c 中已经取消了该指标。

11g 的 MEMORY_MAX_TARGET 是 MEMORY_TARGET 所能设定的最大值，非动态可调。12c 中也取消了该指标。

启动 11g 的实例，如果使用的是 PFILE，设定了 MEMORY_TARGET 而没有指定 MEMORY_MAX_TARGET 的值，则 11g 的实例启动后 MEMORY_MAX_TARGET 的值与 MEMORY_TARGET 相等。如果 PFILE 中指定了 MEMORY_MAX_TARGET 而没有指定 MEMORY_TARGET，实例启动后 MEMORY_TARGET 为 0。

6.6.1 Orode 内存管理形式

11g 的 AMM 在后台会启动一个内存管理（Memory Manager，MMAN）进程。

11g 的 AMM 的引入，Oracle 内存管理更加灵活多样，组合出以下 5 种内存管理形式：

- 自动内存管理
- 自动共享内存管理
- 手动共享内存管理
- 自动 PGA 管理
- 手动 PGA 管理

1. 自动内存管理

默认安装的实例即是 AMM 方式，即 MEMORY_TARGET 参数值是一个非 0 的值。

查看各"TARGET"的值：

```
SQL> show parameters TARGET                                          [000271]
```

2. 自动共享内存管理（ASMM）

这是 10g 引入的管理方式，要使用这种方式，需要设置初始化参数 MEMORY_

TARGET=0，然后显式地指定 SGA_TARGET 的值。

```
SQL> ALTER SYSTEM set MEMORY_TARGET=0 scope=both;
SQL> ALTER SYSTEM set SGA_TARGET=1024m scope=both;
```

注：这两个参数的修改是有严格顺序的。

3. 手动共享内存管理

初始化参数 SGA_TARGET 与 MEMORY_TARGET 都要设置为 0，然后手动设定 SHARE_POOL_SIZE、DB_CACHE_SIZE 等 SGA 组件参数。RESULT_CACHE_SIZE 参数是 11g 新引入的，用来缓存 SQL 结果。

4. 自动 PGA 管理

如果使用 AMM，则对 PGA 不用操心。如果要做到精细控制而切换到自动 PGA 内存管理模式，需要设定 WORKAREA_SIZE_POLICY=AUTO（默认为 AUTO），然后需要指定 PGA_AGGREGATE_TARGET 的值。如需要精确控制 PGA，则 WORKAREA_SIZE_POLICY=MANUAL。

5. 手动 PGA 管理

前提是 WORKAREA_SIZE_POLICY = MANUAL（手动），然后分别指定 SORT_AREA_SIZE 等 PGA 相关的参数（该模式可以忽略）。

6.6.2　11g 下的 AMM 内存管理

如果初始化参数 LOCK_SGA=TRUE（查看：show parameter lock_sga），则 AMM 不可用。11g 中 MEMORY_TARGET 设置和不设置对 SGA/PGA 的影响。

（1）如果 MEMORY_TARGET 设置为非 0 值，即 AMM 管理，下面有 4 种情况来对 SGA 和 PGA 的大小进行分配

- SGA_TARGET 和 PGA_AGGREGATE_TARGET 已经设置大小,则这两个参数将各自被分配为最小值为它们的目标值，MEMORY_TARGET =SGA_TARGET + PGA_AGGREGATE_TARGET，大小和 memory_max_size 一致。
- SGA_TARGET 设置大小，PGA_AGGREGATE_TARGET 没有设置大小，PGA_AGGREGATE_TARGET 初始化值=MEMORY_TARGET - SGA_TARGET。
- SGA_TARGET 没有设置大小，PGA_AGGREGATE_TARGET 设置了大小，那么 SGA_TARGET 初始化值=MEMORY_TARGET - PGA_AGGREGATE_TARGET。
- SGA_TARGET 和 PGA_AGGREGATE_TARGET 都没有设置大小，Oracle 11g 对 SGA_TARGET 和 PGA_AGGREGATE_TARGET 都没有设定大小的情况下，Oracle 将根据数据库运行状况进行分配大小。但在数据库启动是会有一个固定比例来分配：
  ➢ SGA_TARGET =MEMORY_TARGET *60%。

➢ PGA_AGGREGATE_TARGET=MEMORY_TARGET *40%。

（2）如果 MEMORY_TARGET 没有设置或=0（在 11g 中默认为 0）

11g 中默认为 0，则初始状态下取消了 MEMORY_TARGET 的作用，完全和 10g 在内存管理上一致，向下兼容。有以下 3 种情况对 SGA 和 PGA 的大小进行分配。

- SGA_TARGET 设置值，则自动调节 SGA 中的 SHARED POOL, BUFFER CACHE, REDO LOG BUFFER, JAVA POOL, LARGER POOL 等的大小，PGA 则依赖 PGA_AGGREGATE_TARGET 的大小，SGA 和 PGA 不能自动增长和自动缩小。
- SGA_TARGET 和 PGA_AGGREGATE_TARGET 都没有设置，则 SGA 中的各组件大小都要明确设定，不能自动调整各组件大小，PGA 不能自动增长和收缩。
- MEMORY_MAX_TARGET 设置而 MEMORY_TARGET =0 这种情况和 10g 一样。

6.7 本章小结

在本章对 Oracle 的内存管理体系、进程体系等做了整体介绍，没有涉及内存调整与优化等方面的内容，为了保证数据库在内存管理关口上不出现性能瓶颈问题，需要依据实际情况做出必要调整以达到优化内存的目的，接下来将探讨这些方面的问题。

第 7 章 Oracle 的内存分析与调整

  Oracle 的内存可以按照共享和私有的角度分为系统全局区和进程全局区，也就是 SGA 和 PGA。对于 SGA 区域内的内存来说，是共享的全局的，在 UNIX 上，必须为 Oracle 设置共享内存段（可以是一个或者多个），因为 Oracle 在 UNIX 上是多进程；而在 Windows 上是单进程（多个线程），所以不用设置共享内存段。PGA 是属于进程（线程）私有的区域。在 Oracle 使用共享服务器模式下（MTS），PGA 中的一部分，也就是 UGA 会被放入共享内存 LARGE_POOL_SIZE 中。

  在 Oracle 9i 中，引入了 PGA_AGGREGATE_TARGET，可以自动对 PGA 进行调整；Oracle 10g 引入 SGA_TARGET，可以自动对 SGA 进行调整；Oracle 11g 则对这两部分进行综合，引入 MEMORY_TARGET，可以自动调整所有的内存，这就是新引入的自动内存管理特性。

  本章将重点介绍 Oracle 内存实现原理、工作机制以及不同的内存调整对数据库性能的影响。

7.1 Oracle 内存工作机制

  当会话请求被接受后，Oracle 的内存分配将分为以下几个步骤进行：

  （1）检查共享 SQL 区有无该会话发出的 SQL 语句，如有则在该 SQL 区执行该会话的 SQL 语句（称为一次 LIBRARY CACHE hit），否则为该 SQL 语句分配共享 SQL 区（称为一次 LIBRARY CACHE MISS），同时将该语句指定给这些会话（SESSION）的 Private Sql Area。

  （2）检查 Share Pool(共享服务器模式)或 PGA(专用服务器模式)中的 Dictionary Cache（字典缓存，主要记录表、索引、视图、簇等数据库对象相关的结构信息等）中有无要访问的表/视图信息，若无则将其读入 Dictionary Cache 中（称为一次 Rowcache Miss）。

  （3）检查数据高速缓存（Database Buffer Cache），当前有无 Dictionary Cache 中被 hit（击中）所对应的数据，如有则使用当前的缓存（称为一次 Data Buffer Hit），否则，将按下列步骤为该数据请求新的缓存（称为一次 Data Buffer Miss）。

  搜索 Least-Recently-Used（LRU，最少最近使用） List，若发现 Dirty（脏） Buffer 则写入 Dirty（脏） List 并继续搜索，如发现 Free Buffer 则将其分配给该会话，同时将该 Buffer 移至 Most-Recently-Used（MRU，最多最近使用） List，若未能搜索到 Free

Buffer，则触发 DBWR 进程将一些 Dirty Buffer 写入磁盘，并将这部分 Dirty Buffer 释放为 Free Buffer，这个过程称为逻辑读。

从数据文件中将要操作的数据读入 Buffer Cache 中，这个过程称为物理读。

（4）如果用户执行的是 INSERT、DELETE、UPDATE 等操作，系统将为其分配 Redo Log Buffer（重做日志缓存），用于记录数据的变更情况，当 Redo Log Buffer 中无 free buffer 时触发 LGWR 进程，将 Redo Log Buffer 中的一些信息写入数据库的 Log File（重做日志文件）中。

7.2 内存使用情况分析

要确定一个数据库管理系统中内存配置的优劣，首先应掌握系统中当前内存的使用情况。Oracle 数据库为数据库管理员（DBA）提供了相应的查询方法，用于查询数据库的内存使用情况。要提高系统的性能，DBA 应重点检查剩余内存和内存击中率这两个指标。

关于 Oracle 内存击中率，就是访问的数据正好在缓存里，称为命中，被命中的概率称为命中率或者击中率。假如访问 100 行数据，其中 99 行数据在缓存，只有 1 行数据在磁盘，这 99 行数据就是被命中的数据，命中率=99/100×100=99%，这个数值越高，说明 Oracle 系统运行越有效率。

7.2.1 剩余内存

一般来说，当数据库启动并投入使用相当长时间后，系统尚有剩余内存空间，说明数据库的 SGA 设置是足够的，无须增加 SGA 空间。

查看剩余内存（free memory），语句如下：

```
SQL>SELECT * from V$SGASTAT where name='free memory';          [000273]
```

结果如图 7-1 所示。

图 7-1 查看剩余内存（free memory）

7.2.2 内存击中率

内存击中率是指可以直接在内存，如数据库高速缓存（Data Buffer Cache）中找到所需的数据块的比例。因为直接读内存比在硬盘上找到数据再读到内存进行处理要快得多，所以这个击中率是衡量数据库设计、管理效果的一个重要指标。

内存击中率的指标很多，包括库缓存击中率、数据字典缓存击中率、DB 高速缓存击中率等，下面分别介绍。

1. 库缓存（Library Cache）击中率

Library Cache 是 Shared Pool 的一部分，它几乎是 Oracle 内存结构中最复杂的一部分，主要存放 Shared Curosr（SQL）和 PL/SQL 对象（Function，Procedure，Trigger）的信息，以及这些对象所依赖的 Table、Index、View 等对象的信息。

```
SQL>SELECT sum(pins-reloads)/sum(pins) from V$librarycache;    [000274]
```

如图 7-2 所示。

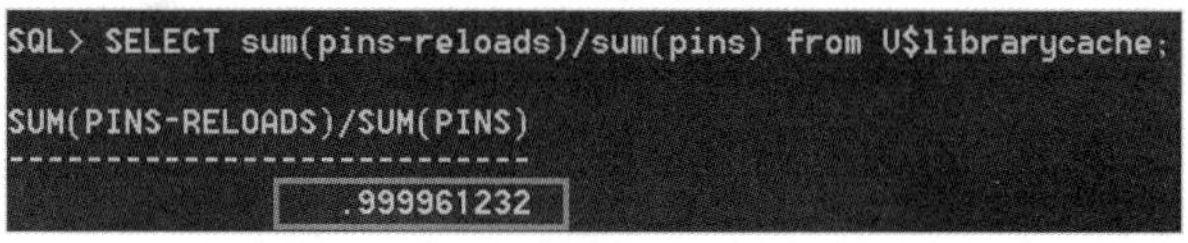

图 7-2　查看 Library Cache 击中率

2. Data Dictionary Cache（数据字典缓存）击中率

在 SHARED POOL 中，有一块区域称为 ROW CACHE 来对 Data Dictionary 进行 CACHE。

```
SQL>SELECT sum(gets-getmisses-usage-fixed)/sum(gets) from V$rowcache;
                                                               [000275]
```

结果如图 7-3 所示。

图 7-3　查看 Data Dictionary Cache（数据字典缓存）击中率

3. DB Buffer Cache（DB 高速缓存）击中率

DB Buffer Cache 是 SGA 的重要组成部分，主要用于缓存数据块。

```
SQL>select name,value from V$sysstat where name in ('db block gets','consistent gets','physical reads');    [000276]
```

结果如图 7-4 所示。

图 7-4　DB 高速缓存的当前读、逻辑读、物理读信息

击中率=1-(Physical Reads)/(Db Block Gets + Consistent Gets)。

也可通过 SQL 直接算出，代码如下：

```
SQL>select 1-(sum(decode(name,'physical reads',value,0))/ (sum(decode
(name,'db block gets',value,0))+(sum(decode(name,'consistent gets',value,
0))))) from v$sysstat;                                           [000277]
```

结果如图 7-5 所示。

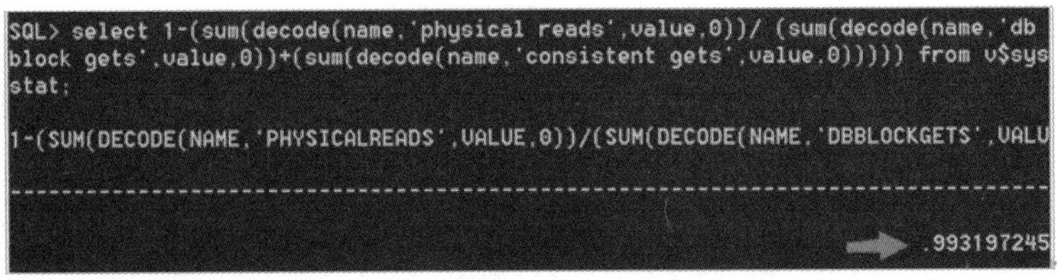

图 7-5 DB Buffer Cache（DB 高速缓存）击中率

注意：以上几个指标均应在系统运行足够长时间后进行检查。

Oracle 数据库的初始化参数文件通常存放在 $Oracle_HOME/dbs 路径下，其文件名为 init+数据库 sid.ora，如 initorcl.ora。其中，影响数据库内存大小的参数主要有：

- DB_BLOCK_SIZE：每个数据库块的字节数，在数据库建立时已确定，为 1 024 的整数倍，如 2 048、4 096；
- DB_BLOCK_BUFFERS：数据库数据缓存区的数据块数；
- SHARE_POOL_SIZE：共享存储区的字节数；
- SORT_AREA_SIZE：数据排序区的字节数。

当剩余内存（Free Memory）过少、内存击中率过低，当 Library Cache 击中率或数据字典的内存击中率低于 0.95 时，考虑调整 SHARED_POOL_SIZE，DB_BLOCK_BUFFER 的大小。

此外，可根据下面的算法，估算 SHARED_POOL_SIZE 的大小：

```
SQL>SELECT SUM(value) FROM V$sesstat,V$statname WHERE name='session uga
memory' AND V$sesstat.statistic#=V$statname.statistic#;           [000278]
```

下面查询返回的是目前所有用户进程实际占用的 SHARED_POOL 字节数：

```
SQL>SELECT SUM(value) FROM V$sesstat,V$statname WHERE name='session uga
memory max' AND V$sesstat.statistic#=V$statname.statistic#;       [000279]
```

下面查询返回的是目前所有用户进程所需占用的 SHARED_POOL 最大字节数，结果如图 7-6 所示。

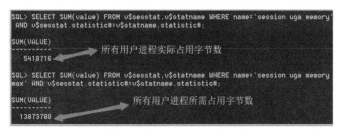

图 7-6 查看当前所有用户进程所需占用的 SHARED_POOL 最大字节数

根据图 7-6 的查询结果，可确定 SHARED_POOL_SIZE 的初始大小为 14M（13873780）。

7.3 SQL 效率及其他指标查看分析

通过分析 SQL 语句的执行效率可以：
- 找出性能较差的 SQL 语句；
- 找出最高频率的 SQL 语句；
- 分析是否需要索引或改善连接；
- 监控当前 Oracle 的 SESSION，如出现时钟的标志，表示此进程中的 SQL 运行时间较长。

本节将会从以上这些方面入手，介绍如何分析 SQL 语句的执行效率。

7.3.1 检查占用 CPU 时间比较长的 SQL 语句

```
SQL>COL SQL_TEXT FORMAT A60
SQL>SELECT sql_text,cpu_time from V$sql where cpu_time >1e7 order by cpu_time;                                                          [000280]
```

将 SQL 放到 SQL Developer 中，运行结果如图 7-7 所示。

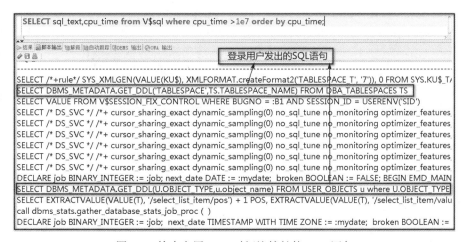

图 7-7 检查占用 CPU 时间比较长的 SQL 语句

图 7-7 中黑框中为登录用户发出的 SQL 语句，需要关注，其他为数据库自身发出的，不必关注。

7.3.2 执行效率最差的 SQL 语句

SQL>SELECT * FROM (SELECT PARSING_USER_ID,EXECUTIONS,SORTS,COMMAND_TYPE, DISK_READS, sql_text FROM V$sqlarea ORDER BY disk_reads DESC) WHERE ROWNUM<10 ;

或

SELECT * FROM (SELECT substr(sql_text,1,40) sql, disk_reads, executions, disk_reads/executions "Reads/Exec", hash_value,address FROM V$SQLAREA WHERE disk_reads > 10000 ORDER BY disk_reads DESC) WHERE rownum <= 10 ; [000281]

将 SQL 放到 SQL Developer 中，运行结果如图 7-8 和图 7-9 所示。

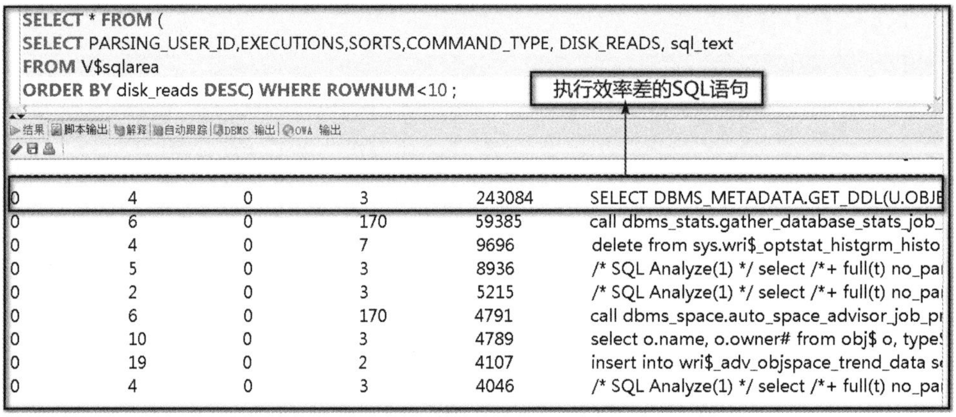

图 7-8 执行效率最差的 SQL 语句（一）

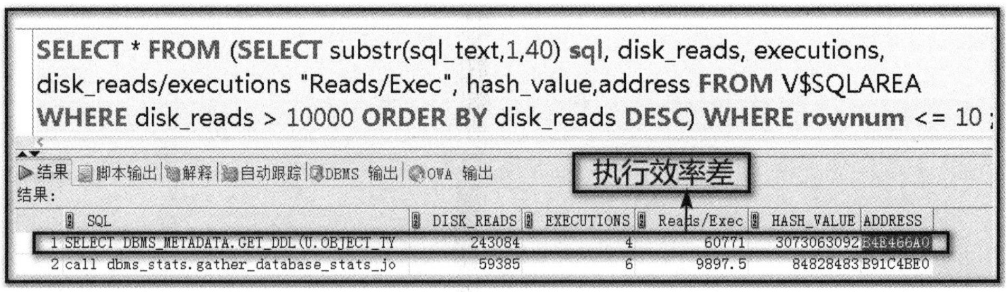

图 7-9 执行效率最差的 SQL 语句（二）

图 7-8 和图 7-9 都查出同一条效率差的 SQL 语句，黑框中的 SQL 语句。这条 SQL 语句被成功执行了 4 次（EXECUTIONS 字段值），总的磁盘读（DISK_READS 字段值）243 084 次，每次成功执行导致的磁盘读次数（Reads/Exec 字段值）60 771 次，这些数据说明该 SQL 执行效率很差。

注：

（1）命令类型（COMMAND_TYPE）：（3:SELECT,2:INSERT;6:UPDATE;7delete;47:pl/SQL 程序单元）。

（2）V$sqlarea 视图字段说明

- sql_text：sql 语句的前 1 000 个字符。
- sql_fulltext：sql 语句的所有字符。
- sql_id：缓存在高速缓冲区中的 sql 父游标的唯一标识 ID。
- sorts：语句执行导致的排序次数。
- version_count：在缓存中以该语句为父语句的子游标总数。
- executions：包含所有子游标在内该 sql 语句共执行次数。
- parse_calls：父游标下所有子游标解析调用次数。
- buffer_gets：读取缓冲区次数（包含 disk_reads）。
- disk_reads：该语句通过所有子游标导致的读磁盘次数。
- address：当前游标父句柄。
- hash_value：该语句在 library cache 中的 hash 值。

7.3.3 识别低效率执行的语句

1. 完全基于 V$sqlarea 视图查询

```
SQL>SELECT executions "Sql 语句执行次数", disk_reads "读盘次数", buffer_gets
"读总次数",round((buffer_gets - disk_reads)/buffer_gets,2)*100 "内存读次数占总
读次数%", ROUND(disk_reads /decode (executions,0,1,executions),2) "SQL 每次磁
盘 读 次 数 ",Sql_text "Sql 语 句 " From V$sqlarea Where executions>0 and
buffer_gets>0 And (buffer_gets-disk_reads)/buffer_gets<0.8 Order by 4 desc --
该语句：sql 执行效率由高到低排，越往后效率越低。；                    [000282]
```

上面 SQL 语句是完全基于 V$sqlarea 视图查询，未加入会话信息。查询条件中重点关注：内存读次数（buffer_gets-disk_reads）/占总读次数（buffer_gets）<0.8。

2. 基于 v$session、v$sqlarea 及 v$process 3 个视图查询

```
SELECT SE.sid "会话 ID", SE.serial# "会话 ID 序列号", PR.spid "主机进程 ID",
SE.status "会话状态", SUBSTR(SE.program, 1, 50) "执行程序", SUBSTR(SE.machine,
1, 50) "主机名", SQ.executions "Sql 语句执行次数", SQ.disk_reads "读盘次数",
SQ.buffer_gets  " 读 总 次 数 ",round((SQ.buffer_gets  -  SQ.disk_reads)/
SQ.buffer_gets,2)*100 "内存读次数占总读次数%",ROUND(SQ.disk_reads /decode
(SQ.executions,0,1,SQ.executions),2) "SQL 每次磁盘读次数", SQ.sql_text "Sql 语
句" FROM v$session SE, v$sqlarea SQ, v$process PR WHERE SE.paddr = PR.ADDR(+)
AND SE.sql_address = SQ.address(+)  AND SQ.executions>0 and SQ.buffer_gets>0
And (SQ.buffer_gets-SQ.disk_reads)/SQ.buffer_gets<0.8 AND SE.schemaname <>
'SYS' ORDER BY 10;                                                  [000283]
```

上面 SQL 语句是基于 v$session、v$sqlarea 及 v$process 3 个视图查询，加入会话信

息，可以查出所有会话效率差的 SQL 语句。查询条件中重点关注：内存读次数（SQ.buffer_gets-SQ.disk_reads）/占总读次数（SQ.buffer_gets）<0.8 和 SE.schemaname <> 'SYS'。

3. 基于 v$session 视图和表 DBA_users 查询

```
SQL>SELECT b.username "ORACLE 登录账户名", a.disk_reads "磁盘读次数",
a.executions "Sql 语句执行次数",ROUND(a.disk_reads /decode (a.executions,
0,1,a.executions),2) "SQL 每次磁盘读次数", a.sql_text sql_text from V$sqlarea
a, DBA_users b where a.parsing_user_id = b.user_id and a.disk_reads > 100000
order by a.disk_reads desc --该语句：sql 执行效率由低到高排，越往后效率越高。;
```
[000284]

上面 SQL 语句是基于 v$session 视图和表 DBA_users 的查询，加入账户信息，未加入会话信息，可以查出所有登录账户效率差的 SQL 语句。查询条件中重点关注：磁盘读次数（a.disk_reads）> 100000。

4. 基于 v$session、v$sqlarea、v$process 视图和表 DBA_users 的查询

```
SELECT US.username "ORACLE 登录账户名",SE.sid "会话 ID", SE.serial# "会话
ID 序列号", PR.spid "主机进程 ID", SE.status "会话状态", SUBSTR(SE.program, 1, 50)
"执行程序", SUBSTR(SE.machine, 1, 50) "主机名", SQ.disk_reads "磁盘读次数",
SQ.executions "Sql 语句执行次数",ROUND(SQ.disk_reads /decode (SQ.executions,
0,1,SQ.executions),2) "SQL 每次磁盘读次数",SQ.sql_text "Sql 语句" FROM v$session
SE, v$sqlarea SQ, v$process PR, DBA_users US WHERE SE.paddr = PR.ADDR(+)  AND
SE.sql_address = SQ.address(+)  AND SQ.parsing_user_id = US.user_id  AND
SQ.disk_reads > 100000 AND SE.schemaname <> 'SYS' ORDER BY SQ.disk_reads desc
--该语句：sql 执行效率由低到高排，越往后效率越高。;
```
[000285]

上面 SQL 语句是基于 v$session、v$sqlarea、v$process 视图和表 DBA_users 的查询，加入账户及会话信息，可以查出所有登录账户以及会话效率差的 SQL 语句。该 SQL 语句运用较多，可以反映出登录账户及其会话效率差的 SQL 语句，据此可以追踪到是哪个账户以及该账户下哪个会话效率差的 SQL 语句，直接追踪到问题的发生源。

查询条件中重点关注：磁盘读次数（SQ.disk_reads）> 100000 和账户名（SE.schemaname）<> 'SYS'。

7.3.4　V$sqlarea 视图提供的执行细节

V$sqlarea 视图提供了执行、读取磁盘和读取缓冲区的次数等重要信息。

V$sqlarea 视图字段解释如表 7-1 所示。

表 7-1　V$sqlarea 视图字段说明

V$sqlarea 视图字段	描　　述
parsing_user_id	登录账户 ID

续上表

V$sqlarea 视图字段	描　述
sql_text	sql 语句的前 1 000 个字符
sql_fulltext	sql 语句的所有字符
sql_id	缓存在高速缓冲区中的 sql 父游标的唯一标识 ID
sorts	语句执行导致的排序次数
version_count	在缓存中以该语句为父语句的子游标总数
executions	包含所有子游标在内该 sql 语句共执行次数
parse_calls	父游标下所有子游标解析调用次数
buffer_gets	读取缓冲区次数（含 disk_reads）
disk_reads	该语句通过所有子游标导致的读磁盘次数
Address	当前游标父句柄
COMMAND_TYPE	命令类型，3:SELECT;2:INSERT;6:UPDATE;7:delete;47:pl/SQL 程序单元
OPTIMIZER_MODE	优化方式如下： （1）Rule：基于规则的方式； （2）Choose：基于 CBO 的优化方式，默认情况下 Oracle 使用此方式。当一个表或索引有统计信息，则走 CBO 的方式，如果表或索引没有统计信息，表又不是特别小，而且相应的列有索引时，那么就走索引，走 RBO 的方式； （3）First Rows：它与 Choose 方式类似，所不同的是当一个表有统计信息时，它将以最快的方式返回查询的最先的几行，从总体上减少了响应时间； （4）All Rows：Cost 的方式。当一个表有统计信息时，它将以最快的方式返回表所有的行，从总体上提高查询的吞吐量。没有统计信息则走 RBO 的方式
SHARABLE_MEM	占用 SHARED POOL 内存，单位为字节

例如，下面的 SQL 语句。

SQL>SELECT EXECUTIONS "执行次数", DISK_READS "读盘次数",COMMAND_TYPE "命令类型",OPTIMIZER_MODE "优化方式", SHARABLE_MEM "占用 SHARED POOL 内存",BUFFER_GETS "读取缓冲区的次数", SQL_TEXT "Sql 语句" from V$sqlarea;　　　　　　　　[000286]

将 SQL 放到 SQL Developer 中，运行结果如图 7-10 所示。

图 7-10　V$sqlarea 视图提供的执行细节

图 7-10 中，方框内的 SQL 语句导致了数据库当前挂起，其执行次数（EXECUTIONS 字段值）为 0，说明该语句一直在执行中；如果不为 0，说明该 SQL 语句被成功执行的次数，命令类型为 6（UPDATE 语句），读盘的次数 31 855，优化方式 ALL_Rows，占用 Shared pool 内存 26 154 字节，读取缓冲区的次数 656 090 530。通过这些数据进一步分析，内存读取次数（656 090 530-31 855）/总读取次数（656 090 530）×100=99.99%，尽管如此，问题是该语句始终处于执行状态，导致数据库挂起（在内存实验章节有对此问题的解决处理方法）。

7.3.5 查看数据库 db_cache_size 及各类 pool_size 值

该指标以及其他内存指标如果是在 ASSM 自动共享内存管理下，通过 show parameter 命令及视图，查出来的都是 0。例如，show parameter db_cache_size 或下面的 SQL 语句。

```
select name,value from v$parameter where name in ('large_pool_size',
'java_pool_size','shared_pool_size','streams_pool_size','db_cache_size');
```
[000287]

下面的 SQL 语句可以在 ASSM 自动共享内存管理下查看有关信息。另外，该 SQL 语句必须以"SYS"账户的"SYSDBA"身份登录后执行。

1. 查看数据库 db_cache_size 值

SQL 语句如下：

```
SQL>
col name format a20
col value format a20
col describ format a30
SELECT   x.ksppinm   name,y.ksppstvl   value,x.ksppdesc   describ   from
sys.x$ksppi   x,sys.x$ksppcv   y where x.inst_id=userenv('Instance')   and
V.inst_id=userenv('Instance')   and x.indx=V.indx   and   x.ksppinm   like
'%db_cache_size%';
```
[000288]

运行结果如图 7-11 所示。

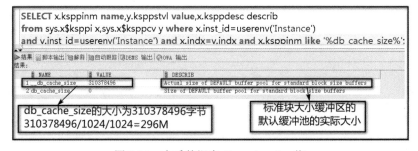

图 7-11 查看数据库 db_cache_size 值

2. 查看数据库各类 pool_size 值

SQL 语句如下：

```
SQL>
col name format a20
col value format a20
col describ format a30
SELECT x.ksppinm name,y.ksppstvl value,x.ksppdesc describ from sys.x$ksppi x,sys.x$ksppcv y where x.inst_id=userenv('Instance') and y.inst_id=userenv('Instance') and x.indx=y.indx and x.ksppinm like '%pool_size%';
```
[000289]

运行结果如图 7-12 所示。

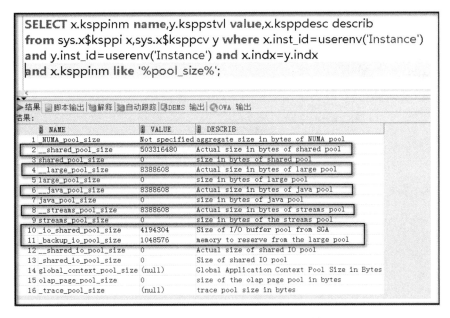

图 7-12　查看数据库各类 pool_size 值

7.4　Oracle 内存调整——系统全局区 SGA

关于 SGA（共享池（Shared Pool）、数据库缓冲区高速缓存（Database Buffer Cache）、日志缓冲区（Redo Buffer Cache）、大池、Java 池，及流池等），在前面有关章节已经详细阐述。在这里，重点说明如何对 SGA 调整以达到优化内存的目的。

1. SGA 相关视图

（1）V$SGA

V$SGA 视图包括 SGA 的总体情况，只包含两个字段：name（SGA 内存区名字）和 value（内存区的值，单位为字节）。它的结果和 show SGA 的结果一致。

(2) V$SGASTAT

10g 之前用于查看各 SGA 组件大小。V$SGAINFO 的作用基本和 V$SGA 一样,只不过把 Variable size 的部分更细化了一步。

(3) V$SGAINFO

10g 及 10g 之后才有的,用于查看 SGA 组件大小更详细。

(4) V$SGA_DYNAMIC_COMPONENTS

该视图记录了 SGA 各个动态内存区的情况,它的统计信息是基于已经完成了的,针对 SGA 动态内存区大小调整的操作。

(5) V$SGA_DYNAMIC_FREE_MEMORY

该视图只有一个字段,表示 SGA 当前可以用于调整各个组件的剩余大小。

(6) V$SGA_TARGET_advice

该视图可用于建议 SGA 大小设置是否合理。

预估 SGA 大小 SQL 语句如下。

① 第 1 种写法:

```
SQL>SELECT a.SGA_size "SGA 期望大小",a.SGA_size_factor "期望/实际的百分比",a.estd_db_time "期望大小 dbtime 期望变化",a.estd_db_time_factor "SGA 改后/改前 dbtime 百分比",a.estd_physical_reads "修改前后物理读的差值"FROM V$SGA_TARGET_advice a;                                                  [000290]
```

② 第 2 种写法:

```
SQL>SELECT a.SGA_size,--SGA 期望大小
a.SGA_size_factor,-- 期望 SGA 大小与实际 SGA 大小的百分比
a.estd_db_time,-- SGA 设置为期望的大小后,其 dbtime 消耗期望的变化
a.estd_db_time_factor,-- 修改 SGA 为期望大小后,dbtime 消耗的变化与修改前的变化百分比
a.estd_physical_reads--修改前后物理读的差值
FROM V$SGA_TARGET_advice a;                                                  [000291]
```

③ 第三种写法:

```
SQL>SELECT a.SGA_size AS "SGA 期望大小",
a.SGA_size_factor AS "期望与实际 SGA 百分比",
a.estd_db_time AS "dbtime 消耗期望的变化",
a.estd_db_time_factor AS "dbtime 变化与之前百分比",
a.estd_physical_reads AS "修改前后物理读的差值"
FROM V$SGA_TARGET_advice a;                                                  [000292]
```

运行结果如图 7-13 所示。

sga期望大小	期望与实际sga百分比	dbtime消耗期望的变化	dbtime变化与之前百分比	修改前后物理读的差值
262	0.25	50601	1.0669	531263
524	0.5	47428	1	64337
786	0.75	47428	1	64337
1048	1	47428	1	64337
1310	1.25	47428	1	64337
1572	1.5	47428	1	64337

图 7-13　建议 SGA 大小设置

2. 查看当前的 SGA 大小

```
SQL>show parameter SGA_MAX_SIZE;                              [000293]
```

3. 修改 SGA 值

（1）启用 AMM 自动内存管理模式

```
SQL>ALTER system set SGA_MAX_SIZE=3072M scope=spfile;--重启数据库后生效。
SQL>ALTER system set MEMORY_TARGET=3072M scope=spfile;--重启数据库后生效。
                                                              [000294]
```

（2）启用 ASMM 自动共享内存管理模式

```
SQL>ALTER system set SGA_MAX_SIZE=3072M scope=spfile;--重启数据库后生效。
SQL>ALTER system set MEMORY_TARGET=0 scope=spfile;--重启数据库后生效。
SQL>ALTER system set SGA_TARGET=3072M scope=spfile; --重启数据库后生效。
                                                              [000295]
```

7.5　Oracle 内存调整——共享池（Shared Pool）

共享池（Shared Pool）是 Oracle SGA 中占用字节（SIZE）较大的一个部分，很多 DBA 没搞清楚共享池（Shared Pool）是用来做什么的，不知道如何确定其合适的大小，往往都是将它的字节（SIZE）设置得很大，这导致内存空间浪费，还会影响性能。

下面就如何给 Oracle 确定一个合适的共享池（Shared Pool）大小，进行详细说明。

7.5.1　共享池（Shared Pool）相关视图

如何查看共享池多大合适，先查看视图 V$statistics_level 的 activation_level 值是否为 typical（典型）或者 all（全部），然后统计共享池信息。

注：关于初始化参数 STATISTICS_LEVEL 的说明。

用于指定数据库和 OS 统计参数收集级别，其取值为 TYPICAL、BASIC 和 ALL，默认值为 TYPICAL。

当设置该参数为 TYPICAL 时，Oracle 会收集数据库自管理特征所需的主要统计。

当设置该参数为 BASIC 时，Oracle 关闭了所有性能数据的收集，也就是如果要关闭 AWR 或 statspack 收集，只要设置 alter system set statistics_level=basic;即可。

当设置该参数为 ALL 时，不仅会收集 TYPICAL 的所有统计，还会收集其他统计信息。

可通过 V$statistics_level 视图查看不同取值对各种统计信息收集的影响，以及不同统计信息影响哪些统计结果视图等。

查看 statistics_level 信息，SQL 语句如下：

```
SQL>
COL statistics_name FORMAT A40
SELECT statistics_name "统计项目",session_status "会话开启状态",system_status "系统开启状态",activation_level "信息收集程度",session_settable "会话可否改变设置" FROM V$statistics_level ORDER BY statistics_name; [000296]
```

运行结果如图 7-14 所示。

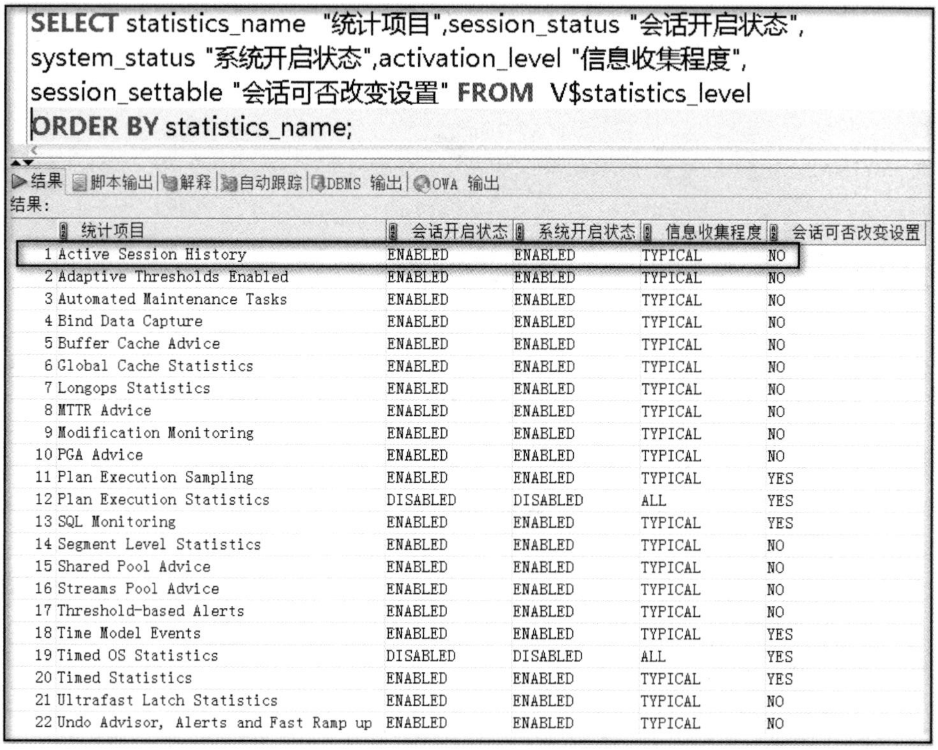

SELECT statistics_name "统计项目",session_status "会话开启状态",
system_status "系统开启状态",activation_level "信息收集程度",
session_settable "会话可否改变设置" FROM V$statistics_level
ORDER BY statistics_name;

结果 | 脚本输出 | 解释 | 自动跟踪 | DBMS 输出 | OWA 输出

结果:

	统计项目	会话开启状态	系统开启状态	信息收集程度	会话可否改变设置
1	Active Session History	ENABLED	ENABLED	TYPICAL	NO
2	Adaptive Thresholds Enabled	ENABLED	ENABLED	TYPICAL	NO
3	Automated Maintenance Tasks	ENABLED	ENABLED	TYPICAL	NO
4	Bind Data Capture	ENABLED	ENABLED	TYPICAL	NO
5	Buffer Cache Advice	ENABLED	ENABLED	TYPICAL	NO
6	Global Cache Statistics	ENABLED	ENABLED	TYPICAL	NO
7	Longops Statistics	ENABLED	ENABLED	TYPICAL	NO
8	MTTR Advice	ENABLED	ENABLED	TYPICAL	NO
9	Modification Monitoring	ENABLED	ENABLED	TYPICAL	NO
10	PGA Advice	ENABLED	ENABLED	TYPICAL	NO
11	Plan Execution Sampling	ENABLED	ENABLED	TYPICAL	YES
12	Plan Execution Statistics	DISABLED	DISABLED	ALL	YES
13	SQL Monitoring	ENABLED	ENABLED	TYPICAL	YES
14	Segment Level Statistics	ENABLED	ENABLED	TYPICAL	NO
15	Shared Pool Advice	ENABLED	ENABLED	TYPICAL	NO
16	Streams Pool Advice	ENABLED	ENABLED	TYPICAL	NO
17	Threshold-based Alerts	ENABLED	ENABLED	TYPICAL	NO
18	Time Model Events	ENABLED	ENABLED	TYPICAL	YES
19	Timed OS Statistics	DISABLED	DISABLED	ALL	YES
20	Timed Statistics	ENABLED	ENABLED	TYPICAL	YES
21	Ultrafast Latch Statistics	ENABLED	ENABLED	TYPICAL	NO
22	Undo Advisor, Alerts and Fast Ramp up	ENABLED	ENABLED	TYPICAL	NO

图 7-14　查看 statistics_level 信息

图 7-14 有关信息的说明如下：

- “会话开启状态”，是指该统计项目（左侧）在会话级是否开启收集，ENABLED 表示开启，DISABLED 表示关闭；
- “系统开启状态”，是指该统计项目（左侧）在数据库系统级是否开启收集，ENABLED 表示开启，DISABLED 表示关闭；
- “信息收集程度”，是指该统计项目（左侧）无论是会话级还是数据库系统级，其信息收集的程度，TYPICAL 为典型收集，ALL 为全方位收集；

- "会话可否改变设置",是指该统计项目(左侧)的会话开启状态、系统开启状态以及信息收集程度等在会话时能否动态修改。NO 表示不允许,YES 表示允许。

1. 共享池(Shared Pool)视图 V$shared_pool_advice

可用于建议共享池(Shared Pool)大小的设置。

```
SQL>SELECT shared_pool_size_for_estimate sp, --估算的共享池大小(m为单位)
shared_pool_size_factor spf, --估算的共享池大小与当前大小比
estd_lc_memory_objects elm,--估算共享池中库缓存的内存对象数
estd_lc_size el,--估算共享池中用于库缓存的大小(M为单位)
estd_lc_time_saved elt,--估算将可以节省的解析时间。这些节省的时间来自于请求处理
一个对象时,重新将它载入共享池的时间消耗和直接从库缓存中读取的时间消耗的差值。
estd_lc_time_saved_factor as elts, --估算的节省的解析时间与当前节省解析时间的比
estd_lc_memory_object_hits as elmo --估算的可以直接从共享池中命中库缓存的内存
对象的命中次数
from V$shared_pool_advice;                                          [000297]
```

2. 共享池(Shared Pool)视图 V$SHARED_POOL_RESERVED

存放了共享池保留区的统计信息。

以下字段只有当参数 SHARED_POOL_RESERVED_SIZE 设置了才有效,该参数的默认值是 SHARED_POOL_SIZE 的 5%,通常该参数的建议值为 SHARED_POOL_SIZE 参数的 10%~20%大小,最大不得超过 SHARED_POOL_SIZE 的 50%。

查看 SHARED_POOL_RESERVED_SIZE,语句如下:

```
SQL>show parameter reserved
SQL>SELECT a.FREE_SPACE,--保留区的空闲空间数
       a.AVG_FREE_SIZE,--保留区的空闲空间平均数
       a.FREE_COUNT,--保留区的空闲内存块数
       a.MAX_FREE_SIZE,--最大的保留区空闲空间数
       a.USED_SPACE,--保留区使用空间数
       a.AVG_USED_SIZE,--保留区使用空间平均数
       a.USED_COUNT,--保留区使用内存块数
       a.MAX_USED_SIZE,--最大保留区使用空间数
       a.REQUESTS,--请求在保留区查找空闲内存块的次数
       a.REQUEST_MISSES,--无法满足查找保留区空闲内存块请求,需要从 LRU 列表中清
出对象的次数
       a.LAST_MISS_SIZE,--请求的内存大小,这次请求是最后一次需要从 LRU 列表清出
对象来满足的请求
    --以下字段无论参数 SHARED_POOL_RESERVED_SIZE 是否设置了都有效
       a.MAX_MISS_SIZE,--所有需要从 LRU 列表清出对象来满足的请求中的内存最大大小
       a.REQUEST_FAILURES,--没有内存能满足的请求次数(导致 4031 错误的请求)
       a.LAST_FAILURE_SIZE,--没有内存能满足的请求所需的内存大小(导致 4031 错误
的请求)
       a.ABORTED_REQUEST_THRESHOLD,--不清出对象的情况下,导致 4031 错误的最小
请求大小
       a.ABORTED_REQUESTS,--不清出对象的情况下,导致 4031 错误的请求次数
       a.LAST_ABORTED_SIZE--不清出对象的情况下,最后一次导致 4031 错误的请求大小
```

```
    from V$SHARED_POOL_RESERVED a                                    [000298]
```

可以根据后面 4 个字段值来决定如何设置保留区的大小以避免 4031 错误的发生。

3. 共享池（Shared Pool）视图 V$db_object_cache

显示了所有被缓存在 LIBRARY CACHE 中的对象，包括表、索引、簇、同义词、PL/SQL 存储过程和包以及触发器。

```
SQL>SELECT o.owner,--对象所有者
           o.name,--对象名称
           o.db_link,--如果对象存在 db link 的话，db link 的名称
           o.namespace,--库缓存的对象命名空间
           o.type,--对象类型
           o.sharable_mem,--对象消耗的共享池中的共享内存
           o.loads,--对象被载入次数。即使对象被置为无效了，这个数字还是会增长
        o.executions,-- 对 象 执 行 次 数 ， 但 本 视 图 中 没 有 被 使 用 。 可 以 参 考 视 图
V$sqlarea 中执行次数
           o.locks,--当前锁住这个对象的用户数（如正在调用、执行对象）
           o.pins,--当前 pin 住这个对象的用户数（如正在编译、解析对象）
           o.kept,-- 对象是否被保持，即调用了 DBMS_SHARED_POOL.KEEP 来永久将对
象 pin 在内存中。(YES | NO)
           o.child_latch,--正在保护该对象的子 latch 的数量
           o.invalidations --无效数
      FROM V$db_object_cache o WHERE o.owner='&1';                  [000299]
```

如图 7-15 所示。

	OWNER	NAME	DB_LINK	NAMESPACE	TYPE	SHARABLE_MEM	LOADS	EXECUTIONS	LOCKS	PINS	KEPT	CHILD_LATCH
1	SYS	DBMS_ROWID	(null)	BODY	PACKAGE BODY	8576	1	1372062	0	0	NO	112731
2	SYS	DBMS_SPACE	(null)	BODY	PACKAGE BODY	111692	1	167876	0	0	NO	61297
3	SYS	DBMS_ASSERT	(null)	BODY	PACKAGE BODY	12672	1	76026	0	0	NO	106150
4	SYS	STANDARD	(null)	BODY	PACKAGE BODY	29056	1	46337	1	0	NO	60617
5	SYS	DBMS_STATS_INTERNAL	(null)	BODY	PACKAGE BODY	154292	1	37663	0	0	NO	119404
6	SYS	DBMS_LOGSTDBY	(null)	TABLE/PROCEDURE	PACKAGE	29056	1	28481	1	0	NO	113150
7	SYS	DBMS_STATS_INTERNAL	(null)	TABLE/PROCEDURE	PACKAGE	340584	1	14559	0	0	NO	3947
8	SYS	UTL_RAW	(null)	BODY	PACKAGE BODY	12672	2	7554	0	0	NO	101917
9	SYS	DBMS_APPLICATION_INFO	(null)	BODY	PACKAGE BODY	8592	1	5590	1	0	NO	53469
10	SYS	DBMS_SQL	(null)	BODY	PACKAGE BODY	57920	1	5500	1	0	NO	21800
11	SYS	DBMS_SPACE	(null)	TABLE/PROCEDURE	PACKAGE	57728	1	4891	0	0	NO	44731
12	SYS	DBMS_AQ	(null)	BODY	PACKAGE BODY	29124	1	3784	0	0	NO	119576
13	SYS	DBMS_STANDARD	(null)	TABLE/PROCEDURE	PACKAGE	37248	5	3389	1	0	NO	64196
14	SYS	DBMS_RANDOM	(null)	TABLE/PROCEDURE	PACKAGE	20864	1	3000	0	0	NO	65579
15	SYS	DBMS_RCVMAN	(null)	BODY	PACKAGE BODY	522000	1	2080	0	0	NO	54227
16	SYS	WRI$_ADV_HDM_T	(null)	TABLE/PROCEDURE	TYPE	21412	1	1494	0	0	NO	100868
17	SYS	WRI$_ADV_HDM_T	(null)	BODY	TYPE BODY	12688	1	1437	0	0	NO	15431
18	SYS	DBMS_SQLDIAG	(null)	BODY	PACKAGE BODY	33188	1	1263	0	0	NO	44075
19	SYS	DBMS_SQLDIAG_INTERNAL	(null)	TABLE/PROCEDURE	PACKAGE	12688	1	1263	0	0	NO	57899
20	SYS	IS_DROP_COLUMN	(null)	TABLE/PROCEDURE	FUNCTION	8592	1	1218	0	0	NO	19823
21	SYS	PRVT_ADVISOR	(null)	BODY	PACKAGE BODY	123388	1	1047	0	0	NO	121170

重点关注此列

图 7-15　缓存在 LIBRARY CACHE 中的对象

4. 共享池（Shared Pool）视图 V$sql、V$sqlarea 和 V$sqltext

这 3 个视图都可以用于查询共享池中已经解析过的 SQL 语句及其相关信息。

V$sql 中列出了共享 SQL 区中所有语句的信息，它不包含 GROUP BY 子句，并且为每一条 SQL 语句中单独存放一条记录。

V$sqlarea 中一条记录显示了一条共享 SQL 区中的统计信息，它提供了在内存中、解析过的和准备运行的 SQL 语句的统计信息。

V$sqltext 包含了库缓存中所有共享游标对应的 SQL 语句，它将 SQL 语句分片显示。

```sql
SQL>SELECT s.sql_text,--游标中 sql 语句的前 1000 个字符
           s.sharable_mem,--被游标占用的共享内存大小。如果存在多个子游标,则包含所有子游标占用的共享内存大小
           s.persistent_mem,--用于打开这条语句的游标的生命过程中的固定内存大小。如果存在多个子游标,则包含所有子游标生命过程中的固定内存大小
           s.runtime_mem,--打开这条语句的游标的执行过程中的固定内存大小如果存在多个子游标,则包含所有子游标执行过程中的固定内存大小--
           s.sorts,--所有子游标执行语句所导致的排序次数
           s.version_count,--缓存中关联这条语句的子游标数
           s.loaded_versions,--缓存中载入了这条语句上下文堆(kgl heap 6)的子游标数
           s.open_versions,--打开语句的子游标数
           s.users_opening,--打开这些子游标的用户数
           s.fetches,--sql 语句的 fetch 数
           s.executions,--所有子游标执行这条语句的次数
           s.px_servers_executions,
           s.end_of_fetch_count,
           s.users_executing,--通过子游标执行这条语句的用户数
           s.loads,--语句被载入和重载入的次数
           s.first_load_time,--语句被第一次载入的时间戳
           s.invalidations,--所有子游标的无效次数
           s.parse_calls,--所有子游标对这条语句的解析调用次数
           s.disk_reads,--所有子游标运行这条语句导致的读磁盘次数
           s.direct_writes,
           s.buffer_gets,--所有子游标运行这条语句导致的读内存次数
           s.application_wait_time,
           s.concurrency_wait_time,
           s.cluster_wait_time,
           s.user_io_wait_time,
           s.plsql_exec_time,
           s.java_exec_time,
           s.rows_processed,--这条语句处理的总记录行数
           s.command_type,--oracle 命令类型代号
           s.optimizer_mode,--执行这条语句的优化器模型
           s.optimizer_cost,
           s.optimizer_env,
           s.optimizer_env_hash_value,
           s.parsing_user_id,--第一次解析这条语句的用户的 id
           s.parsing_schema_id,--第一次解析这条语句所用的 schema 的 id
           s.parsing_schema_name,
           s.kept_versions,--所有被 dbms_shared_pool 包标识为保持(keep)状态的子游标数
           s.address,--指向语句的地址
           s.hash_value,--这条语句在 library cache 中 hash 值
           s.old_hash_value,
           s.plan_hash_value,
           s.module,--在第一次解析这条语句是通过调用 dbms_application_info.set_module 设置的模块名称
```

```
            s.module_hash,--模块的hash值
            s.action,--在第一次解析这条语句是通过调用 dbms_application_info.
set_action设置的动作名称
            s.action_hash,--动作的hash值
            s.serializable_aborts,--所有子游标的事务无法序列化的次数,这会导致
ora-08177错误
            s.outline_category,
            s.cpu_time,
            s.elapsed_time,
            s.outline_sid,
            s.last_active_child_address,
            s.remote,
            s.object_status,
            s.literal_hash_value,
            s.last_load_time,
            s.is_obsolete,--游标是否被废除(y或n)。当子游标数太多了时可能会发生
            s.child_latch,--包含此游标的子latch数
            s.sql_profile,
            s.program_id,
            s.program_line#,
            s.exact_matching_signature,
            s.force_matching_signature,
            s.last_active_time,
            s.bind_data
    FROM V$sqlarea s;
```

查看当前会话(SESSION)所执行的语句以及会话相关信息:

```
SELECT a.sid || '.' || a.SERIAL#,
       a.username,
       a.TERMINAL,
       a.program,
       s.sql_text
  from V$session a, V$sqlarea s
 where a.sql_address = s.address(+)
   and a.sql_hash_value = s.hash_value(+)
 order by a.username, a.sid;                                    [000300]
```

5. 共享池（Shared Pool）视图 V$sql_plan

视图 V$sql_plan 包含了 LIBRARY CACHE 中所有游标的执行计划。

```
SQL>SELECT p.address,--当前cursor父句柄位置
           p.hash_value,--在library cache中父语句的hash值
           p.operation,--在各步骤执行内部操作的名称,例如: table access
           p.options,--描述列operation在操作上的变种,例如: full
           p.object_node,--用于访问对象的数据库链接DATABASE link 的名称对于使用
并行执行的本地查询该列能够描述操作中输出的次序
           p.object#,--表或索引对象数量
           p.object_owner,--对于包含有表或索引的架构schema给出其所有者的名称
           p.object_name,--表或索引名
           p.optimizer,--执行计划中首列的默认优化模式
```

```
                p.id,--在执行计划中分派到每一步的序号
                p.parent_id,--对 id 步骤的输出进行操作的下一个执行步骤的 id
                p.depth,--业务树深度(或级)
                p.cost,--cost-based 方式优化的操作开销的评估，如果语句使用 rule-based
方式，本列将为空
                p.cardinality,--根据 cost-based 方式操作所访问的行数的评估
                p.bytes,--根据 cost-based 方式操作产生的字节的评估
                p.other_tag,--其他列的内容说明
                p.partition_start,--范围存取分区中的开始分区
                p.partition_stop,--范围存取分区中的停止分区
                p.partition_id,--计算 partition_start 和 partition_stop 这对列值的
步数
                p.other,--其他信息即执行步骤细节，供用户参考
                p.distribution,--为了并行查询，存储用于从生产服务器到消费服务器分配列的
方法
                p.cpu_cost,--根据 cost-based 方式 cpu 操作开销的评估。如果语句使用
rule-based 方式，本列为空
                p.io_cost,--根据 cost-based 方式 i/o 操作开销的评估。如果语句使用
rule-based 方式，本列为空
                p.temp_space,--ost-based 方式操作(sort or hash-join)的临时空间占用
评估。如果语句使用 rule-based 方式，本列为空
                p.access_predicates,--指明以便在存取结构中定位列，例如，在范围索引查询
中的开始或者结束位置
                p.filter_predicates --在生成数据之前即指明过滤列
        FROM V$sql_plan p;
    通过结合 V$sqlarea 可以查出 library cache 中所有语句的查询计划。先从 V$sqlarea 中
得到语句的地址，然后在由 V$sql_plan 查出他的查询计划：
        SQL>
        SELECT LPAD(' ', 2 * (level - 1)) || operation "Operation",
                options "Options",
                DECODE(to_char(id),
                    '0',
                    'Cost=' || nvl(to_char(position), 'n/a'),
                    object_name) "Object Name",
                optimizer
          FROM V$sql_plan a
        START WITH address = '4F6E452C'
                AND id = 0
        CONNECT BY PRIOR id = a.parent_id
                AND PRIOR a.address = a.address
                AND PRIOR a.hash_value = a.hash_value;                  [000301]
```

7.5.2 共享池（Shared Pool）

前面介绍了关于共享池（Shared Pool）有关的视图，接下来对共享池（Shared Pool）大小的调整手段进行介绍。

1. 查看共享池（Shared Pool）明细

```
SQL>SELECT name,(bytes)/1024/1024 a FROM V$SGASTAT WHERE pool='SHARED
POOL' ORDER BY a DESC;                                      [000302]
```

2. 查看 Shared Pool Size 大小

```
SQL>SELECT name,bytes/1024/1024 from V$SGAINFO WHERE name='Shared Pool
Size';                                                      [000303]
```

注：区分共享池与 Shared Pool Size（Shared Pool Size 只是共享池的一大部分）。

3. 修改共享池（Shared Pool）的大小

```
SQL>ALTER SYSTEM SET SHARED_POOL_SIZE = 1320M;              [000304]
```

4. 共享池（Shared Pool）包含的组件

库高速缓存、数据字典高速缓存、用于保存共享服务器连接用户全局区（UGA），只在共享服务器配置下存在。

7.5.3 库高速缓存（Library Cache）

Library Cache 是 Shared Pool 的一部分，它几乎是 Oracle 内存结构中最复杂的一部分，主要存放 shared curosr（SQL）和 PLSQL 对象（function，procedure，trigger）的信息以及这些对象所依赖的 table，index，view 等对象的信息。

本节内容概括如下：
- 库高速缓存相关视图介绍
- 查看库缓存的重载率
- 查看库缓存的命中率
- 调优库高速缓存
- 增加共享池（Shared Pool）大小的条件说明

下面展开介绍。

1. 相关视图

（1）V$librarycache 视图

V$librarycache 视图包含了关于 LIBRARY CACHE 的性能统计信息，对于共享池的性能调优很有帮助。

```
SQL>SELECT l.namespace,-- library cache 库缓存中的对象类型，值为 SQL
area,table/procedure,body,trigger
    l.gets,-- 请求库缓存中的条目的次数(或语句句柄数)
    l.gethits,-- 被请求的条目存在于缓存中的次数(获得的句柄数)
    l.gethitratio,-- 前两者之比,请求 GET 的命中率
    l.pins,-- 位于 execution 阶段，显示库缓存中条目被执行的次数
    l.pinhits,-- 位于 execution 阶段，显示条目已经在库缓存中之后被执行的次数(pin 命中）
    l.pinhitratio,-- 前两者之比,Pin 命中率
    l.reloads,-- 条目因过时或无效时在库缓存中被重载的次数(Pin 请求需要从磁盘中载入对象的次数)
```

```
l.invalidations,-- 由于对象被修改导致所有参照该对象的执行计划无效的次数，需要被再
次解析(库缓存中的对象类型里的非法对象（由于依赖的对象被修改所导致）数)
l.dlm_lock_requests,--GET 请求导致的实例锁的数量
l.dlm_pin_requests,--PIN 请求导致的实例锁的数量
l.dlm_pin_releases,--请求释放 PIN 锁的次数
l.dlm_invalidation_requests,--GET 请求非法实例锁的次数
l.dlm_invalidations--从其他实例那得到的非法 pin 数
FROM V$librarycache l;                                                    [000305]
```

结果如图 7-16 所示。

NAMESPACE	GETS	GETHITS	GETHITRATIO	PINS	PINHITS	PINHITRATIO	RELOADS	INVALIDATIONS
SQL AREA	8720832	8714874	0.999316808304529	30554409	30550568	0.999874289828352	37	170
TABLE/PROCEDURE	14011	11530	0.822924844764828	4365958	4363528	0.999443421123153	95	0
BODY	2988	2917	0.97623828647925	3889	3810	0.979686294677295	0	0
TRIGGER	187	171	0.914438502673797	21801218	21801202	0.99999260609605	0	0
INDEX	245	171	0.697959183673469	192	107	0.557291666666667	0	0
CLUSTER	594	586	0.986531986531987	312	304	0.974358974358974	0	0
QUEUE	144	141	0.979166666666667	545	539	0.988990825688073	0	0

图 7-16 V$librarycache 视图信息（一）

上面 SQL 语句的另一个版本如下：

```
SQL>
SELECT NAMESPACE "库缓存中的对象类型",
 GETS "请求库缓存条目的次数",
 GETHITS "条目存在于缓存中的次数",
 round(GETHITRATIO * 100, 2) "请求 GET 的命中率%",
 PINS "库缓存条目被执行的次数",
 PINHITS "库缓存之后条目被执行的次数(pin 命中次数)",
 round(PINHITRATIO * 100, 2) "Pin 命中率%",
 RELOADS "库缓存条目被重载的次数",
 INVALIDATIONS "库缓存条目无效的次数"
FROM   V$LIBRARYCACHE where RELOADS>0;                                    [000306]
```

结果如图 7-17 所示。

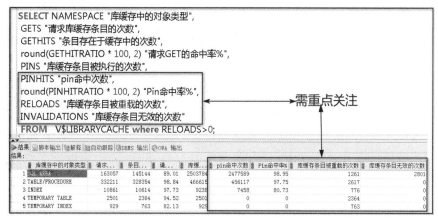

图 7-17 V$librarycache 视图信息（二）

在图 7-17 中需重点关注"Pin 命中次数""Pin 命中率""库缓存条目被重载的次数""库缓存条目无效的次数"等。

考虑是否存在过多的 reloads 和 invalidations。

（2）V$library_cache_memory 视图

```
SQL>SELECT a.lc_namespace,--库高速缓存(LIBRARY CACHE )中的对象类型
           a.lc_inuse_memory_objects,--存在与库高速缓存的对象数目
           a.lc_inuse_memory_size,--存在库高速缓存对象大小（M）
           a.lc_freeable_memory_objects,--空闲的库高速缓存数量
           a.lc_freeable_memory_size--空闲的库高速缓存大小
    from V$library_cache_memory a;                                      [000307]
```

通过此视图可了解目前在库高速缓存中的对象及可继续存放的数目。

2．查看库缓存的重载率

当库缓存的重载率大于零，应考虑增大 shared_pool_size。

SQL 语句如下：

```
SQL>SELECT SUM(pins) as "库缓存条目被执行总次数",SUM(reloads) as "库缓存条目
被重载的总次数",ROUND(SUM(reloads)/SUM(pins)*100,2) AS "重载率%" FROM
V$LIBRARYCACHE;                                 [000308]
```

结果如图 7-18 所示。

图 7-18 中，重载率大于 0，应考虑加大 shared_pool_size。

3．查看库缓存的命中率

```
SQL>SELECT sum(pinhits)/sum(pins)
from V$librarycache;
    SQL>
SELECT(sum(pins-reloads))/sum(pins)
"Library cache" from V$librarycache--考虑了 reloads;                     [000309]
```

图 7-18 查看库缓存的重载率

当命中率小于 99%或未命中率大于 1%时，说明系统中硬解析过多，要做系统优化（增加 Shared Pool、使用绑定变量、修改 CURSOR_SHARING 等措施。

注：

（1）不能单看库高速缓存命中率的大小，结合 V$librarycache 中的 reloads 来分析。如果 reloads 值比较大，表明许多 SQL 语句在老化退出后又被重新装入库池。若 SQL 语句是因为没有使用绑定变量导致 reloads 值变大，可修改该 SQL 采用绑定变量的方式；若 SQL 语句无法使用绑定变量，则可考虑将 SQL 语句用 dbms_shared_pool 中的 keep 存储过程将其钉在库池中，用 unkeep 过程释放。

```
sys.dbms_shared_pool.keep(name => ,flag => )
```

其中，Name 是需要固定的对象的名称，flag 是要固定的对象的类型。

（2）dbms_shared_pool 说明

① 默认下该包没安装，可利用 $ORACLE_HOME/rdbms/admin 目录下的 dbmspool.sql 脚本来安装（sys 用户执行），其他用户需要 sys 用户授权后才可使用。

② 对于固定在共享池中的对象，当共享池空间不足时，Oracle 不会释放这些对象以获取创建新的项目所需的空间，甚至刷新共享池时，这些对象也不会被清除。

③ dbms_shared_pool 包的 keep 和 unkeep 过程中的 flag 的取值。

P	package/procedure/function
Q	sequence
R	trigger
T	type
JS	java source
JC	java class
JR	java resource
JD	java shared data
C	CURSOR

固定 SQL 的 keep 示例：

```
dbms_shared_pool.keep('address,hash_value','C')
```

其中 SQL 语句的 ADDRESS 和 HASH_VALUE 可以在 V$SQLAREA 中找到。

对于函数、过程和包示例如下：

```
dbms_shared_pool.keep('name','P').
```

如果采用该过程将程序固定到共享池后，刷新缓冲区（ALTER SYSTEM flush shared_pool）也不会清除，必须使用 unkeep 过程清除。

4. 调优库高速缓存

优化库高速缓存的目的是重用以前分析过的或执行过的代码。最简单的方法就是使用绑定变量，减少硬分析。

（1）游标共享 CURSOR_SHARING 参数的使用，使之使用绑定变量

CURSOR_SHARING 参数有以下 3 个值：

- SIMILAR：只在认为绑定变量不会对优化产生负面影响时才使用绑定变量；
- FORCE：强制在所有情况下使用绑定变量；
- EXACT：默认情况下为该值。

Oracle 建议使用 CURSOR_SHARING=SIMILAR，因为使用 CURSOR_SHARING=FORCE 有可能使执行计划变坏。但实际上 CURSOR_SHARING=FORCE 对执行计划的好处要远远大于坏处。在观察到由于不使用绑定变量而导致大量硬解析时，通过把默认的

CURSOR_SHARING=EXACT 改成 CURSOR_SHARING=FORCE，可极大地改善性能。可在 init.ora 或 SPFILE 中更改这个参数，也可使用 ALTER SYSTEM 或 ALTER SESSION 动态地执行更改。

```
SQL>ALTER SYSTEM SET CURSOR_SHARING=FORCE;                      [000310]
```

（2）硬分析语句的查询与改进

① 查看硬分析语句：

```
SQL>SELECT s.sid,s.value "execute counts", t.value "hard parse" from
V$sesstat s,V$sesstat t where s.sid = t.sid
    and s.statistic# in (SELECT statistic# from V$statname where name = 'execute
count')
    and t.statistic# in (SELECT statistic# from V$statname where name = 'parse
count (hard)')
    order by t.value desc;                                      [000311]
```

② 查看 SESSION 的 SID：

```
SQL>SELECT  s.Schemaname "Schema_Name(Oracle 用户)",Decode(Sign(48 -
Command),To_Char(Command), 'Action Code #' || To_Char(Command)) "Action(动
作)",Status "Session_Status(状态)", s.Osuser "Os_User_Name(操作系统用户)",
s.Sid "session ID", s.Serial# " Serial_Num(session 的 Serial#)",p.Spid "操作
系统进程",Nvl(s.Username, '[Oracle process]') "User_Name(Oracle 账号)",s.
Terminal "Terminal(会话终端)", s.Program "Program(客户端程序)", St.VALUE
"Criteria_Value(资源量)"
    FROM V$sesstat St, V$session s, V$process p
    WHERE
    St.Sid = s.Sid AND
    St.Statistic# = To_Number('38') AND
    ('ALL' = 'ALL' OR s.Status = 'ALL') AND
    p.Addr = s.Paddr
    ORDER BY St.VALUE DESC, p.Spid ASC, s.Username ASC, s.Osuser ASC;
    SQL>SELECT  s. Username,s.sid,  s.serial#  FROM  V$locked_object  lo,
dba_objects ao, V$session s WHERE ao.object_id = lo.object_id AND lo.session_id
= s.sid;                                                        [000312]
```

将硬解析语句采用绑定变量方式或者直接将该 SQL 固定到缓存中。

（3）减少软分析，降低库高速缓存闩锁争用

我们可以通过以下措施将软解析保持为最低。

① 设置 SESSION_CACHED_CURSORS。

SESSION_CACHED_CURSORS，该参数指明一个 SESSION 可以缓存多少个 CURSOR （游标），让后续相同的 SQL 语句不再打开游标，从而避免软解析的过程来提高性能。（绑定变量是解决硬解析的问题），软解析同硬解析一样，比较消耗资源，所以这个参数非常重要。

当一个 CURSOR 关闭之后，Oracle 会检查这个 CURSOR 的 request 次数是否超过 3 次，如果超过了 3 次，就会放入 SESSION CURSORS CACHE list 的 MRU（most-recently-used：最多最近使用）端，这样在下次打算 Parse（解释）一个 SQL 时，它会先去 PGA 内搜索 SESSION CURSORS CACHE list，如果找到，那么会把这个 CURSOR 脱离 List，然后当关闭时再把这个 CURSOR 加到 MRU 端。

SESSION_CACHED_CURSOR 提供了快速软解析的功能，提供了比 Soft Parse（软解析）更高的性能。SESSION CURSORS CACHE 的管理也是使用 LRU（Least Recently Used：最近最少适用）。

SESSION_CACHED_CURSORS 参数是控制 SESSION CURSORS CACHE 大小的。SESSION_CACHED_CURSORS 定义了 SESSION CURSORS CACHE 中存储的 cursor 的个数。这个值越大，则消耗的内存越多。

另外检查这个参数是否设置合理，可以从两个 statistic（统计）来检查，一个是“SESSION CURSORS CACHE HITS（游标在库缓存中被命中的次数）”，另一个是“Parse Count（Total）（游标被解析的总次数）”。

```
SQL>SELECT name,value from V$sysstat where name like '%cursor%'; [000313]
```

结果如图 7-19 所示。

注：

opened cursors cumulative：累计打开游标数量；

opened cursors current：当前打开游标数量；

pinned cursors current：当前钉住游标数量；

session cursors cache hits：会话游标命中次数；

session cursors cache count：会话游标缓存数量；

cursor authentications：游标认证数量。

NAME	VALUE
opened cursors cumulative	54552626
opened cursors current	46
pinned cursors current	4
session cursor cache hits	96526
session cursor cache count	15213
cursor authentications	611

图 7-19　查看 SESSION CURSORS CACHE HITS 信息

```
SQL>SELECT name,value from V$sysstat where name like '%parse%'; [000314]
```

如图 7-20 所示。

NAME	VALUE
parse time cpu	7689
parse time elapsed	9656
parse count (total)	12143596
parse count (hard)	1707
parse count (failures)	15
parse count (describe)	35

图 7-20　查看 parse count(total)（游标总的被解析次数）信息

session cursors cache hits 和 Parse Count（Total）就是总的 Parse 次数中在 session cursors cache 中找到的次数，或者说 session cursors cache hits 就是系统在高速缓存区中找到相应 Cursors 的次数，parse count(total)就是总的解析次数，二者比值越高，性能越好。如果比例比较低，并且有较多剩余内存，可以考虑加大该参数。

配置文件（init<实例名.ora>）中的“OPEN_ CURSORS”参数是允许打开的游标的数量，“SESSION_CACHED_CURSORS”是允许放入缓存的游标的数量，通过下面的语句判断是否加大这两个参数值。

注：下面的语句在数据库运行相当一段时间后执行出的结果较好。

如果游标使用率（USAGE）≥100%，则增大这两个参数（"open_cursors"、"session_cached_cursors"）值。

```
SQL>SELECT    'session_cached_cursors'    PARAMETER,LPAD(VALUE,    5)
VALUE,DECODE(VALUE, 0, 'n/a',TO_CHAR(100 * USED / VALUE, '990') || '%') USAGE
FROM (SELECT MAX(S.VALUE) USED FROM V$STATNAME N, V$SESSTAT S WHERE N.NAME =
'session cursor cache count' AND S.STATISTIC# = N.STATISTIC#),(SELECT VALUE
FROM V$PARAMETER WHERE NAME = 'session_cached_cursors') UNION ALL
    SELECT 'open_cursors',LPAD(VALUE, 5),TO_CHAR(100 * USED / VALUE, '990')
|| '%' FROM (SELECT MAX(SUM(S.VALUE)) USED FROM V$STATNAME N, V$SESSTAT S WHERE
N.NAME IN ('opened cursors current', 'session cursor cache count') AND
S.STATISTIC# = N.STATISTIC# GROUP BY S.SID),(SELECT VALUE FROM V$PARAMETER
WHERE NAME = 'open_cursors');                                       [000315]
```

结果如图 7-21 所示。

```
SQL>ALTER    SYSTEM    SET    session_cached_
cursors =2000;                              [000316]
```

PARAMETER	VALUE	USAGE
session_cached_cursors	2000	100%
open_cursors	300	668%

图 7-21 侦测游标使用率（USAGE）

② 在应用程序预编译器中设置 HOLD_CURSOR。

HOLD_CURSOR=YES|NO；默认值为 NO。

当执行 SQL 语句时，其相关的游标被连到游标高速缓冲存储器中的一项上，该项又被依次连接到 Oracle 专用的 SQL 区域上，该区域存储处理该语句所需的信息。

当 HOLD_CURSOR=NO 时，在 Oracle 执行完 SQL 语句或关闭游标后，预编译程序直接撤去该链，释放分析块和分配给专用 SQL 区域的内存，并把该链标为可再使用。这时另一个 SQL 语句就又可使用该链来指向光标高速缓冲存储器的项了。

当 HOLD_CURSOR=YES 时，该链被保留，预编译程序不再使用它。这对经常使用的 SQL 语句是有用的。

如果 RELEASE_CURSOR=NO（默认 NO），HOLD_CURSOR=YES（默认为 NO），当 Oracle 执行完 SQL 语句，为 PRIVATE SQL AREA 分配的内存空间被保留，CURSOR 和 PRIVATE SQL AREA 之间的 link 也被保留，预编译程序不再使用它，同样可以通过这个指针直接在 PRIVATE SQL AREA 获得语句。

注意：RELEASE_CURSOR=YES 优先于 HOLD_CURSOR=YES；HOLD_CURSOR=NO 优先于 RELEASE_CURSOR=NO。

5. 增加共享池（Shared Pool）大小的条件

查看库缓存命中率大小，若太小，可试着加大 share_pool_size。

库缓存命中率的查看及共享池（Shared Pool）的修改请参阅本章前面的内容。

查看数据字典缓冲区的使用率（应在 90% 以上，否则需要增加共享池的大小）。

查看数据字典缓冲区使用率 SQL 语句如下：

```
SQL>SELECT (sum(gets-getmisses-usage-fixed))/sum(gets) "Data dictionary
cache" from V$rowcache;                                        [000317]
```

7.5.4 数据缓冲区（Buffer Cache）

在前面讲述了共享池（Shared Pool）中的库高速缓存（Library Cache）的侦测与处理，在 Oracle 数据库内存中，除共享池（Shared Pool）外，还有一个事关数据库性能的一片区域，那就是数据高速缓存，即 DB Cache，它就是被人们称作的数据库字典高速缓存或数据库高速缓存，或数据缓冲区，称谓不同但指的都是同一个地方。

众所周知，读取磁盘的速度相对来说非常慢，而内存相对速度则要快得多。因此，为了能够加快处理数据的速度，Oracle 必须将读取过的数据缓存在内存中。而这些缓存在内存中的数据就是数据库缓冲高速缓存区，通常称为 Buffer Cache。按照 Oracle 官方的说法，Buffer Cache 就是 SGA 中一块含有许多数据块的内存结构，而这些数据块主要都是数据文件中的数据块内容的复制。如果能更好地掌握该区域的所有特性，对于数据库的优化能力会有显著提升。

关于数据缓冲区（Buffer Cache）的原理及特性在前面的章节已讲述，在此不再重复，下面重点介绍侦测及操作层面的有关内容。

1. 修改命令

先来查看一下 db_cache_size 数据库高速缓冲区的大小。

注意：如果当前数据库处在 ASSM 自动共享内存管理下，通过 show parameter 命令或视图查看，查出来的都是 0。

在 ASSM 自动共享内存管理下，必须通过下面的 SQL 语句查看 db_cache_size 值，该 SQL 语句必须以 "SYS" 账户的 "SYSDBA" 身份登录后方可执行。

SELECT x.ksppinm name,y.ksppstvl value,x.ksppdesc describ from sys.x$ksppi x,sys.x$ksppcv y where x.inst_id=userenv('Instance') and y.inst_id=userenv('Instance') and x.indx=y.indx and x.ksppinm like '%db_cache_size%';

```
SQL>show parameter DB_CACHE_SIZE                               [000318]
```

修改一些 db_cache 相关参数，SQL 语句如下：

```
SQL>ALTER SYSTEM set db_cache_size=100m; --默认池（所有段块一般都在这个池）
SQL>ALTER SYSTEM set db_keep_cache_size=12m;--保持池（访问非常频繁的段可放置
该池，防止在默认池老化）
SQL>ALTER SYSTEM set db_recycle_cace_size=16m;--回收池（访问很随机的大段一
般可放于该池）                                                  [000319]
```

2. 查看 db_cache 命中率及调优

（1）查看命中率

```
SQL>SELECT name, value from V$sysstat where name in ('db block gets from
```

```
cache', 'consistent gets from cache','physical reads cache');
   SQL>select 1-(sum(decode(name,'physical reads',value,0))/ (sum(decode
(name,'db block gets',value,0))+(sum(decode(name,'consistent gets',value,
0))))) from v$sysstat;                                              [000320]
```

db_cache 命中率=1-(Physical Reads cache/(Db Block Gets from cache+Consistent Gets from cache))，命中率应在 90%以上，否则需要增加数据缓冲区的大小。

下面我们来看一下，在多 Buffer Pool 的情况下，分别统计不同 Buffer Pool 的命中率：

```
   SQL>select name,1-(physical_reads/(db_block_gets+consistent_gets)) from
v$buffer_pool_statistics where db_block_gets+consistent_gets>0;    [000321]
```

结果如图 7-22 所示。

NAME	1-(PHYSICAL_READS/(DB_BLOCK_GETS+CONSISTENT_GETS))
KEEP	0.992529767186478
DEFAULT	0.994741335888061
DEFAULT	0.904761904761905

图 7-22　侦测统计不同 Buffer Pool 的命中率

查看当前操作对象（段）在 Buffer Cache 中的占用情况，利用 V$BH 视图。

查看每个当前操作对象（段）有多少个块在 Buffer Cache 中：

```
   SQL>SELECT o.OBJECT_NAME, COUNT(*) NUMBER_OF_BLOCKS FROM DBA_OBJECTS o,
V$BH bh WHERE o.DATA_OBJECT_ID = bh.OBJD AND o.OWNER != 'SYS' GROUP BY
o.OBJECT_NAME ORDER BY COUNT(*);                                   [000322]
```

结果如图 7-23 所示。

获取当前 Buffer Cache 中总计有多少个 Buffer。

```
   SQL>SELECT NAME, BLOCK_SIZE, SUM(BUFFERS) FROM V$BUFFER_POOL GROUP BY NAME,
BLOCK_SIZE  HAVING SUM(BUFFERS) > 0;                               [000323]
```

如图 7-24 所示。

OBJECT_NAME	NUMBER_OF_BLOCKS
MGMT_SYSTEM_PERFORMANCE_LOG	3
MEILTJKJB	6
MGMT_FAILOVER_TABLE	6
XITXXB	6
MK_FAHB	21
SY_FAHB_DIANCXXB_ID	124
SY_FAHB_MEIKXXB_ID	147
SY_FAHB_GONGYSB_ID	150
SY_FAHB_ZHILB_ID	155
SY_FAHB_DAOHRQ	156
SY_FAHB_FAHRQ	156
CP_JIEKRWB	182
JIEKRWB	705
FAHB	1462
CHEPB	103002

图 7-23　侦测查看当前操作对象（段）
在 Buffer Cache 中的占用情况

NAME	BLOCK_...	SUM(BUFFERS)
DEFAULT	8192	1990
KEEP	8192	127360
DEFAULT	16384	16096

图 7-24　侦测获取当前 Buffer Cache 中
总计有多少个 buffer

(2）调优

① 对 Buffer Cache 调优的目标。

- Server Process 能够在 Buffer Cache 中找到需要的数据。
- 发生相应的等待事件的次数减少。

② 调优的手段。

- 降低 SQL 语句对数据块的请求。
- 增加 Buffer Cache 的容量。
- 把不同访问模式的对方放到不同的 Pool 中。
- 将小表钉在内存中。
- 直接读。

③ 主要事件。

- Free Buffer Inspected：Server Process 为了在 LRU 链表上找到可用的内存数据块所跳过的数据块的个数。
- Free Buffer Waits：Server Process 通知 DBWn 写脏块的次数。
- Buffer Busy Waits：找到 Buffer，但 Buffer 被另一个进程占用，开始等待的次数。

查看事件 Free Buffer Inspected 跳过的数据块的个数，SQL 语句如下：

```
SQL>select name,value from v$sysstat where name = 'free buffer inspected';
                                                                    [000324]
```

查看事件 Free Buffer Waits 和 Buffer busy Waits 发生的次数及耗用时间，SQL 语句如下：

```
SQL>select EVENT,TOTAL_WAITS,TIME_WAITED from v$system_event where EVENT
in('buffer busy waits','free buffer waits');                        [000325]
```

④ 多个 Buffer Pool。

当对大表进行全表扫描时，可能会使其他 Buffer（温块）移除 Buffer Pool，将这些大表设置使用 Recycle Pool。

RECYCLE POOL 的容量应小于 DEFAULT POOL，RECYCLE POOL 中的 Buffer 应尽快移出。

将温块设置为使用 Keep Pool。Keep Pool 的容量应大于 Default Pool。

```
SQL>ALTER table GCC.FAHB storage(buffer_pool keep);                 [000326]
```

v$cache 视图信息需要执行?/rdbms/admin/catclust.sql 脚本获得。

该脚本执行一次即可，不需要重复执行。

执行此 SQL 脚本语句如下：

```
SQL>@D:\app\Administrator\product\11.2.0\dbhome_1\RDBMS\ADMIN\catclust
.sql;                                                               [000327]
```

查看一下 v$cache 视图中的数据库对象（表、索引、序列等）在 Buffer Pool 中的分布情况，SQL 语句如下：

```
SQL>select a.username,NAME,count(BLOCK#) from dba_users a join v$cache b
on a.USER_ID = b.owner# where a.username != 'SYS' group by OWNER#,a.username,
NAME order by a.username;                                          [000328]
```

运行结果如图 7-25 所示。

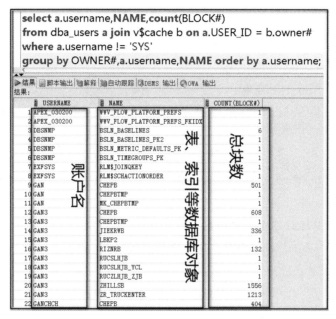

图 7-25　数据库对象（表、索引、序列等）在 Buffer Pool 中的分布情况

v$sess_io 视图统计了每个会话（session）的 I/O 情况，记录了每个已连接会话（session）读取情况的累计值。下面的两个例子用到 v$sess_io 视图。

例如，查看登录账户当前数据块读取情况，SQL 语句如下：

```
SQL>select  b.USERNAME  " 账 户 名 ",a.BLOCK_GETS  "DML 内 存 读 取 块 数
",a.CONSISTENT_GETS "SELECT 内存读取块数",a.PHYSICAL_READS  "物理读块数" from
v$sess_io a full join v$session b on a.SID=b.SID where b.USERNAME is not null;
                                                                   [000329]
```

运行结果如图 7-26 所示。

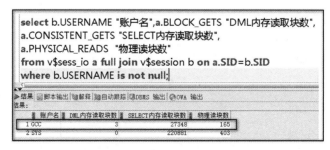

图 7-26　查看登录账户当前数据块读取情况

再如，查看 I/O 较大正在运行的会话（session），SQL 语句如下：

```
SELECT se.sid "会话ID",
       se.serial# "会话ID序列号", --如果某个SID又被其他的session使用的话则此数值自增加(当一个SESSION结束,另一个SESSION开始并使用了同一个SID)
       pr.SPID "主机进程ID",
       se.username "账户", --当前session在oracle中的用户名
       se.status "会话状态", -- Achtive: 正执行SQL语句(waiting for/using a resource)  Inactive: 等待操作(即等待需要执行的SQL语句)  Killed: 被标注为删除
       se.terminal "客户端运行的终端",-- 客户端运行的终端
       se.program "客户端程序",-- 客户端执行的客户端程序
       se.MODULE "DBMS_APPLICATION_INFO 设置信息", --MODULE,MODULE_HASH,ACTION,ACTION_HASH,CLIENT_INFO - 应用通过DBMS_APPLICATION_INFO设置的信息
       se.sql_address "会话SQL状态",-- SQL_ADDRESS,SQL_HASH_VALUE,SQL_ID,SQL_CHILD_NUMBER - session正在执行的sql状态,和v$sql中的address,hash_value,sql_id,child_number对应
       st.event "最后一次等待事件", --session当前等待的事件,或者最后一次等待事件
       st.p1text "P1事件解释说明", --P1TEXT, P2TEXT, P3TEXT: 解释说明p1,p2,p3事件
       st.p1 "P1详细资料",-- P1等待事件中等待的详细资料
       st.p2 "P2详细资料", -- P2等待事件中等待的详细资料
       st.p3 "P3详细资料",  -- P3等待事件中等待的详细资料
       st.STATE "等待状态", --(1)Waiting: SESSION 正等待这个事件(2)Waited unknown time: 由于设置了 timed_statistics 值为 false, 导致不能得到时间信息。表示发生了等待, 但时间很短(3) Wait short time: 表示发生了等待, 但由于时间非常短不超过一个时间单位, 所以没有记录 (4) Waited knnow time: 如果session等待然后得到了所需资源,那么将从waiting进入本状态。
       st.wait_time "实际等待时间1(单位: 秒)",
       st.SECONDS_IN_WAIT "实际等待时间 2(单位: 秒)", --(1)如果state值为Waiting,那么wait_time值无用。Second_in_wait值是实际的等待时间(单位:秒)。(2)如果state值为Wait unknow time,那么wait_time值和Second_in_wait值都无用。(3)如果state值为Wait short time,那么wait_time值和Second_in_wait值都无用。(4)如果state值为Waiting known time,那么wait_time值就是实际等待时间(单位: 秒),Second_in_wait值无用。
       si.physical_reads  "物理读块数",
       si.block_changes   "块变化数量"
   FROM v$session se,
        v$session_wait st,
        v$sess_io si,
        v$process pr
  WHERE st.sid=se.sid
    AND st.sid=si.sid
    AND se.PADDR=pr.ADDR
    AND se.sid>6
    AND st.wait_time=0
    AND st.event NOT LIKE '%SQL%'
ORDER BY physical_reads DESC ;                                    [000330]
```

⑤ 缓存表（Cache Table）。

当使用全表扫描的方式查询一张表时,会将该表相应的 Buffer 放在 LRU List 的末尾,

以便尽快淘汰，但有些小表需要全表扫描而不希望被淘汰，这时就需要使用 Cache Table 将表对应的 Buffer 放在 LRU List 的开头。

可以通过创建表、修改表和 SQL 提示实现 Cache Table。建议被 Cache Table 的表不要太多，并放到 Keep Pool 中。Cache Table 只能延长 buffer 在 Buffer Pool 中的存活时间，而不能将 Buffer Pin（固定）在 Buffer Pool 中。

可以在 User_Tables 或 All_Tables 或 DBA_Tables 中查询 Cache 字段，看表是否被 Cache Table。

Y：CACHE TABLE

N：没有被 CACHE TABLE

示例：

```
CREATE TABLE T_cache(id int) cache;
ALTER table T_cache cache;                              [000331]
```

⑥ 配置多个 DBWn 进程。

配置参数 DB_WRITER_PROCESSES，在多 CPU，异步 IO 的 OS 上能显著提高性能。

参数 DISK_ASYNCH_IO：是否启用异步 IO 的开关，true：打开。

如果等待事件 Free Buffer Waits 占有比较高比例时，需要增加 DBWn 进程。

3. 采用 V$buffer_pool_statistics 视图推导缓冲区高速缓存的命中率

```
SQL>SELECT name,
       physical_reads,
       db_block_gets,
       consistent_gets,
       1 - (physical_reads / (db_block_gets + consistent_gets)) Hitratio
   FROM V$buffer_pool_statistics;                       [000332]
```

4. V$db_cache_advice 视图用于建议缓冲区高速缓存设置

```
SQL>SELECT NAME "DB 缓存名",size_for_estimate "评估的 CACHE 大小(M)",
       buffers_for_estimate   "评估的 CACHE 大小（BUFFERS）",
       estd_physical_read_factor "物理读当前占实际%",
       estd_physical_reads   "当前 CACHE 下预测的物理读"
   FROM V$db_cache_advice
  WHERE NAME = 'DEFAULT'
    AND block_size =
       (SELECT VALUE FROM V$parameter WHERE NAME = 'db_block_size');
select  a.name  "DB 缓存名",a.SIZE_FOR_ESTIMATE  "评估的 CACHE 大小
",a.ESTD_PHYSICAL_READ_FACTOR "物理读当前占实际%",a.ESTD_PHYSICAL_READS "当前
CACHE 下预测的物理读" from
   v$db_cache_advice a order by a.name,a.SIZE_FOR_ESTIMATE;   [000333]
```

--V$db_cache_advice 视图字段含义如下。

- ID：缓存池的 ID（从 1 到 8）。

- NAME：缓冲池的名字。
- BLOCK_SIZE：缓存池的块大小。
- ADVICE_STATUS：资讯状态。
- SIZE_FOR_ESTIMATE：评估的 CACHE 大小（MB）。
- SIZE_FACTOR：和当前大小的比例。
- BUFFERS_FOR_ESTIMATE：评估的 CACHE 大小（BUFFERS）。
- ESTD_PHYSICAL_READ_FACTOR：当前 CACHE 下预测的物理读和实际 CACHE 大小的物理读。
- ESTD_PHYSICAL_READS：当前 CACHE 下预测的物理读。
- ESTD_PHYSICAL_READ_TIME：读磁盘的估计时间。
- ESTD_PCT_OF_DB_TIME_FOR_READS：花费在磁盘的时间百分比。
- ESTD_CLUSTER_READS：前台进程从 GC 上读的次数。
- ESTD_CLUSTER_READ_TIME：前台进程从 GC 上读的时间。
- CON_ID ：容器 ID。

注：对于常用的小表可以将其保存在 keep 池，这样就不会因为缓冲区满而被清出。

```
SQL>ALTER table table_name storage(buffer_pool keep);         [000334]
```

7.5.5 重做日志缓冲区（Redo Log Buffer）

重做日志缓冲区（Redo Log Buffer）是 SGA 中一段保存数据库修改信息的缓存。这些信息被存储在重做条目（Redo Entry）中。重做条目中包含了由于 INSERT、UPDATE、DELETE、CREATE、ALTER 或 DROP 所做的修改操作而需要对数据库重新组织或重做的必需信息。在必要时，重做条目还可以用于数据库恢复。

重做条目是 Oracle 数据库进程从用户内存中复制到 Redo Log Buffer 中，重做条目在内存中是连续相连的。后台进程 LGWR 负责将 Redo Log Buffer 中的信息写入到磁盘上活动的重做日志文件（Redo Log File）或文件组中。

参数 LOG_BUFFER 决定了 Redo Log Buffer 的大小。它的默认值是 512K（一般这个大小都是足够的），最大可以到 4G。当系统中存在很多的大事务或者事务数量非常多时，可能会导致日志文件 I/O 增加，降低性能。这时就可以考虑增加 LOG_BUFFER。

但是，Redo Log Buffer 的实际大小并不是 LOB_BUFFER 的设定大小。为了保护 Redo Log Buffer，Oracle 为它增加了保护页（一般为 11K）：

```
SQL> show parameter LOG_BUFFER
SQL> SELECT * from V$SGASTAT where name = 'LOG_BUFFER';        [000335]
```

调整操作：

```
SQL>ALTER SYSTEM set LOG_BUFFER=3500000 scope=spfile;          [000336]
```

7.5.6 大池

大池用于减轻共享池的负担,当有大规模的 I/O 操作或者备份恢复操作,或者是共享服务器进程,其主要大小由参数 LARGE_POOL_SIZE 决定。

```
show parameter LARGE_POOL_SIZE;                              [000337]
```

大池是 SGA 中的一块可选内存池,根据需要时配置。在以下情况下需要配置大池。

- 用于共享服务(Shared Server MTS 方式中)的会话内存和 Oracle 分布式事务处理的 Oracle XA 接口使用并行查询(Parallel Query Option PQO)时。
- I/O 服务进程。
- Oracle 备份和恢复操作(启用了 RMAN 时)。

通过从大池中分配会话内存给共享服务、Oracle XA 或并行查询,Oracle 可以使用共享池主要来缓存共享 SQL,以防止由于共享 SQL 缓存收缩导致的性能消耗。

此外,为 Oracle 备份和恢复操作、I/O 服务进程和并行查询分配的内存一般都是几百K,这么大的内存段从大池比从共享池更容易分配得到。

参数 LARGE_POOL_SIZE 设置大池的大小(ALTER SYSTEM set LARGE_POOL_SIZE=10M)。大池是属于 SGA 的可变区(Variable Area)的,它不属于共享池。

对于大池的访问,是受到 Large Memory Latch 保护的。大池中只有两种内存段:空闲(Free)和可空闲(Freeable)内存段。它没有可重建(Recreatable)内存段,因此也不用 LRU 链表来管理(这和其他内存区的管理不同)。大池最大大小为 4G。

为了防止大池中产生碎片,隐含参数 _LARGE_POOL_MIN_ALLOC 设置了大池中内存段的最小大小,默认值是 16K(同样,不建议修改隐含参数)。

此外,LARGE POOL 没有 LRU 链表。

7.5.7 Java 池

使用 Java 语言,Java 命令分析时需要使用。

其主要大小由参数 JAVA_POOL_SIZE 决定。

```
show parameter JAVA_POOL_SIZE;                               [000338]
```

Java 池也是 SGA 中的一块可选内存区,它也属于 SGA 中的可变区。

Java 池的内存是用于存储所有会话中特定 Java 代码和 JVM 中数据。Java 池的使用方式依赖于 Oracle 服务的运行模式。

Java 池的大小由参数 JAVA_POOL_SIZE 设置(ALTER SYSTEM set JAVA_POOL_SIZE=10M;)。Java Pool 最大可到 1G。

在 Oracle 10g 以后,提供了一个新的建议器:Java 池建议器,来辅助 DBA 调整 Java

池大小。建议器的统计数据可以通过视图 V$JAVA_POOL_ADVICE 来查询。

7.5.8 流池

流池是 Oracle 10g 中新增加的。是为了增加对流（流复制是 Oracle 9i 中引入的一个非常吸引人的特性，支持异构数据库之间的复制，10g 中得到完善。）的支持。

流池也是可选内存区，属于 SGA 中的可变区，它的大小可以通过参数 STREAMS_POOL_SIZE 来指定。如果没有被指定，Oracle 会在第一次使用流时自动创建。如果设置了 SGA_TARGET 参数，Oracle 会从 SGA 中分配内存给流池；如果没有指定 SGA_TARGET，则从 BUFFER CACHE 中转换一部分内存过来给流池。转换的大小是共享池大小的 10%。

Oracle 同样为流池提供了一个建议器：流池建议器。建议器的统计数据可以通过视图 V$STREAMS_POOL_ADVICE 查询。

7.6 本章小结

本章讲解了 Oracle 内存分析与调整方面的内容，重点对影响数据库性能的两大内存区域进行了介绍，一个是库高速缓存（Library Cache），另一个是数据字典高速缓存（DB Cache），尤其是与之相关的几个效率指标的侦测、分析与调整。本章只是告诉读者面对问题如何做，但还没有让读者身临其境地发现问题、解决问题。接下来的第 8 章 Oracle 动态性能指标会让读者有一个"身临其境"的感觉，真实地感受问题的发现与处理解决过程。

第 8 章　Oracle 动态性能指标

在评估 Oracle 数据库的 KPI（Key Performance Indicator，关键绩效指标）之前，需要验证改善或提升数据库性能的设想是否正确。如果是基于不正确的设想去实施改善或提升数据库性能的工作，那所做的一切都将是徒劳的，甚至越做越糟。

随着 Oracle 数据库被大规模使用，需要仔细监控性能水平，看是否还需要资源来支持部署、调整。大家都不希望为了提升数据库性能以及防止数据库的崩溃，而大量更改数据库配置或增加大量的服务器。那么，就需要经常留意整个数据库的 KPI，找到它潜在的瓶颈和一些崩溃的迹象。

本章将重点介绍影响数据库性能的几个指标：
- DB 缓存命中率
- 软解析比率
- 内存排序率
- SQL 解析执行比率
- CPU 花费比率
- 锁竞争比率
- 每次读引起的块改变量
- 每个排序引发的排序行量

希望读者能深刻理解这些指标的含义，为评估、改善以及提升数据库性能提供依据。

8.1　主要与 Oracle 动态性能指标相关的基础概念

下面的这些基础概念在前面的章节已经涉及并进行了必要的解释说明。为了更好地理解 Oracle 动态性能指标，在此有必要对这些概念做一个简要总结。

1. v$sysstat 视图中主要统计项

先来看看 v$sysstat 视图都有哪些信息，查询 SQL 语句如下：

```
SQL>select * from v$sysstat -- where name like '%CPU%';          [000339]
```

运行结果如图 8-1 所示。

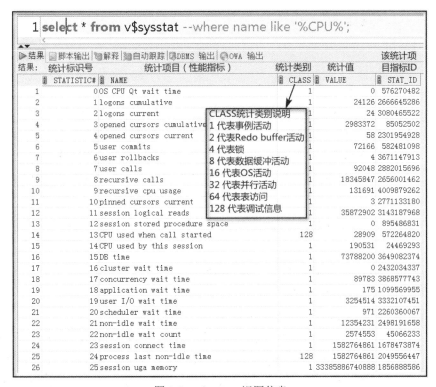

图 8-1 v$sysstat 视图信息

图 8-1 "NAME（统计项目-性能指标）" 中主要的统计指标项目，介绍如下。

（1）CPU used by this session：所有会话的 CPU 占用时间

所有 session 的 CPU 占用量，不包括后台进程。这项统计的单位是百分之 X 秒，完全调用一次不超过 10ms（1 ms =1/1000 s）。

（2）Db Block Gets：当前请求的块数目，当前读

当前模式块就是在操作中正好提取的块数目，而不是在一致性读的情况下而产生的块数。正常情况下，一个查询提取的块是在查询开始那个时间点上存在的数据块，当前块是在这个时刻存在的数据块，而不是在这个时间点之前或者之后的数据块数目。

（3）Consistent Gets：数据请求总数在回滚段（UNDO）Buffer 中的数据一致性读所需的数据块

在处理操作时需要在一致性读状态上处理多少个块，这些块产生的主要原因是在查询的过程中，其他会话对数据块进行 DML 等操作，而对所要查询的块有了修改，但是由于查询是在这些修改之前调用的，所以需要对回滚段中这些数据块的前映像进行查询，以保证数据的一致性，这样就产生了一致性读。

（4）Physical Reads：物理读

就是从磁盘上读取数据块的数量，其产生的主要原因是：

- 在数据库高速缓存中不存在这些块；
- 全表扫描；
- 磁盘排序。

它们三者之间的关系大致可概括为：

逻辑读是指 Oracle 从内存读到的数据块数量。一般来说是 consistent Gets + Db Block Gets。当在内存中找不到所需的数据块就需要从磁盘中获取，于是就产生了 phsical reads。

（5）Db Block Changes：导致 SGA 中数据块变化的 DML（INSERT，UPDATE 或 DELETE）操作数。这项统计可以大概看出整体数据库状态。在各项事务级别，这项统计反应脏缓存比率。

（6）Execute Count：被执行的 SQL 语句数量，执行的 SQL 语句数量（包括递归 SQL）。

（7）logons current：当前连接到实例的 Sessions。

（8）logons cumulative：自实例启动后的总登录次数。

（9）Parse Count（Hard）：硬解析次数。

在 SHARED POOL 中解析调用的未命中次数。当 SQL 语句执行并且该语句不在 SHARED POOL，或虽然在 SHARED POOL 但因为两者存在部分差异而不能被使用时产生硬解析。如果一条 SQL 语句原版本与当前版本相同，但查询表不同则认为它们是两个不同版本的语句，则硬解析即会发生。硬解析会带来 CPU 和资源使用的高昂开销，因为它需要 Oracle 在 SHARED POOL 中重新分配内存，然后确定执行计划，最终语句才会被执行。

（10）Parse Count（Total）：解析调用总次数

解析调用总次数，包括软解析和硬解析。当 SESSION 执行了一条 SQL 语句，该语句已经存在于 SHARED POOL 并且可以被使用则产生软解析。

（11）Parse Time CPU：总 CPU 解析时间

总 CPU 解析时间（单位：10ms，10ms=1/100 s），包括硬解析和软解析。

（12）Parse Time Elapsed：完成解析的总时间花费

完成解析调用的总时间花费=（解析实际运行时间+解析中等待资源时间），计量单位同上。

（13）Physical Writes：物理写块数

从 SGA 缓存区被 DBWR 写到磁盘的数据块以及 PGA 进程直写的数据块数量。

（14）Redo Log Space Requests：重做日志服务进程等待空间

在 Redo Logs 中服务进程的等待空间，表示需要更长时间的 Log Switch（转换）。

（15）Redo Size：重做日志发生的总字节数

REDO 发生的总字节数，以 Byte 为单位。这项统计显示出 UPDATE 活跃性。

（16）session logical reads：会话的逻辑读请求数

（17）Sorts (Memory) and Sorts (Disk)

Sorts(Memory)适用于在 SORT_AREA_SIZE（因此不需要在磁盘进行排序）的排序操作次数。Sorts(Disk)则是由于排序所需空间太大，SORT_AREA_SIZE 不能满足而不得不在磁盘（临时表空间）进行排序操作的次数。这两项统计通常用于计算内存排序比率"Sorts in Memory (%)"，即 Sort(disk)/ Sort(memory)<5%，如果超过 5%，增加 SORT_AREA_SIZE 的值。

Sorts In Memory 排序率计算：

```
SQL>SELECT  disk.Value  disk,mem.Value  mem,(disk.Value/mem.Value)*100
ratio FROM v$sysstat disk,v$sysstat mem WHERE mem.NAME='sorts (memory)' AND
disk.NAME='sorts (disk)';                                        [000340]
```

（18）Sorts (Rows)：被排序的行数合计。

（19）Table Scans（Rows Gotten）：全表扫描中读取的总列数。

（20）Table Scans (Blocks Gotten)：全表扫描中读取的总块数，不包括那些 Split（离开）的列。

（21）user commits + user rollbacks

系统事务启用次数。当需要计算其他统计中每项事务比率时该项可以被作为除数。例如，计算事务中逻辑读，可以使用下列公式：Session Logical Reads / (User Commits + User Rollbacks)。

2．关于"SQL 的解析及物理 I/O"基础概念

（1）SQL 语句的软解析 Soft Parse 与硬解析 Hard Parse

SQL 语句的解析有软解析 Soft Parse 与硬解析 Hard Parse 之说，以下是 Parse 的 5 个步骤。

第 1 步：语法是否合法（SQL 写法）。

第 2 步：语义是否合法（权限，对象是否存在）。

第 3 步：检查该 SQL 是否在共享池中存在，如果存在，直接跳过第 4、5 步，运行 SQL，此时算 Soft Parse（软解析）。

第 4 步：选择执行计划。

第 5 步：产生执行计划。

如果 5 个步骤全做，这就称为 Hard Parse（硬解析）。

（2）SQL 的物理 I/O

Oracle 报告（AWR 等）物理读也许并未导致实际物理磁盘 I/O 操作。这完全有可能因为多数操作系统都有缓存文件，可能是那些块在被读取。块也可能存于磁盘或控制级缓存以再次避免实际 I/O。Oracle 报告中的"物理读"也仅仅表示被请求的块并不在

缓存中。

8.2 从 v$sysstat 视图获取负载间档

关于 v$sysstat 视图，按照 Oracle 文档中的描述，v$sysstat 存储自数据库实例运行那刻起就开始累计全实例（instance-wide）的资源使用情况。

该视图中数据常被用于监控系统性能，如 buffer cache 命中率、软解析率等都可以从该视图数据计算得出。

该视图中的数据也被用于监控系统资源使用情况，以及系统资源利用率的变化。正因如此多的性能数据，若检查某区间内系统资源使用情况可以这样做：在一个时间段开始时创建一个视图数据快照，结束时再创建一个，二者之间各统计项值的不同（end value - begin value）即是这一时间段内的资源消耗情况（相当于 AWR 报告，AWR 报告将在后续章节讲述）。

为了对比某个区间段的数据，源数据可以被格式化（每次事务，每次执行，每秒或每次登录），格式化后数据更容易从两者中鉴别出差异。这类对比在升级前、升级后或仅仅想看看一段时间内用户数量增长或数据增加如何影响资源使用方面更加实用。

也可以使用 v$sysstat 数据通过查询 V$SYSTEM_EVENT 视图来检查资源消耗和资源回收。

总之，通过 v$sysstat 视图，可以获取上面所说的负载间档信息。负载间档是监控系统吞吐量和负载变化的重要部分，该部分提供如下每秒和每个事务的统计信息。

- Logons Cumulative（累计登录次数）
- Parse Count (Total)（总解析次数）
- Parse Count (Hard)（硬解析次数）
- Executes（SQL 执行次数）
- Physical Reads（物理读次数）
- Physical Writes（物理写次数）
- Block Changes（DML 操作导致的块变数数量）
- Redo Size（重做字节）

负载间档可用于检查 rates（比率）是否过高，或用于对比其他基线设置并判断 SYSTEM Profile（系统配置）在此期间如何变化。

例如，计算每个事务中 Block Changes（造成 SGA 中数据块变化的 INSERT，UPDATE 或 DELETE 操作数）可用如下公式：

Db Block Changes / (User Commits + User Rollbacks)。

```
SQL>SELECT a.value/(b.value+c.value)from V$sysstat a,V$sysstat b,V$sysstat
c where a.name='db block changes' and b.name='user commits' and c.name='user
```

```
rollbacks';                                                              [000341]
```
如图 8-2 所示。

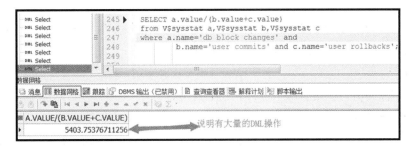

图 8-2 侦测每个事务中 Block Changes

下列是些典型的实例效率比指标（Instance Efficiency Ratios），也是 Oracle 动态性能指标的一部分，由 v$sysstat 数据计算得来，下面每项比率值应尽可能接近"1"是最好的。

8.2.1 Buffer Cache Hit Ratio（DB 缓存命中率）

Buffer Cache Hit Ratio 显示 Buffer Cache 大小是否合适，越大越好。

公式如下：

1-((Physical Reads - Physical Reads direct - Physical Reads direct (lob)) / session Logical Reads)。

执行语句如下：

```
SQL>SELECT 1-((a.value-b.value-c.value)/d.value)
 from V$sysstat a,V$sysstat b,V$sysstat c,V$sysstat d
 where a.name='physical reads' and
       b.name='physical reads direct' and
       c.name='physical reads direct (lob)' and
       d.name='session logical reads';                                   [000342]
```

8.2.2 Soft Parse Ratio（软解析比率）

Soft Parse Ratio 显示系统是否有太多硬解析。该值将会与原始统计数据对比以确保精确。例如，软解析率仅为 0.2，则表示硬解析率太高。不过，如果总解析量（Parse Count Total）偏低，该值可以被忽略。

公式如下：

1 - (Parse Count (Hard) / Parse Count (Total))。

执行语句如下：

```
SQL>SELECT 1-(a.value/b.value) from V$sysstat a,V$sysstat b Where a.name=
```

```
'parse count (hard)' and b.name='parse count (total)';                [000343]
```

8.2.3　In-Memory Sort Ratio（内存排序率）

In-Memory Sort Ratio 显示内存中完成的排序所占比例。最理想状态下，在 OLTP 系统中，大部分排序不仅小并且能够完全在内存里完成排序。

公式如下：

Sorts (Memory) / (Sorts (Memory) + Sorts (Disk))。

执行语句如下：

```
SQL>SELECT    a.value/(b.value+c.value)    from    V$sysstat    a,V$sysstat
b,V$sysstat c where a.name='sorts (memory)' and b.name='sorts (memory)' and
c.name='sorts (disk)';                                                [000344]
```

8.2.4　Parse To Execute Ratio（SQL 解析执行比率）

在生产环境下，最理想状态是一条 SQL 语句一次解析多数运行，此值越大越好。

公式如下：

1 - (Parse Count/Execute Count)。

执行语句如下：

```
SQL>SELECT 1-(a.value/b.value) from V$sysstat a,V$sysstat b where a.name=
'parse count (total)' and b.name='execute count';                     [000345]
```

8.2.5　Parse CPU To Total CPU Ratio（CPU 花费比率）

Parse CPU To Total CPU Ratio 显示总的 CPU 花费在执行及解析上的比率。如果这项比率较低，说明系统执行了太多的解析。

公式如下：

1 - (Parse Time Cpu / CPU Used By This Session)，此值越大越好。

执行语句如下：

```
SQL>SELECT 1-(a.value/b.value) from V$sysstat a,V$sysstat b where a.name=
'parse time cpu' and b.name='CPU used by this session';               [000346]
```

8.2.6　Parse Time CPU To Parse Time Elapsed（锁竞争比率）

通常，Parse Time CPU To Parse Time Elapsed 显示锁竞争比率。这项比率计算：时间是否花费在解析分配给 CPU 进行周期运算（生产工作）。解析时间花费不在 CPU 周期运算通常表示由于锁竞争导致了时间花费。

公式如下：

Parse Time Cpu（解析 CPU 时间）/ Parse Time Elapsed（解析实际运行时间），此值

越大越好。

执行语句如下:

```
SQL>SELECT a.VALUE "1 解析 CPU 耗时",b.VALUE "2 解析实际耗时",round
(a.value/b.value*100,2) "1/2 CPU 耗时占比%",round((b.VALUE - a.VALUE)/b.
VALUE*100,2) "(2-1)/2 等待时间占比%" from V$sysstat a,V$sysstat b  where
a.name='parse time cpu' and b.name='parse time elapsed';         [000347]
```

如图 8-3 所示。

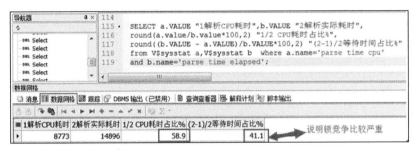

图 8-3 侦测锁竞争比率

8.3 其他计算统计以衡量负载方式

在 8.2 节介绍的指标都是比较常用的,都是从总体上衡量数据库负载情况。下列两个指标"每次读引起的块改变"和"每个排序引发的排序行量"也很重要,在此进行介绍。

8.3.1 Blocks Changed For Each Read(每次读引起的块改变)

该指标显示 Block Changes 在 Block Reads 中的比例。它将指出是否系统主要用于只读访问或是主要进行诸多数据操作(如 INSERT/UPDATE/DELETE)

公式如下:

Db Bclok Changes(造成 SGA 中数据块变化的 INSERT,UPDATE 或 DELETE 操作数) / Session Logical Reads(事务中的逻辑读请求数)。

执行语句如下:

```
SQL>SELECT a.value "块变化总量", b.value "逻辑读请求总量", a.value/b.value "
每逻辑读引起的块变化量" from V$sysstat a,V$sysstat b where a.name='db block
changes' and b.name='session logical reads';                     [000348]
```

如图 8-4 所示。

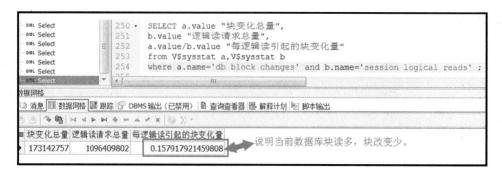

图 8-4 侦测 Blocks changed for each read（每次逻辑读引起的块改变）

8.3.2 Rows For Each Sort（每个排序引发的排序行量）

该指标说就是每次排序多少行，当然越大越好。

公式如下：

Sorts (Rows)（被排序的总行量）/ (Sorts (Memory)（在内存完成的排序次数）+ Sorts (Disk)（不得不在磁盘进行的排序次数））

执行语句如下：

SQL>SELECT a.value "排序总行量", b.value "内存中完成的排序量", c.value "磁盘中完成的排序量",a.value/(b.value+c.value) "每个排序引发的排序行量" from V$sysstat a,V$sysstat b,V$sysstat c where a.name='sorts (rows)' and b.name='sorts (memory)' and c.name='sorts (disk)';   [000349]

结果如图 8-5 所示。

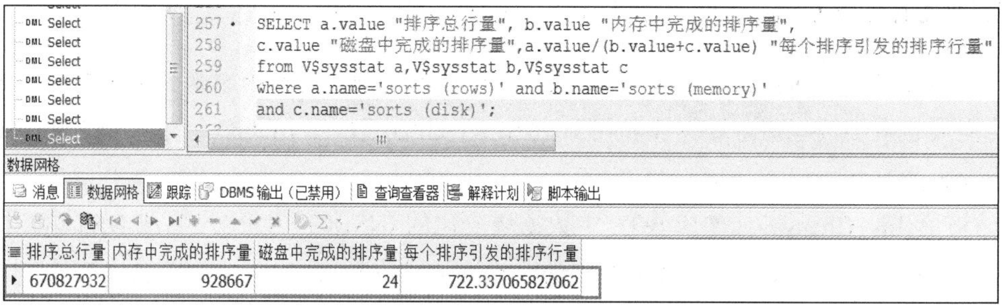

图 8-5 Rows For Each Sort（每个排序引发的排序行量）

8.3.3 Oracle 获取当前数据库负载情况信息

通过下面的 SQL 语句可以获取当前数据库的负载情况信息。

```
SQL>SELECT *
  FROM ( SELECT A.INSTANCE_NUMBER,
         A.SNAP_ID,
         B.BEGIN_INTERVAL_TIME +0 BEGIN_TIME,
```

```
            B.END_INTERVAL_TIME + 0 END_TIME,
            ROUND(VALUE - LAG( VALUE, 1 , '0')
                  OVER(ORDER BY A.INSTANCE_NUMBER, A.SNAP_ID)) "DB TIME"
       FROM (SELECT B.SNAP_ID,
                    INSTANCE_NUMBER,
                    SUM(VALUE ) / 100000 / 60 VALUE
               FROM DBA_HIST_SYS_TIME_MODEL B
              WHERE B.DBID = (SELECT DBID FROM V$DATABASE)
                AND UPPER (B.STAT_NAME) IN UPPER(('DB TIME' ))
              GROUP BY B.SNAP_ID, INSTANCE_NUMBER) A,
            DBA_HIST_SNAPSHOT B
      WHERE A.SNAP_ID = B.SNAP_ID
        AND B.DBID = (SELECT DBID FROM V$DATABASE)
        AND B.INSTANCE_NUMBER = A.INSTANCE_NUMBER)
 WHERE TO_CHAR(BEGIN_TIME, 'YYYY-MM-DD') = TO_CHAR(SYSDATE , 'YYYY-MM-DD')
 ORDER BY BEGIN_TIME;                                               [000350]
```

结果如图 8-6 所示。

数据库实例号　数据库快照ID　开始时间　结束时间　等待时间

	INSTANCE_NUMBER	SNAP_ID	BEGIN_TIME	END_TIME	DB TIME
1	1	1567	02-3月 -20	02-3月 -20	2
2	1	1568	02-3月 -20	02-3月 -20	3
3	1	1569	02-3月 -20	02-3月 -20	1
4	1	1570	02-3月 -20	02-3月 -20	1
5	1	1571	02-3月 -20	02-3月 -20	1
6	1	1572	02-3月 -20	02-3月 -20	1
7	1	1573	02-3月 -20	02-3月 -20	1
8	1	1574	02-3月 -20	02-3月 -20	1
9	1	1575	02-3月 -20	02-3月 -20	1
10	1	1576	02-3月 -20	02-3月 -20	2

重点关注等待时间大小

图 8-6　获取当前数据库的负载信息

在图 8-6 中“INSTANCE_NUMBER”为数据库实例号，即当前数据库的实例，如果是 RAC 环境，数据库实例号可能还有“2”或“3”等，即多个实例；“SNAP_ID”为数据库自动生成的性能快照 ID，关于这个 ID，数据库默认为每隔 1 小时生成一次，结果保留 7 天，也可手动生成；“BEGIN_TIME”为该快照 ID 的开始时间；“END_TIME”为该快照 ID 的结束时间；“DB TIME”为总的等待时间，即 cpu time + wait time（不包含空闲等待、非后台进程），DB TIME 就是记录的服务器花在数据库运算（非后台进程）和等待（非空闲等待）上的时间。需要重点关注，这个值越大，说明数据库负载越严重。计量单位为“分钟”。

8.4 本章小结

本章主要介绍了如何通过 v$sysstat 视图侦测 Oracle 动态性能指标的状态信息，尤其是负载信息。如果指标及负载状态正常则不需要对数据库做什么，否则就需要"做点儿什么了"。在做什么之前，要定位问题的根源。在众多的问题根源中（硬件不足除外），数据库索引的问题占较大的比重，因此，接下来重点讨论 Oracle 数据库的索引对性能的影响。

第 9 章 Oracle 的索引与性能

数据库表设计不恰当往往是数据库性能表现不好的原因之一，其中索引设计不恰当是常见的问题。在进行数据库性能问题诊断时，应重点关注索引的设计，以及 SQL 语句的写法对索引的利用是否恰当。例如，在 Where 关键字后使用了函数，这将抑制索引的使用等。

因此，索引对于数据库的性能而言是至关重要的，恰当的索引设计与维护是数据库开发与运行中的重要任务。

本章将介绍 Oracle 数据库各类索引的概念、适用场景及操作，最后给出索引的建议。

9.1 Oracle 数据库索引类型

索引是建立在表的一列或多个列上的辅助对象，目的是加快访问表中的数据，建议不要把索引数据和其基表数据混合在同一个表空间，各自存放在同一磁盘下不同的表空间中，或者有条件的话各自存放在不同的磁盘上。这样，前者有助于管理但对性能没有影响，后者既有助于管理也有助于性能。

Oracle 存储索引的数据结构是 B*tree，位图索引也是如此，只不过是叶子节点不同 B*树索引。

索引由根节点、分支节点和叶子节点组成，上级索引块包含下级索引块的索引数据，叶节点包含索引数据和确定行实际位置的 ROWID。

使用索引的目的是加快查询速度、减少 I/O 操作、消除磁盘排序等。

使用索引的时机是查询返回的记录数，排序表<40%；非排序表<7%；表的碎片较多（频繁的 DML 操作导致）。

下面具体介绍 Oracle 数据库索引的类型。

9.1.1 B*tree 索引

到目前为止，这是 Oracle 和大多数其他数据库中最常用的索引。B*tree 的构造类似于二叉树，能根据键提供一行或一个行集的快速访问，通常只需很少的读操作就能找到正确的行。不过，需要注意的是，"B*tree"中的"B"不代表二叉（binary），而代表平衡（b alanced）。B*tree 索引并不是一棵二叉树，这一点在介绍如何在磁盘上物理地存储 B*tree 时就会了解到。B*tree 索引有以下子类型：

1. 索引组织表（Index Organized Table）

索引组织表以 B*tree 结构存储。堆表的数据行以一种无组织的方式存储（只要有可用的空间，就可以放数据），而 IOT（索引组织表）与之不同，IOT 中的数据要按主键的顺序存储和排序。对应用来说，IOT 表现得与"常规"表并无二致；需要使用 SQL 来正确地访问 IOT。IOT 对信息获取、空间系统和 OLAP 应用最为有用。

2. B*tree 聚簇索引（B*tree Cluster Index）

这是传统 B*tree 索引的一个变体（只是稍有变化）。B*tree 聚簇索引用于对聚簇键建立索引。在传统 B*tree 中，键都指向一行；而 B*tree 聚簇不同，一个聚簇键会指向一个块，其中包含与这个聚簇键相关的多行。

3. 降序索引（Descending Index）

降序索引允许数据在索引结构中按"从大到小"的顺序（降序）排序，而不是按"从小到大"的顺序（升序）排序。

4. 反向键索引（Reverse Key Index）

这也是 B*tree 索引，只不过键中的字节会"反转"。利用反向键索引，如果索引中填充的是递增的值，索引条目在索引中可以得到更均匀的分布。例如，如果使用一个序列来生成主键，这个序列将生成诸如 987500、987501、987502 等值。这些值是顺序的，所以倘若使用一个传统的 B*tree 索引，这些值就可能放在同一个右侧块上，这就加剧了对这一块的竞争。利用反向键，Oracle 则会逻辑地对 205789、105789、005789 等建立索引。Oracle 将数据放在索引中之前，将先把所存储数据的字节反转，这样原来可能在索引中相邻放置的值在字节反转之后就会相距很远。通过反转字节，对索引的插入就会分布到多个块上。

9.1.2 位图索引（Bitmap Index）

在一棵 B*tree 中，通常索引条目和行之间存在一种一对一的关系：一个索引条目就指向一行。而对于位图索引，一个索引条目则使用一个位图同时指向多行。位图索引适用于高度重复而且通常只读的数据（高度重复是指相对于表中的总行数，数据只有很少的几个不同值）。考虑在一个有 100 万行的表中，每个列只有 3 个可取值：Y、N 和 NULL。举例来说，如果需要频繁地统计多少行有值 Y，这就很适合建立位图索引。不过，并不是说如果这个表中某一列有很多个不同的值就不能建立位图索引，这一列当然也可以建立位图索引。

在一个 OLTP 数据库中，由于存在并发性相关的问题，所以一般不考虑使用位图索引。一般而言，位图索引适合唯一值很少的列，也就是重复值很多的列。

注意：位图索引要求使用 Oracle 企业版。

9.1.3 位图连接索引（Bitmap Join Index）

位图连接索引为索引结构（而不是表）中的数据提供了一种逆规范化的方法。例如，请考虑简单的 EMP 和 DEPT 表。有人可能会问这样一个问题："多少人在位于北京的部门工作？"EMP 有一个指向 DEPT 的外键，要想统计 LOC 值为 Boston 的部门中的员工人数，通常必须完成表联结，将 LOC 列联结至 EMP 记录来回答这个问题。通过使用位图联结索引，则可以在 EMP 表上对 LOC 列建立位图连接索引。

位图连接索引是基于多表连接的，较普遍的用法是事实表的外键列和相关的维度表的主键列的连接操作，这里的事实表是指查询要反映出来的内容，维度表是指按什么条件来查。

1. 优点

- 能够消除查询中的连接操作、因为它实际上已经将连接的结果集保存在索引中了。
- 加速查询。
- 压缩了事实表的 ROWIDS，节省了空间。

2. 缺点

- 更多的索引数量开销。
- 更高的索引维护成本。

3. 限制

因为位图连接索引事前缓存了查询的结果集，所以造成如下几点限制：

- 只能在事实表上执行并行 DML，如果在维度表并行 DML，将导致索引状态成 unusable；
- 不同的事务中，只能并发更新一个表；
- 在 From 字句中，任何一个表都不能出现两次；
- 在索引组织表（IOT）和临时表上不能建立 bitmap join index；
- 索引只能基于维度表中的列；
- 维度表用于连接的列只能是主键列或者是有唯一约束的列，如果维度表的主键是组合主键、那么连接条件必须是全部主键列都参与；
- 位图连接索引不能在线重建或者建立；
- 只支持 CBO；
- 多个连接条件只能是 AND 关系。

9.1.4 基于函数的索引（Function-Based Index）

在 Oracle 中，有一类特殊的索引，称为函数索引，它基于对表中列进行计算后的结果创建索引。函数索引在不修改应用程序的逻辑基础上提高了查询性能。如果没有函数索引，那么任何在列上执行函数的查询都不能使用这个列的索引。当在查询中包含该函数时，数据库才会使用该函数索引。

基于函数的索引有可能是 B*树索引或位图索引，它将一个函数计算得到的结果存储在行的列中，而不是存储列数据本身。可以把基于函数的索引看作一个虚拟列（或派生列）上的索引，换句话说，这个列并不物理存储在表中。基于函数的索引可以用于加快形如 SELECT * FROM T WHERE FUNCTION(DATABASE_COLUMN) = SAME_VALUE 这样的查询，因为值 FUNCTION(DATABASE_COLUMN)已经提前计算并存储在索引中。

用于生成索引的函数可以是算术表达式，也可以是一个包含 SQL 函数、用户定义 PL/SQL 函数、包函数，或 C 调用的表达式。当数据库处理 INSERT、DELETE 和 UPDATE 语句时，随着语句的处理结束，这些索引数据依据其上的计算函数而发生改变。

对于函数索引的索引列都使用了哪些函数，可以通过视图 DBA_IND_EXPRESSIONS 来查看，通过如下的 SQL 语句可以查询所有的函数索引。

```
SQL>SELECT * FROM DBA_INDEXES D WHERE D.INDEX_TYPE LIKE 'FUNCTION-BASED%';
```
[000351]

创建函数索引必须遵守以下规则。

（1）必须使用基于成本的优化器，而且创建后必须对索引进行分析。

（2）如果被函数索引所引用的用户自定义 PL/SQL 函数失效了，或该函数索引的属主没有在函数索引中使用的函数的执行权限，那么对这张表上执行的所有的操作（如 SELECT 查询、DML 等）也将失败（会报错：ORA-06575: Package or function F_R1_LHR is in an invalid state 或 ORA-00904: : invalid identifier）。这时，可以重新修改自定义函数并在编译无报错通过后，该表上所有的 DML 和查询操作将恢复正常。

（3）创建函数索引的函数必须是确定性的，即对于指定的输入，总是会返回确定的结果。

（4）在创建索引的函数中不能使用 SUM、COUNT 等聚合函数。

（5）不能在 LOB 类型的列、NESTED TABLE 列上创建函数索引。

（6）不能使用 SYSDATE、USER 等非确定性函数。

（7）对于任何用户自定义函数必须显式地声明 DETERMINISTIC 关键字，否则会报错："ora-30553: the function is not deterministic"。

需要注意的是，使用函数索引有以下几个先决条件。

（1）必须拥有 CREATE INDEX 和 QUERY REWRITE（本模式下）或 CREATE ANY INDEX 和 GLOBAL QUERY REWRITE（其他模式下）权限。其赋权语句分别为"GRANT QUERY REWRITE TO LHR;"和"GRANT GLOBAL QUERY REWRITE TO LHR;"。

（2）必须使用基于成本的优化器，基于规则的优化器将被忽略。

（3）参数 QUERY_REWRITE_INTEGRITY 和 QUERY_REWRITE_ENABLED 可以保

持默认值。QUERY_REWRITE_INTEGRITY = ENFORCED；QUERY_REWRITE_ENABLED = TRUE（从 Oracle 10g 开始默认为 TRUE）

9.1.5 应用域索引（Application Domain Index）

应用域索引是构建和存储的索引，可能存储在 Oracle 中，也可能在 Oracle 之外。要告诉优化器索引的选择性如何，以及执行的开销有多大，优化器则会根据提供的信息来决定是否使用索引。Oracle 文本索引就是应用域索引的一个例子；可以使用构建 Oracle 文本索引所用的工具来建立自己的索引。需要指出的是，这里创建的"索引"不需要使用传统的索引结构。例如，Oracle 文本索引就使用了一组表来实现其索引概念。Oracle 自 8i 之前，就有了全文检索功能，到了 9i 之后，基本可以放心使用。

Oracle Text 索引被称为域索引（domain index），包括以下 4 种索引类型。

- CONTEXT
- CTXCAT
- CTXRULE
- CTXXPATH

在这 4 种索引中，最常用的是 CONTEXT 索引，使用最通用的 CONTAINS 操作符进行查询。

下面通过简单案例介绍一下使用的方法。

1. 准备工作

```
SQL>conn / as sysdba
create tablespace do_ind datafile 'D:\app\Administrator\oradata\dalin\do_ind1.dbf' size 100m;
alter user ctxsys account unlock identified by ctxsys;
alter user scott account unlock identified by tiger;
conn ctxsys/ctxsys
grant execute on ctx_ddl to scott;
conn scott/tiger                                              [000352]
```

（1）创建普通标

```
SQL>create table t1 (namevarchar2(10),sdatedate,infovarchar2(500));
                                                              [000353]
```

（2）创建分区表

```
SQL>
create table t2 (name varchar2(10),sdate date,info varchar2(500))
partition by range (sdate)
(partition p2007 values less than(to_date('20180101','yyyymmdd')) ,
 partition p2008 values less than(to_date('20190101','yyyymmdd')) ,
 partition p2009 values less than(to_date('20200101','yyyymmdd')));
                                                              [000354]
```

2. 定义域索引参数

```
SQL>
BEGIN
--ctx_ddl.drop_preference ('my_lexer');
--ctx_ddl.drop_preference ('mystore');
-- 语法分析
ctx_ddl.create_preference ('my_lexer', 'chinese_lexer');
-- 存储参数
ctx_ddl.create_preference ('mystore', 'BASIC_STORAGE');
ctx_ddl.set_attribute ('mystore', 'I_TABLE_CLAUSE', 'tablespace do_ind ');
ctx_ddl.set_attribute ('mystore', 'I_INDEX_CLAUSE', 'tablespace do_ind compress 2 ');
ctx_ddl.set_attribute ('mystore', 'K_TABLE_CLAUSE', 'tablespace do_ind');
ctx_ddl.set_attribute ('mystore', 'R_TABLE_CLAUSE', 'tablespace do_ind');
ctx_ddl.set_attribute ('mystore', 'N_TABLE_CLAUSE', 'tablespace do_ind');
END;
/                                                              [000355]
```

3. 建立索引

（1）语法

CREATE INDEX [schema.]index on [schema.]table(column) INDEXTYPE IS ctxsys.context [ONLINE] LOCAL [(PARTITION [partition] [PARAMETERS('paramstring')] [, PARTITION [partition] [PARAMETERS('paramstring')]])] [PARAMETERS(paramstring)] [PARALLEL n] [UNUSABLE]

（2）创建

① 创建普通域索引：

```
SQL>CREATE INDEX ctx_ind_t1 ON t1(info) INDEXTYPE is CTXSYS.CONTEXT
parameters('lexer my_lexer storage mystore');              [000356]
```

② 创建分区域索引：

```
SQL>CREATE INDEX ctx_ind_t2 ON t2(info) INDEXTYPE is CTXSYS.CONTEXT local
parameters('lexer my_lexer storage mystore');              [000357]
```

4. 简单查询

```
SQL>select * from t1 where contains(info,'在干什么')>0;    [000358]
```

5. 索引的同步（重建）和优化

Context 类型的域索引并不随着 dml 操作同步（重建）索引，需要定期同步（重建）索引。同步（重建）的方法有 3 种，使用 ctxctl 命令、系统包及 SQL 语句。使用 ctxctl 命令已经不再推荐，这里就介绍包和 SQL 语句的同步方法。

（1）同步（重建）索引

对于分区索引，无法整个进行同步（重建），必须逐个进行，使用 ctx_ddl.sync_index 存储过程，其参数如表 9-1 所示。

表 9-1　ctx_ddl.sync_index 存储过程参数说明

参数名	类型	输入(In)/输出(Out)	备　　注
IDX_NAME	VARCHAR2	IN	索引名
PART_NAME	VARCHAR2	IN	分区名
PARALLEL_DEGREE	NUMBER	IN	并行度

例如，下面的 SQL 语句把分区表 T2 上的 3 个分区索引逐个同步（重建）。

```
SQL>
exec ctx_ddl.sync_index (IDX_NAME => 'CTX_IND_T2',PART_NAME => 'P2007',
PARALLEL_DEGREE => 3);
exec ctx_ddl.sync_index (IDX_NAME => 'CTX_IND_T2',PART_NAME => 'P2008',
PARALLEL_DEGREE => 3);
exec ctx_ddl.sync_index (IDX_NAME => 'CTX_IND_T2',PART_NAME => 'P2009',
PARALLEL_DEGREE => 3);
```

通过 alter index 命令把分区表 T2 上的 3 个分区索引逐个同步（重建），SQL 语句如下：

```
SQL>
alter index ctx_ind_t2 rebuild partition p2007 parameters ('sync');
alter index ctx_ind_t2 rebuild partition p2008 parameters ('sync');
alter index ctx_ind_t2 rebuild partition p2009 parameters ('sync');
```

（2）优化索引

同样，分区索引也不能整个优化，必须逐个进行，使用 ctx_ddl.optimize_index 存储过程，其参数如表 9-2 所示。

表 9-2　ctx_ddl.optimize_index 存储过程参数说明

参数名	类型	输入(In)/输出(Out)	备　　注
IDX_NAME	VARCHAR2	IN	索引名
OPTLEVEL	VARCHAR2	IN	部分情况取值 FULL
MAXTIME	NUMBER	IN	
TOKEN	VARCHAR2	IN	
PART_NAME	VARCHAR2	IN	分区名
TOKEN_TYPE	NUMBER	IN	
PARALLEL_DEGREE	NUMBER	IN	并行度

例如，下面的 SQL 语句把分区表 T2 上的 3 个分区索引逐个进行优化：

```
SQL>
exec ctx_ddl.optimize_index ('CTX_IND_T2', 'full',PART_NAME=>'P2007',
PARALLEL_DEGREE =>3);
exec ctx_ddl.optimize_index ('CTX_IND_T2', 'full',PART_NAME=>'P2008',
PARALLEL_DEGREE =>3);
exec ctx_ddl.optimize_index ('CTX_IND_T2', 'full',PART_NAME=>'P2009',
```

```
PARALLEL_DEGREE =>3);                                              [000361]
```

9.1.6 Hash 索引

使用 Hash 索引必须要使用 Hash 群集。建立一个群集或 Hash 群集的同时，也就定义了一个群集键。这个键告诉 Oracle 如何在群集上存储表。在存储数据时，所有与这个群集键相关的行都被存储在一个数据库块上，方便快速定位查找。若数据都存储在同一个数据库块上，并且使用了 Hash 索引，Oracle 就可以通过执行一个 Hash 函数和 I/O 来访问数据，通过适用一个二元高度为 4 的 B*tree 索引来访问数据，则需要在检索数据时使用 4 个 I/O。

Hash 索引是一个等值查询，通过 Hash 函数确定行的物理位置。

Hash 索引在有限制条件（需要指定一个确定的值而不是一个值范围）的情况下非常有用。尤其对于精确查找非常快（包括=、<>和 in），其检索效率非常高，索引的检索可以一次定位，不像 B*tree 索引需要从根节点到枝节点，所以 Hash 索引的查询效率要远高于 B*tree 索引。

以下 3 种情况不适合 Hash 索引。

（1）不适合模糊查询和范围查询（包括 like、>、<和 between…and 等）。

由于 Hash 索引比较的是进行 Hash 运算之后的 Hash 值，所以它只能用于等值的过滤，不能用于基于范围的过滤，因为经过相应的 Hash 算法处理之后的 Hash 值的大小关系，并不能保证和 Hash 运算前完全一样。

（2）不适合排序。

数据库无法利用索引的数据来提升排序性能，同样是因为 Hash 值的大小不确定。

复合索引不能利用部分索引字段查询，Hash 索引在计算 Hash 值时是组合索引键合并后再一起计算 Hash 值，而不是单独计算 Hash 值，所以通过组合索引的前面一个或几个索引键进行查询时，Hash 索引也无法被利用。

（3）同样不适合键值较少的列（重复值较多的列）。

9.1.7 分区索引

对于普通表而言，分区索引就是简单地把一个索引分成多个片段，这样可以访问更小的片段，并且可以把这些片段分别存放在不同的硬盘上（避免 I/O 问题）。

对于分区表而言，分区索引就是在每个区上单独创建索引，它能自动维护，在 drop 或 truncate 某个分区时不影响该索引的其他分区索引的使用，也就是索引不会失效，维护起来比较方便。

B*tree 索引和位图索引都可以被分区，Hash 索引不可以被分区。

有两种类型的分区索引：本地分区索引和全局分区索引。每个类型都有两个子类型，有前缀索引和无前缀索引。如果使用了位图索引就必须是本地索引。

把索引分区最主要的原因是可以减少所需读取的索引的大小，另外把分区放在不同的表空间中可以提高分区的可用性和可靠性。

9.2 索引典型操作

对索引的操作是关系型数据库必不可少的动作，Oracle 也不例外。关于对数据库索引的操作方式很多，下面只列出一些较为典型的操作，如创建、删除、移动、获取 SQL 语句以及查看等。

9.2.1 典型创建操作

注：下面的操作以数据库模式对象拥有者的账户登录。

1. 创建唯一性索引

SQL>CREATE unique index index_ryb_syh on RYB(SYH) TABLESPACE GCC_INDEX;
[000362]

2. 创建二叉树索引

SQL>CREATE cluster index index_ryb_xm on RYB(XM) TABLESPACE GCC_INDEX;
[000363]

3. 创建位图索引-适合唯一值很少的列

SQL>CREATE bitmap index index_ryb_bm on RYB(BM) TABLESPACE GCC_INDEX;
[000364]

4. 创建反向索引

SQL>CREATE index fx_index_ryb_xm on RYB(BH) reverse TABLESPACE GCC_INDEX;
[000365]

5. 创建函数索引

SQL>CREATE index index_ryb_bm_1 on RYB(SUBSTR(XM,5,6)) TABLESPACE GCC_INDEX;
SQL>CREATE index index_ryb_bm_2 on RYB(UPPER(ZD1)) TABLESPACE GCC_INDEX;
[000366]

6. 重建索引（DBA 经常使用）

SQL>ALTER index index_ryb_bm_1 rebuild;   [000367]

注：DBA 经常用 REBUILD 来重建索引，即克隆原来的索引，可以减少硬盘碎片和提高应用系统的性能。

9.2.2 典型删除操作

注：下面的操作以数据库模式对象拥有者的账户登录，或以 SYS 账户 SYSDBA 身份

登录。

1. 对于普通索引

```
SQL>DROP index index_ryb_bm_1;                                    [000368]
```

2. 对于分区索引

```
SQL>ALTER table FAHBHJXB TRUNCATE partition SYS_P987 update indexes;
```
或
```
SQL>ALTER table CHEPBHJXB DROP partition SYS_P983 update indexes;
                                                                  [000369]
```

9.2.3 典型移动操作

注意：下面的操作以 SYS 账户 SYSDBA 身份登录。

将索引移动到另外的表空间，操作序列如下。

（1）查看某表下的索引

```
SQL>SELECT INDEX_NAME from dba_indexes where table_name='&tn';
SQL>SELECT INDEX_NAME from dba_indexes where table_name='CHEPB';  [000370]
```

INDEX_NAME
MK_CHEPB
SY_CHEPB_FAHXXB_ID
SY_CHEPB_YUSNDWB_ID
MK_CHEPB
SY_CHEPB_FAHXXB_ID
SY_CHEPB_YUSNDWB_ID

图 9-1 查看某表下的索引

如图 9-1 所示。

（2）查询索引所在的表空间

```
SQL>SELECT index_name,TABLESPACE_NAME from dba_indexes where index_name='&1';
SQL>SELECT index_name,TABLESPACE_NAME from dba_indexes where index_name='MK_CHEPB';                                                    [000371]
```

INDEX_NAME	TABLESPACE_N...
MK_CHEPB	USERS
MK_CHEPB	GCC_TS_YJ_1

图 9-2 查询索引所在的表空间

如图 9-2 所示。

（3）移动索引到另一个表空间

语法：ALTER index ... Rebuild TABLESPACE...

```
SQL>
--将索引移至GCC_INDEX表空间。
ALTER index MK_CHEPB rebuild TABLESPACE GCC_INDEX;                [000372]
```

再次查询：

```
SQL>SELECT index_name,TABLESPACE_NAME from dba_indexes where index_name='MK_CHEPB ';                                                   [000373]
```

9.2.4 得到创建索引的 SQL 语句

注意：下面的操作以 SYS 账户 SYSDBA 身份登录。

1. 设置 SQL*Plus 环境变量为 LONG

```
SQL>SET LONG 10000                                          [000374]
```

2. 得到某账户某索引的创建 SQL 语句

```
SQL>
SET LONG 10000
SELECT dbms_metadata.get_ddl('INDEX','MK_CHEPB','GCC') from dual; [000375]
```

上面 SQL 语句中的 "GCC" 为账户名,"MK_CHEPB" 为索引名,"INDEX" 为指示得到索引。

3. 通过 DBA_SEGMENTS 得到某账户某表空间下全部索引的创建 SQL 语句

下面的语句得出 "GCC" 账户和 "GCC_INDEX" 表空间下的全部索引创建 SQL,输出存入 "c:\aa.sql" 文件中。

```
SQL>
set pagesize 0
set long 200000
set feedback off
set echo off
set linesize 120;
spool c:\a.sql
select 'set pagesize 0'|| chr(10)||
'set long 200000'|| chr(10)||
'set feedback off'|| chr(10)||
'set echo off'|| chr(10)||
'spool c:\aa.sql'||chr(10) from dual;
select 'select  dbms_metadata.get_ddl(''INDEX'',''''||ds.segment_name
||'''',''''||ds.owner||'''') from dual;' from dba_segments ds where ds.
TABLESPACE_NAME not in('SYSTEM','CWMLITE','EXAMPLE','UNDOTBS2','XDB','WKSY
S','CTXSYS','ODM_MTR','USERS','DRSYS','HTEC','HAPPYTREE') and ds.TABLESPACE_
NAME in ('GCC_INDEX') and ds.owner in('GCC') and ds.segment_type = 'INDEX';
select 'spool off' from dual;
spool off                                                   [000376]
```

注意:GCC 为索引的所有者(OWNER)

4. 通过 dba_indexes 得到某账户某表空间下全部索引的创建 SQL 语句

下面的语句得出 "GCC" 账户和 "GCC_INDEX" 表空间下的全部索引创建 SQL,输出存入 "c:\aa.sql" 文件中。

```
SQL>
set pagesize 0
set long 200000
set feedback off
set echo off
set linesize 120;
spool c:\a.sql
```

```
select 'set pagesize 0'|| chr(10)||
'set long 200000'|| chr(10)||
'set feedback off'|| chr(10)||
'set echo off'|| chr(10)||
'spool c:\aa.sql'||chr(10) from dual;
select    'select    dbms_metadata.get_ddl(''INDEX'','''||ds.index_name
||''','''||ds.owner||''') from dual;' from dba_indexes ds  where ds.TABLESPACE_
NAME not in('SYSTEM','CWMLITE','EXAMPLE','UNDOTBS2','XDB','WKSYS','CTXSYS'
,'ODM_MTR','USERS','DRSYS','HTEC','HAPPYTREE')  and ds.TABLESPACE_NAME  in
('GCC_INDEX') and ds.owner in('GCC');
select 'spool off' from dual;
spool off                                                          [000377]
```

9.2.5 查看数据库中的索引及跳过设置

注意：下面的操作以 SYS 账户 SYSDBA 身份登录。

1. 查看数据库中的索引

```
SQL>SELECT index_name,index_type,table_name from dba_indexes;   [000378]
```

2. 让 SQL 语句跳过无效索引的设置

```
SQL>ALTER session set skip_unusable_indexes=TRUE;               [000379]
```

3. 让 SQL 语句不跳过无效索引的设置

```
SQL>ALTER session set skip_unusable_indexes=false;              [000380]
```

4. 重建索引

```
SQL>ALTER index index_name rebuild;                             [000381]
```

9.2.6 通用索引删除脚本

注意：下面的操作以数据库模式对象拥有者的账户登录。

下面的脚本将删除"T2"（在 9.2.5 节中创建）表上的"ctx_ind_t2"域索引（在 9.2.5 节中创建）。

```
SQL>
set serverout on;
-- DROP table t cascade constraints; --强制删除表
declare
cnt number(10):=0;
begin
--注意从 all_indexes 表查询，条件值一定使用大写。
  SELECT count(*) into cnt from all_indexes where index_name='CTX_IND_T2'
and table_name='T2';
  if cnt=1 then
```

```
    Execute immediate 'drop index ctx_ind_t2';
    --下面的语句中的两个相邻单引号,第一个单引号起转义作用,此语境中必须这样写。
    Execute immediate 'CREATE INDEX ctx_ind_t2 ON t2(info) INDEXTYPE is
CTXSYS.CONTEXT local parameters(''lexer my_lexer storage mystore'')';
    dbms_output.PUT_LINE('索引已经删除并重建');
    else
    dbms_output.PUT_LINE('索引不存在');
    end if;
    end;
    /
```

9.3 有无索引及不同类型索引对查询效率高低影响实验

本节将对有无索引及普通、复合索引的查询给出各自的效率指标并通过这些效率指标来证明哪个查询是效率更优的,最后给出实验总结,实验步骤如下。

注意:下面的实验不能以 SYSDBA 身份登录 SQL*Plus。

(1)构造实验环境。

下面的代码将构造一个 50 万条记录的数据表,然后对其进行有无索引及普通、复合索引的查询,通过各自的实际执行计划来观察效率指标并进行分析。

```
SQL>
DROP table tests -- 删除现有表,以防影响实际结果
/
CREATE TABLE tests(
     name varchar2(30),
     address varchar2(20)
)
/
insert into tests values('')
/
-- 插入 500000 万条数据
declare
begin
    for i in 1..5000000 loop
      insert into tests values('姓名'||i,'地址'||i);
    end loop;
    commit;
end ;
/
--跟踪SQL执行计划和统计信息
set autotrace on
--设置显示的行宽
set linesize 1000
--跟踪SQL执行完成时间
set timing on
```

（2）第 1 次查询：在没有索引的情况下查询 name='姓名 3000000' 的数据。

```
SQL>select * from tests where name='姓名 3000000';          [000384]
```

结果：全表扫描；CPU COST 5384；68 次递归调用；39 465 次逻辑读；11 269 次物理读；耗时近 4 秒。图中还出现"dynamic…"的字样，说明数据库中无此表的统计分析，如图 9-3 所示。

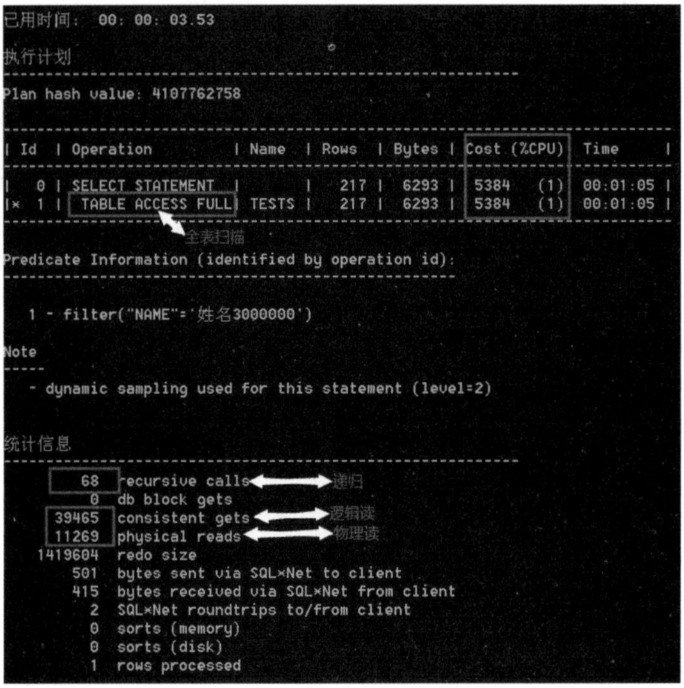

图 9-3 没有索引的情况下查询 name='姓名 3000000'的执行计划

单看图 9-3 中的"全表扫描"和"物理读"这两项指标，给人的印象是查询效率不怎么样。

（3）第 2 次查询：给"name"列创建一个普通索引后，查询条件和第 1 步一样，即"name='姓名 3000000'"。

```
SQL>
CREATE index ind_test on tests(name);
select * from tests where name='姓名 3000000';              [000385]
```

结果：索引扫描；CPU COST 由 5 384 降到 3；递归调用由 68 降到 9；逻辑读由 39 465 降到 77；物理读由 11 269 降到 17，如图 9-4 所示。

和第 1 次查询相比，第 2 次的代价明显小于第一次，这是因为查询走了索引，加之第一次执行后已在内存保留了该"影像"，第 2 次查询用的是第一次的"影像"。"影像"是指第 1 次查询的 SQL 解析结果（PGA 库缓存）以及数据缓存结果（SGA 的 DB 缓存），因此，第 2 次递归调用和物理读大幅降低。

（4）第 3 次查询：在没有复合索引的情况下查询 name='姓名 3000000' and '地址 3000000'的数据。

```
SQL>
DROP index ind_test;
select * from tests where name='姓名 3000000' and address='地址 3000000';
                                                              [000386]
```

结果：各项指标和第一次差不多，如图 9-5 所示。

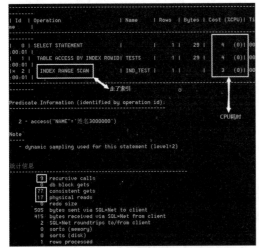

图 9-4　有索引的情况下查询 name= '姓名 3000000'的执行计划　　图 9-5　没有复合索引情况下的 SQL 查询执行计划

（5）第 4 次查询：创建复合索引的情况下重复第 3 次的查询。

```
SQL>
CREATE index ind_tests2 on tests(name,address);
select * from tests where name='姓名 3000000' and address='地址 3000000';
                                                              [000387]
```

结果：各项指标和第 2 次差不多，如图 9-6 所示。

（6）第 5 次查询：在有索引的情况下强制走全表扫描并重复第 4 次的查询。

```
SQL>
select /*+full(tests)*/ * from tests where name='姓名 3000000' and address='地址 3000000';
                                                              [000388]
```

结果：和第 4 次相比，hash 值变了，但和第 3 次的 hash 值一致，这个情况说明本次查询省去了硬解析，但在其他方面（逻辑读和物理读等）没有任何改善，是全部扫描导致的结果，如图 9-7 所示。

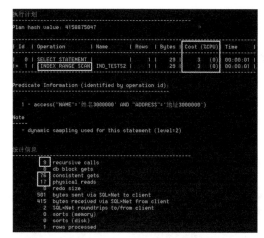 

图 9-6　复合索引情况下的 SQL 查询执行计划　　图 9-7　强制全表扫描情况下的 SQL 查询执行计划

（7）第 6 次查询：完全重复第 5 次的查询。

```
SQL>
select /*+full(tests)*/ * from tests where name='姓名3000000' and address='
地址3000000';                                                      [000389]
```

结果：和第 5 次及第 3 次全表扫描相比，hash 值一样，本次递归调用为 0，明显改善，其他指标无明显改善，照旧。说明本次查询和第 5 次一样仍省去了硬解析，硬解析是在第 3 次完成的（看硬解析多不多，主要看递归调用指标），如图 9-8 所示。

图 9-8　强制全表扫描情况下的 SQL 查询执行计划

通过上面的实验，只是想验证索引在查询中所扮演的角色，即走索引和不走索引（全表扫描），查询效率是迥然不同的，走索引的效率远远高出不走索引（全表扫描）的效率。

关于 SQL 解析，与索引无关。

这个实验是一个简单的验证，其验证方法和过程也适用于其他类型的索引（如分区索引等）或索引以外的优化手段（如 SQL 自身优化、内存优化等）。

关于本实验每个截图中的"db block gets"指标（块改变数量），其值都是 0，说明在查询操作的同时，对查询表无 DML（insert、delete、updata）操作，如果有，其值必定不为 0。

9.4 关于索引的建议

众所周知，索引能带来查询效率的提升，但同时也给数据库增加了自动维护索引的开销，创建什么样的索引要依据实际情况酌定，不能没有目的、想当然地创建索引，索引并不是越多越好，恰当为好。下面给出一些具体建议供读者参考。

1. 索引正确的表和列

- 经常检索排序大表中 40%或非排序表 7%的行，建议建索引。
- 为了改善多表关联，索引列用于联结。
- 列中的值相对比较唯一。
- 列值的重复程度（小：B*tree 索引；大：位图索引）。
- Date 型列一般适合基于函数的索引。
- 列中有许多空值，不适合建立索引。

2. 为性能而安排的索引

（1）创建组合索引

经常一起使用多个字段联合起来检索记录，组合索引比单索引更有效。创建组合索引大多数情况是追求组合值的唯一性。

（2）把最常用的列放在 where 条件最前面

例如，组合索引 chepb_fahb_id(fahh,cheph)，在 where 条件中使用"fahh"或"fahh,cheph"，查询将使用索引，若仅用到"cheph"字段，则索引无效。

（3）限制每个表索引的数量

一个表可以有若干个索引，但是对于频繁插入和更新表，索引越多系统 CPU，I/O 负担就越重，建议每张表不超过 5 个索引。

3. 删除不再需要的索引

- 应用中的查询用不到的索引。
- 重建索引之前必须先删除索引，若用 ALTER index ... Rebuild 重建索引，则不必删除索引。

4. 考虑用 NOLOGGING 创建索引

对大表创建索引可以使用 NOLOGGING 来减少重做日志。

5. 创建基于函数的索引

常用于 UPPER、LOWER、TO_CHAR(date)等函数分类上。

SQL>CREATE INDEX IDX_FUNC_CHEPB_CHEPH ON CHEPB (UPPER(CHEPH)); [000390]

6. 创建位图索引

在重复量较大的列上建立索引时，首先应该考虑位图索引。

下面这条 SQL 语句是判断"CHEPB"表的"fahb_id"列值重复程度的，"重复度%"值越大，说明重复程度越高。

SQL>select count(*) "总行数",count(distinct fahb_id) "检测列: fahb_id", (1 - round(count(distinct fahb_id)/count(*),4))*100 "重复度%" from chepb; [000391]

如图 9-9 所示。

图 9-9 判断"CHEPB"表的"fahb_id"列值重复程度

SQL>CREATE bitmap index i_bitmap_chepb_fahb_id on chepb(fahb_id); [000392]

关于重复量的大小，要具体问题具体分析，通常的做法是查看该索引（不只是这类对象）下的执行计划，根据执行结果判定该索引效率高不高。

7. 明确地创建唯一索引

可以用 CREATE unique index 语句来创建唯一索引，例如：

CREATE unique index dept_unique_idx on dept(dept_no);

8. 创建与约束相关的索引

可以用 using index 子句，创建与 unique 和 primary key 约束相关的索引。

例如：

ALTER table table_name add constraint PK_primary_keyname primary key (field_name) using index; [000393]

9. 创建局部分区索引

为了更好的性能，一般都在分区键（列）上建立局部分区索引，创建局部分区索引的条件如下。

- 基础表必须是分区表。
- 分区索引数量与基础表相同。
- 每个索引分区的子分区数量与相应的基础表子分区相同。
- 基础表的子分区中的行的索引项，被存储在该索引的相应的子分区中。

例如：

```
Create Index RYB4_IDX_ZD1 On RYB4(ZD1)
Pctfree 10
TABLESPACE GCC_INDEX
Storage (
MaxExtents 32768
PctIncrease 0
FreeLists 1
FreeList Groups 1
)
local;
CREATE TABLE ryb5 as select * from ryb4;
COMMIT;
ALTER table RYB5 add constraint PK_RYB5_SYH primary key (SYH) using index
TABLESPACE GCC_INDEX;
Create Index RYB4_IDX_ZD1 On RYB5(ZD1)
Pctfree 10
TABLESPACE GCC_INDEX
Storage (
MaxExtents 32768
PctIncrease 0
FreeLists 1
FreeList Groups 1
)
local;                                                          [000394]
```

10. 创建范围分区的全局索引

基础表可以是全局表和分区表。

```
CREATE index idx_fahb_start_date on FAHB(start_date)
global partition by range(start_date)
(partition p01_idx vlaues less than ('0106')
partition p01_idx vlaues less than ('0111')
…
partition p01_idx vlaues less than ('0401' ))
/                                                               [000395]
```

11. 重建现存的索引

（1）对于普通索引

```
ALTER index idx_name rebuild nologging;                         [000396]
```

（2）对于分区索引

```
ALTER index idx_name rebuild partition partiton_name nologging; [000397]
```

12. 要删除索引的原因

- 不再需要的索引。
- 索引没有针对其相关的表所发布的查询提供所期望的性能改善。
- 应用中没有用到该索引来查询数据。

- 该索引无效，必须在重建之前删除该索引。
- 该索引已经变得太"碎"了，必须在重建之前删除该索引。

（1）删除普通索引

```
SQL>DROP index idx_name;                                    [000398]
```

（2）删除分区索引

```
SQL> set timing on
SQL>ALTER table FAHBHJXB TRUNCATE partition SYS_P987 update indexes;
```
或
```
SQL>ALTER table CHEPBHJXB DROP partition SYS_P983 update indexes;
                                                            [000399]
```

注：加上 UPDATE INDEXES，全局索引会进行相应的更新和维护操作，这样全局索引也不会失效，但操作的时间会相应变长，因此不会影响应用程序。

在对分区表进行这样的操作后，全局分区索引不必重建。

上述建议是数据库人（包括笔者在内）的经验总结，是否能用来指导实践，由读者自行决定。这里要重点提一下索引代价的问题，那就是不合理或者不恰当的索引将严重影响数据库性能。

关于如何充分利用普通表及分区表的索引性能，这要依赖具体的查询 SQL 语句，上述建议所说的是对于大多数情况的做法，不针对个别情况，具体情况要根据查询 SQL 执行计划的结果判定。

9.5 普通表转分区表实验及分区表相关信息查询

在众多的 Oracle 数据库实际生产环境中，由于当初设计没有考虑未来需求可能的变化，导致现有的数据库系统工作地不是很流畅，甚至还出现一些性能瓶颈。举一个具体案例，当初设计的表是个普通表，随着时间的延续，该表的数据量已经达到 G 级，即已经接近 1 个 G 的数据量，而且对此表的查询还比较多，客户应用每当发出对此表的查询，等待时间没有低于半小时的，如果赶上其他用户发出 DML 操作，等待时间更长，甚者达到 1 小时以上，已经到了无法容忍的地步。这个问题解决起来非常棘手，已经不是加大内存、索引、表分析等手段可以解决的了。面对这样的问题，只有一种可能，那就是分区表，即把当前状态的普通表转化为分区表，化整为零，有望解决这个问题。事实证明，这样做对了。这就涉及普通表转分区表的技术，下面详细介绍该项技术。

9.5.1 普通表转分区表实验环境搭建

本实验是在 Oracle 11g R2 中进行。

```
SQL> select * from v$version where rownum<3;                [000400]
```
版本信息如图 9-10 所示。

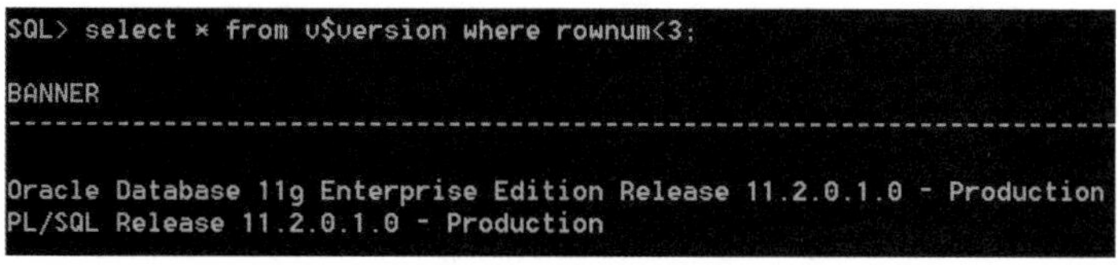

```
SQL> select * from v$version where rownum<3;
BANNER
--------------------------------------------------------------
Oracle Database 11g Enterprise Edition Release 11.2.0.1.0 - Production
PL/SQL Release 11.2.0.1.0 - Production
```

图 9-10　Oracle 数据库版本信息

在正式实施转换操作之前，需要为此搭建一个实验数据环境，SQL 语句如下：

```
SQL>create table tt as select object_id, object_name, owner from
dba_objects WHERE object_id IS NOT NULL;
    alter table tt add constraint pk_tt_id primary key (object_id); [000401]
```

9.5.2　普通表转分区表

进行数据重排、表分区、字段类型修改、字段增改这样的操作，在开发和测试环境上比较容易进行。即使数据表很大，操作耗时可能会很高，能够通过一些非技术的手段赢取操作时间窗。但是对于投产系统而言，操作过程中的长时间锁定可能是业务不能接受的。这时，就可以考虑 Oracle 的一些 Online 操作技术。因此，本节重点说明在线重定义普通表为分区表，包括主键对应的索引都改造为分区索引的操作方法，具体的操作步骤如下。

（1）判断目标表是否可重定义（分区）。

就是判断目标数据表是否可以进行重定义（分区）。此时，可以使用 DBMS_REDEFINITION 包的 CAN_REDEF_TABLE 方法进行判断。

```
BEGIN
DBMS_REDEFINITION.CAN_REDEF_TABLE('GCC','tt',DBMS_REDEFINITION.CONS_USE_PK);
END;
/                                                           [000402]
```

该方法中的第 1 个参数"GCC"为账户名，第 2 个参数"tt"为要转换的表即目标表。重点是第 3 个参数"DBMS_REDEFINITION.CONS_USE_PK"，是指使用主键还是 rowid 方法。本质上，Online Redefinition 是使用物化视图（Materialized View）技术。过程定义记录就是主键和 rowid 两种策略。通常而言，还是推荐数据表有一个明确主键，也就是使用 CONS_USE_PK。如果希望使用 rowid，就使用 dbms_redefinition.cons_use_rowid。

通过检查之后，就可以进行下一步，定义目标数据表格式。无论是何种变化，需要创建一个中间表 interim，将"期望"的数据表定义实现在里面。其中包括表类型、列定义、分区定义和索引等。但是注意，约束（主外键）可以不定义在其中。

（2）创建临时过渡表（中间表）。

在这一步创建的临时过渡表就是打算将源表转换后的分区表，在这里创建什么样分区类型的分区表值得研究。一般来讲，根据数据的实际状态以及想要达到的分区效果来决定采取什么样的分区类型。本实验采取了简单的 list 分区（列举分区）类型，仅仅为了实验，但在实际生产环境中，往往采取复合分区类型。

注：Oracle 11g 提供的分区类型如下。

- range 分区：按范围。
- list 分区：列举分区。
- hash 分区：根据 hash 值进行的散列分区。
- 复合分区：RANGE-RANGE、LIST-RANGE、LIST-HASH 和 LIST-LIST。

```
CREATE TABLE tt_1
    (OBJECT_ID NUMBER,
OBJECT_NAME VARCHAR2(128 BYTE),
OWNER VARCHAR2(30 BYTE),
 CONSTRAINT PK_TT_1_ID PRIMARY KEY (OBJECT_ID)
)
PARTITION BY LIST (OWNER)
(
PARTITION TT_1_A1 VALUES ('OWBSYS_AUDIT'),
PARTITION TT_1_A2 VALUES ('GCC3'),
PARTITION TT_1_A3 VALUES ('MDSYS'),
PARTITION TT_1_A4 VALUES ('GCC9'),
PARTITION TT_1_A5 VALUES ('GCC10'),
PARTITION TT_1_A6 VALUES ('PUBLIC'),
PARTITION TT_1_A7 VALUES ('OUTLN'),
PARTITION TT_1_A8 VALUES ('CTXSYS'),
PARTITION TT_1_A9 VALUES ('OLAPSYS'),
PARTITION TT_1_A10 VALUES ('FLOWS_FILES'),
PARTITION TT_1_A11 VALUES ('OWBSYS'),
PARTITION TT_1_A12 VALUES ('GANCHCH'),
PARTITION TT_1_A13 VALUES ('SYSTEM'),
PARTITION TT_1_A14 VALUES ('ORACLE_OCM'),
PARTITION TT_1_A15 VALUES ('EXFSYS'),
PARTITION TT_1_A16 VALUES ('APEX_030200'),
PARTITION TT_1_A17 VALUES ('SCOTT'),
PARTITION TT_1_A18 VALUES ('GCC'),
PARTITION TT_1_A19 VALUES ('DBSNMP'),
PARTITION TT_1_A20 VALUES ('ORDSYS'),
PARTITION TT_1_A21 VALUES ('ORDPLUGINS'),
PARTITION TT_1_A22 VALUES ('SYSMAN'),
PARTITION TT_1_A23 VALUES ('GAN'),
PARTITION TT_1_A24 VALUES ('APPQOSSYS'),
PARTITION TT_1_A25 VALUES ('XDB'),
PARTITION TT_1_A26 VALUES ('ORDDATA'),
PARTITION TT_1_A27 VALUES ('CRM'),
PARTITION TT_1_A28 VALUES ('GCC4'),
PARTITION TT_1_A29 VALUES ('SYS'),
```

```
PARTITION TT_1_A30 VALUES ('WMSYS'),
PARTITION TT_1_A31 VALUES ('SI_INFORMTN_SCHEMA'),
PARTITION TT_1_A32 VALUES ('CRM2'),
PARTITION TT_1_A33 VALUES ('GCC2'),
PARTITION TT_1_A34 VALUES ('GAN3')
);                                                          [000403]
```

该分区表采用的分区值是笔者环境中的,读者请依据自己的环境修改。通过下面的 SQL 获取分区值。

```
SQL>select owner from tt group by owner;                    [000404]
```

或

```
SQL>select distinct owner from tt ;                         [000405]
```

(3)开始执行数据的迁移。

```
EXEC DBMS_REDEFINITION.START_REDEF_TABLE('GCC','tt','tt_1'); [000406]
```

(4)避免最后一步长时间的锁定。

如果表的数据很多,第 3 步时可能会很长,这期间系统可能会继续对表"tt"进行写入或者更新数据,那么可以执行以下的语句,这样在执行最后一步时可以避免长时间的锁定(该过程可选可不选)。

```
BEGIN
  DBMS_REDEFINITION.SYNC_INTERIM_TABLE('GCC', 'tt', 'tt_1');
END;
/                                                           [000407]
```

(5)进行权限对象的迁移。

```
DECLARE
num_errors PLS_INTEGER;
BEGIN
DBMS_REDEFINITION.COPY_TABLE_DEPENDENTS('GCC','tt','tt_1',DBMS_REDEFIN
ITION.CONS_ORIG_PARAMS,TRUE,TRUE,TRUE,TRUE,num_errors);
END;
/                                                           [000408]
```

(6)查询上一步相关错误信息,在操作下一步之前检查,通过 DBA_REDEFINITION_ERRORS 视图查询错误。

```
SQL>SELECT object_name,base_table_name,ddl_txt from  DBA_REDEFINITION_
ERRORS;                                                     [000409]
```

(7)结束整个重定义。

```
BEGIN
DBMS_REDEFINITION.FINISH_REDEF_TABLE('GCC', 'tt', 'tt_1');
END;
/                                                           [000410]
```

如果在执行的过程中发生错误，可以通过以下语句结束整个过程：

```
BEGIN
DBMS_REDEFINITION.ABORT_REDEF_TABLE(uname   =>   'GCC', orig_table   =>
'tt',int_table => 'tt_1');
END;
/                                                              [000411]
```

（8）删除中间表。

```
DROP TABLE GCC.tt_1 CASCADE CONSTRAINTS;                       [000412]
```

（9）检查重定义后表的各项信息。

- 检查分区数据。

```
select * from GCC.tt partition (TT_1_A1);
```

或

```
select * from GCC.tt partition (TT_1_A1) where OBJECT_NAME like '%WB%';
                                                               [000413]
```

- 查看分区表有关信息。

```
select owner,constraint_name,constraint_type,table_name from dba_constraints where owner='GCC' and table_name='TT';      [000414]
```

- 更改为原来的主键名。

注意：原来的主键是 PK_TT_ID，重定义完成后主键约束名采用临时过渡表，此时可以修改主键的名字为原来的名字。

```
ALTER table GCC.tt rename constraint PK_TT_1_ID to PK_TT_ID; [000415]
```

- 查看分区表的分区信息。

```
select table_name,partition_name from user_tab_partitions where table_name='TT';                                          [000416]
```

9.5.3　查看 Oracle 都有哪些分区表

在一个数据库系统中，普通表与分区表共存，往往分区表被看作特殊用途的表，常常被格外地关注，因此对分区表信息的查看是必不可少的，在此提供分区表常用信息查询方法。

1. 查询当前用户下的分区表

```
SQL>select * from user_tables where partitioned='YES';         [000417]
```

2. 查询整个数据库中的分区表

```
SQL>select * from dba_tables where partitioned='YES';          [000418]
```

3. 查询某个用户下的分区表

```
SQL>select * from dba_tables where partitioned='YES' and owner='GCC';
                                                               [000419]
```

9.5.4　表分区查询

上面内容讲的是查看数据库系统中都存在哪些分区表，本节介绍针对某个分区表，查看其具体的分区信息。

1. 查看分区表都有哪些分区

在查询之前，先对分区表"TT"做一下分析，SQL 语句如下：

```
SQL>analyze table dept compute statistics for table for all indexes for all indexed columns;                                                    [000420]
```

查看分区表"TT"都有哪些分区，SQL 语句如下：

```
SQL>SELECT  t.partition_name  "表分区名",t.num_rows  "行数"  from all_tab_partitions t where table_name='&tn';                      [000421]
```

2. 分区表内数据查询

（1）单个分区内查询

```
SQL>
SELECT count(*) as "记录数" from 表名 partition(分区名) ;
SELECT count(*) AS "记录数" from GCC.TT  partition(TT_1_A34);
SELECT * from GCC.TT  partition(TT_1_A34);
SELECT * from GCC.TT  partition(TT_1_A34) WHERE OBJECT_NAME LIKE '%DP%';
                                                                [000422]
```

注：读者可以根据上面的示例变化出各式各样的查询。

（2）多个分区内查询

```
SELECT * from TT PARTITION (TT_1_A1) WHERE OBJECT_NAME LIKE '%WB%'
union all
SELECT * from TT PARTITION (TT_1_A34) WHERE OBJECT_NAME LIKE '%DP%';
                                                                [000423]
```

注：读者可以根据上面示例变化出各式各样的查询。

9.6　本章小结

本章讲解了 Oracle 数据库的索引与性能，内容包括索引种类介绍、索引的典型操作、有无索引及不同类型索引对查询效率高低影响实验、索引的建议以及普通表转分区表实验等，这些内容对实践具有很强的指导意义。由于篇幅的限制，不能大范围地展开来讲，但完整的骨架都在这里，需要读者还要参阅其他相关文献。

接下来进入第 10 章 Oracle 性能实验，该章是一个实战案例，所用数据来自生产系统，其中的瓶颈是人为模拟出来的，或者说制造出来的，然后围绕这些瓶颈展开侦测、发现、分析、解决及跟踪等，最后给出实验结论。

第 10 章 Oracle 性能实验

本章详细说明 Oracle 性能试验的全过程,包括给数据库加压迫使其出现瓶颈,人为制造并发,频繁的大数据吞吐操作等,直至出现瓶颈,然后如何解决这些瓶颈。

该试验所要求的仿真环境来自某国家电厂数据库,需要读者从随书光盘中获取该数据库备份或者从资源站中下载该数据库备份,然后根据说明导入到自己的 Oracle 环境中。

本章将通过这个实验追踪 Oracle 动态性能指标的动态变化并展开分析,据此得出数据库性能瓶颈的原因,通过调整某些指标(包括内存、有关参数)来改善性能,最后给出性能方面的建议及方案。

本实验的整体过程分为以下几个阶段进行。

第 1 阶段,首先对库进行信息收集,以确保数据库对各类操作,尤其 DML 操作做出最优的执行计划。

第 2 阶段,对数据库实施加压处理并迫使其出现瓶颈。

第 3 阶段,信息查看及跟踪。

第 4 阶段,问题处理及调优。

本章在组织结构安排上,大体上按照上述 4 个阶段展开,中间穿插了很多内容,这些内容已超出本实验的范围,为的是让读者更多地了解问题的侦测及处理技术,本实验不可能把所有性能问题都模拟出来,也不可能把所有的侦测手段都用上,因为导致性能问题的因素实在是太多太复杂。因此,在讲解实验的同时穿插一些相关的内容是本章的特意安排。

本章的要旨是针对问题先定性再定量,最后是化解方法。

10.1　信息收集、库加压处理

本实验力求不是由于信息收集的问题而导致瓶颈,因此,为了让 DML 操作采集到最新的采样,从而避免 CBO 选择错误计划,在实验之前把该做的信息收集做好。

关于给数据库加压,目的是人为地让数据库产生颈瓶以便后续更好地阐明问题。

10.1.1　信息收集处理

关于信息收集的方法很多,本节主要采用数据库提供的程序包 DBMS_STATS,关于 DBMS_STATS 的使用说明,请读者参阅相关章节。

表 10-1 说明的是本实验数据环境中数据量比较大的表，通过对这些表的操作实现对数据库加压的目的。

表 10-1 实验环境数据量较大的表

国家某电厂数据库较大数据表	
表　　名	行　　数
CHEPB	927 538
CHEPBTMP	765 321
DANJCPB	37 309
LBKP2	109 135
RENYXXBTMP	85 944
RENYXXBTMP_MISTEST0220	80 757
RIZB	96 466
RIZNRB	45 126
RUCSLHJB_YCL	31 004
RUCSLHJB_ZJB	15 919
RUCZLHJB	90 917
RUCZLHJB_ZJB	32 519
RULMZLB	15 490
SHOUHCFKB	31 276
T_MODIFYLOG_BAK	32 085
YANGPDHB	54 810
ZANGRCCP	14 952
ZHILLSB	54 696
ZHUANMB	164 168
ZR_TRUCKENTER	273 115
ZR_ASSAYCODE	27 215

1. 查看表对象历史及最近是否做过 Analyze（分析）

为了验证是否对实验数据环境中的 CHEPB、FAHB、fisrwb、ZANGRCPC、ZANGRCCP、jiekrwb、rucslhjb 这几张表之一或全部是否进行过信息收集即 Analyze（分析），可通过以下 5 种手段查看，如果有记录展示出来，说明分析过。

注：CHEPB、FAHB、fisrwb、ZANGRCPC、ZANGRCCP、jiekrwb、rucslhjb 为本实验涉及的操作表。

（1）基于系统表 wri$_optstat_tab_history 历史统计信息查看——SQL1

```
select savtime,rowcnt,blkcnt,avgrln,analyzetime from SYS.wri$_optstat_
tab_history where obj# in(select object_id from dba_objects where object_name
```

```
in ('CHEPB','FAHB','fisrwb','ZANGRCPC','ZANGRCCP', 'jiekrwb','rucslhjb'));
```

或

```
select savtime,rowcnt,blkcnt,avgrln,analyzetime from SYS.wri$_optstat_
tab_history where obj# in(select object_id from dba_objects where object_name
in ('CHEPB','FAHB','fisrwb','ZANGRCPC','ZANGRCCP', 'jiekrwb','rucslhjb'))
and to_char(ANALYZETIME,'yyyy-mm-dd')>='2018-04-24'  --加入分析时间查询条件 ;
```
[000424]

注：系统表 wri$_optstat_tab_history 存放的是历史统计信息，是对其他存放统计信息的表，如 user_tables、all_tables 和 dba_tables 的备案，这些表存放的都是最近的统计信息，若查历史统计信息就到 wri$_optstat_tab_history 表中查。该表内容如果被 TRUNCATE 后会重新记录 user_tables、all_tables 和 dba_tables 的每次统计信息。还有，若是生产环境上线后应及时收集统计信息避免 CBO 选择错误计划。

（2）基于系统表 wri$_optstat_tab_history 历史统计信息查看的另一种写法——SQL2

该 SQL 与 SQL1 的查询效果相同，但写法不一样。

```
SQL>SELECT
b.object_name,a.savtime,a.rowcnt,a.blkcnt,a.avgrln,a.analyzetime FROM SYS.
wri$_optstat_tab_history a, dba_objects b where a.obj#=b.object_id  and
b.object_name in('CHEPB','FAHB','fisrwb','ZANGRCPC','ZANGRCCP','jiekrwb',
'rucslhjb') ORDER BY b.object_name,a.ANALYZETIME DESC;
```

或

```
SQL>SELECT  b.object_name,a.savtime,a.rowcnt,a.blkcnt,a.avgrln,a.analyzetime
FROM SYS.wri$_optstat_tab_history a, dba_objects b where a.obj#=b.object_id
and b.object_name in('CHEPB','FAHB','fisrwb','ZANGRCPC','ZANGRCCP','jiekrwb',
'rucslhjb') and to_char(a.ANALYZETIME,'yyyy-mm-dd')>='2018-04-24' ORDER BY
b.object_name,a.ANALYZETIME DESC  --加入分析时间查询条件;
```
[000425]

注：要定期收集统计信息，否则，有可能导致系统 SYSAUX 表空间中某些基表无限制地增长，最终导致 SYSAUX 表空间占用严重的问题，影响性能。

（3）基于系统表 user_tables 最近统计信息查看——SQL3

```
select  table_name,TABLESPACE_NAME,num_rows,  avg_row_len,  blocks,
last_analyzed from user_tables where table_name='CHEPB';
```

或

```
select table_name,TABLESPACE_NAME,num_rows, avg_row_len, blocks, last_
analyzed from user_tables where table_name='CHEPB' and to_char(last_analyzed,
'yyyy-mm-dd')>='2018-04-24'   --加入分析时间查询条件;
```
[000426]

（4）基于系统表 all_tables 最近统计信息查看——SQL4

```
select table_name,TABLESPACE_NAME,num_rows, avg_row_len, blocks, last_
analyzed from all_tables where table_name='CHEPB';
```

或

```
select table_name,TABLESPACE_NAME,num_rows, avg_row_len, blocks, last_
analyzed from all_tables where table_name='CHEPB' and to_char(last_
analyzed,'yyyy-mm-dd')>='2018-04-24'   --加入分析时间查询条件;           [000427]
```

（5）基于系统表 dba_tables 最近统计信息查看——SQL5

```
select table_name,TABLESPACE_NAME,num_rows, avg_row_len, blocks, last_
analyzed from dba_tables where table_name='CHEPB';
```

或

```
select table_name,TABLESPACE_NAME,num_rows, avg_row_len, blocks, last_
analyzed from dba_tables where table_name='CHEPB' and to_char(last_
analyzed,'yyyy-mm-dd')>='2018-04-24'   --加入分析时间查询条件;           [000428]
```

注：
- for table 的统计信息存在于视图 user_tables、all_tables 和 dba_tables。
- for allindexes 的统计信息存在于视图 user_indexes、all_indexes 和 dba_indexes
- for allcolumns 的统计信息存在于视图：user_tab_columns、all_tab_columns 和 dba_tab_columns
- 上面以 "user_" 打头的，必须在当前登录账户下使用，"all_" 打头的，允许在任何登录账户下使用，"dba_" 打头的必须在拥有 DBA 权限的登录账户下使用，通常在 SYS 登录账户下使用。此项 Oracle 规定也适用于其他类信息查询。
- 在上述 5 个 SQL 中，读者可以变换查询条件以确认是否存在最新或最近的收集分析信息。

2. 本实验所需的几个存储过程

本实验通过对 CHEPB 表的操作实施对数据库加压处理，在操作的过程中需要以下几个存储过程。

注：

在下面的存储过程代码中涉及暂停程序执行命令 "DBMS_LOCK.SLEEP()"，暂取消。只有事先授权，这个命令才允许被执行，授权命令是：

"SQL>grant execute on dbms_lock to public;"。

（1）删除 CHEPB 表记录的存储过程

该过程负责删除 CHEPB 表记录，代码如下：

```
SQL>
CREATE OR REPLACE PROCEDURE P_DELETE(T1 IN INTEGER,T2 IN INTEGER, T3 IN INTEGER) AS
  SYH_ID NUMBER(15);
  S NUMBER(10);
  CURSOR CUR_DELETE IS SELECT ID FROM CHEPB ;
BEGIN
    FOR I IN 1 .. T1 LOOP
```

```
        OPEN CUR_DELETE;
        FETCH CUR_DELETE INTO SYH_ID;
        WHILE CUR_DELETE%FOUND LOOP
            S:=0;
            DELETE FROM CHEPB WHERE ID=SYH_ID ;
            -- DBMS_LOCK.SLEEP(T2);
            FETCH CUR_DELETE INTO SYH_ID;
            S:=S+1;
            IF S = T3 THEN
                EXIT;
            END IF;
        END LOOP;
        COMMIT;
        CLOSE CUR_DELETE;
    END LOOP;
END;
```

例如，执行该存储过程，从 CHEPB 表中删除 10 000 条记录。

```
SQL>
BEGIN
    -- T1:循环次数。
    -- T2:暂停执行 T2 秒，已取消。
    -- T3:删除 T3 条记录后退出。
    P_DELETE(T1=>1,T2=>1,T3=>10000);
END;
/
```

（2）添加 CHEPB 记录存储过程

该过程负责添加 CHEPB 表记录，代码如下：

```
SQL>
CREATE or replace
PROCEDURE P_INSERT(T1 IN DECIMAL,T2 IN INTEGER)
Authid Current_User IS
MAXID_BEGIN DECIMAL(15,0);
MAXID_END DECIMAL(15,0);
MAXID DECIMAL(15,0);
rs integer :=0;
BEGIN
    SELECT NVL(MAX(ID),0) INTO MAXID_BEGIN FROM CHEPB;
    MAXID_BEGIN:= MAXID_BEGIN + 1;
    MAXID:= MAXID_BEGIN;
    MAXID_END:= MAXID_BEGIN + T1;
    WHILE  (MAXID>= MAXID_BEGIN AND  MAXID<=MAXID_END)
    LOOP
    Insert into CHEPB (ID,XUH,CHEPH,PIAOJH,YUANMZ,MAOZ,PIZ,BIAOZ,YINGD,
YINGK,YUNS,KOUD,KOUS,KOUZ,KOUM,ZONGKD,SANFSL,CHES,JIANJFS,GUOHB_ID,FAHB_ID
,CHEBB_ID,YUANMKDW,YUNSDWB_ID,QINGCSJ,QINGCHH,QINGCJJY,ZHONGCSJ,ZHONGCHH,Z
HONGCJJY,MEICB_ID,XIECB_ID,DAOZCH,HEDBZ,LURSJ,LURY,BEIZ,YANSBHB_ID,KUANGFZ
```

```
LZB_ID,QICRJHB_ID,XIECFSB_ID,YUANPZ,BULSJ,BANZ,ZHUANGCDW_ITEM_ID,MEIGY,CAO
ZSJ,CAOZRY,RENYXXB_ID,PRINTSTATUS,LAIMSL,JINGZ,WEIYBS)
     values (MAXID,180,'宁A21862','0912030839180',55.88,55.88,17.08,38.8,
0,0,0,0,0,0,0,0,38.8,0,'过衡',508139639,508139656,3,'鑫达亿技（棋盘
井）',-1,to_timestamp('18-12 月 -09','DD-MON-RR  HH.MI.SSXFF AM'),'0','田丽
',to_timestamp('18-12   月   -09','DD-MON-RR   HH.MI.SSXFF   AM'),null,'田 丽
',0,0,null,3,to_timestamp('03-12 月-09','DD-MON-RR HH.MI.SSXFF AM'),'赵建明
',null,0,0,0,2,17.08,0,null,0,null,null,null,-1,null,null,null,null);
     --DBMS_LOCK.SLEEP(T2);
       MAXID := MAXID +1;
       rs:=rs+1;
       if rs>100 then
          commit;
          rs:=0;
       end if;
       END LOOP;
       COMMIT;
    END;                                                          [000431]
```

注："UPDATEFAHB"是实验环境中的一个存储过程，功能是更新发货表。需把其中的 update fahb set 语句中的一段字码屏蔽掉，该字码如下：

ches=ches+v_ches,maoz=maoz+v_maoz,piz=piz+v_piz,jingz=jingz+v_jingz,yingk=yingk+v_yingk,yuns=yuns+v_yuns,biaoz=biaoz+v_biaoz,koud=koud+v_koud,kous=kous+v_kous,kouz=kouz+v_kouz,sanfsl=sanfsl+v_sanfsl,zongkd=zongkd+v_zongkd,koum=koum+v_koum。

例如，执行该存储过程，向 CHEPB 表中添加 1 000 条记录，代码如下：

```
SQL>
BEGIN
     --T1: 打算插入的记录数。
     --T2: 每插入 T2 条记录提交一次。
     P_INSERT(T1=>1000,T2=>100);
END;
/                                                                 [000432]
```

（3）更新 CHEPB 记录存储过程

该过程负责更新 CHEPB 表记录，代码如下：

```
SQL>
CREATE OR REPLACE PROCEDURE P_UPDATE(T1 IN INTEGER,T2 IN INTEGER,T3 IN
INTEGER) AS
    SYH_ID NUMBER(15);
    S NUMBER(10);
    S2 NUMBER(10);
    CURSOR CUR_UPDATE IS SELECT ID FROM GCC.CHEPB ;
    BEGIN
       DBMS_OUTPUT.ENABLE(buffer_size => null);    --输出 buffer 不受限制
    S2:=0;
       FOR I IN 1 .. T1 LOOP
```

```
        OPEN  CUR_UPDATE;
        FETCH  CUR_UPDATE  INTO  SYH_ID;
    S:=0;
        WHILE CUR_UPDATE%FOUND LOOP
    --UPDATE  GCC.CHEPB  a  SET  a.CHEPH='天-ABCD',a.YUANMKDW='天津 BBBBBB',
a.QINGCJJY='张XXXX',a.LURY='李XXXX' WHERE a.ID=SYH_ID;
    --绑定变量
    execute immediate 'UPDATE GCC.CHEPB a SET a.CHEPH=''天-EFGH'',a.YUANMKDW=
''天津 ABCD'', a.QINGCJJY=''张1'',a.LURY=''李2'' where id=:1' using SYH_ID;
    -- DBMS_LOCK.SLEEP(T2);
    -- S:=0; -- 死循环
        FETCH CUR_UPDATE  INTO SYH_ID;
        S:=S+1;
        -- dbms_output.put_line(SYH_ID);
            IF S = T3 THEN
                -- EXIT;
                S:=0;
                S2:=S2 +1;
                commit;
                dbms_output.put_line('第 [' || TO_CHAR(S2) || ']次commit...');
            END IF;
        END LOOP;
    COMMIT;
    CLOSE CUR_UPDATE;
        END LOOP;
END;                                                              [000433]
```

例如，执行该存储过程，更新 CHEPB 表记录，代码如下：

```
SQL>
set serveroutput on size 1999
BEGIN
    --T1: 1，外循环 1 次；
    --T2: 暂停执行 T2 秒，已取消。
    --T3: 100，每更新 100 条记录提交。
    P_UPDATE(T1=>1,T2=>1,T3=>100);
END;
/                                                                 [000434]
```

3. 表索引重建

为了使得索引切实发挥作用，DBA 管理员通常的做法就是重建。下面的代码将对本实验涉及的这些表的索引重建，这些表是 CHEPB、FAHB、rucslhjb、jiekrwb、ZANGRCCP、ZANGRCPC 和 fisrwb，即将这些表的重建语句生成 SQL 文件，然后执行这个 SQL 文件，以达到重建这些表索引的目的。

```
set pagesize 0
set long 200000
set feedback off
```

```
set echo off
spool c:\idx_rebuild.sql
SELECT ' ALTER index ' || INDEX_NAME || ' rebuild;' from USER_INDEXES
a,USER_TABLES b WHERE A.TABLE_NAME=B.TABLE_NAME AND A.TABLE_NAME IN
('CHEPB','FAHB','rucslhjb','jiekrwb','ZANGRCCP','ZANGRCPC','fisrwb');
spool off
@c:\idx_rebuild.sql                                          [000435]
```

4. 对表进行分析

为了让数据库优化器选择正确的执行计划，在实验之前对表进行分析是必要的。另外，在数据库日常运维中定期地对表进行分析也是必要的。下面介绍两种分析表的方法，一种是通过数据库程序包 dbms_stats（推荐），另一种是通过 analyze 命令。本节还提供第 3 种和第 4 种方法，是 dbms_stats 的延伸使用（看下面具体说明）。这几种方法都可以对表进行分析，Oracle 推荐使用第一种作为 analyze 的替代，而且 CBO 只会使用 DBMS_STATS 包所统计出来的信息。

其优点如下：
- 可以并行进行，对多个用户，多个 Table；
- 可以得到整个分区表的数据和单个分区的数据；
- 可以在不同级别上 Compute Statistics：单个分区，子分区，全表，所有分区；
- 可以导出统计信息；
- 可以用户自动收集统计信息。

其缺点如下：
- 不能 Validate Structure；
- 不能收集 CHAINED ROWS，不能收集 CLUSTER TABLE 的信息，这两个仍旧需要使用 Analyze 语句；
- DBMS_STATS 默认不对索引进行 Analyze，因为默认 Cascade 是 False，需要手动指定为 True。

而对于 analyze 分析统计有时的信息不准确性，具体表现在对分区表的支持上，不能得到准确的 global statistics（全面统计）。不过 analyze 最主要的 2 个功能 validate structure（验证结构）和 list chained rows（列出链接行）目前和将来都不会被植入 DBMS_STATS 包中。因此，analyze 有其存在的必要性。

通常的做法是两种对表的分析联合起来使用。

下面介绍 dbms_stats 和 analyze 对实验数据表进行分析的具体过程。

（1）通过数据库程序包 dbms_stats（推荐）

首先删除分析表的统计信息，然后进行分析，SQL 语句如下：
```
SQL>
analyze table CHEPB delete statistics;
exec dbms_stats.gather_table_stats('GCC','CHEPB');
```

```
analyze table FAHB delete statistics;
exec dbms_stats.gather_table_stats('GCC','FAHB');
analyze table RUCSLHJB delete statistics;
exec dbms_stats.gather_table_stats('GCC','RUCSLHJB');
analyze table JIEKRWB delete statistics;
exec dbms_stats.gather_table_stats('GCC','JIEKRWB');
analyze table ZANGRCCP delete statistics;
exec dbms_stats.gather_table_stats('GCC','ZANGRCCP');
analyze table ZANGRCPC delete statistics;
exec dbms_stats.gather_table_stats('GCC','ZANGRCPC');
analyze table FISRWB delete statistics;
exec dbms_stats.gather_table_stats('GCC','FISRWB');
analyze table MEILTJKJB delete statistics;
exec dbms_stats.gather_table_stats('GCC','MEILTJKJB');           [000436]
```

注：

- analyze table FISRWB delete statistics：删除统计信息。
- dbms_stats.gather_table_stats：第一个参数为"账户名"，第二个参数为"表名"

（2）通过 analyze 命令

在这里，除使用 dbms_stats 外，再使用 analyze 走一遍分析，只有好处没有坏处。

```
SQL>
-- 参数说明
-- delete statistics   删除统计信息
-- compute statistics   全面分析，包括表、表字段、索引、索引字段等；
-- compute statistics for table   只对表本身分析
-- compute statistics for all indexes   只对表全部索引分析
-- compute statistics for all indexed columns   只对索引和索引字段分析
-- 对 CHEPB 表分析
analyze table CHEPB delete statistics;
analyze table CHEPB compute statistics ;
analyze table CHEPB compute statistics for table;
analyze table CHEPB compute statistics for all indexes ;
analyze table CHEPB compute statistics for all indexed columns
-- 对 FAHB 表分析
analyze table FAHB delete statistics;
analyze table FAHB compute statistics ;
analyze table FAHB compute statistics for table;
analyze table FAHB compute statistics for all indexes;
analyze table FAHB compute statistics for all indexed columns;
-- 对 rucslhjb 表分析
analyze table rucslhjb delete statistics;
analyze table rucslhjb compute statistics ;
analyze table rucslhjb compute statistics for table;
analyze table rucslhjb compute statistics for all indexes;
analyze table rucslhjb compute statistics for all indexed columns;
-- 对 jiekrwb 表分析
analyze table jiekrwb delete statistics;
```

```
analyze table jiekrwb compute statistics ;
analyze table jiekrwb compute statistics for table;
analyze table jiekrwb compute statistics for all indexes;
analyze table jiekrwb compute statistics for all indexed columns;
-- 对 ZANGRCCP 表分析
analyze table ZANGRCCP delete statistics;
analyze table ZANGRCCP compute statistics ;
analyze table ZANGRCCP compute statistics for table;
analyze table ZANGRCCP compute statistics for all indexes;
analyze table ZANGRCCP compute statistics for all indexed columns;
-- 对 ZANGRCPC 表分析
analyze table ZANGRCPC delete statistics;
analyze table ZANGRCPC compute statistics ;
analyze table ZANGRCPC compute statistics for table;
analyze table ZANGRCPC compute statistics for all indexes;
analyze table ZANGRCPC compute statistics for all indexed columns;
-- 对 fisrwb 表分析
analyze table fisrwb delete statistics;
analyze table fisrwb compute statistics ;
analyze table fisrwb compute statistics for table;
analyze table fisrwb compute statistics for all indexes;
analyze table fisrwb compute statistics for all indexed columns;
-- 对 MEILTJKJB 表分析
analyze table MEILTJKJB delete statistics;
analyze table MEILTJKJB compute statistics ;
analyze table MEILTJKJB compute statistics for table;
analyze table MEILTJKJB compute statistics for all indexes;
analyze table MEILTJKJB compute statistics for all indexed columns;
```
[000437]

注：上面 SQL 语句中的参数说明。

- delete statistics：删除统计信息。
- compute statistics：全面分析，包括表、表字段、索引、索引字段等。
- compute statistics for table：只对表本身分析。
- compute statistics for all indexes：只对表全部索引分析。
- compute statistics for all indexed columns：只对索引和索引字段分析。
- for table 的统计信息存于视图 user_tables、all_tables 和 dba_tables。
- for all indexes 的统计信息存于视图 user_indexes、all_indexes 和 dba_indexes。
- for all columns 的统计信息存于视图 user_tab_columns、all_tab_columns 和 dba_tab_columns。

（3）dbms_stats 的延伸使用——加入采样及并行

这里的延伸使用是指加入采样百分比及并行，主要目的是为了节约时间。命令中的"estimate_percent=>100"，表示 100%采样，其值的范围为 0.000 001~100，null 为全部分析，不采样。默认为 Oracle 的常量 AUTO_SAMPLE_SIZE，由 Oracle 决定最佳采样值；"degree=>5"，表示开了 5 个并行，该参数没有限制，能不能起到效果就看 CPU 了。

```
SQL>
    exec dbms_stats.gather_table_stats(ownname=>'GCC',tabname=>'CHEPB',estimate_percent=>100,degree=>5);
    exec dbms_stats.gather_table_stats(ownname=>'GCC',tabname=>'FAHB',estimate_percent=>100,degree=>5);
    exec dbms_stats.gather_table_stats(ownname=>'GCC',tabname=>'rucslhjb',estimate_percent=>100,degree=>5);
    exec dbms_stats.gather_table_stats(ownname=>'GCC',tabname=>'jiekrwb',estimate_percent=>100,degree=>5);
    exec dbms_stats.gather_table_stats(ownname=>'GCC',tabname=>'ZANGRCCP',estimate_percent=>100,degree=>5);
    exec dbms_stats.gather_table_stats(ownname=>'GCC',tabname=>'ZANGRCPC',estimate_percent=>100,degree=>5);
    exec dbms_stats.gather_table_stats(ownname=>'GCC',tabname=>'fisrwb',estimate_percent=>100,degree=>5);
                                                                          [000438]
```

（4）dbms_stats 的延伸使用——收集某账户下的所有表全部信息

这里的延伸使用是指收集某账户下的所有表、所有列信息，上述的 3 种方法都是针对某账户下某个表全部信息的分析，读者要依据实际情况采用不同的分析方法。另外，该方法在生产环境下慎用。因为非常耗时，可能影响业务的正常进行。

```
begin
  dbms_stats.gather_schema_stats(
    ownname          => 'GCC',
    estimate_percent => dbms_stats.auto_sample_size,
    method_opt       => 'for all columns size skewonly',
    degree           => 7
  );
end;
/                                                                          [000439]
```

10.1.2　给数据库加压处理及瓶颈解决过程

按照本实验要求，在对 CHEPB、FAHB、fisrwb、ZANGRCPC、ZANGRCCP、jiekrwb、rucslhjb 这些表进行信息收集分析后，接下来很重要的一步就是对数据库加压处理，目的迫使其出现瓶颈（该瓶颈就是数据库宕机了）。具体处理过程如下。

首先向数据库发出如下命令：

```
SQL>update GCC.CHEPB a SET a.CHEPH='天-ABCD',a.YUANMKDW='天津 BBBBBB',a.QINGCJJY='张XXXX',a.LURY='李XXXX' WHERE a.ID>=0 and a.id<=519999999;
                                                                          [000440]
```

这条数据库加压命令最初让数据库长时间等待，甚至"悬挂或宕机"。这条加压命令引发的数据库隐含操作如下：

- 更新 FAHB 表（由 chepb 表更新操作触发）
- 插入 rucslhjb 表（由 chepb 表更新操作触发）
- 删除和插入 jiekrwb 表（由 fahb 表触发）
- 插入 rucslhjb 表（由 fahb 表触发）
- 插入 ZANGRCCP 表（由 fahb 表触发执行过程）
- 插入 ZANGRCPC 表（由 fahb 表触发执行过程）
- 删除和插入 fisrwb 表（由 ZANGRCPC 表触发执行过程）

上述操作均为数据批量操作，数据量非常大，导致 chepb 更新记录超过 20 万条后悬挂。

在数据库未实施任何优化措施的状态下，第 1 次执行更新命令，更新 12 万条记录，用时 70 分钟，超过 12 万后，数据库"悬挂"（连续运行 40 个小时无结果）。

在最优的状态下，更新 12 万条记录，耗时 2 分钟。

优化前后的结果如图 10-1 和图 10-2 所示。

图 10-1　优化前（更新 12 万条记录）

图 10-2　优化后（更新 12 万条记录）

在最优状态下（处理 CHEPB 表"FAHB_ID"列上的一个普通索引，删除此索引→建位图索引→进行表分析）更新 CHEPB 表 303 万条记录，耗时 49 分钟。自优到了 49 分钟后，无论怎么"优"，运行时间就是不能低于 49 分钟，有时还多点儿，这说明"49 分钟"已经优到了极限。

优化的结果如图 10-3 和图 10-4 所示。

图 10-3　优化前（更新 303 万条记录）　　图 10-4　优化后（更新 303 万条记录）

上面介绍了瓶颈解决的最终结果，接下来说明具体的解决过程，在说明之前先来介绍几个本实验用到的处理技术（含加压处理）。

10.1.3　存储过程使用绑定

对实验所涉及的存储过程 **UPdatefahb** 加入绑定变量，减少硬解析。代码如下：

```
CREATE OR REPLACE PROCEDURE GCC.UPdatefahb(fahbid IN NUMBER,v_ches in
number,v_maoz in number,v_piz in number,v_jingz in number,v_yingk in
number,v_yuns in number,v_biaoz in number,v_koud in number,v_kous in
number,v_kouz in number,v_koum in number,v_sanfsl in number,v_zongkd in
number,v_yingd in number )
  IS
  V_SQL1  VARCHAR2(32767);         --存放SQL字符串
  V_SQL2  VARCHAR2(32767);         --存放SQL字符串
  BEGIN
  DECLARE
  BEGIN
  V_SQL1 :='update /*+dynamic_sampling(fahb 0) */ fahb set yingd=yingd+:1
where id=:2';
  EXECUTE IMMEDIATE V_SQL1 USING  v_yingd,fahbid;
  -- 删除空发货记录
  -- DELETE from fahb where id=fahbid and ches<=0;
  V_SQL2 :='delete /*+dynamic_sampling(fahb 0) */ from fahb where id=:1 and
ches<=0';
  EXECUTE IMMEDIATE V_SQL2 USING  fahbid;
  END;
  END updatefahb;
  /
```

10.1.4 将 UPDATE 命令加载到共享池并以并行方式执行

通过 HINTS 的 dynamic_sampling 选项强制将 SQL 语句存于共享池中，同时在会话级打开并行处理，目的是减少硬解析并尽可能通过并行执行提高执行速度。代码如下：

```
SQL>
ALTER session enable parallel dml; --开并行
set timing on
-- /*+dynamic_sampling(CHEPB 0) */ 提示将 SQL 存于共享池中
UPDATE /*+dynamic_sampling(CHEPB 0) */ CHEPB a SET a.CHEPH=' 天
-ABCD',a.YUANMKDW='天津 BBBBBB', a.QINGCJJY='张 XXXX',a.LURY='李 XXXX' WHERE
a.ID>=0 and a.ID<=999999510102210407;
-- /*+ parallel(CHEPB,8) */--提示开并行
UPDATE  /*+  parallel(CHEPB,8)  */  CHEPB  a  SET  a.CHEPH='  天
-ABCD',a.YUANMKDW='天津 abcd', a.QINGCJJY='张 XX',a.LURY='李 XX' WHERE a.ID>=0
and a.ID<=9999999509118477;                                    [000442]
```

10.1.5 通过并发给数据库加压

并发加压是本实验必不可少的内容，下面提供一个简易的并发环境。

首先制作一个 SQL 脚本文件，里面包含 SQL 的可执行代码，然后在 n 个 DOS 命令窗口中执行这个文件。这样，人为制造了有 n 个并发执行的环境。

SQL 脚本文件 cesbf.sql 内容如下：

```
set autotrace off;
select a.* from CHEPB a,FAHB b where a.FAHB_ID=B.ID AND rownum<20000 order
by a.id;                                                       [000443]
```

执行 cesbf.sql 脚本的命令如下：

```
D:\app\Administrator\product\11.2.0\dbhome_1\BIN\sqlplus  -s  gcc/gcc@dalin
@d:\cesbf.sql                                                  [000444]
```

然后在 n 个 DOS 命令窗口中执行这个批处理文件，这样就制造出 n 个进程会话，也就是 n 个并发操作。然后通过下面的命令查看当前进程信息。

（1）查看当前进程数量

```
select count(*) from v$process;                                [000445]
```

（2）查看进程数量上限

```
select value from v$parameter where name = 'processes';        [000446]
```

（3）查看当前会话数量

```
select count(*) from v$session;                                [000447]
```

（4）查看会话数量上限

```
select value from v$parameter where name = 'sessions';        [000448]
```

（5）修改进程上限值为 1 000

```
alter system set processes = 1000 scope = spfile;             [000449]
```

（6）修改会话上限值为 1 522

会话数与进程数之间有一个比例关系，即 sessions=(1.5 * processes) + 22。

```
alter system set sessions = 1522 scope = spfile;              [000450]
```

10.1.6 查找 SESSION ID 及 serial#

查找 SESSION ID 及 serial#的目的是了解当前数据库都有哪些会话及相关信息，比较常用，SQL 语句如下。

1．查找当前全部的 SESSION ID 及 serial#

```
SQL>SELECT s.Schemaname "Schema_Name(账户)",Decode(Sign(48 - Command),
To_Char(Command), 'Action Code #' || To_Char(Command)) "Action(活动)",Status
"Session_Status(会话状态)", s.Osuser "Os_User_Name(操作系统用户)", s.Sid
"session ID", s.Serial# " Serial_Num(session 的 Serial#)",p.Spid "操作系统进程
",Nvl(s.Username, '[Oracle process]') "User_Name(Oracle 账号)",s.Terminal
"Terminal(会话终端)", s.Program "Program(客户端程序)", St.VALUE "Criteria_
Value(资源量)"
    FROM V$sesstat St, V$session s, V$process p
    WHERE
    St.Sid = s.Sid AND
    St.Statistic# = To_Number('38') AND
    ('ALL' = 'ALL' OR s.Status = 'ALL') AND
    p.Addr = s.Paddr
    ORDER BY St.VALUE DESC, p.Spid ASC, s.Username ASC, s.Osuser ASC;
                                                              [000451]
```

2．查找当前被锁定的 SESSION ID 及 serial#

```
SQL>SELECT s. Username,s.sid, s.serial# FROM V$locked_object lo,
dba_objects ao, V$session s WHERE ao.object_id = lo.object_id AND lo.session_id
= s.sid;                                                      [000452]
```

注：

V$locked_object 视图列出当前系统中哪些对象正被锁定，字段解释如表 10-2 所示。

表 10-2　V$locked_object 视图字段解释说明

字　　段	数据类型	描　　述
XIDUSN	NUMBER	回滚段号
XIDSLOT	NUMBER	槽号
XIDSQN	NUMBER	序列号

续上表

字段	数据类型	描述
OBJECT_ID	NUMBER	被锁对象 ID
SESSION_ID	NUMBER	持有锁的会话 ID
ORACLE_USERNAME	VARCHAR2(30)	持有锁的 Oracle 用户名
OS_USER_NAME	VARCHAR2(30)	持有锁的系统用户名
PROCESS	VARCHAR2(12)	操作系统进程号
LOCKED_MODE	NUMBER	锁模式

10.1.7 杀掉 SESSION ID

关于杀掉 SESSION ID，当由于某种原因导致某个 SESSION ID 一直存在并不能正常结束时，通常的做法就是杀掉这个会话，避免其耗费数据库资源。如果在生产环境，杀会话要非常谨慎。像本实验，由于给数据库加压导致宕机，其实质就是这个会话不能正常结束，只有杀掉这个会话，数据库才能恢复正常。

```
ALTER SYSTEM KILL 'sid, serial#';   [000453]
```

注：

如果 ALTER SYSTEM KILL 杀不掉这个 SESSION 进程，则只能在操作系统层面杀这个 SESSION ID 所对应的 SPID（操作系统进程），具体操作如下：

（1）在 UNIX 上，用 root 身份执行命令：#KILL -9 12345（查询出的 spid）。

（2）在 Windows（UNIX 也适用）用 ORAKILL 杀死线程，ORAKILL 是 Oracle 提供的一个可执行命令，语法为：

```
ORAKILL sid thread
```

其中 SID：表示要杀死的进程所属的实例名，thread：是要杀掉的线程号，即 spid。

例如：

```
c:>ORAKILL orcl 12345
```

KILL OS 进程是在服务端操作，而不是在客户机。

10.1.8 通过 merge 命令加压

Oracle 在 9i 引入了 merge 命令，通过该命令能够在一个 SQL 语句中对一个表同时执行 inserts 和 updates 操作。当然是 update 还是 insert 要依据于指定的条件判断。

Merge into 可以实现用 B 表来更新 A 表数据，如果 A 表中没有，则把 B 表的数据插入 A 表。merge 命令从一个或多个数据源中选择行来 updating 或 inserting 到一个或多个表。

本实验用到这个命令，详细用法不再赘述。

1. merge 命令的更新操作

```
MERGE INTO GCC.CHEPB T1
USING (SELECT
'天-ABCD' AS a,
'天津ABCD' AS b,
'张XXXX' AS c,
'李XXXX' as d,0 as e, 509199999 as f FROM dual) T2
ON ( T1.ID>=T2.e and T1.ID<=T2.f)
WHEN MATCHED THEN
UPDATE SET
T1.CHEPH = T2.a,
T1.YUANMKDW= T2.b,
T1.QINGCJJY= T2.c,
T1.LURY=T2.d;                                                          [000454]
```

2. merge 命令的插入操作

```
MERGE INTO CHEPBTMP A
    USING (SELECT
    A.QICRJHB_ID,A.QINGCHH,A.QINGCJJY,A.ZHONGCSJ,A.ZHONGCHH,A.ZHONGCJJY,A.
MEICB_ID,A.DAOZCH,A.LURY,A.BEIZ,A.LURSJ,A.ID,A.PIAOJH,A.CHEPH,A.MAOZ,A.PIZ
,A.BIAOZ,A.YINGD,A.YINGK,A.YUNS,A.KOUD,A.KOUS,A.KOUZ,A.SANFSL,A.CHES,A.JIA
NJFS,A.GUOHB_ID,A.FAHB_ID,A.CHEBB_ID,A.YUANMKDW,A.YUNSDWB_ID,A.QINGCSJ,A.Y
UANMZ,A.YUANPZ,A.MEIGY
        FROM CHEPB A,FAHB B
        WHERE A.FAHB_ID = B.ID
        and (A.MAOZ<100 and A.PIAOJH Is Not Null)
        And (A.LURSJ Between to_date('2002-01-01 01:00:00','yyyy-mm-dd
hh24:mi:ss')
        And to_date('2018-12-31 23:59:59', 'yyyy-mm-dd hh24:mi:ss'))
    Or (B.DAOHRQ between to_date('2002-01-01 01:00:00','yyyy-mm-dd
hh24:mi:ss')
        And to_date('2018-12-31 23:59:59', 'yyyy-mm-dd hh24:mi:ss'))
    Or (B.FAHRQ Between to_date('2002-01-01 01:00:00', 'yyyy-mm-dd
hh24:mi:ss')
        And to_date('2018-12-31 23:59:59', 'yyyy-mm-dd hh24:mi:ss'))) T
    ON (A.ID = T.ID)
        WHEN NOT MATCHED THEN
        INSERT(
    A.QICRJHB_ID, A.QINGCHH, A.QINGCJJY, A.ZHONGCSJ, A.ZHONGCHH, A.ZHONGCJJY,
A.MEICB_ID, A.DAOZCH, A.LURY, A.BEIZ, A.LURSJ,A.ID, A.PIAOJH,A.CHEPH,
A.MAOZ,A.PIZ,A.BIAOZ,A.YINGD,A.YINGK,A.YUNS,A.KOUD,A.KOUS,A.KOUZ,A.SANFSL,
A.CHES,A.JIANJFS,A.GUOHB_ID,A.FAHB_ID,A.CHEBB_ID,A.YUANMKDW,A.YUNSDWB_ID,A
.QINGCSJ,A.YUANMZ,A.YUANPZ,A.MEIGY)
        VALUES
        (
        T.QICRJHB_ID,T.QINGCHH,T.QINGCJJY,T.ZHONGCSJ,T.ZHONGCHH,T.ZHONGCJJY,T.
```

```
MEICB_ID,T.DAOZCH,T.LURY,T.BEIZ,T.LURSJ,T.ID,T.PIAOJH,T.CHEPH,T.MAOZ,T.PIZ
,T.BIAOZ,T.YINGD,T.YINGK,T.YUNS,T.KOUD,T.KOUS,T.KOUZ,T.SANFSL,T.CHES,T.JIA
NJFS,T.GUOHB_ID,T.FAHB_ID,T.CHEBB_ID,T.YUANMKDW,T.YUNSDWB_ID,T.QINGCSJ,T.Y
UANMZ,T.YUANPZ,T.MEIGY);
    COMMIT;                                                          [000455]
```

10.1.9 批量数据加压处理

下面的批量数据生成，一方面用于给数据库加压；另一方面也给读者提供一种批量生成数据的方法。

1. 匿名块方法生成批量数据

下面的代码将生成 3000 万条数据。

```
CREATE TABLE ryb (
syh char(20) DEFAULT NULL,
bh char(10) DEFAULT NULL,
xm char(8) DEFAULT NULL,
bm char(30) DEFAULT NULL,
gz char(30) DEFAULT NULL,
pyjc char(15) DEFAULT NULL,
zd1 char(20) DEFAULT NULL,
zd2 number(8,2) DEFAULT NULL,
photo blob DEFAULT NULL,
memo blob DEFAULT NULL)
/
declare
v1 varchar2(20);
i integer ;
begin
   for i in 1 .. 30000000 loop
      v1:='A-' || to_char(i);
      Insert   into   RYB   (SYH,BH,XM,BM,GZ,PYJC,ZD1,ZD2)   values
(v1,'tjgdd-3354','XXXXXX','10010507','GZ1020',null,'tj0112',null);
      end loop;
end;
/
commit;
/                                                                    [000456]
```

2. 开 DML 并行批量生成数据并实施更新

下面的代码将生成一千多万条数据并更新。

```
--开 DML 并行
ALTER session enable parallel dml;
DROP table t_pil purge --不经过回收站直接删除 purge recyclebin;清空回收站;
set autotrace off
CREATE /*+ parallel(t,8) */ table t_pil as SELECT * from dba_objects;
```

```
commit;
insert /*+ parallel(t_pil,8) */ into t_pil SELECT * from t_pil;
commit;
insert /*+ parallel(t_pil,8) */ into t_pil SELECT * from t_pil;
commit;
insert /*+ parallel(t_pil,8) */ into t_pil SELECT * from t_pil;
commit;
insert /*+ parallel(t_pil,8) */ into t_pil SELECT * from t_pil;
commit;
insert /*+ parallel(t_pil,8) */ into t_pil SELECT * from t_pil;
commit;
insert /*+ parallel(t_pil,8) */ into t_pil SELECT * from t_pil;
commit;
insert /*+ parallel(t_pil,8) */ into t_pil SELECT * from t_pil;
commit;
insert /*+ parallel(t_pil,8) */ into t_pil SELECT * from t_pil;
commit;
update /*+ parallel(t_pil,8) */ t_pil set object_id=rownum;
commit;                                                              [000457]
```

注：本实验要用到查看表索引命令，具体如下。

SQL>SELECT INDEX_NAME from dba_indexes where table_name='&tn';

在 10.1 节，对数据库实施了加压处理并出现宕机，接下来就是对处于加压及宕机状态下的数据库性能指标的查看及追踪。

10.2　信息查看跟踪 SQL 语句

数据库宕机状态下需要查看和跟踪一些性能指标的状态及变化，当然，日常数据库处于正常良好状态下也需要查看一些性能指标的状态及变化，达到防患于未然的目的。下面详细介绍获取这些指标的 SQL 语句。

10.2.1　比率相关

1. 判断回滚段竞争的 SQL 语句

当 Ratio 比率，即等待所占百分比大于 2%时存在回滚段竞争，需要增加更多的回滚段。关于 "2%"，是 Oracle 官方解释；关于回滚段的维护请参阅其他章节。

```
SQL>SELECT rn.name "回滚段名", rs.GETS "获取的块的总数目", rs.WAITS "等待的
块数目", (rs.WAITS / rs.GETS) * 100 "ratio(比率)" from V$rollstat rs, V$rollname
rn where rs.USN = rn.usn;                                            [000458]
```

运行结果如图 10-5 所示。

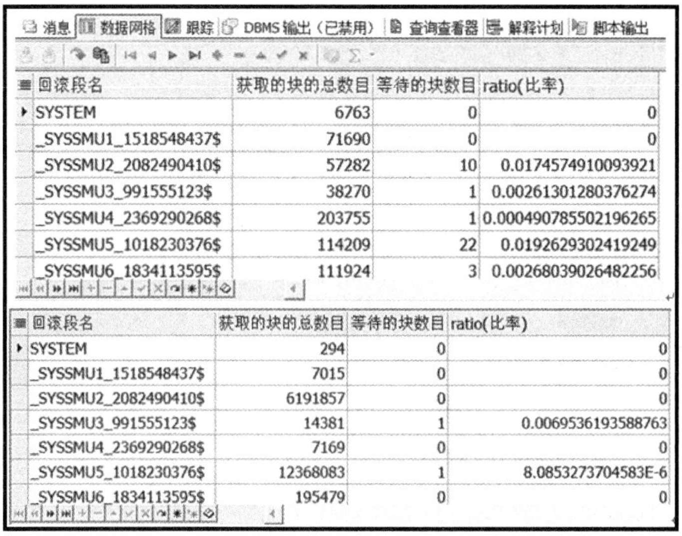

回滚段名	获取的块的总数目	等待的块数目	ratio(比率)
SYSTEM	6763	0	0
_SYSSMU1_1518548437$	71690	0	0
_SYSSMU2_2082490410$	57282	10	0.0174574910093921
_SYSSMU3_991555123$	38270	1	0.00261301280376274
_SYSSMU4_2369290268$	203755	1	0.000490785502196265
_SYSSMU5_1018230376$	114209	22	0.0192629302419249
_SYSSMU6_1834113595$	111924	3	0.00268039026482256

回滚段名	获取的块的总数目	等待的块数目	ratio(比率)
SYSTEM	294	0	0
_SYSSMU1_1518548437$	7015	0	0
_SYSSMU2_2082490410$	6191857	0	0
_SYSSMU3_991555123$	14381	1	0.0069536193588763
_SYSSMU4_2369290268$	7169	0	0
_SYSSMU5_1018230376$	12368083	1	8.0853273704583E-6
_SYSSMU6_1834113595$	195479	0	0

图 10-5　判断回滚段是否存在竞争

图 10-5 中的 ratio（等待占比）均小于 2%，说明回滚段够用。

注：

（1）SQL 语句中涉及的查询字段解释说明如表 10-3 所示。

表 10-3　SQL 语句中字段解释说明

GETS	获取的块的总数目
WAITS	等待的块数目
ratio	等待所占百分比
USN	回滚段编号
Rn.name	回滚段名

（2）SQL 语句中涉及的两个视图 V$rollstat 和 V$rollname 结构说明如表 10-4、表 10-5 所示。

表 10-4　V$rollname 结构

列	列　描　述
USN	回滚段编号
NAME	回滚段名

表 10-5　V$rollstat 结构

列	类　　型	列　描　述
USN	NUMBER	回退段号
LATCH	NUMBER	
EXTENTS	NUMBER	回退段中的区数

续上表

列	类　型	列　描　述
RSSIZE	NUMBER	回退段以字节级的尺寸
WRITES	NUMBER	写到回退段的字节数
XACTS	NUMBER	活动的事务处理数
GETS	NUMBER	获得的块数目
WAITS	NUMBER	等待的块数目
OPTSIZE	NUMBER	回退段的最佳尺寸
HWMSIZE	NUMBER	回退段尺寸的高水位标记
SHRINKS	NUMBER	回退段尺寸减少的倍数
WRAPS	NUMBER	回退段缠绕的倍数
EXTENDS	NUMBER	回退段段尺寸扩展的倍数
AVESHRINK	NUMBER	平均收缩尺寸
AVEACTIVE	NUMBER	活动区随时间平均的当前尺寸
STATUS	VARCHAR2(15)	回退段状态
CUREXT	NUMBER	当前区
CURBLK	NUMBER	当前块

（3）查询回滚段所在表空间、区段等信息 SQL 语句

```
select segment_name,tablespace_name,extent_id from  dba_undo_extents
where segment_name='回滚段名';
```

2. 确定命中排序域的次数

该指标与 8.2.3 节中的 In-Memory Sort Ratio（内存排序率）相关，反映在内存排序的次数和在磁盘排序的次数，前者越多越好。

```
SQL>SELECT t.NAME "统计名称", t.VALUE "资源量" from V$sysstat t where t.NAME
like 'sort%';                                                      [000459]
```

运行结果如图 10-6 所示。

统计名称	资源量
sorts (memory)	1488793
sorts (disk)	9
sorts (rows)	219840568

统计名称	资源量
sorts (memory)	233858
sorts (disk)	7
sorts (rows)	392839218

图 10-6　确定命中排序域的次数

如果 sorts (disk)这个值很高，说明要从磁盘请求大量的数据到 Buffer Cache 中，通常意味着系统中存在大量全表扫描的 SQL 语句。

图 10-6 左侧部分说明 219 840 568 行数据在内存排序 1 488 793 次，在磁盘排序 9 次。内存排序率= Sorts (Memory) / (Sorts (Memory) + Sorts (Disk) =1 488 793/1 488 793 + 9=0.999 99，说明数据库工作状态良好。

图 10-6 右侧同左侧说明。

注：

V$sysstat 视图说明如表 10-6 所示。

表 10-6　V$sysstat 视图说明

列	列 描 述
STATISTIC#	标识
NAME	统计项名称
VALUE	资源使用量
CLASS	统计类别 1：代表事例活动 2：代表 Redo buffer 活动 4：代表锁 8：代表数据缓冲活动 16：代表 OS 活动 32：代表并行活动 64：代表表访问 128：代表调试信息

3．确定高速缓冲区命中率

如果命中率低于 70%，则应该加大 init.ora 参数中的 DB_BLOCK_BUFFER 值。

这个指标说明查询及 DML 语句所需的数据是在内存的 DB_BLOCK_BUFFER 中获取的多还是在磁盘获取的多。如果低于 70%则说明有大量数据是从磁盘获取到的，这是很不好的。原因是在内存开辟的 DB_BLOCK_BUFFER 容量不足导致，因此应加大 DB_BLOCK_BUFFER 容量。关于"70%"，是 Oracle 官方文档的解释。

```
SQL>SELECT   round((1-(physical.value-direct.value-lobs.value)/logical.
value)*100,2)"缓冲区命中率" from V$sysstat physical,V$sysstat direct,V$sysstat
lobs,V$sysstat  logical  where  physical.NAME='physical reads' and direct.
name='physical reads direct' and lobs.name='physical reads direct (lob)' and
logical.NAME='session logical reads';                          [000460]
```

运行结果如图 10-7 所示。

图 10-7　确定高速缓冲区命中率

注：V$sysstat 视图结构含义同上。

4．确定共享池中的命中率

如果 ratio1 大于 1%时，需要加大共享池 SHARED_POOL_SIZE。

如果 ratio1 大于 1%，说明 SQL 语句硬解析次数太多，最有可能的原因是 SHARED_POOL_SIZE 容量不足导致。关于"1%"，是 Oracle 官方文档的解释。

```
SQL>SELECT sum(pins) "1 pins-对象被执行的总次数",sum(reloads) "2 reloads-
重新装载执行的总次数",(sum(reloads) / sum(pins)) * 100 "3 ratio1(比率 2/1)" from
V$librarycache;                                                        [000461]
```

运行结果如图 10-8 所示。

图 10-8　确定共享池中的命中率（ratio1）

注：

V$librarycache 视图结构说明如表 10-7 所示。

表 10-7　V$librarycache 视图结构说明

字　　段	类　　型	描　　述
NAMESPACE	VARCHAR2(15)	名称空间例:sql_area,index
GETS	NUMBER	请求的语句句柄数
GETHITS	NUMBER	获得的句柄数
GETHITRATIO	NUMBER	前两者之比
PINS	NUMBER	根据句柄查找对像并执行的次数
PINHITS	NUMBER	对象在内存中的次数
PINHITRATIO	NUMBER	前两者之比
RELOADS	NUMBER	由于是第一次执行，或者语句体被调出内存时需要重新 reload 次数。Oracle 执行一条语句会首先去获得该语句句柄（gets），然后根据句柄查找对应的语句，对象（pins）执行，如果该语句体因为某些原因没有在内存中，则需要重载语句体（reloads），所以 reloads 最好不要超过 1%，sum(pinhits)/sum(pins)要达到 95%以上，sum(gethits)/sum(gets)命中率也应在 95%以上

如果 ratio2 大于 10%时，需要加大共享池 SHARED_POOL_SIZE。

ratio2 大于 10%，说明 SQL 语句被请求的失败数过多，很有可能的原因也是 SHARED_POOL_SIZE 容量不足导致。关于"10%"，是 Oracle 官方文档的解释。

```
SQL>SELECT sum(gets) "1 gets-请求总数",sum(getmisses) "2 getmisses-请求
失败总数",(sum(getmisses) / sum(gets)) * 100 "ratio2(比例:2/1 %)" from
V$rowcache;                                                           [000462]
```

运行结果如图 10-9 所示。

图 10-9　确定共享池中的命中率（ratio2）

注：

V$rowcache 视图结构说明如表 10-8 所示。

表 10-8　V$rowcache 视图结构说明

列	列　描　述
PARAMETER	缓存名
COUNT	缓存项总数
USAGE	包含有效数据的缓存项数
GETS	请求总数
GETMISSES	请求失败数
SCANS	扫描请求数
SCANMISSES	扫描请求失败次数
MODIFICATIONS	添加、修改、删除操作数
DLM_REQUESTS	DLM 请求数
DLM_CONFLICTS	DLM 冲突数
DLM_RELEASES	DLM 释放数

查看共享池信息命令：SHOW PARAMETERS SHARED_POOL_SIZE

修改共享池命令：ALTER SYSTEM SET SHARED_POOL_SIZE='100M' SCOPE=BOTH;

5．查看当前数据缓冲区命中率

该指标反映在总请求数据量中，是从内存获取的多还是从磁盘获取的多。如果从内存获取的多且达到 90%以上是不错的，反之是差的。导致差的原因主要是 DB CACHE（数据库高速缓存）容量不足，应考虑加大 DB CACHE。

下面的 SQL 分别说明了物理读块数、直接物理读块数、对 LOB 类型数据的直接读取块数、回滚 buffers（缓冲）的请求需要的总块数、当前请求的块数以及一致性读（逻辑读）块数。

```
SQL>
SELECT value from V$sysstat where name ='physical reads'--物理读;
SELECT value from V$sysstat where name ='physical reads direct' --直接物
理读;
SELECT value from V$sysstat where name ='physical reads direct (lob)' --
对LOB类型数据的直接读取;
SELECT value from V$sysstat where name ='consistent gets' --内存中回滚
buffers的请求需要的总块数;
SELECT value from V$sysstat where name = 'db block gets' --内存中当前请求
的块数;
SELECT value from V$sysstat where name = 'session logical reads' -- 一
致性读块数(逻辑读);                                                [000463]
```

这里命中率的计算如下:

令 x = Physical Reads direct + Physical Reads direct (lob)。

命中率 =100 − (Physical Reads − x) / (Consistent Gets + Db Block Gets − x)×100。

通常,如果发现命中率低于90%,则应调整应用,可以考虑是否增大数据缓冲区。

也可以通过下面的SQL计算得来。

关于90%衡量标准,是Oracle官方文档的解释。

```
SELECT round((1-(physical.value-direct.value-lobs.value)/logical.value)
*100,2)"缓冲区命中率" from V$sysstat physical,V$sysstat direct,V$sysstat
lobs,V$sysstat logical where physical.NAME='physical reads' and direct.name=
'physical reads direct' and lobs.name='physical reads direct (lob)' and
logical.NAME='session logical reads';                              [000464]
```

或

```
SELECT
round((1-(physical.value-direct.value-lobs.value)/(consistent.value   +
dbblock.value))*100,2)"缓冲区命中率" from V$sysstat physical,V$sysstat
direct,V$sysstat lobs,V$sysstat consistent, V$sysstat dbblock where
physical.NAME='physical reads' and direct.name='physical reads direct' and
lobs.name='physical reads direct (lob)' and consistent.NAME='consistent gets'
and dbblock.NAME='db block gets';                                  [000465]
```

或

```
SELECT round(100-((physical.value-direct.value-lobs.value)/(consistent.
value + dbblock.value -direct.value-lobs.value)*100),2) "缓冲区命中率" from
V$sysstat physical,V$sysstat direct,V$sysstat lobs,V$sysstat consistent,
V$sysstat dbblock where physical.NAME='physical reads' and direct.name=
'physical reads direct' and lobs.name='physical reads direct (lob)' and
consistent.NAME='consistent gets' and dbblock.NAME='db block gets'; [000466]
```

上面3条计算命中率SQL,前两条计算结果完全一致,第3条计算结果可能与前两条不一致,区别是分母与前两条不一致,扣除了直接物理读块数和lobs物理读块数,变小。建议使用第3条SQL,会更精确。

这里有一个关系说明一下,即逻辑读块数(session logical reads)=回滚buffers的请求需要的总块数（consistent gets）＋ 当前请求的块数（db block gets）。可通过下面的 SQL 验证：

```
SELECT logical.value "逻辑读块数", consistent.value + dbblock.value "计算后逻辑读块数" from V$sysstat physical,V$sysstat direct,V$sysstat lobs,V$sysstat consistent, V$sysstat dbblock, V$sysstat logical where physical.NAME= 'physical reads' and direct.name='physical reads direct' and lobs.name='physical reads direct (lob)' and consistent.NAME='consistent gets' and dbblock.NAME='db block gets' and logical.NAME='session logical reads';                [000467]
```

6. 查看 3 个比率指标

下面的 SQL 可以输出 3 个比率指标，分别是“数据高速缓存命中率”“库缓存命中率”和“数据字典缓存区域整体命中率”。其中“数据高速缓存命中率”和“库缓存命中率”前面已经介绍，下面简要介绍“数据字典缓存区域整体命中率”。

数据字典缓存是 shared pool 中保存数据字典信息的一个内存区域。数据字典缓存又称 row cache，因为它保存数据使用行而不是缓存（缓存保存整个数据块）。

数据字典包含数据库中每个 schema 对象(tables, indexes, sequences, and database links)的定义、schema 对象分配空间总和及当前使用量、Oracle 数据库的用户名、权限、角色赋予及审计信息等。

数据库实例启动，数据字典缓存中不含任何数据。所有 SQL 语句都无法命中缓存。随着越来越多的数据读到数据字典缓存，缓存未命中率在降低。最终，数据库达到均衡状态，使用最频繁的字典数据被缓存到数据字典缓存区域中。至此，缓存未命中极少发生。

```
    select round(100*(1-sum(reloads)/sum(pins)),2) || '% 库缓存命中率' Ratio from v$librarycache union
    select round(100*(1-sum(getmisses)/sum(gets)),2) || '% 数据字典缓存区域整体命中率' from v$rowcache
    union
    select round(100*(1-(phy.value / (cur.value + con.value))),2) || '% 数据高速缓存命中率'
    from v$sysstat cur, v$sysstat con, v$sysstat phy
    where cur.name = 'db block gets' and
         con.name = 'consistent gets' and
         phy.name = 'physical reads';                             [000468]
```

运行如图 10-10 所示。

	RATIO
1	98.72% 数据高速缓存命中率
2	98.85% 数据字典缓存区域整体命中率
3	99.7% 库缓存命中率

图 10-10 查看 3 个比率指标

10.2.2 等待、锁及阻塞相关

1. 查看块等待（wait）情况

通过观察块等待信息，可以判断回滚段是否存在竞争。V$waitstat 视图中任何非 0 的 COUNT 值的存在都说明存在回滚段头的竞争。当发现存在大量的 buffer busy waits（缓冲区忙等待）信息时，应当据此做出适当调整。

调整的内容可能是更改 undo_retention 参数，比如“alter system set undo_retention = 1200;”；或指定 undo 表空间的 retention guarantee（绝对不被覆盖）参数；或加大 undo 表空间的容量等。

```
SELECT
Ws.CLASS "块类别",
Ws.COUNT "本类块的等待次数",
SUM(Ws.TIME) "本类块的总等待时间",
SUM(Ss.VALUE) "块变化总量(资源量)"
FROM V$waitstat Ws, V$sysstat Ss WHERE Ss.NAME IN ('db block gets',
'consistent gets') AND
Ws.COUNT <>0
GROUP BY Ws.CLASS,Ws.COUNT;                                    [000469]
```

运行结果如图 10-11 所示。

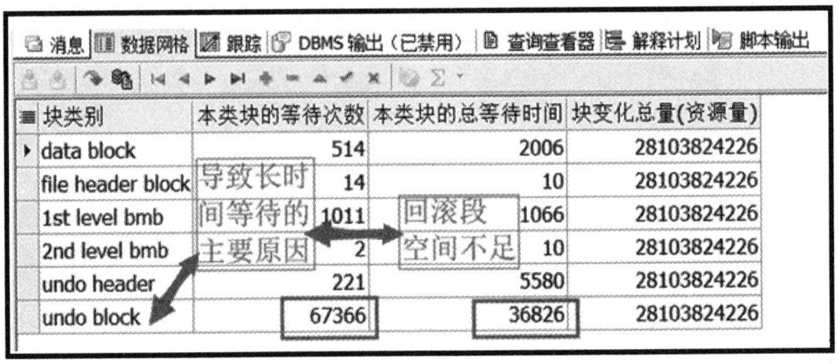

块类别	本类块的等待次数	本类块的总等待时间	块变化总量(资源量)
data block	514	2006	28103824226
file header block	14	10	28103824226
1st level bmb	1011	1066	28103824226
2nd level bmb	2	10	28103824226
undo header	221	5580	28103824226
undo block	67366	36826	28103824226

图 10-11 查看等待（wait）情况

注：v$waitstat 是针对 data buffer 中各类型的 block 等待进行统计的，保持自实例启动所有的等待事件统计信息。

图 10-11 说明 undo block 类别的块总等待时间为 6 分钟左右（36826/100/60），等待不正常了。

（1）解决办法

① 使用下面 SQL 语句查看大致需要的回滚时间：

```
select
undoblockstotal "Total(总回滚量)",
undoblocksdone "Done(已回滚量)",
undoblockstotal -undoblocksdone "ToDo(待回滚量)",
decode(cputime,
```

```
0,'unknown',
to_char(sysdate+(((undoblockstotal-undoblocksdone)/(undoblocksdone/cpu
time))/86400),'yyyy-mm-dd hh24:mi:ss')
) "估计回滚完成时间",
to_char(sysdate,'yyyy-mm-dd hh24:mi:ss') "当前时间"
from V$fast_start_transactions;                                    [000470]
```

② 关闭数据库，设置参数 FAST_START_PARALLEL_ROLLBACK=false：

```
ALTER SYSTEM set FAST_START_PARALLEL_ROLLBACK=false;
```

或

```
ALTER SYSTEM set FAST_START_PARALLEL_ROLLBACK = HIGH;              [000471]
```

③ 重启数据库，查看回滚进度：

```
SQL> select * from V$transaction;                                  [000472]
```

④ 总结：

Oracle 大事务回滚，是没有办法取消的，但是可以通过 FAST_START_PARALLEL_ROLLBACK=HIGH 干预回滚速度。

数据库的并发效率高与低，取决于系统的资源情况（如果系统的 CPU 非常强大，那么可能设置 HIGH 速度最快）。

回滚的数据类型，在回滚表中的数据时可能设置并发比"ALTER SYSTEM set FAST_START_PARALLEL_ROLLBACK=false;"快，但是如果是要回滚串行数据（如 index），那么可能串行方法方式速度更快。

根据系统的使用状况，比如想让系统的业务受到的影响最小，那么"ALTER SYSTEM set FAST_START_PARALLEL_ROLLBACK=false;"可能是个不错的选择。

（2）确认回滚段内存合理值 SQL

这个值需在数据库"高压"情况下测得。

```
SQL>select (((SELECT value FROM V$parameter WHERE name = 'UNDO_RETENTION') *
((SELECT (SUM(undoblks)/SUM(((end_time -begin_time)*86400))) FROM V$undostat) *
(SELECT value FROM V$parameter  WHERE name = 'db_block_size'))) + ((SELECT
value FROM V$parameter  WHERE name = 'db_block_size') * 24)) as "bytes" from
dual;                                                              [000473]
```

注：V$sysstat 视图字段参考同前。

V$waitstat 视图字段解释说明如表 10-9 所示。

表 10-9 V$waitstat 视图字段解释说明

列	列描述
CLASS	块类别
WAITS	本类块的等待次数
TIME	本类块的总等待时间，单位为 1/100 秒

2. 查看会话的阻塞

Oracle 数据库很难产生会话阻塞的情况，但也不排除个案。一旦出现会话阻塞或者人们常说的"死锁"情况，就必须查看谁阻塞了谁，然后采取必要措施处理。

```
SQL>col user_name format a32
SELECT /* rule */ Lpad(' ', Decode(l.Xidusn, 0, 3, 0)) || l.Oracle_Username
"持有该锁的 Oracle 账户",o.Owner "对象的拥有者", o.Object_Name "数据库对象", s.Sid
"会话 ID", s.Serial# "会话 ID 的子进程号" FROM V$locked_Object l, DBA_Objects o,
V$session s WHERE l.Object_Id = o.Object_Id AND l.Session_Id = s.Sid ORDER BY
o.Object_Id, Xidusn DESC;                                              [000474]
```

运行结果如图 10-12 所示。

图 10-12 查看会话的阻塞

图 10-12 说明 134、11 和 75 为阻塞者，8、76、12 为被阻塞者，8 被 134 阻塞，76 被 11 阻塞，12 被 75 阻塞。处理方式有两种：一种是定位阻塞者来自何方，由阻塞者实施处理，比如该提交的提交；另一种是直接将阻塞者的进程杀掉。如果是在生产环境，应采取第 1 种措施，即如果可以定位到 134、11 和 75 会话相关责任人，由责任人来提交或者回滚事务。

注：

V$locked_Object 视图字段解释说明如表 10-10 所示。

表 10-10 V$locked_Object 视图字段解释说明

字段名称	类 型	说 明
XIDUSN	NUMBER	回滚段号
XIDSLOT	NUMBER	槽号
XIDSQN	NUMBER	序列号
OBJECT_ID	NUMBER	被锁对象标识
SESSION_ID	NUMBER	持有锁的会话（SESSION）标识
ORACLE_USERNAME	VARCHAR2（30）	持有该锁的用户的 Oracle 用户名
OS_USER_NAME	VARCHAR2（15）	持有该锁的用户的操作系统用户名
PROCESS	VARCHAR2（9）	操作系统的进程号
LOCKED_MODE	NUMBER	锁模式

3. 查看等待的事件及会话信息/会话的等待及会话信息

通过查看该信息，可以进一步了解会话等待情况，尤其是等待事件、等待时间及有关账户，据此可以判断是否出现了阻塞，然后采取必要措施处理。

```
SQL>SELECT Se.Sid "会话 ID", s.Username "Oracle 账户", Se.Event "当前事件",
Se.Total_Waits "此 SESSION 当前事件的总等待数", Se.Time_Waited "此 SESSION 总等待
时间",Se.Average_Wait "此 SESSION 当前事件平均等待时间" FROM V$session s,
V$session_Event Se WHERE s.Username IS NOT NULL AND Se.Sid = s.Sid AND s.Status
= 'ACTIVE' AND Se.Event NOT LIKE '%SQL*Net%' ORDER BY s.Username; [000475]
```

运行结果如图 10-13 所示。

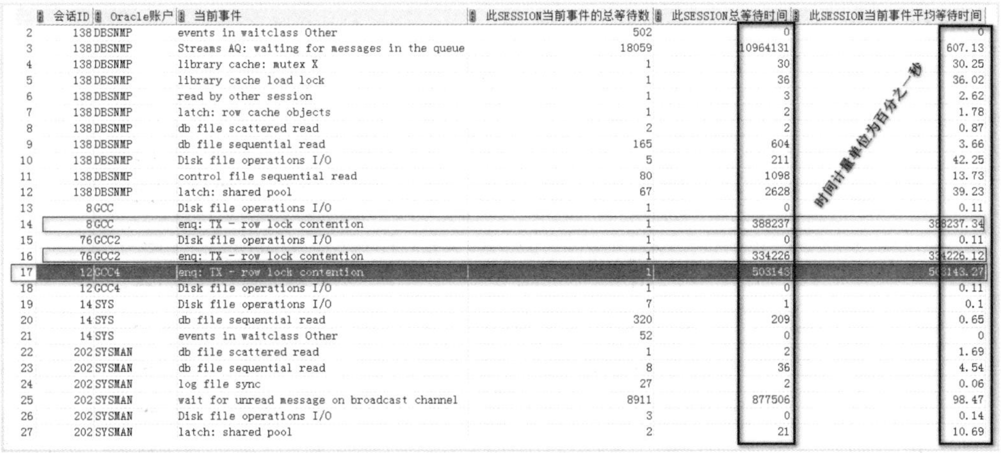

	会话ID	Oracle账户	当前事件	此SESSION当前事件的总等待数	此SESSION总等待时间	此SESSION当前事件平均等待时间
2	138	DBSNMP	events in waitclass Other	502	0	0
3	138	DBSNMP	Streams AQ: waiting for messages in the queue	18059	10964131	607.13
4	138	DBSNMP	library cache: mutex X	1	30	30.25
5	138	DBSNMP	library cache load lock	1	36	36.02
6	138	DBSNMP	read by other session	1	3	2.62
7	138	DBSNMP	latch: row cache objects	1	2	1.78
8	138	DBSNMP	db file scattered read	2	2	0.87
9	138	DBSNMP	db file sequential read	165	604	3.66
10	138	DBSNMP	Disk file operations I/O	5	211	42.25
11	138	DBSNMP	control file sequential read	80	1098	13.73
12	138	DBSNMP	latch: shared pool	67	2628	39.23
13	8	GCC	Disk file operations I/O	1	0	0.11
14	8	GCC	enq: TX - row lock contention	1	388237	388237.34
15	76	GCC2	Disk file operations I/O	1	0	0.11
16	76	GCC2	enq: TX - row lock contention	1	334226	334226.12
17	12	GCC4	enq: TX - row lock contention	1	503143	503143.27
18	12	GCC4	Disk file operations I/O	1	0	0.11
19	14	SYS	Disk file operations I/O	7	1	0.1
20	14	SYS	db file sequential read	320	209	0.65
21	14	SYS	events in waitclass Other	52	0	0
22	202	SYSMAN	db file scattered read	1	2	1.69
23	202	SYSMAN	db file sequential read	8	36	4.54
24	202	SYSMAN	log file sync	27	2	0.06
25	202	SYSMAN	wait for unread message on broadcast channel	8911	877506	98.47
26	202	SYSMAN	Disk file operations I/O	3	1	0.14
27	202	SYSMAN	latch: shared pool	2	21	10.69

（时间计量单位为百分之一秒）

图 10-13 查看等待的事件及会话信息/会话的等待及会话信息（一）

下面这条 SQL 与上面相比，显示的是最后一次的等待事件，上面 SQL 显示的是全部的等待事件。

```
SELECT s.Sid "当前会话", s.Username "Oracle 账户", Sw.Event "最后一次等待事件",
Decode(Sw.Wait_Time,
0,' SESSION 正在等待当前的事件。',
-1,'最后一次等待时间小于 1 个统计单位，当前未在等待状态。',
-2,'时间统计状态未置为可用，当前未在等待状态。',
'最后一次等待时间(单位: 10ms)，当前未在等待状态。'
) " SESSION 等待事件的说明",
Decode(Sw.State,
'Waiting','SESSION 正等待这个事件',
'Waited unknown time','发生了等待，但时间很短。',
'Wait short time','发生了等待，但时间非常短不超过一个时间单位。',
'Waited knnow time','如果 SESSION 等待并得到了所需资源，将从 waiting 进入本状态。',
'空...'
) "状态",
Sw.Seconds_In_Wait "已经等待的时间(误差 3 秒)"
FROM V$session s, V$session_Wait Sw WHERE s.Username IS NOT NULL AND Sw.Sid
```

```
           = s.Sid
       AND Sw.Event NOT LIKE '%SQL*Net%' ORDER BY s.Username;              [000476]
```
运行结果如图 10-14 所示。

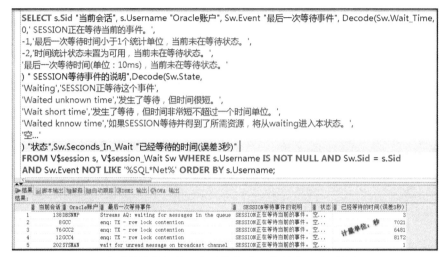

图 10-14　查看等待的事件及会话信息/会话的等待及会话信息（二）

注：

V$session 视图字段含义参考同前。

本视图记录了每个 SESSION 的每一项等待事件。由上述所知，V$session_Wait 显示了 SESSION 的当前等待事件，而 V$session_Event 则记录了 SESSION 自启动起所有的事件。

Oracle 的等待事件是衡量 Oracle 运行状况的重要依据及指标，主要有两种类别的等待事件，即空闲（idle）等待事件和非空闲（non-idle）等待事件。

V$session_Event 视图字段解释说明如表 10-11 所示。

表 10-11　V$session_Event 视图字段解释说明

列	列 描 述
SID	SESSION 标识
EVENT	SESSION 等待的事件
TOTAL_WAITS	此 SESSION 当前事件的总等待数
TIME_WAITED	此 SESSION 总等待时间（单位：百分之一秒）
AVERAGE_WAIT	此 SESSION 当前事件平均等待时间（单位：百分之一秒）
TOTAL_TIMEOUTS	等待超时次数

V$session_Wait 是一个寻找性能瓶颈的关键视图。它提供了任何情况下 SESSION 在数据库中当前正在等待什么（如果 SESSION 当前什么也没在做，则显示它最后的等待事件）。当系统存在性能问题时，本视图可以作为一个起点指明探寻问题的线索及方向。

V$session_Wait 中，每一个连接到实例的 SESSION 都对应一条记录。

V$session_Wait 视图字段解释说明如表 10-12 所示。

表 10-12　V$session_Wait 视图字段解释说明

列	列　描　述
SID	SESSION 标识
EVENT	SESSION 当前等待的事件，或者最后一次等待事件
WAIT_TIME	SESSION 等待事件的时间（单位：百分之一秒）如果本列为 0，说明 SESSION 当前 SESSION 还未有任何等待
SEQ#	SESSION 等待事件将触发其值自增长
P1, P2, P3	等待事件中等待的详细资料
P1TEXT,P2TEXT,P3TEXT	解释说明 P1,P2,P3 事件
STATE	1. State 字段有 4 种含义： （1）Waiting SESSION 正等待这个事件。 （2）Waited unknown time 由于设置了 timed_statistics 值为 false，导致不能得到时间信息。表示发生了等待，但时间很短。 （3）Wait short time 表示发生了等待，但由于时间非常短不超过一个时间单位，所以没有记录。 （4）Waited knnow time 如果 SESSION 等待然后得到了所需资源，那么将从 waiting 进入本状态。 2. Wait_time 值也有 4 种含义 （1）值>0 最后一次等待时间(单位：1/100 秒)，当前未在等待状态。 （2）值=0 SESSION 正在等待当前的事件。 （3）值=-1 最后一次等待时间小于 1 个统计单位，当前未在等待状态。 （4）值=-2 时间统计状态未置为可用，当前未在等待状态。 3. Wait_Time 和 Second_In_Wait 字段值与 state 相关 （1）如果 state 值为 Waiting，那么 wait_time 值无用。Second_In_Wait 值是实际的等待时间（单位：秒）。 （2）如果 state 值为 Waited unknown time，那么 Wait_Time 值和 Second_In_Wait 值都无用。 （3）如果 state 值为 Wait short time，那么 Wait_Time 值和 Second_In_Wait 值都无用。 （4）如果 state 值为 Waited knnow time，那么 Wait_Time 值就是实际等待时间（单位：秒），Second_In_Wait 值无用。 4. V$session_Wait 与 V$session 之间的连接列 V$session_WAIT.SID = V$session.SID

4. 定位引发等待的 SQL

往往出现等待后，DBA 们也非常关注当前引发等待的 SQL 语句都有哪些，都是什么样的，这更有助于问题的处理解决。

```
SQL>select t2.sid "当前会话 ID", t2.SERIAL# "会话 ID 序列号", t1.SPID "操作
系统进程 ID",    t3.SQL_ID "SQL 语句 ID", t2.EVENT "事件", t2.P1TEXT "P1 事件说
明", t2.P1 "P1 事件描述", t2.p2TEXT "P2 事件说明", t2.P2 "P2 事件描述",t2.p3TEXT "P3
事件说明", t2.P3 "P3 事件描述", t3.SQL_FULLTEXT "SQL 脚本" from v$process t1,
v$session t2, v$sql t3 where t1.ADDR = t2.PADDR and t2.STATUS = 'ACTIVE' and
t2.SQL_ID = t3.SQL_ID;                                              [000477]
```

运行结果如图 10-15 所示。

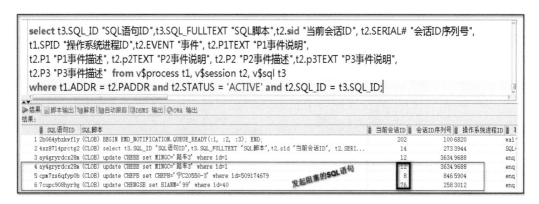

图 10-15 定位引发等待的 SQL

注：

V$session_Wait 视图字段含义参考同前。

5. 查看锁定的对象

下面这条 SQL 发出后如果没记录是最好的，有记录表明当前有被锁住的对象，然后观察 Oracle 给这些被锁住的对象（一般都是表）上的是什么锁，据此采取下一步行动。如果上的是带"Exclusive（独占）"的锁，如图 10-16 所示，就要引起注意了，不能长时间处于该状态。通常的做法是隔一段时间，比如半小时、一小时或再长一点，自己定，跑一下这条 SQL。如果状态依旧，就得处理了。处理的手段只有两种：一种是杀会话，另一种是结束事务（提交和回滚）。如果是生产环境，应追踪到该会话的出处并根据实际情况决定如何做。

```
SQL>
SELECT Do.Object_Name "数据库对象", Lo.Session_Id "当前会话", Lo.Process "OS
分配给应用程序的进程号",
    Decode(Lo.Locked_Mode,
    1, NULL,
    2, 'Row Share',
```

```
3, 'Row Exclusive',
4, 'Share',
5, 'Share Row Exclusive',
6, 'Exclusive',NULL)  "锁模式"
FROM V$locked_Object Lo, DBA_Objects Do WHERE Lo.Object_Id = Do.Object_Id;
```
                                                                     [000478]

运行结果如图 10-16 所示。

图 10-16 查看锁定的对象

注：

V$locked_Object 字段解释说明参考同前。

DBA_Objects 字段解释说明如表 10-13 所示。

表 10-13 DBA_Objects 字段解释说明

字段	说明
OWNER	对象拥有者
OBJECT_NAME	对象名字
SUBOBJECT_NAME	子对象名字，例如分区
OBJECT_ID	对象 ID
DATA_OBJECT_ID	包含该对象的段的字典对象号。 注意：OBJECT_ID 和 DATA_OBJECT_ID 显示数据字典元数据。不要将这些数字与 Oracle 数据库分配给系统中对象表中的行对象的惟一 16 字节对象标识符（对象 ID）相混淆。 ● object_id：只要是数据库的对象，就一定会在数据字典里有一个 object_id； ● data_object_id：对象实际存储的物理的 segment id，若一个对象没有被实际存储在 segment，那么它的 data_object_id 就是空的，但是 object_id 还是存在的。
OBJECT_TYPE	对象类型
CREATED	对象创建时间
LAST_DDL_TIME	最后修改兑现给定时间
TIMESTAMP	对象定义时间

续上表

STATUS	对象状态 ● VALID（有效的） ● INVALID（失效的） ● NLA（不存在的）
TEMPORARY	对象是否是临时的
GENERATED	对象名字是否是系统产生的
SECONDARY	是否是通过 ODCIIndexCreate 方法创建的 secondary 对象
NAMESPACE	对象的命名空间
EDITION_NAME	对象的命名版本
SHARING	METADATA LINK / OBJECT LINK / NONE，表示对象格式 metadata-linked
EDITIONABLE	对象是否可编辑
ORACLE_MAINTAINED	对象是否通过 Oracle 提供的脚本 catalog.sql 或者 catproc.sql 维护

6. 查看当前会话加锁信息

下面的 SQL 有信息输出是不好的，说明存在问题，是什么问题要依据信息综合进行考量。

```
select
  username "账户名",
  l.sid "会话 ID",
  decode(l.type,
    'MR', 'Media Recovery',
    'RT', 'Redo Thread',
    'UN', 'User Name',
    'TX', 'Transaction',
    'TM', 'DML',
    'UL', 'PL/SQL User Lock',
    'DX', 'Distributed Xaction',
    'CF', 'Control File',
    'IS', 'Instance State',
    'FS', 'File Set',
    'IR', 'Instance Recovery',
    'ST', 'Disk Space Transaction',
    'TS', 'Temp Segment',
    'IV', 'Library Cache Invalidation',
    'LS', 'Log Start or Switch',
    'RW', 'Row Wait',
    'SQ', 'Sequence Number',
    'TE', 'Extend Table',
    'TT', 'Temp Table', l.type) "锁保护对象的类型",
  decode(lmode,
    0, 'None',
    1, 'Null',
```

```
      2, 'Row-S (SS)',
      3, 'Row-X (SX)',
      4, 'Share',
      5, 'S/Row-X (SSX)',
      6, 'Exclusive', lmode) "锁模式",
   decode(request,
      0, 'None',
      1, 'Null',
      2, 'Row-S (SS)',
      3, 'Row-X (SX)',
      4, 'Share',
      5, 'S/Row-X (SSX)',
      6, 'Exclusive', request) "锁力度",
   decode(block,
      0, '不阻塞',
      1, '阻塞',
      2, '全部', block) "是否阻塞其他会话锁申请",
   Owner "对象的拥有者",
   object_name "对象",
   a.sql_text "SQL文本",
   osuser "操作系统账户",
   machine "会话的机器名",
   s.module "会话使用的工具"
from v$locked_object lo, all_objects ao, v$lock l, v$session s, v$sqlarea a
where lo.object_id = ao.object_id
   and l.sid = lo.session_id
   and s.sid = l.sid
   and a.address = s.sql_address(+)
   and a.hash_value = s.sql_hash_value(+)
order by username;                                                   [000479]
```

运行结果如图 10-17 所示。

账户名	会话ID	锁保护对象的类型	锁模式	锁力度	是否阻塞其它会话锁申请	对象的拥有者	对象	SQL文本
1 GCC4	135	AE	Share	None	不阻塞		GCC4	CHEPB	select * from chepb where id = 509120053 for update
2 GCC4	135	DML	Row-X (SX)	None	不阻塞	GCC4	CHEPB	select * from chepb where id = 509120053 for update
3 GCC4	135	Transaction	None	Exclusive	不阻塞	GCC4	CHEPB	select * from chepb where id = 509120053 for update

图 10-17 查看当前会话加锁信息

7. 查看锁（lock）情况

下面的这条 SQL 可以查出当前加锁与被加的会话信息，DBA 应该经常跑一下这条 SQL，看一下数据库锁的信息以了解当前数据库的运行状态，据此判断数据库当前是否存在潜在问题。

```
SQL>
SELECT /* RULE */
Ls.Osuser "操作系统用户",
Ls.Username "数据库账户",
```

```
Decode(Ls.TYPE,
'RW', 'Row wait enqueue lock',
'TM', 'DML enqueue lock',
'TX', 'Transaction enqueue lock',
'UL', 'User supplied lock') "锁类型",
o.Object_Name "数据库对象名",
Decode(Ls.Lmode,
1, NULL,
2, 'Row Share',
3, 'Row Exclusive',
4, 'Share',
5, 'Share Row Exclusive',
6, 'Exclusive',NULL) "锁模式",
o.Owner "对象的拥有者",
Ls.Sid "session ID",
Ls.Serial# "session ID 的子进程号",
Ls.sql_text "SQL 文本",
Ls.Id1 "被锁对象信息1",
Ls.Id2 "被锁对象信息2"
FROM
Sys.DBA_Objects o,
  (SELECT  s.Osuser,  s.Username, l.TYPE, l.Lmode, s.Sid,  s.Serial#,
l.Id1,l.Id2,a.sql_text  FROM V$session s, V$lock l ,v$sqlarea a WHERE s.Sid
=   l.Sid    and  a.address  =  s.sql_address(+)  and  a.hash_value  =
s.sql_hash_value(+) ) Ls
    WHERE  o.Object_Id = Ls.Id1 AND o.Owner <> 'SYS' ORDER BY o.Owner,
o.Object_Name;                                                    [000480]
```

运行结果如图 10-18 所示。

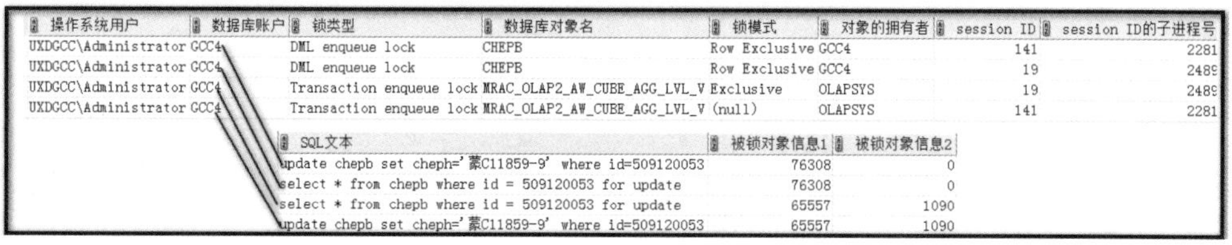

图 10-18　查看锁（lock）情况

注：

DBA_Objects 字段解释说明参考同前。

V$lock 视图字段解释说明如表 10-14 所示。

表 10-14　V$lock 视图字段解释说明

列名	类型	字段说明
ADDR	RAW（4	8）	Address of lock state object
KADDR	RAW（4|8）	Address of lock

续上表

列名	类型	字段说明
SID	NUMBER	会话的 SID，可以和 V$session 关联
TYPE	VARCHAR2(2)	区分该锁保护对象的类型：（下表） TM – DML enqueue TX – Transaction enqueue UL – User supplied –主要关注 TX 和 TM 两种类型的锁。 –UL 锁用户自己定义的，一般很少会定义，基本不用关注。 –其他均为系统锁，会很快自动释放，不用关注
ID1 ID2	NUMBER	ID1，ID2 的取值含义根据 type 的取值而有所不同对于 TM 锁。 ID1 表示被锁定表的 object_id，可以和 DBA_Objects 视图关联取得具体表信息，ID2 值为 0；对于 TX 锁，ID1 以十进制数值表示该事务所占用的回滚段号和事务槽 slot number 号，其组形式：0xRRRRSSSS,RRRR=RBS/UNDO NUMBER，SSSS=SLOT NUMBER。 ID2 以十进制数值表示环绕 wrap 的次数，即事务槽被重用的次数
LMODE	NUMBER	0 – none 1 – null (NULL) 2 – row-S (SS) 3 – row-X (SX) 4 – share (S) 5 – S/Row-X (SSX) 6 – exclusive (X)
REQUEST	NUMBER	同 LMODE–大于 0 时，表示当前会话被阻塞，其他会话占有改锁的模式
CTIME	NUMBER	已持有或者等待锁的时间
BLOCK	NUMBER	是否阻塞其他会话锁申请 1：阻塞 0：不阻塞

V$lock 视图 TYPE 字段值 TM、TX（其他略）含义如表 10-15 所示。

表 10-15　V$lock 视图 TYPE 字段值 TM、TX（其他略）含义

TYPE	ID1	ID2
TM	被修改表的标识（object_id）	0
TX	以十进制数值表示该事务所占用的回滚段号与该事务在该回滚段的事务表（Transaction table）中所占用的槽号（slot number，可理解为记录号）。其组成形式为：0xRRRRSSSS（RRRR = RBS number, SSSS = slot）	以十进制数值表示环绕（wrap）次数，即该槽（slot）被重用的次数

DBA_SEGMENTS 字段解释说明如表 10-16 所示。

表 10-16　DBA_SEGMENTS 字段解释说明

列	描　　述
SEGMENT_TYPE	段的类型，可能是 table，index，logindex，lobSegment 等

续上表

列	描 述
header_file	表示这个段的头在哪个数据文件里,因为段可以跨数据文件
header_block	表示这个段的头在数据文件的第几个 block 里
Bytes	段的大小(目前占用的大小)
Blocks	段占用了多少个 block
Extents	分配了多少个 Extent
Initial_Extent	初始分配的 Extent 大小(以 byte 计)
next_Extent	下一个分配的 Extent 大小(以 byte 计)。如果为空表示是自动分配。(每个 Extent 可以有不同大小,如果设置为 uniform,每个 Extent 就一样大小了)
min_Extents	最少分配多少个 Extent(以个数计)
max_Extents	最多分配多少个 Extent(以个数计)
pct_increase	percent increase 表示第 3 个或后续的 Extent 的大小比前一个增加的百分比,如第 1 个 Extent 是 64K,第 2 个是 64K,pct_increase=50%,则第 3 个 Extent 是 64K*1.5=96K,第 4 个 96K*1.5=144K,依此类推
Freelists	这个字段在字典管理的表空间中才有意义
fresslist_groups	这个字段在字典管理的表空间中才有意义
relative_fno	这个段所在数据文件的 relative fno
buffer_pool	这个段的数据将被读取到哪一个 BUFFER POOL 里

DBA_TABLES 字段解释说明如表 10-17 所示。

表 10-17 DBA_TABLES 字段解释说明

列	数据类型	是否为 NULL	描 述
OWNER	VARCHAR2(30)	NOT NULL	属主
TABLE_NAME	VARCHAR2(30)	NOT NULL	表名
TABLESPACE_NAME	VARCHAR2(30)		表空间,分区、临时和索引组织表的值为空
CLUSTER_NAME	VARCHAR2(30)		集群
IOT_NAME	VARCHAR2(30)		索引组织表的名称(如果有的话),属于溢出或映射表项。如果 iot_type 列不为空,则此列包含基表名称
STATUS	VARCHAR2(8)		如果先前的删除表操作失败,则指示表是否不能使用(无效)或有效(有效)
PCT_FREE	NUMBER		块中空闲空间的最小百分比;分区表值为空
PCT_USED	NUMBER		块中使用空间的最小百分比;分区表值为空
INI_TRANS	NUMBER		初始事务数;分区表值为空
MAX_TRANS	NUMBER		事务的最大数量;分区表值为空
INITIAL_EXTENT	NUMBER		初始区域的大小(以字节为单位);分区表值为空

续上表

列	数据类型	是否为 NULL	描述
NEXT_EXTENT	NUMBER		二级范围的大小（以字节为单位）；分区表值为空
MIN_EXTENTS	NUMBER		段中允许的最小区段数；分区表值为空
MAX_EXTENTS	NUMBER		区段中允许的最大区段数；分区表值为空
PCT_INCREASE	NUMBER		范围大小的百分比增加；分区表值为空
FREELISTS	NUMBER		用于 INSERT 操作的数据块的列表，分区表值为空
FREELIST_GROUPS	NUMBER		用于 INSERT 操作的数据块的列表组，分区表值为空
LOGGING	VARCHAR2(3)		日志表属性，分区表值为空
BACKED_UP	VARCHAR2(1)		上次更改后表是否已备份
NUM_ROWS*	NUMBER		表中的行数
BLOCKS*	NUMBER		表中使用的数据块的个数
STALE_BLOCKS*	NUMBER		表中空闲的数据块的个数
AVG_SPACE*	NUMBER		分配给表的数据块中的平均空闲空间（以字节为单位）
CHAIN_CNT*	NUMBER		在被从一个数据块到另一个表中的行数，或迁移到一个新块，需要保留一部分旧的 ROWID
AVG_ROW_LEN*	NUMBER		表中一行的平均长度（以字节为单位）
AVG_SPACE_FREELIST_BLOCKS	NUMBER		freelist 的所有块的平均空间
NUM_FREELIST_BLOCKS	NUMBER		freelist 的块的个数
DEGREE	VARCHAR2(10)		扫描表的每个实例的线程数
INSTANCES	VARCHAR2(10)		要扫描该表的实例数
CACHE	VARCHAR2(5)		指示表是否要缓存在缓冲区缓存（y）或不（n）中
TABLE_LOCK	VARCHAR2(8)		指示是否已启用表锁（启用）或禁用（禁用）
SAMPLE_SIZE	NUMBER		用于分析此表的样本大小
LAST_ANALYZED	DATE		最近分析这张表的日期
PARTITIONED	VARCHAR2(3)		指示此表是否分区。设置时如果是分区
IOT_TYPE	VARCHAR2(12)		如果这是一个索引组织表，值为 IOT, IOT_OVERFLOW，或者 IOT_MAPPING，否则为 NULL
TEMPORARY	VARCHAR2(1)		当前会话只能看到它放在这个对象本身中的数据吗
SECONDARY	VARCHAR2(1)		是否被 ODCIIndexCreate 触发创建
NESTED	VARCHAR2(3)		指示表是否是嵌套表（yes）或否（NO）
BUFFER_POOL	VARCHAR2(7)		该对象的默认缓冲池。分区表为空
ROW_MOVEMENT	VARCHAR2(8)		是否已启用或禁用分区行移动

续上表

列	数据类型	是否为 NULL	描述
GLOBAL_STATS	VARCHAR2(3)		对于分区表，指示数据收集表作为一个整体（是）或来自潜在的分区和子分区统计估计（否）
USER_STATS	VARCHAR2(3)		指示用户是否直接输入统计数据（是）（否）
DURATION	VARCHAR2(15)		显示临时表的持续时间，该列值有 3 个，分别是 SYS$SESSION、SYS$TRANSACTION 和 NULL，解释如下： ● SYS$SESSION：在会话持续期间保存行； ● SYS$TRANSACTION：这些行在提交后被删除； ● 如果表为永久表，即非临时表，则该列值为 NULL
SKIP_CORRUPT	VARCHAR2(8)		Oracle 数据库是否忽略表和索引扫描中标记为已损坏的块（启用）或引发错误（禁用）。要启用此功能，运行 dbms_repair.skip_corrupt_Blocksprocedure
MONITORING	VARCHAR2(3)		表是否有监测属性设置
CLUSTER_OWNER	VARCHAR2(30)		表所属的群集的所有者，如果有的话
DEPENDENCIES	VARCHAR2(8)		指示是否启用了行级依赖跟踪（启用）或禁用（禁用）
COMPRESSION	VARCHAR2(8)		指示是否启用表压缩（启用）或禁用（已禁用）；分区表为空值
DROPPED	VARCHAR2(3)		指示表是否已被删除并处于回收站（是）或否（否）中；分区表为空值

USER_TABLES 表字段解释说明如表 10-18 所示。

表 10-18　USER_TABLES 表字段解释说明

table_name	表名
TABLESPACE_NAME	表空间名
cluster_name	群集名称
iot_name	IOT（Index Organized Table）索引组织表的名称
Status	状态
pct_free	为一个块保留的空间百分比
pct_used	一个块的使用水位的百分比
ini_trans	初始交易的数量
max_trans	交易的最大数量
Initial_Extent	初始扩展数
next_Extent	下一次扩展数
min_Extents	最小扩展数
max_Extents	最大扩展数
pct_increase	表在做了第一次 Extent 后，下次再扩展时的增量，它是一个百分比值

续上表

Freelists	可用列表是表中的一组可插入数据的可用块
freelist_groups	列表所属组
LOGGING	是否记录日志
backed_up	指示自上次修改表是否已备份（Y）或否（N）的
num_rows	表中的行数
Blocks	所使用的数据块数量
Stale_Blocks	空数据块的数量
avg_space	自由空间的平均量
chain_cnt	从一个数据块，或迁移到一个新块链接表中的行数
avg_row_len	行表中的平均长度
avg_space_freelist_Blocks	一个 freelist 上的所有块的平均可用空间
num_freelist_Blocks	空闲列表上的块数量
Degree	每个实例的线程数量扫描表
Instances	跨表进行扫描的实例数量
Cache	是否是要在缓冲区高速缓存
table_lock	是否启用表锁
sample_size	分析这个表所使用的样本大小
last_analyzed	最近分析的日期
Partitioned	表是否已分区
iot_type	表是否是索引组织表
TEMPORARY	表是否是暂时的
Secondary	表是否是次要的对象
Nested	是否是一个嵌套表
buffer_pool	缓冲池的表
flash_cache	智能闪存缓存提示可用于表块
cell_flash_cache	细胞闪存缓存提示可用于表块
row_movement	是否启用分区行运动
global_stats	作为一个整体（全球统计）表的统计的是否准确
user_stats	是否有统计
Duration	临时表的时间
skip_corrupt	是否忽略损坏的块标记在表和索引扫描（ENABLED）状态的或将引发一个错误（已禁用）
Monitoring	是否有监测属性集
cluster_owner	群集的所有者
Dependencies	行依赖性跟踪是否已启用
Compression	是否启用表压缩

续上表

compress_for	什么样的操作的默认压缩
Dropped	是否已经删除并在回收站
read_only	表是否是只读
Segment_created	是否创建表段
result_cache	结果缓存表的模式注释

10.2.3 获取 SQL 语句相关

1. 查看会话所执行的语句

下面这条 SQL 可以查出当前正常执行的 SQL 语句，像上面"定位引发等待的 SQL 语句"不会出现在该 SQL 结果集中。DBA 们常常也关注当前都有哪些 SQL 在跑，据此了解当前数据库的繁忙程度。也可根据此 SQL 展示出来的信息追踪到正在跑着的某条 SQL 的出处或者说来自哪里，谁发出的，这样可以追踪到问题责任方。

```
SQL>
SELECT a.sid || '.' || a.SERIAL# "会话 ID．子进程号",
a.username "数据库账户",
a.TERMINAL "客户终端",
a.program "会话执行的终端程序",
s.sql_text "正在执行的 SQL 文本"
from V$session a, V$sqlarea s
where a.sql_address = s.address(+)
and a.sql_hash_value = s.hash_value(+)
order by a.username, a.sid;                                    [000481]
```

如图 10-19 所示。

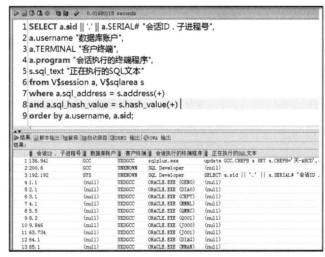

图 10-19　查看会话所执行的语句

注：

V$session 和 V$sqlarea 视图字段含义参考同前。

2. 根据 SID 查看对应连接正在运行的 SQL

注：

下面这条 SQL 使用了强制 hint，即 PUSH_SUBQ。关于 push_subq/push_pred/no_unnest/unnest 的 hint 简要说明如下。

push_subq 让子查询最先进行 join，这个 hint 控制 join 的顺序。

no_unnest/unnest 是针对子查询是否展开的。

push_pred 则是针对 unmergeable view 使用外部查询谓词

该条 SQL 可以依据当前的 SID 查出该 SID 正在执行的 SQL 语句。DBA 们经常使用它跟踪问题。

首先查出可疑或者说问题 SID（前有所述），然后依据这个 SID 查出与此 SID 相关的 SQL 语句，基本能锁定问题。

```
SQL>SELECT /* PUSH_SUBQ */ Command_Type "命令类型", Sql_Text "SQL 语句",
Sharable_Mem "使用的共享内存总数", Persistent_Mem "使用的常驻内存总数",
Runtime_Mem "使用的运行时内存总数", Sorts "语句的排序数", Version_Count "语句
cursor 的数量", Loaded_Versions "载入语句数量", Open_Versions "打开语句数量",
Users_Opening "正在打开语句数量", Executions "语句的执行次数",Users_Executing "
正在执行语句次数", Loads "语句载入(载出)数量", First_Load_Time "第一次载入时间",
Invalidations "语句的 cursor 失效次数", Parse_Calls "语句的解析调用次数
",Disk_Reads "磁盘读数", Buffer_Gets "缓冲区请求数", Rows_Processed "影响的行数
", SYSDATE "Start_Time(开始时间)",SYSDATE "Finish_Time(结束时间)", '>' ||
Address "SQL 语句在 SGA 中的地址" FROM V$sqlarea WHERE Address = (SELECT
Sql_Address FROM V$session WHERE Sid = &sid );                    [000482]
```

运行结果如图 10-20 所示。

图 10-20　根据 SID 查看对应连接正在运行的 SQL

注：

（1）上面 SQL 语句中有关字段解释说明

上面 SQL 语句中有关字段解释说明如表 10-19 所示。

表 10-19　上面 SQL 语句中有关字段解释说明

PARSING_USER_ID	为语句解析第一条 CURSOR 的用户
VERSION_COUNT	语句 cursor 的数量
KEPT_VERSIONS	所有被 dbms_shared_pool 包标识为保持（keep）状态的子游标数
SHARABLE_MEMORY	cursor 使用的共享内存总数
PERSISTENT_MEMORY	cursor 使用的常驻内存总数
RUNTIME_MEMORY	cursor 使用的运行时内存总数
SQL_TEXT	SQL 语句的文本（最大只能保存该语句的前 1 000 个字符）
MODULE,ACTION	使用了 DBMS_APPLICATION_INFO 时 SESSION 解析第一条 cursor 时的信息

（2）上面 SQL 语句中的命令类型说明

上面 SQL 语句中的命令类型说明如表 10-20 所示。

表 10-20　上面 SQL 语句中的命令类型说明

COMMAND_TYPE	说　　明
3	SELECT
2	INSERT
6	UPDATE
7	DELETE
47	pl/sql 程序单元

（3）关于 Oracle 进程 ID 说明

Oracle 进程 ID 说明如表 10-21 所示。

表 10-21　Oracle 进程 ID 说明

进程 ID	说　　明
spid (SYSTEM process id)	操作系统层面的进程 id
pid(process id)	基于 Oracle 的进程 id
SID(SESSION 的 id)	用户同 Oracle 的连接会话，即会话 ID

（4）V$SQLAREA 关键字段 HASH_VALUE 和 ADDRESS 解释说明

V$SQLAREA 关键字段 HASH_VALUE 和 ADDRESS 解释说明如表 10-22 所示。

表 10-22　V$SQLAREA 关键字段 HASH_VALUE 和 ADDRESS 解释说明

V$SQLAREA 关键字段	描　　述
HASH_VALUE	SQL 语句的 Hash 值
ADDRESS	SQL 语句在 SGA 中的地址
这两列被用于鉴别 SQL 语句，有时，两条不同的语句可能 Hash 值相同。这时，必须连同 ADDRESS 一同使用来确认 SQL 语句	

（5）V$SQLAREA 中的其他常用列简要说明

V$SQLAREA 中的其他常用列简要说明如表 10-23 所示。

表 10-23　V$SQLAREA 中的其他常用列简要说明

列	描 述
SORTS	语句的排序数
CPU_TIME	语句被解析和执行的 CPU 时间
ELAPSED_TIME	语句被解析和执行的共用时间
PARSE_CALLS	语句的解析调用（软、硬）次数
EXECUTIONS	语句的执行次数
INVALIDATIONS	语句的 cursor 失效次数
LOADS	语句载入（载出）数量
ROWS_PROCESSED	语句返回的列总数

（6）V$SQLAREA 的列与其他视图列的连接关系说明

V$SQLAREA 的列与其他视图列的连接关系说明如表 10-24 所示。

表 10-24　V$SQLAREA 的列与其他视图列的连接关系说明

V$SQLAREA 连接列	其他视图连接列
V$SQLAREA.HASH_VALUE	V$SESSION.SQL_HASH_VALUE V$SQLTEXT.HASH_VALUE V$SQL.HASH_VALUE V$OPEN_CURSOR.HASH_VALUE
V$SQLAREA.ADDRESS	V$SESSION.SQL_ADDRESS V$SQLTEXT.ADDRESS V$SQL.ADDRESS V$OPEN_CURSOR.ADDRESS
V$SQLAREA.SQL_TEXT	V$DB_OBJECT_CACHE.NAME

3. 查看当前会话正在执行的 SQL 语句

下面这条 SQL 可以查出即时会话正在跑着的 SQL 语句及相关信息，这是 DBA 非常关心的，从中也许可以发现问题。

```
select sesion.sid "会话 ID",
    username "账户名",
    osuser "操作系统账户",
    machine "会话的机器名称",
    sesion.module "会话使用的客户端工具",
    status "状态", --(ACTIVE: 活动 / INACTIVE: 不活动)
    optimizer_mode "优化模式",
    sql_text "SQL 文本"
  from v$sqlarea sqlarea, v$session sesion
```

```
 where sesion.sql_hash_value = sqlarea.hash_value(+)
   and sesion.sql_address    = sqlarea.address(+)
   and sesion.username is not null
order by username, sql_text;                                    [000483]
```

运行结果如图 10-21 所示。

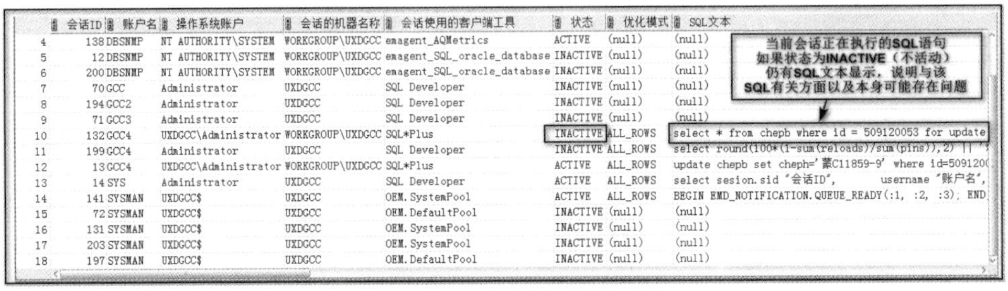

	会话ID	账户名	操作系统账户	会话的机器名称	会话使用的客户端工具	状态	优化模式	SQL文本
4	138	DBSNMP	NT AUTHORITY\SYSTEM	WORKGROUP\UXDGCC	emagent_AQMetrics	ACTIVE	(null)	(null)
5	12	DBSNMP	NT AUTHORITY\SYSTEM	WORKGROUP\UXDGCC	emagent_SQL_oracle_database	INACTIVE	(null)	(null)
6	200	DBSNMP	NT AUTHORITY\SYSTEM	WORKGROUP\UXDGCC	emagent_SQL_oracle_database	INACTIVE	(null)	(null)
7	70	GCC	Administrator	UXDGCC	SQL Developer	INACTIVE	(null)	(null)
8	194	GCC2	Administrator	UXDGCC	SQL Developer	INACTIVE	(null)	(null)
9	71	GCC3	Administrator	UXDGCC	SQL Developer	INACTIVE	(null)	(null)
10	132	GCC4	UXDGCC\Administrator	WORKGROUP\UXDGCC	SQL*Plus	INACTIVE	ALL_ROWS	select * from chepb where id = 509120053 for update
11	199	GCC4	Administrator	UXDGCC	SQL Developer	INACTIVE	ALL_ROWS	select round(100*(1-sum(reloads)/sum(pins)),2) || '
12	13	GCC4	UXDGCC\Administrator	WORKGROUP\UXDGCC	SQL*Plus	ACTIVE	ALL_ROWS	update chepb set cheph='蒙C11859-9' where id=509120
13	14	SYS	Administrator	UXDGCC	SQL Developer	ACTIVE	ALL_ROWS	select sesion.sid '会话ID', username '账户名',
14	141	SYSMAN	UXDGCC$	UXDGCC	OEM.SystemPool	ACTIVE	ALL_ROWS	BEGIN EMD_NOTIFICATION.QUEUE_READY(:1, :2, :3); END
15	72	SYSMAN	UXDGCC$	UXDGCC	OEM.DefaultPool	INACTIVE	(null)	(null)
16	131	SYSMAN	UXDGCC$	UXDGCC	OEM.SystemPool	INACTIVE	(null)	(null)
17	203	SYSMAN	UXDGCC$	UXDGCC	OEM.SystemPool	INACTIVE	(null)	(null)
18	197	SYSMAN	UXDGCC$	UXDGCC	OEM.DefaultPool	INACTIVE	(null)	(null)

图 10-21　查看当前会话正在执行的 SQL 语句

4. 查看当前性能最差的查询语句

与上面不同的是加入了 V$session。

```
SELECT b.username "1 数据库账户", a.disk_reads "2 磁盘读", a.executions "3 执行次数", round(a.disk_reads /decode (a.executions,0,1,a.executions),0) "每次磁盘读(2/3 比率)", a.sql_text "SQL 语句",c.osuser "操作系统账户",
c.machine "会话的机器名称",
c.module "会话使用的客户端工具",
c.status "状态", --(ACTIVE: 活动 / INACTIVE: 不活动)
a.optimizer_mode "优化模式"
from V$sqlarea a, DBA_users b, v$session c
where a.parsing_user_id = b.user_id
and c.sql_hash_value = a.hash_value(+)
and c.sql_address    = a.address(+)
and c.username is not null
and a.disk_reads > 100000 order by a.disk_reads desc;           [000484]
```

5. 捕捉运行很久的 SQL

下面这条 SQL 可以显示出运行时间较长的 SQL 语句，是即时信息。

通过这条 SQL 监控数据库 SQL 语句目前的工作进度及预计结束时间。DBA 应经常关注这条 SQL 的执行结果，从中可以发现潜在的问题。

```
SQL>column username format a12
SQL>column opname format a16
SQL>column progress format a8
SQL>SELECT username "1 数据库账户",sid "2 会话 ID",opname "3 操作简要说明", sofar "4 到目前完成的工作量", totalwork "5 总工作量",
round(sofar*100 / totalwork,0) || '%' as "工作量完成百分比%(4/5)",time_remaining "预计完成操作的剩余时间(秒)",sql_text "SQL 语句"
from V$session_longops , V$sql where time_remaining <> 0 and sql_address
```

```
= address and sql_hash_value = hash_value ;                    [000485]
```

运行结果如图 10-22 所示。

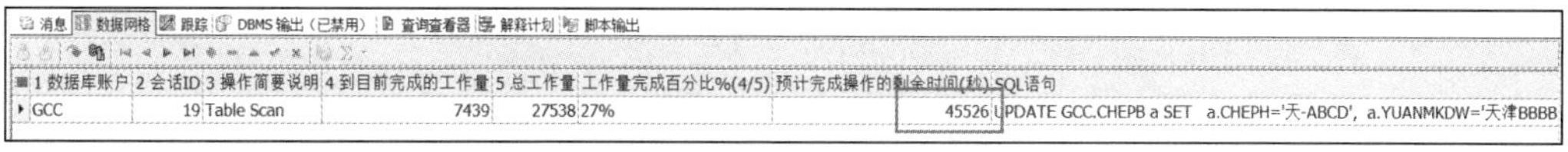

消息 | 数据网格 | 跟踪 | DBMS 输出（已禁用） | 查询查看器 | 解释计划 | 脚本输出

1 数据库账户	2 会话ID	3 操作简要说明	4 到目前完成的工作量	5 总工作量	工作量完成百分比%(4/5)	预计完成操作的剩余时间(秒)	SQL语句
GCC	19	Table Scan	7439	27538	27%	45526	UPDATE GCC.CHEPB a SET a.CHEPH='天-ABCD', a.YUANMKDW='天津BBBB

图 10-22　捕捉运行很久的 SQL

注：

V$session_longops 列解释说明如表 10-25 所示。

表 10-25　V$session_longops 列解释说明

列	描　　述
SID	Session 标识
SERIAL#	Session 串号或序列号
OPNAME	操作简要说明，主要是指长时间执行的操作名，如 Table Scan
TARGET	被操作的 object_name，如 tableA
TARGET_DESC	目标对象说明，主要描述 target 的内容
SOFAR	至今为止完成的工作量，需重点关注，表示已要完成的工作数，如扫描了多少个块
TOTALWORK	总工作量，指目标对象一共有多少数量（预计）。如块的数量
UNITS	工作量单位
START_TIME	进程开始时间
LAST_UPDATE_TIME	统计项最后更新时间，即最后一次调用 set_session_longops 的时间
TIME_REMAINING	预计完成操作的剩余时间（秒），即估计还需要多少时间完成，单位为秒
ELAPSED_SECONDS	从操作开始总花费时间（秒），即从开始操作时间到最后更新时间
CONTEXT	前后关系
MESSAGE	统计项的完整描述，即对于操作的完整描述，包括进度和操作内容
USERNAME	执行操作的用户 ID
SQL_ADDRESS	与 SQL_HASH_value 列的值一起使用，以标识与操作关联的 SQL 语句。一般用于连接查询
SQL_HASH_VALUE	与 SQL_ADDRESS 列的值一起使用，以标识与操作关联的 SQL 语句。一般用于连接查询
QCSID	并行协调器的会话标识符，即使用了并行查询

6. 查看历史 SQL 执行情况（top SQL）

下面这条 SQL 能够查出历史 SQL 的执行情况，尤其是“SQL 语句总耗费时间占所有 SQL 语句总耗费时间之和的百分比”“被执行次数”“平均每次执行时间”和“CPU 耗费时间”等指标，据此判断 SQL 的执行效率，决定是否采取进一步行动。假如某条 SQL 执行效率很低，应该追踪该 SQL 的出处，来自何方等，同时分析此 SQL 写法是否存在问题，有无改善的余地，导致效率低的原因等。总之，要将问题消灭于无形之中。

```
SQL>select round(100 * a.pct, 2) pct, --总耗费时间占比%
       round(a.elapsed_time/1000000, 2) "总耗费时间(秒)",
       round(a.elapsed_time/a.executions/1000000) "平均每次执行时间(秒)",
       round(a.cpu_time/1000000, 2) cpu_time, --CPU 时间(秒)
       a.buffer_gets "读取缓冲区的次数",
       round(a.buffer_gets/a.executions) "每次执行读取缓冲区次数",
       a.executions "执行次数",
       a.rows_processed "关联行数",
       s.sql_text "SQL 文本"
  from (select *
       from (select elapsed_time,
                    ratio_to_report(elapsed_time) over () pct,
                    cpu_time,
                    buffer_gets,
                    executions,
                    rows_processed,
                    address,
                    hash_value
               from  v$sql
               order by elapsed_time desc)
       where rownum < 26) a,
      v$sqlarea s
 where a.address = s.address
   and a.hash_value = s.hash_value
   and a.executions <> 0
 order by pct desc, cpu_time desc;                              [000486]
```

运行如图 10-23 所示。

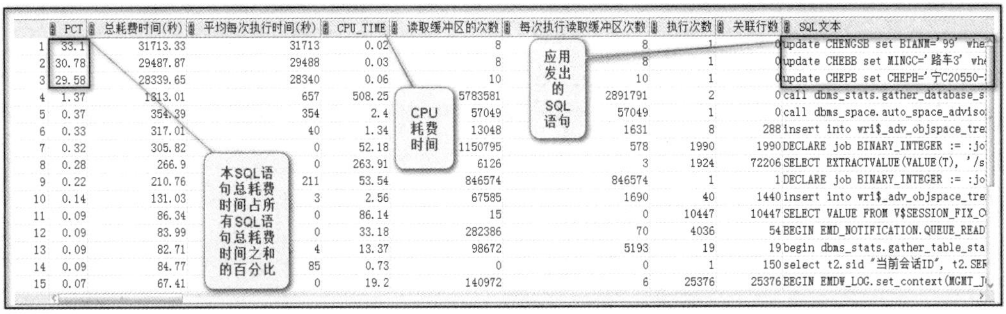

	PCT	总耗费时间(秒)	平均每次执行时间(秒)	CPU_TIME	读取缓冲区的次数	每次执行读取缓冲区次数	执行次数	关联行数	SQL文本
1	33.1	31713.33	31713	0.02	8	8	1	0	update CHENGSB set BIANM='99' whe
2	30.78	29487.87	29488	0.03	8	8	1	0	update CHEBB set MINGC='路车3' wh
3	29.58	28339.65	28340	0.06	10	10	1	0	update CHEPB set CHEPH='宁C20550-
4	1.37	1313.01	657	508.25	5783581	2891791	2	0	call dbms_stats.gather_database_s
5	0.37	354.39	354	2.4	57049	57049	1	0	call dbms_space.auto_space_adviso
6	0.33	317.01	40	1.34	13048	1631	8	288	insert into wri$_adv_objspace_tre
7	0.32	305.82	0	52.18	1150795	578	1990	1990	DECLARE job BINARY_INTEGER := :jo
8	0.28	266.9	0	263.91	6126	3	1924	72206	SELECT EXTRACTVALUE(VALUE(T), '/s
9	0.22	210.76	211	53.54	846574	846574	1	1	DECLARE job BINARY_INTEGER := :jo
10	0.14	131.03	3	2.56	67585	1690	40	1440	insert into wri$_adv_objspace_tre
11	0.09	86.34	0	86.14	15	0	10447	10447	SELECT VALUE FROM V$SESSION_FIX_C
12	0.09	83.99	0	33.18	282386	70	4036	54	BEGIN EMD_NOTIFICATION.QUEUE_READ
13	0.09	82.71	4	13.37	98672	5193	19	19	begin dbms_stats.gather_table_sta
14	0.09	84.77	85	0.73	0	0	1	150	select t2.sid "当前会话ID", t2.SEF
15	0.07	67.41	0	19.2	140972	6	25376	25376	BEGIN EMDW_LOG.set_context(MGMT_J

图 10-23　查看 SQL 执行情况（top SQL）

图 10-23 中黑框标注的部分是存在问题的，看 SQL 语句本身不存在写法的问题，那是什么原因导致 33.1%的占比，总耗费时间为 31 713 秒，约 8.8 个小时且被执行了 1 次，根据经验，肯定出现阻塞了，然后查关于阻塞的信息。

注：

V$sql 视图字段解释说明如表 10-26 所示。

表 10-26　V$sql 视图字段解释说明

字　　段	描　　述
SQL_TEXT	SQL 文本的前 1 000 个字符
SHARABLE_MEM	占用的共享内存大小（单位：byte）
PERSISTENT_MEM	生命期内的固定内存大小（单位：byte）
RUNTIME_MEM	执行期内的固定内存大小
SORTS	完成的排序数
LOADED_VERSIONS	显示上下文堆是否载入，1 是 0 否
OPEN_VERSIONS	显示子游标是否被锁，1 是 0 否
USERS_OPENING	执行语句的用户数
FETCHES	SQL 语句的 fetch 数
EXECUTIONS	自它被载入缓存库后的执行次数
USERS_EXECUTING	执行语句的用户数
LOADS	对象被载入过的次数
FIRST_LOAD_TIME	初次载入时间
INVALIDATIONS	无效的次数
PARSE_CALLS	解析调用次数
DISK_READS	读磁盘次数
BUFFER_GETS	读缓存区次数
ROWS_PROCESSED	解析 SQL 语句返回的总列数
COMMAND_TYPE	命令类型代号
OPTIMIZER_MODE	SQL 语句的优化器模型
OPTIMIZER_COST	优化器给出的本次查询成本
PARSING_USER_ID	第一个解析的用户 ID
PARSING_SCHEMA_ID	第一个解析的计划 ID
KEPT_VERSIONS	指出是否当前子游标被使用 DBMS_SHARED_POOL 包标记为常驻内存
ADDRESS	当前游标父句柄地址
TYPE_CHK_HEA	当前堆类型检查说明
HASH_VALUE	缓存库中父语句的 Hash 值
PLAN_HASH_VALUE	数值表示的执行计划
CHILD_NUMBER	子游标数量
MODULE	在第一次解析这条语句是通过调用 DBMS_APPLICATION_INFO.SET_MODULE 设置的模块名称
ACTION	在第一次解析这条语句是通过调用 DBMS_APPLICATION_INFO.SET_ACTION 设置的动作名称
SERIALIZABLE_ABORTS	事务未能序列化次数
OUTLINE_CATEGORY	如果 outline 在解释 cursor 期间被应用，那么本列将显示出 outline 各类，否则本列为空

续上表

字　段	描　述
CPU_TIME	解析/执行/取得等 CPU 使用时间（单位：毫秒）
ELAPSED_TIME	解析/执行/取得等消耗时间（单位：毫秒）
OUTLINE_SID	outline session 标识
CHILD_ADDRESS	子游标地址
SQLTYPE	指出当前语句使用的 SQL 语言版本
REMOTE	指出是否游标是一个远程映像（Y/N）
OBJECT_STATUS	对象状态（VALID or INVALID）
IS_OBSOLETE	当子游标的数量太多时，指出游标是否被废弃（Y/N）

上面介绍了查看历史 SQL 执行情况的 SQL 语句，下面介绍几个查看实时 SQL 执行情况的 SQL 语句。

7. 查看历史以来性能最差的 SQL 语句

下面这条 SQL 可以查出历史以来性能最差的 SQL 语句。该 SQL 语句的查询条件有一项是"a.disk_reads > 100000"，即磁盘读量>100000，这是 Oracle 官方的解释，读者可根据实际需要调整这个查询条件。

通过这条 SQL 可以追踪到历史以来最差的 SQL 语句，视情况需要，据此可以进一步追查。比如可以追查到出处、来自哪里、谁发出的等信息。

如果在这条 SQL 的基础上加入 V$session，则可以找出当前性能最差的 SQL 语句。

```
SQL>SELECT b.username "1 数据库账户", a.disk_reads "2 磁盘读", a.executions
"3 执行次数", round(a.disk_reads /decode (a.executions,0,1,a.executions),0) "
每次磁盘读(2/3 比率)", a.sql_text "SQL语句" from V$sqlarea a, DBA_users b where
a.parsing_user_id = b.user_id and a.disk_reads > 100000 order by a.disk_reads
desc;                                                              [000487]
```

10.2.4　资源消耗相关

1. 查看消耗资源的进程（top session）

下面这条 SQL 可以查出当前会话消耗资源的情况，消耗资源由大到小排序。主要关注"Criteria_Value（资源量）"此列值，如果除系统账户以外的会话消耗资源过大，则应当引起注意，看这个会话是否存在问题。比如，通过前述可以查出该会话正在执行的 SQL、有没有主动加锁或被加等信息，据此判断存不存在问题，是否正常。

```
SQL>SELECT  s.Schemaname  "Schema_Name(Oracle 用 户 )",Decode(Sign(48 -
Command),To_Char(Command), 'Action Code #' || To_Char(Command)) "Action(动
作)",Status "Session_Status(状态)", s.Osuser "Os_User_Name(操作系统用户)", s.Sid
"session ID", s.Serial# " Serial_Num(session 的 Serial#)",p.Spid "操作系统进程
```

```
",Nvl(s.Username, '[Oracle process]') "User_Name(Oracle 账号)",s.Terminal
"Terminal(会话终端)", s.Program "Program(客户端程序)", St.VALUE
"Criteria_Value(资源量)" FROM V$sesstat St, V$session s, V$process p WHERE
St.Sid = s.Sid AND St.Statistic# = To_Number('38') AND ('ALL' = 'ALL' OR s.Status
= 'ALL') AND p.Addr = s.Paddr ORDER BY St.VALUE DESC, p.Spid ASC, s.Username
ASC, s.Osuser ASC;                                                [000488]
```

运行结果如图 10-24 所示。

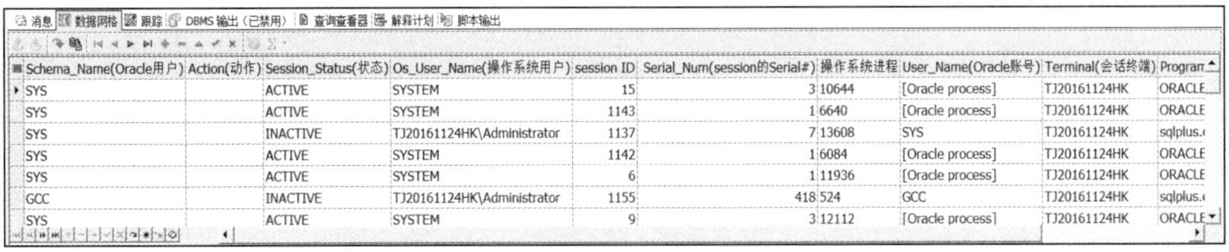

Schema_Name(Oracle用户)	Action(动作)	Session_Status(状态)	Os_User_Name(操作系统用户)	session ID	Serial_Num(session的Serial#)	操作系统进程	User_Name(Oracle账号)	Terminal(会话终端)	Program
SYS		ACTIVE	SYSTEM	15	3	10644	[Oracle process]	TJ20161124HK	ORACLE
SYS		ACTIVE	SYSTEM	1143	1	6640	[Oracle process]	TJ20161124HK	ORACLE
SYS		INACTIVE	TJ20161124HK\Administrator	1137	7	13608	SYS	TJ20161124HK	sqlplus.
SYS		ACTIVE	SYSTEM	1142	1	6084	[Oracle process]	TJ20161124HK	ORACLE
SYS		ACTIVE	SYSTEM	6	1	11936	[Oracle process]	TJ20161124HK	ORACLE
GCC		INACTIVE	TJ20161124HK\Administrator	1155	418	524	GCC	TJ20161124HK	sqlplus.
SYS		ACTIVE	SYSTEM	9	3	12112	[Oracle process]	TJ20161124HK	ORACLE

图 10-24　查看消耗资源的进程（top session）

2. 根据 SID 查看对应连接的资源占用等情况

这条 SQL 按照资源类及资源量由大到小排序展示当前 SID 占用资源情况，据此分析该会话是否存在问题。比如在前述中，某个会话已确定存在问题，可以回到这儿来进一步确认问题的严重程度等。

```
SQL>
SELECT
n.NAME "状态名称",
v.VALUE "资源使用",
Decode(n.CLASS,
1,to_char(n.CLASS)||'-User',
2, to_char(n.CLASS)||'-Redo',
4, to_char(n.CLASS)||'-Enqueue',
8, to_char(n.CLASS)||'-Cache',
16, to_char(n.CLASS)||'-OS',
32, to_char(n.CLASS)||'-Real Application Clusters',
64, to_char(n.CLASS)||'-SQL',
128, to_char(n.CLASS)||'-Debug','待查...') "状态类型",
n.Statistic# "资源号"
FROM V$statname n, V$sesstat v
WHERE v.Sid = &sid AND
v.Statistic# = n.Statistic#
ORDER BY n.CLASS, v.VALUE DESC ;                                  [000489]
```

运行结果如图 10-25 所示。

状态名称	资源使用	状态类型	状态号
OS CPU Qt wait time	0	1-User	0
logons cumulative	1	1-User	1
logons current	1	1-User	2
opened cursors cumulative	11310590	1-User	3
opened cursors current	12	1-User	4
user commits	10	1-User	5
user rollbacks	0	1-User	6
user calls	797	1-User	7
recursive calls	18929969	1-User	8
recursive cpu usage	2764942	1-User	9
pinned cursors current	3	1-User	10
session logical reads	5679250344	1-User	11
session stored procedure space	0	1-User	12
CPU used by this session	2787470	1-User	14
DB time	946532	1-User	15
cluster wait time	0	1-User	16
concurrency wait time	29	1-User	17

图 10-25 根据 v.sid 查看对应连接的资源占用等情况

注：

（1）V$sesstat 常用字段解释说明如表 10-27 所示。

表 10-27 V$sesstat 常用字段解释说明

列	描述
SID	SESSION 唯一 ID
STATISTIC#	资源唯一 ID
VALUE	资源使用

（2）V$statname 字段解释说明如表 10-28 所示。

表 10-28 V$statname 字段解释说明

列	描述
STATISTIC#	资源编号
NAME	状态名称
CLASS	多种状态类型的数字 1：User 2：Redo 4：Enqueue 8：Cache 16：OS 32：Real Application Clusters 64：SQL 128：Debug
STAT_ID	状态唯一标识符

（3）动态性能视图 v$mystat，v$sesstat，v$statname 的区别如表 10-29 所示。

表 10-29　动态性能视图 v$mystat,v$sesstat,v$statname 的区别说明

视　图	描　述
v$mystat	对当前会话自身统计
v$sesstat	对当前会话分组统计
v$sysstat	对当前数据库的累计统计

10.2.5　游标相关

我们先来了解 Oracle 的两个初始化参数 open_cursors 和 session_cached_cursor。

Open_cursors 设定每个 session（会话）最多能同时打开多少个 cursor（游标）。session_cached_cursor 设定每个 session（会话）最多可以缓存多少个关闭的 cursor。想要它清楚他们的作用，得先弄清 Oracle 如何执行每个 SQL 语句。

两个参数有着相同的作用，即让后续相同的 SQL 语句不再打开游标，从而避免软解析过程来提供应用程序的效率。

如果 Open_cursors 设置太小，对系统性能不会有明显改善，还可能触发 ORA-01000 错误。如果设置太大，则无端消耗系统内存。可以通过如下的 SQL 语句查看设置是否合理：

```
SELECT
MAX(A.VALUE) "实际打开的cursors 的最大值",
P.VALUE "Open_cursors的设定值"
FROM V$SESSTAT A, V$STATNAME B, V$PARAMETER P
WHERE A.STATISTIC# = B.STATISTIC#
    AND B.NAME = 'opened cursors current'
    AND P.NAME = 'open_cursors'
    GROUP BY P.VALUE;                                    [000490]
```

运行结果如图 10-26 所示。

图 10-26 中，如果实际打开的 cursors 的最大值和 Open_cursors 的设定值太接

图 10-26　游标打开的实际值与设定值

近，有可能触发 ORA-01000 错误，那么就应该调大参数 Open_cursors 的设定值。如果问题依旧没有解决，盲目增大 Open_cursors 也是不对的。这时应检查应用程序的代码是否合理，比如应用程序是否打开了游标，却没有在它完成工作后及时关闭。以下语句可以查出导致游标漏关的会话：

```
SELECT A.VALUE, S.USERNAME, S.SID, S.SERIAL#
FROM V$SESSTAT A, V$STATNAME B, V$SESSION S
WHERE A.STATISTIC# = B.STATISTIC#
AND S.SID = A.SID
AND B.NAME = 'opened cursors curent';                    [000491]
```

同样，session_cached_cursors 的值也不是越大越好，可以通过下面两条语句得出合理的设置。

```
SELECT NAME, VALUE FROM V$SYSSTAT WHERE NAME LIKE '%cursor%'; [000492]
```

运行结果如图 10-27 所示。

SELECT NAME, VALUE FROM V$SYSSTAT WHERE NAME LIKE '%parse%';　　[000493]

运行结果如图 10-28 所示。

NAME	VALUE
opened cursors cumulative	4528614
opened cursors current	133
pinned cursors current	7
session cursor cache hits	1397302
session cursor cache count	246634
cursor authentications	11173

NAME	VALUE
1 parse time cpu	27082
2 parse time elapsed	129332
3 parse count (total)	3491704
4 parse count (hard)	91510
5 parse count (failures)	3249
6 parse count (describe)	230

图 10-27　通过 V$SYSSTAT 查看 cursors 信息　　　图 10-28　通过 V$SYSSTAT 查看解析信息

在图 10-27 和图 10-28 中，session cursor cache hits 就是系统在高速缓存区中找到相应 cursors 的次数，parse count(total)就是总的解析次数，二者比值（1397302/3491704*100=40.02）越高，性能越好。如果比例较低，并且有较多剩余内存，可以考虑加大 session_cached_cursors 参数。

当执行一条 SQL 语句时，将会在 shared pool 产生一个 library cache object，cursor 就是其中针对 SQL 语句的一种 library cache object。另外会在 pga 有一个 cursor 的复制，同时在客户端会有一个 statement handle，这些都被称为 cursor。在 v$open_cursor 中可以看到当前打开的 cursor 和 pga 内 cached cursor。

session_cached_cursor 参数限制了在 pga 内 session cursor cache list 的长度。session cursor cache list 是一条双向的 lru 链表，当一个 session 打算关闭一个 cursor 时，如果这个 cursor 的 parse count 超过 3 次，那么这个 cursor 将会被加到 session cursor cache list 的 MRU 端。当一个 session 打算 parse 一个 sql 时，它会先去 pga 内搜索 session cursor cache list，如果找到会把这个 cursor 脱离 list，然后当关闭时再把这个 cursor 加到 MRU 端。session_cached_cursor 提供了快速软解析的功能，提供了比 soft parse 更高的性能。

在很多人眼里，cursor 使用后就关闭了，opened cursors 的数量应该不会太多，难道应用程序出现了 cursor 漏关？。很多人对 open cursor 的概念一直存在误解，认为只有正在 fetch 的 cursor 是 open 状态的，而一旦 fetch 结束，CLOSE CURSOR 后，cursor 就处于关闭状态。因此一个会话中 open 状态的 cursor 数量应该很少。事实上不是这样的，某些 cursor 在程序中是已经 close 了，但是 Oracle 为了提高 cursor 的性能，会对其进行缓冲，这些缓冲的 cursor 在程序中的关闭只是一个软关闭，事实上，在会话中并未关闭，而是放在一个 cursor 缓冲区中。

PL/SQL 中的 SQL 可以使用 session_cached_cursors 的会话缓冲。该参数就成为一个纯粹的限制。虽然如此，open_cursors 参数仍然和 cursor 的缓冲机制密切相关，因为该参数限制了当前某个会话打开 cursor 的最大值。设置一个较大的 open_cursors 参数，可以避免出现 ORA-1000，同时也可以让会话缓冲更多的 cursor，改善 SQL 解析的性能。不过该参数设置得较大会占用较大的 PGA 空间，消耗一定的物理内存。因此该参数也不是设置得越大越好，一般的 OLTP 系统中，1 000～3 000 就足够了。在共享服务器模式的系统中，该参数的设置要略微保守一些，因为该参数越大，占用的 PGA 空间也就越大。

另外需要注意的是，该参数就已经是动态的了，可以随时动态调整。

使用下面的 SQL 语句判断"session_cached_cursors"的使用情况，如果使用率（USAGE）超过 100%则增大该参数值。"100%"这个指标为 Oracle 官方解释。

```
SQL>
SELECT 'session_cached_cursors' PARAMETER,
       LPAD(VALUE, 5) VALUE,
       DECODE(VALUE, 0, ' N/A', TO_CHAR(100 * USED / VALUE, '000') || '%') USAGE
  FROM (SELECT MAX(S.VALUE) USED
          FROM V$STATNAME N, V$SESSTAT S
         WHERE N.NAME = 'session cursor cache count'
           AND S.STATISTIC# = N.STATISTIC#),
       (SELECT VALUE FROM V$PARAMETER WHERE NAME = 'session_cached_cursors')
UNION ALL
SELECT 'open_cursors',
       LPAD(VALUE, 5),
       TO_CHAR(100 * USED / VALUE, '000') || '%'
  FROM (SELECT MAX(SUM(S.VALUE)) USED
          FROM V$STATNAME N, V$SESSTAT S
         WHERE N.NAME IN
               ('opened cursors current', 'session cursor cache count')
           AND S.STATISTIC# = N.STATISTIC#
         GROUP BY S.SID),
       (SELECT VALUE FROM V$PARAMETER WHERE NAME = 'open_cursors');
                                                                   [000494]
```

运行结果如图 10-29 所示。

图 10-29 中，session_cached_cursors 使用比率已达到 100%，应考虑加大此参数。

图 10-29 查看 session_cached_cursors 使用比率

10.3　日常需要记录的监控点以及监控语句

1. 总数据量

```
SQL>
SELECT sum(bytes/1024/1024/1024) "数据库实际数据量(G)" from DBA_SEGMENTS --实际数据量；
```

```
SELECT sum(bytes/1024/1024/1024) "数据文件容纳数据量(G)" from
DBA_data_files  --数据文件容纳数据量；
SELECT sum(bytes/1024/1024/1024) "表的实际数据量(G)" from DBA_SEGMENTS
where segment_type like 'TABLE'  --表数据量；
SELECT sum(bytes/1024/1024/1024) "索引的实际数据量(G)" from DBA_SEGMENTS
where segment_type like 'INDEX'  --索引的实际数据量；
```

2. 事件等待监控

```
select event,
       sum(decode(wait_Time, 0, 0, 1)) "等待时间非0的次数",--等待过（等待时
间<0）或已经等待了若干时间（等待时间>0），重点关注。
       sum(decode(wait_Time, 0, 1, 0)) "等待时间为0的次数",--处于最后一个等
待事件状态。也要关注，看是什么事件。
       count(*) "合计"
  from v$session_Wait
 group by event
 order by 4;
```

一旦锁定某个事件疑似存在问题，就得追踪该事件的会话。

3. CPU 使用率监控

总的 CPU 花费在执行及解析上的比率 = 1 – (parse time cpu / CPU used by this session)。

通过以下 SQL 语句计算此值：

```
SQL>select 1-(a.value/b.value) "CPU 执行及解析比率" from v$sysstat
a,v$sysstat b where a.name='parse time cpu' and b.name='CPU used by this
session';
```

如果比率较高，可用以下语句进一步找出使用 CPU 多的用户 Session：

```
SQL>select a.sid,spid,status,substr(a.program,1,40) prog,a.terminal,
osuser,c.value/100 "用时(秒)" from v$session a,v$process b,v$sesstat c where
c.statistic#=12 and c.sid=a.sid and a.paddr=b.addr order by value desc; --12
是指 cpu used by this session
```

再进一步找出使用 CPU 多的 SQL 语句，可指定 SPID 查找正在执行的 SQL 语句：

```
SQL>SELECT  P.pid pid,S.sid sid,P.spid spid,S.username username,S.osuser
osname,P.serial# S_#,P.terminal,P.program program,P.background,S.status,
RTRIM(SUBSTR(a.sql_text, 1, 1000)) SQL FROM v$process P, v$session
S,v$sqlarea A WHERE P.addr = s.paddr AND S.sql_address = a.address (+) AND P.spid
LIKE '%&1%';
```

或指定 SID 查找：

```
SQL>SELECT P.pid pid,S.sid sid,P.spid spid,S.username username,S.osuser
osname,P.serial# S_#,P.terminal,P.program program,P.background,S.status,
RTRIM(SUBSTR(a.sql_text, 1, 1000)) SQL FROM v$process P, v$session S,
v$sqlarea A WHERE P.addr = s.paddr AND S.sql_address = a.address (+) AND s.sid
LIKE '%&1%';
```

4. 监控 SGA 中共享缓存区的命中率

```
SQL> select sum(pinhits-reloads)/sum(pins)*100 "命中率%",sum(reloads)/
sum(pins)*100 "重载率%" from v$librarycache;              [000501]
```

重载率应小于 1%。

5. 监控 SGA 中重做日志缓存区的命中率

```
SQL>SELECT name "重做名", gets "总请求数", misses "总失败数", immediate_gets
"当前总请求数", immediate_misses "当前总失败数", Decode(gets,0,0,misses/
gets*100) "总体失败率%", Decode(immediate_gets+immediate_misses,0,0,immediate_
misses/(immediate_gets+immediate_misses)*100) "当前失败率%" FROM v$latch WHERE
name IN ('redo allocation', 'redo copy');                [000502]
```

此值应小于 1%。

6. 监控表碎片程度

代码号 [000503]

```
SQL>SELECT segment_name "表名", COUNT(*) "分布段数" FROM dba_segments WHERE
owner NOT IN ('SYS', 'SYSTEM') GROUP BY segment_name HAVING COUNT(*) = (SELECT
MAX( COUNT(*) ) FROM dba_segments GROUP BY segment_name);  [000503]
```

7. 监控共享服务器繁忙比率

```
SQL>select busy / (busy + idle)*100 "共享服务器繁忙比率%" from v$dispatcher;
                                                          [000504]
```

如果使用率超过 50%，需要增加 dispatch（分派器）数量。比如，设置 dispatch（分派器）数量为 15，SQL 如下：

```
SQL>alter system set dispatchers="(PROTOCOL=tcp)(DISPATCHERS=15)";
                                                          [000505]
```

8. 索引层数（深度）的监控

BLEVEL 是 B*tree 索引形式的一部分，它与 Oracle 减少索引搜索的次数相关联，如果 BLEVEL 大于"4"，那么建议重建（Rebuild）索引。

```
SQL>Select index_name,blevel from dba_indexes where blevel>=4;  [000506]
```

另一个需要重建的条件是，当索引中的被删除项占总的项数的百分比超过 20%以上时，应当重建，先进行分析，语句格式如下：

```
SQL>
analyze index 索引名 validate structure OFFLINE;
analyze index validate structure ;
```

如：

```
SQL>
analyze index MK_CHEPB validate structure OFFLINE;
analyze index MK_CHEPB validate structure ;              [000507]
```

注：

analyze index 有两个选项：validate structure 和 compute statistics；其中 validate structure 用来分析索引是否需要重建，compute statistics 是为 CBO 服务的。

validate structure 有 2 种模式：ONLINE 和 OFFLINE；默认是 OFFLINE 模式。以 OFFLINE 模式分析时，会对表加一个 4 级别的锁（表共享），对 run 系统会造成一定的影响。

而 ONLINE 模式则没有表 lock 的影响，但当以 ONLINE 模式分析时，在视图 index_stats 没有统计信息。

（1）单个分析索引是否需要重建

```
SQL>select (del_lf_rows_len/lf_rows_len)*100 from index_stats where name='索引名';
```

例如：

```
SQL>
analyze index GCC4.MK_CHEPB validate structure OFFLINE;
select name,(del_lf_rows_len/lf_rows_len)*100 from index_stats where name='MK_CHEPB';                                    [000508]
```

（2）批量分析索引是否需要重建

```
SQL>
set pagesize 0
set long 200000
set feedback off
set echo off
set linesize 200;
spool c:\a.sql
select ' analyze index '||ds.owner||'.'||ds.segment_name||' validate structure OFFLINE; ' || chr(10) ||' select name,(del_lf_rows_len/lf_rows_len)*100 from index_stats where name='''||ds.segment_name||''';' from dba_segments ds  where ds.owner in ('GCC4') and ds.segment_type = 'INDEX';
spool off                                                                              [000509]
```

9. 监控数据量大于 2G 的段

```
SQL>SELECT segment_name from DBA_SEGMENTS where bytes>1024*1024*1024*2;
                                                                                        [000510]
```

重点关注段名为表名的段，其数据量超过 2G。

10.4 关于 Oracle 的 I/O

加快 I/O 操作、减少 I/O 次数，就需要设置合适的 db_file_multiblock_read_count 值。

读 10m 的数据，在 db_file_multiblock_read_count=8，db_block_size=4 的情况下(linux 下的默认配置)，那么每次 Oracle 只能读取 32K 的数据，就需要读 10240(10M)/32=320 次；

如果 db_file_multiblock_read_count=128，那么 Oracle 就可以每次读取 512K，只需 20 次 I/O 操作就可以完成。

如图 10-30 所示。

图 10-30　查看 db_file_multiblock_read_count 参数值

能不能把 db_file_multiblock_read_count 设置得更大取决于 db_file_multiblock_read_count *db_block_size 不能超过 OS 的最大的 max_io_size。

关于 max_io_size 和 OS 相关的特定值，这个 max_io_size 值的大小可以查阅相关资料，在不超出 max_io_size 允许的范围内，把 db_file_multiblock_read_count 设置大些，对 Oracle 性能还是有好处的。

到底如何设定 db_file_multiblock_read_count 值，请参阅其他章节说明。

```
SQL>ALTER session set db_file_multiblock_read_count=64;          [000511]
```

10.5　实验结论

在对数据库实施必要的统计分析及加压处理后，导致数据库宕机。最后通过杀掉相关会话进程使数据库恢复正常。

在操作过程中，主要记录比率类指标如下：

- Library Cache 命中率
- 共享池内存使用率
- db buffer cache 命中率
- 共享池的命中率
- 内存排序率
- PGA 命中率
- 共享区字典缓存区命中率
- 回滚段收缩次数

在不同实验阶段包括宕机状态下追踪这些指标的变化并比对，由此得出自己的判断。事先还要记录当前数据库有关初始化参数，主要包括 memory_target（总内存）、db_cache_size（SGA 部分）、share_pool_size（SGA 部分）、open_cursors（PGA 部分）、session_cached_cursor（PGA 部分）及剩余内存。下面进行详细介绍。

10.5.1　调优过程

"UPDATE CHEPB a SET a.CHEPH='天-ABCD',a.YUANMKDW='天津 abcd', a.QINGCJJY='张 XXXX',a.LURY='李 XXXX' WHERE a.ID>=0 and a.ID<=519999999"这条更新命令：让数据库长时间等待，这条命令引发的同时操作有：

（1）用 CHEPB 的数据更新 FAHB 表（由 chepb 表更新操作触发 chepb 表上的触发器）；

（2）将 CHEPB 的数据插入 rucslhjb 表（由 chepb 表更新操作触发 chepb 表上的触发器）；

（3）删除 jiekrwb 表数据，同时将 FAHB 表数据插入 jiekrwb 表（由 fahb 表触发 fahb 表上的触发器）；

（4）插入 rucslhjb 表（由 fahb 表触发 fahb 表上的触发器）；

（5）插入 ZANGRCCP 表（在插入 fahb 表环节调用执行过程）；

（6）插入 ZANGRCPC 表（在插入 fahb 表环节调用执行过程）。

（7）删除和插入 fisrwb 表（在插入 ZANGRCPC 表环节调用执行过程）。

也就是说，发出更新 CHEPB 的命令后引发了上述一系列的动作，这些动作都是在同一时刻发出并执行，可以想象此刻的数据库将承受多大的考验，当然最后经受不住考验而宕机了，本实验要的就是这个效果，为实验而特别设计。

注：

读者从资源站将本节提供的 DMP 文件导入到自己的数据库后，保持当前数据库的状态，即当前数据库是什么状态就什么状态，并记录有关初始化参数数据，需要记录的初始化参数主要是 MEMORY_TARGET（总内存）、DB_CACHE_SIZE（SGA 部分）、SHARE_POOL_SIZE（SGA 部分）、open_cursors（PGA 部分）、session_cached_cursor（PGA 部分）及剩余内存。然后跑一下本实验发出的那条更新命令，看能否使你的数据库宕机。如果被宕机了，说明笔者的这套设计是不错的，达到了预期效果。感兴趣的读者不妨试一试（需在非生产环境下测试）。

上述操作均为数据批量 DML 操作，操作的数据量非常之大，在调优之前导致 chepb 更新记录超过 12 万后数据库宕机（连续近 40 个小时没有结果）。

如图 10-31 所示，在数据库优化前，更新 12 万多条记录，在将 dump 文件导入之后的第一次运行耗时 70 分钟，第 2 次运行耗时 100 秒，两次耗时差距很大，大致的原因是这 12 万条记录及其连带（SQL 语句等）在内存中有了"复本"，再发出同样的操作，基本都是在内存完成的，第 2 次耗时 100 秒。

图 10-31　数据库加压命令执行结果

接下来，扩大 chepb 表更新范围（超过 12 万条记录），问题出现了，就像前述的一样，数据库宕机了。

下面描述一下问题的解决过程：

对实验涉及的表（'CHEPB','FAHB','RUCSLHJB','JIEKRWB', 'ZANGRCCP','ZANGRCPC', 'FISRWB'）的所有资源（列、索引等）收集其全部信息以及对 GCC 账户下的所有对象资

源收集其全部信息，目的是让数据库做出正确的执行计划，结果是对 12 万以内的更新效果明显，体现在节省耗时上，但超过 12 万的更新，不起作用。

在超过 12 万条更新导致数据库宕机的状态下，侦测的结果概括为"等待"太多，引发"等待"的原因主要是磁盘读、硬解析、软解析、回滚块、游标等，最终表现为 SQL 语句执行效率严重下降（长时间停留在那里）。

经过侦测数据状态，有一个问题肯定是导致"等待"太多的原因，就是回滚的速度太慢，调整：

```
ALTER SYSTEM set FAST_START_PARALLEL_ROLLBACK=false;
```

或

```
ALTER SYSTEM set FAST_START_PARALLEL_ROLLBACK = HIGH;           [000512]
```

不管问题怎么样，该参数必须要调整，以加快回滚速度。

还有一个参数，也必须调整，即 SESSION_CACHED_CURSORS（允许缓存游标的最大个数）。

在本实验中调整该参数为 500 个。

```
ALTER SYSTEM set SESSION_CACHED_CURSORS = 500;                  [000513]
```

这两个参数调整后，等待的次数明显减少，最终表现为突破了 12 万，但耗时太长的问题仍然存在。

考虑索引的问题，把以更新和插入为主的表中非主键索引删除以减少不必要的索引维护消耗，但结果更糟，原因是在许多地方存在对这些表的 select，没了索引，查询变得异常缓慢，导致情况更糟。最后，把索引不得不恢复上。

考虑并行执行的问题，在本实验中效果不明显，可以忽略。

综上所述，在维持目前内存状态下所做的这些措施，略有起色（不宕机了，但就是慢），效果不明显。

由于 Oracle 自 10G 开始提供了 AMM（自动内存管理），由于过分相信 AMM 了，没有把重点放在内存上。

做法是加大总内存，由原来的 1.7G 扩大到 3.2G，仍然维持 Oracle 的 AMM 自动内存管理，但结果还是不行。

最后，手动调整 SHARE_POOL_SIZE，由原来的 464M（应该是 AMM 自动分配的内存）调整为 1 824M，这个值是 SPFILE 显示的结果，但导致的结果是 DB_CACHE_SIZE 减少了，由原来的 318 767 104（318M）只剩下 8 388 608（8M），这两项值是由 AMM 调出来的，非手动干预。减少 SHARE_POOL_SIZE 256M，查看 SPFILE 文件，DB_CACHE_SIZE=142606336（142M），这是 AMM 自动调整的。

综上所述，手动干预了一下"SHARE_POOL_SIZE"，再试，80万，16分钟结束，如图10-32所示。

80万条CHEPB表记录更新再加上这些大量的连带操作，耗时由12万条的70分钟调到80万条16分钟，效果明显。

在数据库未实施任何优化措施的状态下，第一次执行更新命令，更新12万条记录，用时70分钟，超过12万后，数据库宕机（连续运行40个小时无结果）。

在最优的状态下，更新12万条记录，耗时2分钟，如图10-33和图10-34所示。

图10-32　数据库加压命令下调整SHARE_POOL_SIZE后的执行结果

图10-33　优化前（更新12万条记录）

图10-34　优化后（更新12万条记录）

在最优状态下更新CHEPB表303万条记录，耗时49分钟（调了CHEPB表"FAHB_ID"列上的一个普通索引，删除此索引→建位图索引→进行表分析）。

自优到了49分钟后，无论怎么"优"，就是不能低于49分钟，有时还多点儿，说明"49分钟"已经优到了极限，如图10-35和图10-36所示。

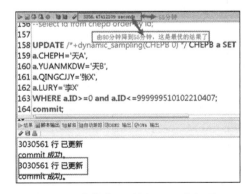

图10-35　优化前（更新303万条记录）

图10-36　优化后（更新303万条记录）

10.5.2　调优前后 SPFILE 参数文件对比

调优前后 SPFILE 初始化参数文件对比如图 10-37 所示。

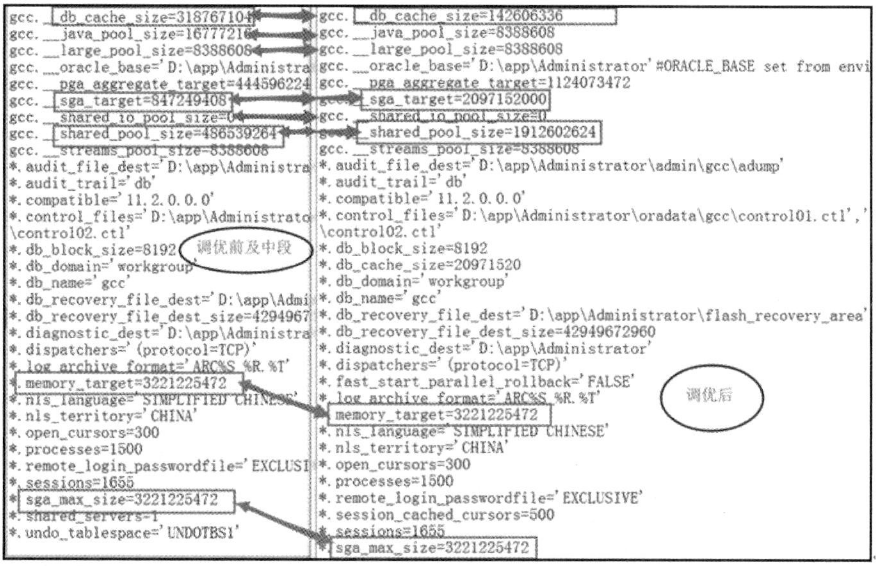

图 10-37　调优前后 SPFILE 参数文件对比

图 10-37 左侧为调优前，右侧为调优后。调优前与调优后 SPFILE 初始化参数文件具体参数变化如表 10-30 所示。

表 10-30　SPFILE 初始化参数文件优前与优后参数变化

初始化参数	优前值	优后值	说　明	备　注
db_cache_size	318 767 104（304M）	142 606 336（136M）	变小，少了 304-136=168M	数据库高速缓存（Buffer Cache）容量，容纳 Data Block 缓存）。可动态调整，立即生效
java_pool_size	16 777 216（16M）	8 388 608（8M）	变少，但对实验无影响	Java Pool 容量，为 Oracle 自身的 JVM 提供内存。可动态调整，立即生效
large_pool_size	8 388 608（8M）	8 388 608（8M）	无变化	大池容量，提供备份、恢复等大数据块需求。可动态调整，立即生效
pga_aggregate_target	444 596 224（424M）	1 124 073 472（1072M）	变大，增加了 1 072-424=648M，对实验有影响	PGA 总容量设置，分配各进程的 PGA 总和。可动态调整，立即生效
sga_target	847 249 408（808M）	2 097 152 000（2000M）	变大，增加了 2 000-808=1 192M，对实验有影响	SGA 总容量设置。可动态调整，立即生效

续上表

初始化参数	优前值	优后值	说明	备注
shared_io_pool_size	0	0	无变化	用于设定共享 IO 池的大小。可动态调整，立即生效
shared_pool_size	486 539 264（464M）	1 912 602 624（1824M）	变大，增加了 1 824-464=1 360M，对实验关键影响	共享池大小，缓存 SQL 语句和数据字典。可动态调整，立即生效
streams_pool_size	8 388 608（8M）	8 388 608（8M）	无变化	流池大小，支持流 stream 组件工作。可动态调整，立即生效
memory_target	3 221 225 472（3072M）	3 221 225 472（3072M）	无变化	总内存大小（SGA + PGA），用于自动调整所有的内存。可动态调整，立即生效
open_cursors	300	300	无变化	设定每个 session（会话）最多能同时打开多少个 cursor（游标），可动态调整，立即生效
session_cached_cursors	无	500	对实验影关键影响	设定每个 session（会话）最多可以缓存多少个关闭掉的 cursor。可动态调整，立即生效
sga_max_size	3 221 225 472（3 072M）	3 221 225 472（3072M）	无变化	SGA 的最大值，一般与 sga_target 值相同。可动态调整但重启后生效

注：spfile 初始化参数文件中的其他参数优前与优后一致

1. 优化前的 SPFILE

参数文件如下：

```
gcc.__db_cache_size=318767104
gcc.__java_pool_size=16777216
gcc.__large_pool_size=8388608
gcc.__oracle_base='D:\app\Administrator'#ORACLE_BASE set from environment
gcc.__pga_aggregate_target=444596224
gcc.__sga_target=847249408
gcc.__shared_io_pool_size=0
gcc.__shared_pool_size=486539264
gcc.__streams_pool_size=8388608
*.audit_file_dest='D:\app\Administrator\admin\gcc\adump'
*.audit_trail='db'
*.compatible='11.2.0.0.0'
*.control_files='D:\app\Administrator\oradata\gcc\control01.ctl','D:\app\Administrator\flash_recovery_area\gcc\control02.ctl'
*.db_block_size=8192
*.db_domain='workgroup'
*.db_name='gcc'
*.db_recovery_file_dest='D:\app\Administrator\flash_recovery_area'
*.db_recovery_file_dest_size=42949672960
*.diagnostic_dest='D:\app\Administrator'
```

```
*.dispatchers='(protocol=TCP)'
*.log_archive_format='ARC%S_%R.%T'
*.memory_target=3221225472
*.nls_language='SIMPLIFIED CHINESE'
*.nls_territory='CHINA'
*.open_cursors=300
*.processes=1500
*.remote_login_passwordfile='EXCLUSIVE'
*.sessions=1655
*.sga_max_size=3221225472
*.shared_servers=1
*.undo_TABLESPACE='UNDOTBS1'                                    [000514]
```

2. 优化后的 SPFILE

参数文件如下：

```
gcc.__db_cache_size=142606336
gcc.__java_pool_size=8388608
gcc.__large_pool_size=8388608
gcc.__oracle_base='D:\app\Administrator'#ORACLE_BASE set from environment
gcc.__pga_aggregate_target=1124073472
gcc.__sga_target=2097152000
gcc.__shared_io_pool_size=0
gcc.__shared_pool_size=1912602624
gcc.__streams_pool_size=8388608
*.audit_file_dest='D:\app\Administrator\admin\gcc\adump'
*.audit_trail='db'
*.compatible='11.2.0.0.0'
*.control_files='D:\app\Administrator\oradata\gcc\control01.ctl','D:\app\Administrator\flash_recovery_area\gcc\control02.ctl'
*.db_block_size=8192
*.db_cache_size=20971520
*.db_domain='workgroup'
*.db_name='gcc'
*.db_recovery_file_dest='D:\app\Administrator\flash_recovery_area'
*.db_recovery_file_dest_size=42949672960
*.diagnostic_dest='D:\app\Administrator'
*.dispatchers='(protocol=TCP)'
*.fast_start_parallel_rollback='FALSE'
*.log_archive_format='ARC%S_%R.%T'
*.memory_target=3221225472
*.nls_language='SIMPLIFIED CHINESE'
*.nls_territory='CHINA'
*.open_cursors=300
*.processes=1500
*.remote_login_passwordfile='EXCLUSIVE'
*.session_cached_cursors=500
*.sessions=1655
*.sga_max_size=3221225472
```

```
*.shared_pool_size=1610612736
*.shared_servers=1
*.undo_TABLESPACE='UNDOTBS1'                                    [000515]
```

10.5.3　实验总结

通过本节中关于实验结论的具体分析，总结如下。

（1）不要过分依赖 AMM（自动内存管理）或 ASMM（自动共享内存管理）。

（3）当出现问题时，首先关注内存，尤其是 SHARE_POOL_SIZE、DB_CACHE_SIZE 这两个参数，对于 SHARE_POOL_SIZE 尽可能大些（即便浪费点儿内存也值得，当然不能浪费太多），但确保 DB_CACHE_SIZE 够用。

（3）在确保内存没有问题的前提下，如果出现类似本实验的情况，一方面，该做的信息收集要做，确保数据库能够做出最优的执行计划；另一方面加强索引的管理，尤其是 WHERE 子句中涉及的列，原则上要为其创建索引，如本实验，虽然这些表以更新和插入为主，但失去索引的代价远远大于保留其索引，得不偿失。

（4）调整 FAST_START_PARALLEL_ROLLBACK 和 SESSION_CACHED_CURSORS 这两个参数，具体值是多少，根据实际情况定（不能太大，造成内存浪费；也不能太小，导致不够用）。

```
ALTER SYSTEM set FAST_START_PARALLEL_ROLLBACK=false;
```

或

```
ALTER SYSTEM set FAST_START_PARALLEL_ROLLBACK = HIGH;           [000516]
ALTER SYSTEM set SESSION_CACHED_CURSORS = 500;
```

10.6　本章小结

本章结合实验重点讲解了对表的信息收集技术、性能指标的查看与跟踪技术、实验环境介绍、问题解决过程等。其中性能指标的查看与跟踪技术是本章的核心内容，希望读者务必吃透，这对于判断当前数据库运行状态是好是坏以及预判数据库出现问题的可能性都有着重要的意义。

接下来将讨论第 11 章 AWR 报告。

第 11 章 AWR 报告

关于 Oracle 数据库的性能，Oracle 提供了一个性能检测的工具：AWR（Automatic Workload Repository，自动工作负载库）这个工具可以自动采集 Oracle 运行中的负载信息（这与为了让数据库做出最优执行计划而由人工进行的信息收集分析完全不是一回事，这一点请读者注意。不过，正常情况下该做的信息收集还要做，AWR 主要访问 V$SYSSTAT 和 V$SESSTAT 这两个视图。），并生成与性能相关的统计数据。可以根据这些统计数据来分析一些潜在的问题。

AWR 每隔一小时将内存中的 ASH（Active Session History，活动会话历史记录）向 V$active_session_history 视图刷新一次，并将信息保存到磁盘中，并且保留 8 天，8 天后旧的记录才会被覆盖。这些采样信息被保存在 wrh$_active_session_history 视图中。而这个采样频率（1 小时）和保留时间可以根据实际情况进行调整，这就给 DBA 们提供了更加有效的系统监测工具。

AWR 是 Oracle 安装好后自动启动的，不需要特别设置。收集的统计信息存储在 SYSAUX 表空间 SYS 模式下，以 WRM$_*和 WRH$_*的格式命名，默认会保留最近 8 天收集的统计信息。每个小时将收集到的信息写到数据库中，这一系列操作是由一个叫 MMON 的进程来完成的。

本章将详细介绍生成 AWR 报告时的参数调整、生成报告、报告分析以及适用场景。

11.1 AWR 报告综述

AWR（自动工作负载存储库）的出现，尤其是 11g 版本及之后的 AWR 是具有里程碑意义的一件事情，通过它可以快速定位性能问题，其所展示的数据是 AWR 诞生以前 DBA 们渴求的，它为 DBA 们提供了一个很好的性能侦测工具，彻底把 DBA 们解放出来。换句话说，有了 AWR，非 DBA 出身的从业者也可以像 DBA 们一样来关注并处理一些性能问题，这就是 AWR 里程碑意义的体现。

AWR 负责收集、处理和维护性能统计信息，以便进行问题检测和自我调整，其收集和处理的统计数据包括以下内容。

- 确定数据库段的访问和使用统计信息的对象统计信息。
- 基于活动时间使用的时间模型统计信息，显示在 V$SYS_Time_model 和 V$SESS_Time_model 视图中。
- 在 V$SYSSTAT 和 V$SESSTAT 视图中收集的一些系统和会话统计信息。

- 基于运行时间和 CPU 时间等条件在系统上产生最大负载的 SQL 语句。
- ASH 统计，表示最近会话活动的历史。

默认情况下，使用 AWR 收集数据库统计信息是启用的，它由统计信息级别的初始化参数（STATISTICS_LEVEL 为 TYPICAL 或 ALL，默认启用）控制。统计级别参数应设置为"TYPICAL（典型）"或"ALL（全部）"以启用 AWR 收集统计信息。默认设置为"TYPICAL（典型）"。如果将 STATISTICS_LEVEL 设置为 BASIC 会禁用许多 Oracle 数据库功能，包括 AWR，不建议这样做。

下面综合介绍 AWR 的要点，这些要点包括 AWR 存储的数据分类、生成 AWR 报告、查看数据库的 AWR 的设置及相关信息、查看数据库的快照、查看数据库的基线、修改数据库 AWR 的默认设置、手动收集快照以及 Oracle 11g AWR 基线简要说明等。

1. AWR 存储的数据分类

（1）表名以 WRM$打头的表存储 AWR 的元数据。

通过 awrinfo.sql 为获取 AWR 元数据的脚本，通过这个脚本，可以看到 AWR 的一些配置，以及整个 AWR 快照中哪些 schema 占据多少空间等之类的信息。

（2）表名以 WRH$打头的表存储采样快照的历史数据。

通过 awrrpt.sql 脚本访问这些快照数据生成 AWR 报告。

（3）表名以 WRI$打头的表存储数据库建议的相关数据。

这些数据与 ADDM 报告相关。

2. 生成 AWR 报告

根据向导来完成 AWR 报告的生成。需要注意的是，在选择时间范围时，中间不能有停机（如果显示的时间中间有空白行，表示有停机情况）。在选择报告类型时一般使用默认的 HTML，方便查看。

3. 查看数据库的 AWR 的设置及相关信息

```
SQL>
col SNAP_INTERVAL format a30
col RETENTION format a30
SELECT snap_interval, retention
from DBA_hist_wr_control;
                    [000517]
```

运行结果如图 11-1 所示。

图 11-1 查看数据库的 AWR 的设置

4. 查看数据库的快照

SQL> select * from dba_hist_snapshot;   [000518]

5. 查看数据库的基线

SQL> select dbid,baseline_id,baseline_name,start_snap_id,end_snap_id from dba_hist_baseline;   [000519]

6. 修改数据库 AWR 的默认设置

（1）修改移动窗口基线大小

```
SQL>
begin
dbms_workload_repository.modify_baseline_window_size(2);
END;
/
```

或

```
SQL>exec dbms_workload_repository.modify_baseline_window_size(2);       [000520]
```

上面的命令：修改系统移动窗口基线大小为 2 天。

注：

快照保留天数要大于此值。

（2）修改 AWR 快照保留期（天数）

```
SQL>
begin
DBMS_WORKLOAD_REPOSITORY.MODIFY_SNAPSHOT_SETTINGS(
interval => 60,
retention => 3*24*60);
end;
/
```

或

```
SQL>exec DBMS_WORKLOAD_REPOSITORY.MODIFY_SNAPSHOT_SETTINGS(interval =>
60,retention => 3*24*60);                                                [000521]
```

修改成每 60 分钟收集一次快照，保留最近 3 天的快照信息。

7. 手动收集快照

```
SQL>
begin
DBMS_WORKLOAD_REPOSITORY.CREATE_SNAPSHOT;
END;
/
```

或

```
SQL>exec DBMS_WORKLOAD_REPOSITORY.CREATE_SNAPSHOT;                       [000522]
```

8. Oracle 11g AWR 基线简要说明

关于 AWR 基线，在这里只做一个简要介绍，更为详细的资料请参阅其他资料。

性能优化大体有两种评估方式：如果已知道数据库度量指标的性能度量值并指示即将接近度量值，则应给度量指标设置度量值的绝对值；但是如果希望知道当前的性能与之前（上周或上个月）同一时间的性能差异，则当前性能必须与基线进行比较。基线的概念是某个时段内生成的一组快照并对这些快照进行了处理，以便获得一组随时间变化的基线值（阈值）。因此，可以用任何时段的快照来做基线，只不过大多情况下会选择系统正常时段或者最优时段的快照来做基线。

11g 中合并了之前版本的 Enterprise Manager 和 RDBMS 中的多种基线概念，形成了一个 AWR 基线概念。11g AWR 基线提供了强大的功能，可用于定义动态基线和将来基线（重复基线），同时显著简化了创建和管理的过程，用于比较用途。

11g 中引入了"移动窗口基线"概念。默认情况下，将创建系统定义的移动窗口基线；该基线对应于 AWR 保留期内的所有快照数据。

11g 可以收集两种基线：移动窗口（动态）基线和静态（固定）基线。静态（固定）基线可以是单个基线，也可以是重复基线。单个 AWR 基线是在单个时段内收集的；重复基线是在重复的时段内收集的（如某月的每个周一）。

在 Oracle Database 11g 中，如果初始化参数 STATISTICS_LEVEL 为 TYPICAL 或 ALL，则默认启用基线功能。

关于 Oracle Database 11g 的移动窗口基线，其默认名为 SYSTEM_MOVING_WINDOW，事先已建好并自动进行维护。该基线收集了最近 8 天（默认设置为 8 天）的快照数据。默认情况下，按照自适应阈值收集该基线的快照信息。另外，如果让数据库精确地计算阈值，则可考虑使用较大的移动窗口（如 30 天或更长，其中 30 天为 Oracle 官方解释。）。

通过将移动窗口中的天数更改为等于或小于 AWR 快照保留期的天数值，可以调整移动窗口基线的大小。因此，要增加移动窗口的大小，需事先相应地增加 AWR 保留期天数大小。

关于单一及重复基线（统称为静态或固定基线）的创建，使用 DBMS_WORKLOAD_REPOSITORY 包中的 CREATE_BASELINE 过程，该过程有以下两种创建方式。

（1）按快照对创建
```
DBMS_WORKLOAD_REPOSITORY.CREATE_BASELINE(
    start_snap_id      IN  NUMBER,
    end_snap_id        IN  NUMBER,
    baseline_name      IN  VARCHAR2,
    dbid               IN  NUMBER DEFAULT NULL,
    expiration         IN  NUMBER DEFAULT NULL);
```

（2）按时间范围创建
```
DBMS_WORKLOAD_REPOSITORY.CREATE_BASELINE(
    start_time         IN  DATE,
    end_time           IN  DATE,
    baseline_name      IN  VARCHAR2,
    dbid               IN  NUMBER DEFAULT NULL,
    expiration         IN  NUMBER DEFAULT NULL);
```

过程中的参数解释如表 11-1 所示。

表 11-1　CREATE_BASELINE（创建基线过程）的参数解释说明

参　　数	描　　述
start_snap_id	起始快照序列号
end_snap_id	结束快照序列号
start_time	基线起始时间
end_time	基线结束时间
baseline_name	基线名称
dbid	基线数据库标识符，默认值为 NULL。如果为 NULL，默认为本地数据库
expiration	基线的过期天数。如果为 NULL，则过期天数为无期限，意思是永远不会删除基线

关于基线模板，可以是单一的，也可以是重复的。其创建使用 DBMS_WORKLOAD_REPOSITORY 包中的 CREATE_BASELINE_TEMPLATE 过程，该过程可以创建以下单一和重复的基线模板。

① 单一基线模板创建：

```
DBMS_WORKLOAD_REPOSITORY.CREATE_BASELINE_TEMPLATE(
    start_time              IN DATE,
    end_time                IN DATE,
    baseline_name           IN VARCHAR2,
    template_name           IN VARCHAR2,
    expiration              IN NUMBER,
    dbid                    IN NUMBER DEFAULT NULL);
```

② 重复基线模板创建：

```
DBMS_WORKLOAD_REPOSITORY.CREATE_BASELINE_TEMPLATE(
    day_of_week             IN VARCHAR2,
    hour_in_day             IN NUMBER,
    duration                IN NUMBER,
    start_time              IN DATE,
    end_time                IN DATE,
    baseline_name_prefix    IN VARCHAR2,
    template_name           IN VARCHAR2,
    expiration              IN NUMBER,
    dbid                    IN NUMBER DEFAULT NULL);
```

例如：

```
BEGIN
    DBMS_WORKLOAD_REPOSITORY.CREATE_BASELINE_TEMPLATE (
    day_of_week =>'monday',
    hour_in_day =>8,
    duration => 12, expiration =>30,
    start_time => to_date('2020-03-25 10:00','yyyy-mm-dd hh24:mi:ss'),
    end_time => to_date('2020-07-30 17:00','yyyy-mm-dd hh24:mi:ss'),
    baseline_name_prefix => 'Bbaseline_2013_mondays_',
    template_name => 'Btemplate_2013_mondays',
```

```
            dbid => NULL);
END;
/                                                        [000523]
```

过程中的参数解释如表 11-2 所示。

表 11-2　CREATE_BASELINE（创建基线模板过程）的参数解释说明

参　　数	描　　述	备　　注
start_time	基线起始时间	
end_time	基线结束时间	
baseline_name	基线名称	
template_name	模板名	
baseline_name_prefix	基线名称前缀	重复基线模板创建特有
day_of_week	产生基线的日期规定，例如每周一	重复基线模板创建特有
hour_in_day	产生基线的时间点规定，例如每天上午 10 点开始生成	
duration	持续时间（小时）。产生基线最长允许时间，超过这个时间自动停止	
dbid	基线数据库标识符，默认值为 NULL。如果为 NULL，默认为本地数据库	
expiration	基线的过期天数。如果为 NULL，则过期天数为无期限，意思是永远不会删除基线	

关于基线与快照对、基线与基线、快照对与快照对之间的比对，可在 EM（Enterprise Manager，浏览器风格的企业管理器）中实现，也可通过程序包实现。

11.2　什么情况下会用到 AWR

DBA 对数据库运行状态及状况的监控了解、测试过程中发现数据库出现瓶颈但无法定位到具体原因时，可以借用 AWR 报告进行分析定位。

数据库出现性能问题，一般都在 3 个地方：IO、内存、CPU，这 3 个地方又是息息相关的。假设这 3 个地方都没有物理上的故障，当 IO 负载增大时，肯定需要更多的内存来存放，同时也需要 CPU 花费更多的时间来过滤这些数据。相反，CPU 时间花费多的话，有可能是解析 SQL 语句，也可能是过滤太多的数据，倒不一定是和 IO 或内存有关系。

1. CPU

解析 SQL 语句，尝试多个执行计划，最后生成一个数据库认为是比较好的执行计划，但不一定是最优的。因为关联表太多的时候，数据库并不会穷举所有的执行计划，这会消耗太多的时间，Oracle 怎么知道这条数据是要的，另一条就不是要的呢，这是需要 CPU 来过滤的。

2. 内存

SQL 语句和执行计划都需要在内存保留一段时间，还有取到的数据，根据 LRU 算法也会尽量在内存中保留，在执行 SQL 语句过程中，各种表之间的连接、排序等操作也要占用内存。

3. IO

如果需要的数据不在内存中，则需要到磁盘中去取，就会涉及物理 IO，还有表之间的连接数据太多，以及排序等操作内存放不下的时候，需要用到临时表空间，也会消耗物理 IO。

这里说明一下，Oracle 分配的内存中 PGA 一般只占 20%，对于专用服务器模式，每次执行 SQL 语句、表数据的运算等操作，都在 PGA 中进行的。也就是说，只能用 racle 分配内存的 20%左右，如果多个用户都执行多表关联，而且表数据又多，再加上关联不当，内存就成为瓶颈，所以优化 SQL 很重要的一点就是，减少逻辑读和物理读。

11.3 如何生成 AWR 报告

AWR 报告提供快照区间内所发生的性能指标数据，据此可以了解此快照区间内数据库运行状况怎么样，为 DBA 提供了有力的证据。下面具体说明 AWR 报告的生成过程。

1. 生成第 1 份性能数据快照

```
SQL> exec DBMS_WORKLOAD_REPOSITORY.CREATE_SNAPSHOT (flush_level=>'ALL');
                                                          [000524]
```

2. 给数据库加压

运行所有或很多性能较差的应用或 SQL（本示例采用了第 10 章中数据库加压处理），让数据库压力处于比较高的状态（如 CPU 或 IO 的使用）并保持此状态达到半小时到 1 小时或更长时间，自己定。

3. 生成第 2 份性能数据快照

```
SQL>exec DBMS_WORKLOAD_REPOSITORY.CREATE_SNAPSHOT (flush_level=>'ALL');
                                                          [000525]
```

4. 生成报告

（1）报告类型

Oracle11g 可以生成单实例及 RAC 环境的 AWR 报告，大部分情况下都是生成单实例的 AWR 报告。下面列出单实例及 RAC 环境主要的报告类型。

1）单实例环境报告类型

①单实例 AWR 报告

@ORACLE_HOME\rdbms\admin\awrrpt.sql

②生成 SQL 语句的 AWR 报告

@ORACLE_HOME\rdbms\admin\awrsqrpt.sql

③生成单实例 AWR 时段对比报告

@ORACLE_HOME\rdbms\admin\awrddrpt.sql

2）RAC 多实例环境报告类型

①生成 Oracle RAC AWR 全局报告

@ORACLE_HOME\rdbms\admin\awrgrpt.sql

②生成 RAC 环境中特定数据库实例的 AWR 报告

@ORACLE_HOME\rdbms\admin\awrrpti.sql

③生成 Oracle RAC 环境中多个数据库实例的 AWR 报告

@ORACLE_HOME\rdbms\admin\awrgrpti.sql

④生成 Oracle RAC AWR 时段对比全局报告

@ORACLE_HOME\rdbms\admin\awrgdrpt.sql

⑤生成 Oracle RAC 环境下特定（多个）数据库实例的 AWR 时段对比报告

@ORACLE_HOME\rdbms\admin\awrgdrpi.sql

⑥生成特定数据库实例上某个 SQL 语句的 AWR 报告

@ORACLE_HOME\rdbms\admin\awrsqrpi.sql

⑦生成特定数据库实例的 AWR 时段对比报告

@ORACLE_HOME\rdbms\admin\awrddrpi.sql

（2）报告格式与设置

本节只介绍单实例环境的单实例 AWR 报告，其他环境及其他类型 AWR 报告的制作方法都类似，具体请参阅其他章节。打入执行 awrrpt.sql 脚本的命令，具体如下：

SQL>@D:\app\Administrator\product\11.2.0\dbhome_1\RDBMS\ADMIN\awrrpt.sql;

1）输入报告格式

输入生成 AWR 报告的格式，默认是 html，这里输入 html（也可以不输入，直接回车），如图 11-2 所示。

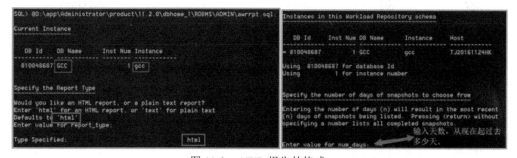

图 11-2　AWR 报告的格式

图 11-2 中，"DB Id"为当前数据库的 ID，"DB Name"为当前数据库名称，"Inst Num"

为当前数据库的实例号，"Instance"为当前数据库的实例名。

2）输入天数

根据实际情况输入（如 1，代表当天；如 2，代表今天和昨天，以此往前推），输入天数后，如图 11-3 所示。

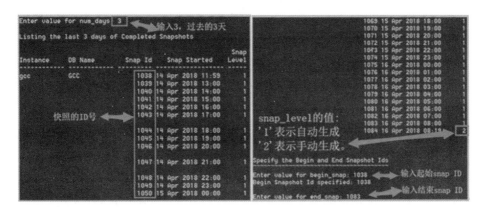

图 11-3　AWR 报告输入天数、快照起始 snap 的 ID 值

3）输入快照对

输入天数后会列出该天数范围的快照信息，然后根据实际情况从中选择两个快照 ID（Snap Id），第 1 个作为起始快照 ID 输入，第 2 个作为结束快照 ID 输入。如本实例选择 1038 作为起始快照 ID，1083 作为结束快照 ID，即打算制作 2018 年 4 月 14—16 日这段期间的 AWR 性能报告。关于 1038 至 1083 含自身之间的快照，都是由 AWR 自动生成的，只有 1084 是人工手动生成的。图 11-3 中，level 列值为 1 的是自动生成的，为 2 的是人工手动生成的。

注：

快照的开始值与结束值之间不能有停机。

4）输入 AWR 报告的名称

名称自己定，回车后就开始生成 AWR 报告，如图 11-4 所示。

5）获取生成的报告

报告生成结束后就可以去指定目录下找 AWR 报告文件。修改扩展名为 HTML，下载到 Windows 平台即可查看，即可用浏览器打开 AWR 报告。

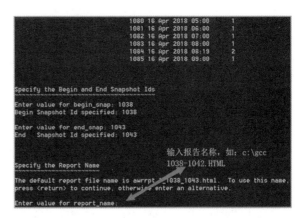

图 11-4　AWR 报告输入报告名称

11.4 分析 AWR 报告

AWR 报告内容很丰富，这里选其中的主要部分来讲解，分析 AWR 报告前先了解 Oracle 的硬解析和软解析，首先介绍 Oracle 对 SQL 的处理过程。当发出一条 SQL 语句交付 Oracle 时，在执行和获取结果前 Oracle 对此 SQL 将进行几个步骤的处理过程。

（1）语法检查（syntax check）

检查此 SQL 的拼写是否语法。

（2）语义检查（semantic check）

例如，检查 SQL 语句中的访问对象是否存在及该用户是否具备相应的权限。

（3）对 SQL 语句进行解析（prase）

利用内部算法对 SQL 进行解析，生成解析树（parse tree）及执行计划（execution plan）。

（4）执行 SQL，返回结果（execute and return）

其中，软、硬解析就发生在第 3 个过程中。

Oracle 利用内部的 Hash 算法来取得该 SQL 的 Hash 值，然后在 Library Cache 中查找是否存在该 Hash 值：

- 假设存在，则将此 SQL 与 Cache 中的进行比较；
- 假设"相同"，就将利用已有的解析树与执行计划，而省略了优化器的相关工作。这就是软解析的过程。

当然，如果上面的 2 个假设中任何一个不成立，那么优化器都将进行创建解析树、生成执行计划的动作。这个过程称为硬解析。

创建解析树、生成执行计划对于 SQL 的执行来说是开销昂贵的动作，所以，应当极力避免硬解析，尽量使用软解析。

11.4.1 AWR 报告头

AWR 报告头是对整体性能的总体评估，其中有两个重要指标，ELAPSED（DB 侦测耗时）和 DB Time（DB 繁忙耗时）需倍加关注，其他信息含义略，如图 11-5 所示。

（1）Elapsed 快照监控时间（DB 侦测时间）

如果为了诊断特定时段性能问题则 Elapsed 不宜过长，如果是看全天负载那么可以长一些。此指标一般为 15 分钟至 2、3 个小时，特定时段诊断情况下该指标最常见的是 60 分钟左右，全天负载诊断情况下该指标为 120 分钟左右。

（2）DB Time

DB Time 为数据库繁忙时间，不包括 Oracle 后台进程消耗的时间，如果 DB Time 远远小于 Elapsed 时间，说明数据库比较空闲。

DB Time = cpu time + wait time（不包含空闲等待、非后台进程），DB Time 就是记录

的服务器花在数据库运算（非后台进程）和等待（非空闲等待）上的时间，DB time = cpu time + all of nonidle wait event time，在 71 分钟中（其间收集了 2 次快照数据），数据库繁忙耗时 65 分钟，说明系统压力非常大（人为制造出来的）。

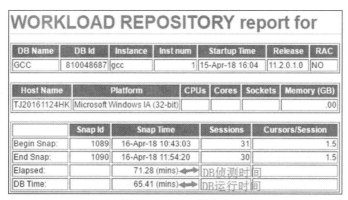

图 11-5　AWR 报告头

对于批量系统，数据库的工作负载总是集中在一段时间内，如果快照周期不在这一段时间内，或者快照周期跨度太长而包含大量的数据库空闲时间，所得出的分析结果是没有意义的。这也说明选择分析时间段很关键，要选择能够代表性能问题的时间段。

11.4.2　Cache Sizes 报告

Cache Sizes 报告显示 SGA 中每个区域的大小，可用来与初始参数值比较，如图 11-6 所示。

Cache Sizes				
	Begin	End		
Buffer Cache:	288M	288M	Std Block Size:	8K
Shared Pool Size:	480M	480M	Log Buffer:	4,496K

图 11-6　Cache Sizes 报告

SHARED POOL 主要包括 LIBRARY CACHE 和 DICTIONARY CACHE。LIBRARY CACHE 用来存储最近解析（编译）后 SQL、PL/SQL 和 Java Classes 以及存储最近引用的数据字典。发生在 LIBRARY CACHE 或 DICTIONARY CACHE 的 CACHE MISS（失败）代价要比发生在 BUFFER CACHE 的代价高得多，因此 SHARED POOL 的设置要确保最近使用的数据都能被 CACHE。

11.4.3　Load Profile 报告

Load Profile 报告显示数据库负载概况，将之与基线数据比较才具有更多的意义，如果每秒或每事务的负载变化不大，说明应用运行比较稳定。单个的报告数据只说明应用的负载情况，绝大多数据并没有一个所谓"正确"的值，然而 Logons 大于每秒 1~2 个、Hard parses 大于每秒 100、全部 parses 超过每秒 300 表明可能有争用问题，如图 11-7 所示。

Load Profile	Per Second	Per Transaction	Per Exec	Per Call
DB Time(s):	0.9	8.6	0.00	5.27
DB CPU(s):	0.9	7.9	0.00	4.86
Redo size:	910,161.2	8,480,943.3		
Logical reads:	44,352.4	413,278.6		
Block changes:	5,361.2	49,955.8		
Physical reads:	14.4	134.3		
Physical writes:	74.6	694.7		
User calls:	0.2	1.6		
Parses:	1,732.2	16,140.6		
Hard parses:	0.0	0.0		
W/A MB processed:	0.0	0.1		
Logons:	0.1	0.5		
Executes:	6,057.2	56,441.1		
Rollbacks:	0.0	0.0		
Transactions:	0.1			

图 11-7　Load Profile 报告

图 11-7 中的指标解释说明如表 11-3 所示。

表 11-3　Load Profile 报告中的指标解释说明

Load Profile 报告指标	描　　述
Redo size	每秒产生的日志大小（单位字节），可标志数据变更频率，数据库任务的繁重与否
Logical reads	每秒/每事务逻辑读的块数，平均每秒产生的逻辑读的 block 数。Logical Reads= Consistent Gets + Db Block Gets
Block changes	每秒/每事务修改的块数
Physical reads	每秒/每事务物理读的块数
Physical writes	每秒/每事务物理写的块数
User calls	每秒/每事务用户 call 次数
Parses	SQL 解析的次数，每秒解析次数、包括 Fast Parse，Soft Parse 和 Hard Parse 三种数量的综合。软解析每秒超过 300 次意味着"应用程序"效率不高，需调整 SESSION_CACHED_CURSORS。在这里，Fast Parse 是指直接在 PGA 中命中的情况（设置了 SESSION_CACHED_CURSORS=n）；Soft Parse 是指在 SHARED POOL 中命中的情形；Hard Parse 则是指都不命中的情况
Hard parses	其中硬解析的次数，硬解析太多，说明 SQL 重用率不高。每秒产生的硬解析次数，每秒超过 100 次，就可能说明绑定使用得不好，也可能是共享池设置不合理。这时候可以启用参数 CURSOR_SHARING=SIMILAR|FORCE，该参数默认值为 EXACT。但该参数设置为 SIMILAR 时，存在 BUG，可能导致执行计划的不优
Logons	每秒/每事务登录的次数
Executes	每秒/每事务 SQL 执行次数
Transactions	每秒事务数，每秒产生的事务数，反映数据库任务繁重与否

11.4.4　Instance Efficiency Percentages 报告

该报告为 AWR 的实例效率比部分，反映的都是有关效率的指标，这些指标是 DBA 非常关注的，如图 11-8 所示。

Instance Efficiency Percentages (Target 100%)			
Buffer Nowait %:	100.00	Redo NoWait %:	100.00
Buffer Hit %:	99.97	In-memory Sort %:	100.00
Library Hit %:	100.00	Soft Parse %:	100.00
Execute to Parse %:	71.40	Latch Hit %:	100.00
Parse CPU to Parse Elapsd %:	85.11	% Non-Parse CPU:	99.06

图 11-8　Instance Efficiency Percentages 报告

图 11-8 中包含 Oracle 关键指标的内存命中率及其他数据库实例操作的效率，其中 Buffer Hit Ratio（比率）也称 Cache Hit Ratio，Library Hit Ratio 也称 Library Cache Hit Ratio。在一个大型并行查询的 DSS 环境，20%的 Buffer Hit Ratio 是可以接受的，而这个值对于一个 OLTP 系统是完全不能接受的。按照 Oracle 官方解释，对于 OLTPT 系统，Buffer Hit Ratio 理想应该在 90%以上。

（1）Buffer Nowait：表示在内存获得数据的未等待比例，在缓冲区中获取 Buffer 的未等待比率，Buffer Nowait 的值一般需要大于 99%。否则可能存在争用，可以在后面的等待事件中进一步确认。

（2）Buffer Hit：表示进程从内存中找到数据块的比率，监视这个值是否发生重大变化比这个值本身更重要。对于一般的 OLTP 系统，如果此值低于 80%，应该给数据库分配更多的内存。数据块在数据缓冲区中的命中率，通常应在 95%以上。否则，小于 95%，需要调整重要的参数，小于 90%可能是要加 DB_CACHE_SIZE。一个高的命中率，不一定代表这个系统的性能是最优的，比如大量的非选择性的索引被频繁访问，就会造成命中率很高的假相（大量的 DB File Sequential Read），但是一个比较低的命中率，一般就会对这个系统的性能产生影响，需要调整。命中率的突变，往往是一个不好的信息。如果命中率突然增大，可以检查 Top Buffer Get SQL（本节中按关键词"Top Sql"查找），查看导致大量逻辑读的语句和索引，如果命中率突然减小，可以检查 Top Physical Reads SQL（本节中按关键词"执行效率"查找相关 SQL 语句），检查产生大量物理读的语句，主要是那些没有使用索引或者索引被删除的 SQL 语句。

（3）Redo NoWait：表示在 LOG 缓冲区获得 BUFFER 的未等待比例。如果太低（可参考 90%阈值），考虑增加 LOG BUFFER。当 Redo Buffer 达到 1M 时，就需要写到 REDO log 文件，所以一般当 Redo Buffer 设置超过 1M 时，不太可能存在等待 Buffer 空间分配的情况。当前，一般设置为 2M 的 Redo Buffer，对于内存总量来说，应该不是一个太大的值。

（4）Library Hit：表示 Oracle 从 Library Cache 中检索到一个解析过的 SQL 或 PL/SQL

语句的比率，当应用程序调用 SQL 或存储过程时，Oracle 检查 Library Cache 确定是否存在解析过的版本，如果存在，Oracle 立即执行语句；如果不存在，Oracle 解析此语句，并在 Library Cache 中为它分配共享 SQL 区。低的 Library Hit Ratio 会导致过多的解析，增加 CPU 消耗，降低性能。如果 Library Hit Ratio 低于 90%，可能需要调大 SHARED POOL 区。Library Hit 通常应保持在 95%以上，否则需要考虑加大共享池、使用绑定变量、修改 CURSOR_SHARING 等参数。

（5）Latch Hit：Latch 是一种保护内存结构的锁，可以认为是 SERVER 进程获取访问内存数据结构的许可。要确保 Latch Hit>99%，否则意味着 Shared Pool Latch 争用，可能由于未共享的 SQL，或者 Library Cache 太小，可使用绑定变更或调大 Shared Pool 解决。要确保>99%，否则存在严重的性能问题。当该值出现问题时，可以借助后面的等待时间和 Latch 分析来查找解决问题。

（6）Parse CPU to Parse Elapsd：解析实际运行时间/(解析实际运行时间+解析中等待资源时间)，越高越好。计算公式为：Parse CPU to Parse Elapsd %= 100*(Parse Time CPU / Parse Time Elapsed)。即：解析实际运行时间/(解析实际运行时间+解析中等待资源时间)。如果该比率为 100%，意味着 CPU 等待时间为 0，没有任何等待。

（7）Non-Parse CPU：SQL 实际运行时间/(SQL 实际运行时间+SQL 解析时间)，太低表示解析消耗时间过多。计算公式为：Non-Parse CPU =Round(100*1-PARSE_CPU/Tot_CPU),2)。如果这个值比较小，表示解析消耗的 CPU 时间过多。与 PARSE_CPU 相比，如果 Tot_CPU 很高，这个比值将接近 100%，这是很好的，说明计算机执行的大部分工作是执行查询的工作，而不是分析查询的工作。

（8）Execute to Parse：是语句执行与分析的比例，如果要 SQL 重用率高，则这个比例会很高。该值越高表示一次解析后被重复执行的次数越多。计算公式为：Execute to Parse =100 * (1 - Parses/Executions)。计算该比值的 SQL 语句为"SQL>SELECT 1-(a.value/b.value) from V$sysstat a,V$sysstat b where a.name='Parse Count (Total)' and b.name='execute count';"本例中该值为 71.4%，差不多每 1 次 parse(解析)被 3.5 {100/(1-71.4%)*100}次 execution(执行)，所以如果系统 Parses(解析) > Executions(执行)，就可能出现该比率小于 0 的情况。该值<0 通常说明 SHARED POOL 设置或者语句效率存在问题，造成反复解析，reparse（重新分析）可能较严重，通常说明数据库性能存在问题。

（9）In-memory Sort：在内存中排序的比率，如果过低说明有大量的排序在临时表空间中进行。考虑调大 PGA(10g)。如果低于 95%，可以通过适当调大初始化参数 PGA_AGGREGATE_TARGET 或者 SORT_AREA_SIZE 来解决。注意：这两个参数设置作用的范围不同，SORT_AREA_SIZE 是针对每个 SESSION 设置的，PGA_AGGREGATE_TARGET 则是针对所有的 SESSION 的。

（10）Soft Parse：软解析的百分比（softs/softs+hards），近似当作 SQL 在共享区的命

中率，太低则需要调整应用使用绑定变量。SQL 在共享区的命中率，小于<95%，需要考虑绑定，如果低于 80%，那么就可以认为 SQL 基本没有被重用。

11.4.5 Shared Pool Statistics 报告

Shared Pool Statistics 报告为 AWR 的共享池使用情况部分，反映的都是有关共享池效率的指标，这些指标也是 DBA 非常关注的，如图 11-9 所示。

Shared Pool Statistics

	Begin	End
Memory Usage %:	23.68	23.69
% SQL with executions>1:	92.92	91.79
% Memory for SQL w/exec>1:	81.94	79.05

图 11-9 Shared Pool Statistics 报告

（1）Memory Usage %

该指标为共享池内存使用率。对于一个已经运行一段时间的数据库来说，共享池内存使用率应稳定在 75%～90%。如果值太小，说明 Shared Pool 有浪费，而如果高于 90%，说明共享池中有争用，内存不足。这个数字应长时间稳定在 75%～90%。如果这个百分比太低，表明共享池设置过大，带来额外的管理上的负担，从而在某些条件下会导致性能的下降。如果这个百分比太高，会使共享池外部的组件老化，如果 SQL 语句被再次执行，这将使得 SQL 语句被硬解析。在一个大小合适的系统中，共享池的使用率将处于 75%到略低于 90%的范围内。

（2）SQL with executions>1

该指标为执行次数大于 1 的 SQL 比率。如果此值太小，说明需要在应用中更多地使用绑定变量，避免过多 SQL 解析。在一个趋向于循环运行的系统中，必须认真考虑这个数字。在这个循环系统中，在一天中相对于另一部分时间的部分时间里执行了一组不同的 SQL 语句。在共享池中，在观察期间将有一组未被执行过的 SQL 语句，这仅仅是因为要执行它们的语句在观察期间没有运行。只有系统连续运行相同的 SQL 语句组，这个数字才会接近 100%。

（3）Memory for SQL w/exec>1

该指标为执行次数大于 1 的 SQL 消耗内存的占比。这是与不频繁使用的 SQL 语句相比，频繁使用的 SQL 语句消耗内存多少的一个度量。这个数字将在总体上与 SQL with executions>1 非常接近，除非有某些查询任务消耗的内存没有规律。在稳定状态下，总体上会看见随着时间的推移有 75%～85%的共享池被使用。如果 AWR 的时间窗口足够大到覆盖所有的周期，执行次数大于一次的 SQL 语句的百分比应该接近于 100%。这是一个受观察之间持续时间影响的统计数字。可以期望它随观察间隔的时间长度增大而增大。

11.4.6 Top 5 Timed Foreground Events（前 5 个严重等待事件）报告

通过上述 Oracle 实例有效性统计数据报告，可以确定数据库负载的情况，然而并不能由此确定数据库运行中的性能问题。性能问题的确定，主要还是依靠下面将要介绍的等待事件来确认。可以这样理解，hit（命中）统计帮助发现和预测一些可能产生的性能问题，由此可以做到未雨绸缪。而 wait 事件，就是表明数据库已经出现了性能问题需要解决，如图 11-10 所示。

Top 5 Timed Foreground Events ←→第一份

Event	Waits	Time(s)	Avg wait (ms)	% DB time	Wait Class
DB CPU		3,617		92.16	
db file sequential read	16,737	81	5	2.06	User I/O
db file scattered read	762	8	10	0.19	User I/O
log file switch (checkpoint incomplete)	93	3	36	0.08	Configuration
log file sync	80	0	3	0.01	Commit

Top 5 Timed Foreground Events ←→另外一份统计结果

Event	Waits	Time(s)	Avg wait (ms)	% DB time	Wait Class
DB CPU		6,872		61.45	
enq: TX - row lock contention	3	3,204	1067856	28.65	Application
library cache pin	1	223	223065	1.99	Concurrency
db file sequential read	12,877	95	7	0.85	User I/O
db file scattered read	3,901	33	8	0.30	User I/O

图 11-10　Top 5 Timed Foreground Events 报告

我们来看一下关于以上报告列的解释。

- Waits：该等待事件发生的次数，对于 DB CPU 此项不可用。
- Times：该等待事件消耗的总计时间，单位为 s。对于 DB CPU 而言是前台进程所消耗 CPU 时间片的总和，但不包括 Wait on CPU QUEUE。
- Avg wait(ms)：该等待事件平均等待的时间，实际就是 Times/Waits，单位为 ms，对于 DB CPU 此项不可用。

图 11-10 中的两份报告显示了各自最严重的 5 个等待（每次统计可能不一样，由 AWR 做出判断）。不过，它们的“DB CPU”都排在第一位，说明系统性能是良好的。第 1 份的“LOG FILE SYNC”和第 2 份的“Db File Scattered Read”排在最后，说明问题是相对最严重的。因此，当调优时，应当从这里入手确定下一步做什么。

下面，针对两份报告中的 5 个严重等待事件做出必要解释说明。

1. db file sequential read（数据库文件顺序读的单块读）等待

意味着发生顺序 I/O 读等待，如果这个等待严重，则应该对大表进行分区以减少 I/O 量，或者优化执行计划（通过使用存储大纲或执行数据分析）以避免单块读操作引起的 Sequential Read（顺序读）等待，通常由于 INDEX FULL SCAN/UNIQUE SCAN 、INDEX RANGE SCAN、行迁移或行链接引起，Avg wait>20ms 就要注意了。

这里的 Sequential 是指将数据块读入到相连的内存空间中（Contiguous Memory Space），而不是指所读取的数据块是连续的。

最为常见的是执行计划中包含 INDEX FULL SCAN 和 UNIQUE SCAN，此时出现“db file sequential read”等待是预料之中的。

Extent Boundary（区边界），假设一个 Extent 区间中有 33 个数据块，而一次“db file scattered read（数据库文件分散读）”多块读所读取的块数为 8，那么在读取这个区间时经过 4 次多块读取后，还剩下 1 个数据块，但是请记住多块读 Scattered Read 是不能跨越一个区间的（Span An Extent），此时就会单块读取并出现“db file sequential read”单块读等待。

假设某个区间内有 8 个数据块，它们可以是块 a,b,c,d,e,f,g,h，恰好当前系统中除了 d 块外的其他数据块都已经被缓存在 BUFFER CACHE 中了，而这时恰好要访问这个区间中的数据，那么此时就会单块读取 d 这个数据块，并出现"db file sequential read"单块读等待。注意：这种情况不仅存在于表，也可能发生在索引上。

Chained（链接）/Migrated（迁移） Rows（行链接行迁移），Chained/Migrated Rows 会造成服务进程在 Fetch（取回）一行记录时需要额外地单块读取，从而出现"db file sequential read"。这种现象需要特别关注，因为大量的链式/迁移行将导致如 FULL SCAN 等操作极度恶化（以往的经验是一张本来全表扫描只需 30 分钟的表，在出现大量链式行后，全表扫描需要数个小时），同时也会对其他操作造成一些性能影响。可以通过 DBA_TBALES 视图中的 CHAIN_CNT（在将一个数据块被迁移到另一个表中的某行上或迁移到一个新块时，需要保留一部分旧的 rowid）字段值来了解表上的链式/迁移行情况。

创建 Index Entry（索引项），显然当对表上执行 INSERT 操作插入数据时，虽然在执行计划中看不到过多的细节，但实际上需要利用索引来快速验证表上的某些约束是否合理，还需要在索引的叶子块中插入相关的记录，此时也可能出现"db file sequential read"单块读等待事件。

针对表上的 UPDATE/DELETE，不同于之前提到的"INDEX RANGE SCAN-UPDATE/DELETE"，如果使用 ROWID 去更新或删除数据时，服务进程会先访问 ROWID 指向的表块（注意：是先访问 Table Block）上的行数据，之后会根据该行上的具体数据去访问索引叶子块（注意：Oracle 并不知道这些 Leaf Block 在哪里，所以这里同样需要如 Range-Scan/Unique-Scan 那样去访问 Index Branch Block），这些访问都将会是单块读取，并会出现"db file sequential read"单块读等待，完成必要的读取后才会执行更新或删除的实际操作。

2. db file scattered read（数据库文件分散读）等待

即多块读等待事件，是当 SESSION 等待 Multi-Block I/O 时发生的，通常是由于 FULL TABLE SCANS 或 Index Fast Full Scans 引起，Avg wait>20ms 就要注意了，db file scattered read 异常大，可能是由于全表扫描引起的。

该事件通常与全表扫描或者 Index Fast Full Scan（索引快速全扫描）有关。因为全表扫描是被放入内存中进行的，通常情况下基于性能的考虑，有时候也可能是分配不到足够长的连续内存空间，所以会将数据块分散（scattered）读入 Buffer Cache 中。该等待过大可能是缺少索引或者没有合适的索引（可以在会话级和系统级调整 Optimizer_Index_ Cost_Adj-优化器计算通过索引扫描访问表数据的成本开销参数，对于大多数 OLTP 系统，该值设置为 10～50）。这种情况也可能是正常的，因为执行全表扫描可能比索引扫描效率更高。当系统存在这些等待时，需要通过检查来确认全表扫描是否必需要调整。因为全表扫描被置于 LRU（Least Recently Used，最近最少适用）列表的冷端（Cold End），对于频繁访问的较小的数据表，可以选择把它们 Cache 到内存中，以避免反复读取。

当这个等待事件比较显著时，可以结合 v$session_longops（在本节中把它作为关键词查找与之相关的 SQL 语句）动态性能视图来进行诊断，该视图中记录了长时间（运行时间超过 6s 的）运行的事务。

关于参数 OPTIMIZER_INDEX_COST_ADJ=n，该参数是一个百分比值，默认值为 100，可以理解为 FULL SCAN COST/INDEX SCAN COST。当 n%* INDEX SCAN COST<FULL SCAN COST 时，Oracle 会选择使用索引。在具体设置时，可以根据具体的语句来调整该值。如果希望某个查询使用索引，而实际走了全表扫描，可以对比这两种情况的执行计划不同的 COST，从而设置一个更合适的值。

关于 INDEX FULL SCAN（索引全扫描）和 INDEX FAST FULL SCAN（索引快速全扫描）的区别在于，前者在对索引进行扫描时会考虑大索引的结构，而且会按照索引的排序；后者则不会，INDEX FAST FULL SCAN 不会去扫描根块和分支块，对索引像访问堆表一样访问。所以，这两个扫描方式用在不同的场合，如果存在 ORDER BY 这样的排序，INDEX FULL SCAN 是合适的；如果不需要排序，那么 INDEX FAST FULL SCAN 效率是更高的。

3. log file switch（checkpoint incomplete）等待

Oracle 日志切换会产生一个增量检查点，但这个检查点，不同于 ALTER SYSTEM CheckPoint，后者会启动 Dbwn 进程，将内存中已修改的数据立即写入数据文件。但前者不会，前者只需保证整个日志组一轮切换后，比如日志组 2，切换到 3，然后 1，在到第 2 组的时候，必须将"脏"数据写入数据文件（因为如果此时还没有写入数据库，再次由 1 切换到 2 时，假设此后实例崩溃，就会造成数据的丢失）。

检查点的工作职责是通知 Dbwn 写数据，更新某些数据文件头信息，更新控制文件信息。既然是日志切换时检查点未完成。那么基本上就是日志切换了一圈，Dbwn 进程还没有完成工作。原因如下：

- 日志文件过小；
- 日志组过少；
- Dbwn 进程工作慢（Oracle11g 中 Db_Write_Process 参数是 CPU 数/8 得来的，一般情况下不去修改此参数）。

通过查看 v$log 视图发现日志组切换出现等待。改进方案，采用大的日志文件并增加日志组，如图 11-11 所示。

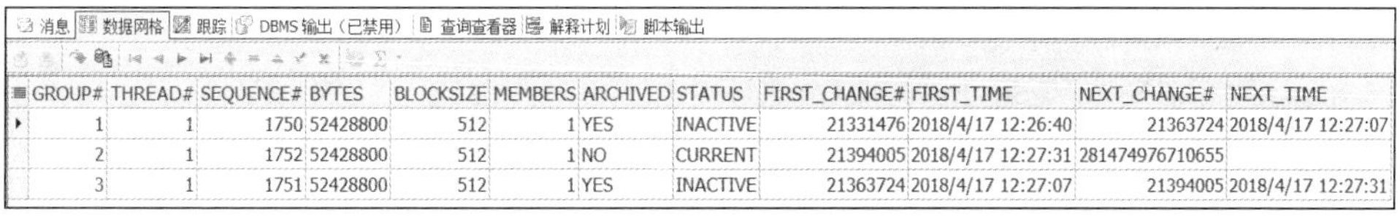

GROUP#	THREAD#	SEQUENCE#	BYTES	BLOCKSIZE	MEMBERS	ARCHIVED	STATUS	FIRST_CHANGE#	FIRST_TIME	NEXT_CHANGE#	NEXT_TIME
1	1	1750	52428800	512	1	YES	INACTIVE	21331476	2018/4/17 12:26:40	21363724	2018/4/17 12:27:07
2	1	1752	52428800	512	1	NO	CURRENT	21394005	2018/4/17 12:27:31	281474976710655	
3	1	1751	52428800	512	1	YES	INACTIVE	21363724	2018/4/17 12:27:07	21394005	2018/4/17 12:27:31

图 11-11　查看 v$log 视图

增加日志组，输入以下代码：

```
SQL>
ALTER DATABASE add logfile group 4 'D:\app\Administrator\oradata\gcc\
REDO04.LOG' size 1024M;
ALTER SYSTEM switch logfile;
ALTER DATABASE DROP logfile group 1;                      [000527]
```

对于要删除的日志组，除了当前组不能删除，还有一种 active 状态下的文件组不可删除，因为该日志组的信息还没有完成 checkpoint。

```
SQL>ALTER SYSTEM checkpoint;  --在切换日志删除。           [000528]
```

4. log file sync（日志文件同步）等待事件

log file sync（日志文件同步）是指把日志缓冲区中的数据写入重做日志文件，这个过程需要前提条件，并由此引发一些等待，下面分别进行描述。

（1）把 LOG BUFFER 写入 REDO LOG FILE

log file sync，会触发 LGWR 后台进程把 LOG BUFFER 写入 REDO LOG FILE，但前提条件有以下 5 个。

- LOG_BUFFER 中的内容满 1/3。
- 间隔 3 秒。
- LOG_BUFFER 中的数据达到 1M。
- COMMIT。
- DBWR 需要写入的数据的 SCN 大于 LGWR 记录的 SCN 导致 DBWR 触发 LGWR 写入。
- 只有 COMMIT 称为同步写入，其他的都是后台写入，LOG FILE SYNC 只和同步写入 commit 有关。

（2）导致"log file sync"等待事件的主要原因

- 磁盘 IO 慢导致 LGWR 进程将 REDO BUFFER 中的信息写入 REDO LOG FILE 速度慢。
- User Session Commit 过于频繁。
- 本地或者远程服务器 CPU 资源不足，导致 LGWR 不能及时得到 CPU 调度，不能正常工作。
- RAC 私有网络性能差，导致 LMS 同步 COMMIT SCN 慢。
- User Session 到 DB 之间的网络慢。

- LOG BUFFER 太大引起的，LOG BUFFER 过大，会使 LGWR 懒惰，因为日志写的触发条件有一个是 1/3 的 LOG BUFFER 满。当设置过大的 LOG BUFFER，也会让一次性写入过大的 REDO RECORD 到 LOG FILE 中，写得过多导致 LOG FILE SYNC 等待。有一个隐含参数可以控制 REDO 写的阈值：_LOG_IO_SIZE。

所以没有必要将 LOG BUFFER 设置过大，只要没有出现 LOG BUFFER SPACE 等待事件，LOG BUFFER 大小就足够，而且通常默认情况下 LOG BUFFER 是足够的。

（3）COMMIT（提交）给 LOG FILE SYNC 带来的等待影响

一旦 SESSION（会话）发出 COMMIT（提交）后将引发下列处理。

- USER SESSION 发出提交（COMMIT）命令。
- USER SESSION 通知 LGWR 进程开始写入。
- LGWR 进程将 REDO BUFFER 中的信息写入 REDO LOG FILE。

在"LGWR 进程将 REDO BUFFER 中的信息写入 REDO LOG FILE"这个环节，如果是 RAC 环境还需要如下 5 个步骤的后续处理。

第 1 步：LGWR 同时将 COMMIT SCN 同步传播给远程数据库实例的 LMS 进程。

第 2 步：远程数据库实例的 LMS 将 COMMIT SCN 同步到本地 SCN，然后通知 COMMIT 实例的 LMS，表示 SCN 同步已经完成。

第 3 步：当 COMMIT 实例的 LMS 接收到所有远程数据库实例的 LMS 的通知后，COMMIT 实例的 LMS 再通知本地的 LGWR 所有节点 SCN 同步已经完成，以便 LGWR 进行 IO 写入操作。

第 4 步：LGWR 在完成了 IO 写入操作后通知 USER SESSION COMMIT 成功。

第 5 步：USER SESSION 收到 LGWR 写完的通知后，向用户端发送提交完成。

从第 1 步开始，进程开始等待 LOG FILE SYNC，到第 5 步结束。第 3 步和第 4 步，LGWR 等待 LOG FILE PARALLEL WRITE。

5. enq:TX-row lock contention

行锁，当一个事务开始时，如执行 INSERT/DELETE/UPDATE/MERGE 等操作或者使用 SELECT ... FOR UPDATE 语句进行查询时，会首先获取锁，直到该事务结束。当然在 AWR 的 Segments by Row Lock Waits 一栏中也可以看到锁住的对象。

（1）产生原因

第 1 种情况：当两个会话对同一行进行更新时，Oracle 为了保证数据库的一致性，加了一个 TX 锁，这时另一个或多个会话必须等待第一个会话 COMMIT 或 ROLLBACK，否则会一直等待下去，这是最为常见的一种模式。

第 2 种情况：两个或多个会话向具有唯一主健索引的表中插入或更新相同的数据行，既然是唯一主健索引，那么先获得插入的 SESSION 以 TX 排他锁模式进行添加，此时其他 SESSION 只能等待，也是常见的一种情况。

第 3 种情况：两个或多个会话插入或更新具有位图索引的列，根据位图索引的特性，一个索引键值对应多个数据行的 ROWID 值，此种情况下也是以 TX 模式访问，一般在 OLTP 系统中很少有位图索引，但不排除个别系统，本实验中不存在位图索引。

第 4 种情况：IO 慢、LOG FILE SYNC 慢、COMMIT 慢、CLUSTER 集群慢等多重原因也会引起。

（2）获取该等待事务对应行锁的 SQL 语句脚本
```
SQL>
select s.sid,q.sql_id,q.sql_text
from v$session s, v$sql q
 where sid in
   (select sid
      from v$session
     where state in ('WAITING')
       and wait_class != 'Idle'
       and event = ' enq:TX-row lock contention'
       and (q.sql_id = s.sql_id or q.sql_id = s.prev_sql_id));
```
[000529]

上面的的代码可以获取到引发行锁的 SQL 语句脚本，也就是用户端发出的哪些 SQL 语句引发了行锁。

11.4.7　SQL ordered by Elapsed Time 报告

SQL ordered by Elapsed Time 报告反映的是 SQL 语句按运行消耗时间多少的排序结果，运行时间长的排在前面。

这里列出了耗时比较长的 SQL，从高到低排序，列出前 100 条 SQL（TOP SQL 100），在 AWR 报告中点击 SQL ID 连接，即可跳转到详细的 SQL 语句的地方。

这个报告可以跟踪执行效率很差的 SQL 语句，据此分析 SQL 语句存在的问题并提出改善建议或意见，如图 11-12 所示。

（a）加压程度较低的报告 1

图 11-12　SQL ordered by Elapsed Time 报告

SQL ordered by Elapsed Time

- Resources reported for PL/SQL code includes the resources used by all SQL statements called by the code.
- % Total DB Time is the Elapsed Time of the SQL statement divided into the Total Database Time multiplied by 100
- %Total - Elapsed Time as a percentage of Total DB time
- %CPU - CPU Time as a percentage of Elapsed Time
- %IO - User I/O Time as a percentage of Elapsed Time
- Captured SQL account for 171.4% of Total DB Time (s): 11,183
- Captured PL/SQL account for 56.8% of Total DB Time (s): 11,183

第二份（加压程度更大）

Elapsed Time (s)	Executions	Elapsed Time per Exec (s)	%Total	%CPU	%IO	SQL Id	SQL Module	SQL Text
4,471.48	3,029,572	0.00	39.98	43.81	1.16	9ztyk364c8ucz	SQL Developer	UPDATE /*+ parallel(fahb, 8) *...
3,754.68	1,000,025	0.00	33.58	35.75	0.30	9dxb6qsfu4m92	SQL*Plus	INSERT INTO CHEPB (ID, XUH, CH...
3,060.00	17	180.00	27.36	0.01	0.00	cuj4dcjuq7fnc	SQL Developer	BEGIN P_INSERT(T1=>10, T2=>1);...
2,683.76	1	2,683.76	24.00	86.64	3.26	02wvcdh8tr304	SQL Developer	UPDATE GCC.CHEPB a SET a.CHEPH...
2,556.57	1	2,556.57	22.86	87.26	0.51	9qkadc2dtc8r4	SQL Developer	BEGIN P_INSERT(T1=>1000000, T2...
2,500.51	2,260,590	0.00	22.36	56.30	0.20	fmpr55fka86fr	SQL Developer	UPDATE /*+ parallel(fahb, 8) *...
2,170.91	814,009	0.00	19.41	49.45	0.11	d7kf3wgksrmxm	SQL Developer	INSERT INTO CHEPB (ID, XUH, CH...
1,659.27	1	1,659.27	14.84	92.42	1.00	a4uzhu1hj9xrc	SQL Developer	SELECT GCC.CHEPB a SET a.CHEPH...
401.14	5,549,924	0.00	3.59	90.86	2.02	abd1ddttbh900	SQL Developer	SELECT ZHI FROM XITXXB WHERE M...
358.90	3	119.63	3.21	55.63	0.09	f3874ym2qgpxw	SQL Developer	BEGIN P_INSERT(T1=>100000, T2=...
315.19	5,538,714	0.00	2.82	76.30	18.01	4h63c0czgvk1c	SQL Developer	SELECT ID FROM JIEKRWB JK WHER...
283.15	5,549,886	0.00	2.53	89.67	0.00	7pgrxbz8dv6n3	SQL Developer	DELETE FROM FAHB WHERE ID=:B1
273.92	5,538,738	0.00	2.45	91.01	0.00	bv86zm1439z1m	SQL Developer	SELECT M.TONGJKJ FROM MEILTJKJ...
260.77	12	21.73	2.33	92.98	0.14	2c2v38rtdyxqb	SQL Developer	BEGIN P_INSERT(T1=>100000, T2...
160.86	5,538,740	0.00	1.44	92.96	0.00	gsunau8kc3cdf	SQL Developer	SELECT M.TONGJKJ FROM MEILTJKJ...
147.03	5,538,694	0.00	1.31	95.18	0.00	b1wm0mdt3r97g	SQL Developer	SELECT M.TONGJKJ FROM MEILTJKJ...
129.52	100,977	0.00	1.16	91.76	0.08	g78a8uqtntwf9	SQL Developer	INSERT INTO CHEPB (ID, XUH, CH...

（b）加压程度加大的报告 2

图 11-12　SQL ordered by Elapsed Time 报告（续）

11.4.8　SQL ordered by CPU Time 报告

SQL ordered by CPU Time 报告反映的是 SQL 语句按 CPU 消耗时间多少的排序结果，CPU 消耗时间多的排在前面。

这里列出了 CPU 耗时比较长的 SQL，从高到低排序，列出前 100 条 SQL（TOP SQL 100），在 AWR 报告中单击 SQL ID 连接，即可跳转到详细的 SQL 语句的地方。

这个报告可以跟踪执行效率很差的 SQL 语句，据此分析 SQL 语句存在的问题并提出改善建议或意见，如图 11-13 所示。

SQL ordered by CPU Time

- Resources reported for PL/SQL code includes the resources used by all SQL statements called by the code.
- %Total - CPU Time as a percentage of Total DB CPU
- %CPU - CPU Time as a percentage of Elapsed Time
- %IO - User I/O Time as a percentage of Elapsed Time
- Captured SQL account for 179.3% of Total CPU Time (s): 3,617
- Captured PL/SQL account for 0.1% of Total CPU Time (s): 3,617

第一份：加压相对第二份低。

CPU Time (s)	Executions	CPU per Exec (s)	%Total	Elapsed Time (s)	%CPU	%IO	SQL Id	SQL Module	SQL Text
3,606.21	4	901.55	99.70	3,911.35	92.20	2.13	b9a6vvwf4fd00	SQL Developer	UPDATE CHEPB a SET a.CHEPH='á©®...
2,087.68	3,710,152	0.00	57.72	2,279.58	91.58	2.74	5fyrwbuxfarbt	SQL Developer	UPDATE /*+ parallel(fahb, 8) *...
192.94	3,710,152	0.00	5.33	217.86	88.56	4.66	abd1ddttbh900	SQL Developer	SELECT ZHI FROM XITXXB WHERE M...
139.93	3,710,152	0.00	3.87	148.20	94.42	0.00	7pgrxbz8dv6n3	SQL Developer	DELETE FROM FAHB WHERE ID=:B1
136.61	3,689,770	0.00	3.78	210.18	65.00	29.71	4h63c0czgvk1c	SQL Developer	SELECT ID FROM JIEKRWB JK WHER...
132.20	3,689,770	0.00	3.65	144.42	91.54	0.00	bv86zm1439z1m	SQL Developer	SELECT M.TONGJKJ FROM MEILTJKJ...
97.94	3,689,770	0.00	2.71	100.09	97.85	0.00	gsunau8kc3cdf	SQL Developer	SELECT M.TONGJKJ FROM MEILTJKJ...
87.83	3,689,770	0.00	2.43	89.54	98.09	0.00	b1wm0mdt3r97g	SQL Developer	SELECT M.TONGJKJ FROM MEILTJKJ...
2.25	70	0.03	0.06	6.55	34.31	55.92	6gvch1xu9ca3g		DECLARE job BINARY_INTEGER := ...
1.65	1	1.65	0.05	6.33	26.14	73.56	fx7s8jvdaad2s	SQL*Plus	BEGIN DBMS_WORKLOAD_REPOSITORY...

（a）加压程度较低的报告 1

图 11-13　SQL ordered by CPU Time

SQL ordered by CPU Time

- Resources reported for PL/SQL code includes the resources used by all SQL statements called by the code.
- %Total - CPU Time as a percentage of Total DB CPU
- %CPU - CPU Time as a percentage of Elapsed Time
- %IO - User I/O Time as a percentage of Elapsed Time
- Captured SQL account for 165.0% of Total CPU Time (s): 6,872
- Captured PL/SQL account for 40.1% of Total CPU Time (s): 6,872

第二份：加压相对第一份高。

CPU Time (s)	Executions	CPU per Exec (s)	%Total	Elapsed Time (s)	%CPU	%IO	SQL Id	SQL Module	SQL Text
2,325.21	1	2,325.21	33.84	2,683.76	86.64	3.26	02wvcdh8tr304	SQL Developer	UPDATE GCC.CHEPB a SET a.CHEPH...
2,230.97	1	2,230.97	32.46	2,556.57	87.26	0.51	9gkadc2dtc8r4	SQL Developer	BEGIN P_INSERT(T1=>1000000, T2...
1,959.08	3,029,572	0.00	28.51	4,471.48	43.81	1.16	9ztyk364c8ucz	SQL Developer	UPDATE /*+ parallel(fahb, 8) *...
1,533.54	1	1,533.54	22.32	1,659.27	92.42	1.00	a4uzhu1hj9xrc	SQL Developer	UPDATE GCC.CHEPB a SET a.CHEPH...
1,407.74	2,260,590	0.00	20.49	2,500.51	56.30	0.20	fmpr55fka86fr	SQL Developer	UPDATE /*+ parallel(fahb, 8) *...
1,342.40	1,000,025	0.00	19.53	3,754.68	35.75	0.30	9dxb6gsfu4m92	SQL*Plus	INSERT INTO CHEPB (ID, XUH, CH...
1,073.60	814,009	0.00	15.62	2,170.91	49.45	0.11	d7kf3wqksrmxm	SQL Developer	INSERT INTO CHEPB (ID, XUH, CH...
364.48	5,549,924	0.00	5.30	401.14	90.86	2.02	abd1ddttbh900	SQL Developer	SELECT ZHI FROM XITXXB WHERE M...
253.89	5,549,886	0.00	3.69	283.15	89.67	0.00	7pgrxbz8dv6n3	SQL Developer	DELETE FROM FAHB WHERE ID=B1
249.29	5,538,738	0.00	3.63	273.92	91.01	0.00	bv86zm1439z1m	SQL Developer	SELECT M.TONGJKJ FROM MEILTJKJ...
242.47	12	20.21	3.53	260.77	92.98	0.14	2c2v38rtdyxgb	SQL Developer	SELECT M.TONGJKJ FROM MEILTJKJ...
240.49	5,538,714	0.00	3.50	315.19	76.30	18.01	4h63c0czgyk1c	SQL Developer	SELECT ID FROM JIEKRWB JK WHER...
199.65	3	66.55	2.91	358.90	55.63	0.09	f3874ym2qgpxw	SQL Developer	BEGIN P_INSERT(T1=>100000, T2=...
149.54	5,538,740	0.00	2.18	160.86	92.96	0.00	gsunau8kc3cdf	SQL Developer	SELECT M.TONGJKJ FROM MEILTJKJ...
139.95	5,538,694	0.00	2.04	147.03	95.18	0.00	b1wm0mdt3r97g	SQL Developer	SELECT M.TONGJKJ FROM MEILTJKJ...
118.84	100,977	0.00	1.73	129.52	97.96	0.08	g78a8ugtntwf9	SQL Developer	INSERT INTO CHEPB (ID, XUH, CH...

（b）加压程度加大的报告 2

图 11-13　SQL ordered by CPU Time 报告（续）

11.5　使用脚本自动生成 AWR 报告

在 11.3 节讲述了通过 Oracle 提供的 awrrpt.sql 脚本生成 AWR 报告，在此介绍另一种 AWR 报告制作方法，完全脱离 awrrpt.sql 的方法，即通过自定义脚本制作 AWR 报告。这就意味着 AWR 的制作可以不依赖 Oracle 提供的 awrrpt.sql 脚本。

11.5.1　查快照 snap_ID

此 AWR 报告制作和前面通过数据库提供的 awrrpt.sql 制作一样，需要提供快照对，通过下面的 SQL 语句查询当前 AWR 快照。

```
SQL>
col begin_time format a20
col end_time format a20
SELECT  snap_id  "snap_id",to_char
(BEGIN_INTERVAL_TIME,'yyyy-mm-dd
hh24:mi:ss')  "begin_time",  to_char
(END_INTERVAL_TIME,'yyyy-mm-dd
hh24:mi:ss')  "end_time", snap_level
"snap_level"  from  DBA_hist_snapshot
order by snap_id;              [000530]
```

快照如图 11-14 所示。

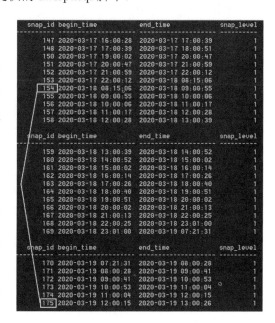

图 11-14　快照查询结果

11.5.2 建立脚本并执行

选取图 11-14 中的快照 ID 为 154 和 175 的快照，即生成 2020-03-18 至 2020-03-19 两天的 AWR 报告。在下面的脚本中，只有两个地方在创建前需要人为修改一下，即标注"--154 为起始快照 ID，需人为修改"和"--157 为结束快照 ID，需人为修改"这两个地方，把"154"和"157"改为自己的。然后创建该脚本，脚本名：generate_multiple_awr_reports.sql。

```
set echo off;
set veri off;
set feeDBAck off;
set termout on;
set heading off;
variable rpt_options number;
define NO_OPTIONS = 0;
-- rem according to your needs, the value can be 'text' or 'html'
rem 根据您的需要，该值可以是"text"或"html"
define report_type='html';
begin
:rpt_options := &NO_OPTIONS;
end;
/
variable dbid number;
variable inst_num number;
variable bid number;
variable eid number;
variable day number;
begin
-- ****************************************************
--程序设定起始 snap_id，本例往前推 10 天
-- ****************************************************
--SELECT max(snap_id) - 10 into :bid from DBA_hist_snapshot;
--SELECT max(snap_id) into :eid from DBA_hist_snapshot;

-- ************************
--人为设定起始 snap_id
-- ************************
SELECT 154 into :bid from dual; --154 为起始快照 ID，需人为修改
SELECT 157 into :eid from dual; --157 为结束快照 ID，需人为修改

SELECT dbid into :dbid from V$database;
SELECT instance_number into :inst_num from V$instance;
SELECT to_number(to_char(sysdate,'yyyymmddhh24')) into :day from dual;
end;
/
column ext new_value ext noprint
column fn_name new_value fn_name noprint;
column lnsz new_value lnsz noprint;
```

```
    SELECT 'txt' ext from dual where lower('&report_type') = 'text';
    SELECT 'html' ext from dual where lower('&report_type') = 'html';
    SELECT 'awr_report_text' fn_name from dual where lower('&report_type') =
'text';
    SELECT 'awr_report_html' fn_name from dual where lower('&report_type') =
'html';
    SELECT '80' lnsz from dual where lower('&report_type') = 'text';
    SELECT '1500' lnsz from dual where lower('&report_type') = 'html';
    set linesize &lnsz;
    column report_name new_value report_name noprint;
    --SELECT 'sp_'||:bid||'_'||:eid||'.'||'&ext' report_name from dual;
    -- ****************************************************************
    --报告存放位置
    -- ****************************************************************
    SELECT 'c:\report_'||:day||'_'||to_char(:bid) || '-' || to_char(:eid) ||
'.' ||'&ext' report_name from dual;
    set termout off;
    spool &report_name;
    SELECT   output   from   table(dbms_workload_repository.&fn_name(:dbid,:
inst_num,:bid, :eid,:rpt_options ));
    spool off;
    set termout on;
    clear columns sql;
    ttitle off;
    btitle off;
    repfooter off;
    undefine report_name
    undefine report_type
    undefine fn_name
    undefine lnsz
    undefine NO_OPTIONS                                          [000531]
```

将上面的脚本创建为 SQL 文件后，执行这个 SQL 文件，命令如下：

```
SQL>@c:\generate_multiple_awr_reports.sql;                       [000532]
```

执行完成后，生成的报告文件放在 c 盘根目录下，名字为"report_当前日期时间_起始报告 ID-结束报告 ID.html"，其效果完全同 awrrpt.sql 制作的一样，由于篇幅的限制，在此就不提供截图了。

11.6　本章小结

众所周知，AWR 报告是 DBA 最关心和最需要的。本章主要对 AWR 的总体概念、应用及其报告的制作、分析等进行了讲解描述，接下来进入第 12 章 Oracle 的 ADDM 报告，来讨论 Oracle 给出的对当前数据库的性能建议。

第 12 章 Oracle 的 ADDM 报告

性能优化是一个永恒的话题，性能优化也是最具有价值，最值得花费精力深入研究的一个课题，因为资源是有限的，时间是有限的。在 Oracle 数据库中，随着 Oracle 功能的不断强大和完善，Oralce 数据库在性能方面实现自我诊断及优化的功能也越来智能化，这大大地简化了人工优化的脑力和体力的开销，尤其是借助 ADDM 自动诊断并给出调整建议。

本章将主要描述 ADDM 报告的创建、功能及特性，最后通过一个实验来说明 ADDM 给出的建议并解释这些建议的含义。

12.1 Oracle 性能调优综述

Oracle 性能调整最重要的就是对最影响性能的 SQL 的调整。在一个应用中，能够影响数据库的只有 SQL，也只能是 SQL。不能一味依靠增强硬件，修改系统、数据库参数来提高数据库的性能。更多地应该关注那些最影响性能的 SQL 语句。ASH 报告（@?\rdbms\admin\ashrpt.sql）、AWR 报告、ADDM 报告都能够找出最影响性能的 SQL 的工具。在分析 ASH 报告、AWR 报告时，最重要的就是关注 SQL Statistics，SQL Statistics 中 SQL Ordered By Gets 和 SQL Ordered By Reads 两个指标。大量的 Gets（逻辑读）会占用大量的 CPU 时间，大量的 Reads（物理读）会引起 IO 的瓶颈出现。

一般情况下，大量的 Gets 会伴随着大量的 Reads 出现。当然，可以通过增大 SGA 的大小来减少 Reads 的量。通过这两个指标找到最影响性能的 SQL，这是首要的，也是必要的。下一步就可以通过创建索引，调整 SQL 来提高 SQL 单独执行时的性能。减少 SQL 执行时出现的高 Gets,Reads。

数据库整体的性能影响还和 excutions（SQL 执行的次数）有关，如果这条 SQL 执行的次数过多，累加起来量还是很大的。那么可以考虑通过在应用上缓存等手段来减少 SQL 执行的次数。另外还需要注意的是，在开发过程中 SQL 一定要使用绑定变量，来减少硬解析（大量的硬解析也会消耗大量的 CPU 时间，占用大量的 Latch（门闩））。在开发过程中有个原则就是：小事务，操作完成及时提交。

使用这么多种方式、报告只有一个唯一的目的：找出最影响系统性能的 SQL 语句，找到后下一步就是对它进行调整了。

在监控数据库时，如果是当前正在发生的问题，可以通过 V$session 和 V$sqlarea 来找出性能最差的 SQL 语句。如果在一个小时以内发生的，可以通过生成 ASH 报告来找出

SQL。如果是 1 小时以上或几天可以通过 AWR 报告来找出几小时、几天以来最影响系统的 SQL 语句。ADDM 报告基于 AWR 库，默认可以保存 30 天的 ADDM 报告。也可以直接查询视图，这些视图如表 12-1 所示。

表 12-1　查询性能较差 SQL 用到的视图

查询性能较差 SQL 用到的视图	描　　述
V$session	当前正在发生
V$session_wait	当前正在发生
V$session_wait_history	会话最近的 10 次等待事件
V$active_session_history	内存中的 ASH 采集信息，理论为 1 小时
wrh$_active_session_history	写入 AWR 库中的 ASH 信息，理论为 1 小时以上
DBA_hist_active_sess_history	根据 wrh$_active_session_history 生成的视图

12.2　Oracle ADDM 报告概述

ADDM（Automatic Database Diagnostic Monitor）是 Oracle 内部的一个顾问系统，能够自动完成数据库的一些优化的建议，给出 SQL 的优化，索引的创建，统计量的收集等建议。

Oracle 数据库中的一个自诊断引擎，ADDM 通过检查和分析 AWR 获取的数据来判断 Oracle 数据库中可能的问题。

默认情况下，ADDM 为启用状态。可以通过指定初始化参数 CONTROL_MANAGEMENT_PACK_ACCESS 和 STATISTICS_LEVEL 来控制 ADDM，要想启用 ADDM，必须设置 CONTROL_MANAGEMENT_PACK_ACCESS 为 DIAGNOSTIC+TUNING（默认值）或 DIAGNOSTIC。

如果要禁用 ADDM，需要将 CONTROL_MANAGEMENT_PACK_ACCESS 设置为 NONE 或者将 STATISTICS_LEVEL 设置为 basic。

为了诊断数据库性能，ADDM 分析可以跨越任意两个 Snapshots（快照），只要 Snapshots（快照）满足以下两个条件：

- 快照在创建过程中没有错误而且没有被删除；
- 两个快照期间数据库没有发生关闭事件。

ADDM 报告创建有两种手段，一种是使用 ADDMRPT.SQL 创建，另一种是使用 DBMS_ADVISOR 程序包创建，下面分别对这两种创建手段进行简要介绍。

12.2.1　使用 addmrpt.sql 来创建 ADDM 报告

Oracle 提供了一个脚本 addmrpt.sql（位于 ORACLE_HOME\rdbms\admin 目录中）来生成 ADDM 报告。如果是 RAC，那么就使用 addmrpti.sql（位于 $ORACLE_HOME\rdbms\admin 目录中）。

注：关于 ADDM 报告的查看时机，数据库肯定是运行相当的时间且清闲与繁忙都有，在这种情况下可以随时随地查看 ADDM 报告。

在 OEM 中查看 ADDM 包括 AWR 也是不错的选择。具体操作细节请参阅有关章节，这里只说明进入方法。

服务器→统计信息管理中的自动工作量资料档案库→单击管理快照和基线中的快照 ID 号（如"快照 XXXX"，单击该 XXXX）→进入快照起始 ID 的选择界面并选择一个起始快照 ID→选择操作下拉列表框中的"运行 ADDM"后单击"开始"→进入快照结束 ID 的选择界面并选择一个结束快照 ID→单击当前界面上的"确定"按钮→开始收集 ADDM 信息并生成一系列内容，包括 ADDM 报告。截图如图 12-1 所示。

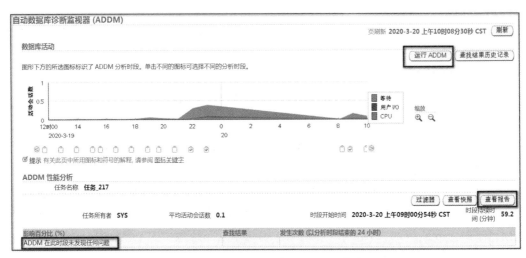

图 12-1　OEM 展示出来的 ADDM 信息

```
SQL>@ORACLE_HOME\rdbms\admin\addmrpt.sql                    [000533]
```

其创建过程类似 AWR，在这里只说明以下 3 个要点。

（1）指定要使用的起始快照 ID（start_snap）

```
Enter value for begin_snap: 108
```

（2）指定要使用的结束快照 IDend_snap

```
Enter value for end_snap: 109
```

（3）指定 ADDM 报告的报告名

```
Enter value for report_name: c:\tmp\addmrpt_1_108_109.txt
```

12.2.2　使用 DBMS_ADVISOR 程序包来创建 ADDM 报告

DBMS_ADVISOR 程序包可以帮助用户管理 ADDM 属性，非 DBA 用户需要具有 ADVISOR（顾问）权限才可以使用 DBMS_ADVISOR 程序包。

下面为 DBMS_ADVISOR 程序包的主要过程和函数，不仅仅是在 ADDM 中使用，还可以用于其他的数据库顾问程序，如表 12-2 所示。

表 12-2 DBMS_ADVISOR 程序包的主要过程和函数

DBMS_ADVISOR 程序包的主要过程和函数	描　　述
CREATE_TASK	创建一个新的任务
SET_DEFAULT_TASK	帮助修改任务中参数的默认值
DELETE_TASK	从信息库中删除一个特定的任务
EXECUTE_TASK	执行一个特定的任务
GET_TASK_REPORT	显示最近的 ADDM 报告
SET_DEFAULT_TASK_PARAMETER	修改默认的任务参数

通过使用 DBMS_ADVISOR 程序包的 GET_TASK_REPORT 过程，可以得到与前面使用 addmrpt.sql 脚本获得的相同的 ADDM 报告。

下面简要说明通过 DBMS_ADVISOR 程序包创建 ADDM 报告。首先确认快照 ID 对，然后创建任务，最后查看该任务的 ADDM 报告。

1．确认快照对、数据库号及实例号

（1）查看快照，SQL 如下：

```
SQL>
col begin_time format a20
col end_time format a20
SELECT snap_id "snap_id",to_char
(BEGIN_INTERVAL_TIME,'yyyy-mm-dd hh24:
mi:ss') "begin_time", to_char(END_
INTERVAL_TIME,'yyyy-mm-dd hh24:mi:ss')
"end_time",snap_level "snap_level" from
DBA_hist_snapshot order by snap_id;
                                    [000534]
```

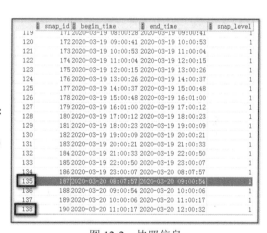

图 12-2 快照信息

如图 12-2 所示。

（2）查看实例号，SQL 如下：

```
SQL>select instance_num from v$instance        [000535]
```

查出的实例号为 1。

（3）查看数据库号，SQL 如下：

```
SQL>select DBID from v$database                [000536]
```

查出的数据库号为 1440862916。

2．创建 ADDM 任务

将快照 ID135 和 138、实例号 1 及数据库号 1440862916 维护到下面的 SQL 脚本中，然后执行。

```
DECLARE
task_name VARCHAR2(30) := 'DEMO_ADDM03';
task_desc VARCHAR2(30) := 'ADDM Feature Test';
task_id NUMBER;
BEGIN
-- 创建任务
dbms_advisor.create_task('ADDM', task_id, task_name, task_desc, null);
-- 设置任务的起始快照 ID
dbms_advisor.set_task_parameter(task_name, 'START_SNAPSHOT', 135);
-- 设置任务的结束快照 ID
dbms_advisor.set_task_parameter(task_name, 'END_SNAPSHOT', 138);
-- 设置任务的数据库实例号
dbms_advisor.set_task_parameter(task_name, 'INSTANCE', 1);
-- 设置任务的数据库号
dbms_advisor.set_task_parameter(task_name, 'DB_ID', 1440862916);
-- 生成报告
dbms_advisor.execute_task(task_name);
END;
/                                                               [000537]
```

上面脚本中，set_task_parameter 用来设置任务参数。START_SNAPSHOT 是起始快照 ID，END_SNAPSHOT 是结束快照 ID，INSTANCE 是实例号，对于单实例，一般是 1，在 RAC 环境下，可以通过查询视图 v$instance 得到（select instance_num from v$instance），DB_ID 是数据库的唯一识别号，可以通过查询 v$database 查到（select DBID from v$database）。

3. 查看当前任务的 ADDM 报告

SQL 脚本如下：

```
SQL>
set echo off;
set heading off;
set line 100;
set long 2000000000;
set longchunksize 255;
set wra on;
set newpage none;
set pagesize 0;
set numwidth 12;
set termout off;
set trimout on;
set trimspool on;
set feedback off;
set timing on;
spool c:\addm-1.txt;
select    dbms_advisor.get_task_report(task_name,'TEXT','ALL')    from
dba_advisor_tasks
   where   task_id=(select   max(t.task_id)   from   dba_advisor_tasks
```

```
t,dba_advisor_log l where t.task_id = l.task_id
    and t.advisor_name='ADDM' and l.status='COMPLETED');
spool off;
```

注：上面脚本执行后将生成 TXT 格式的 ADDM 报告，存放位置为 "c:\addm-1.txt"，即 "spool" 所在的地方，需要读者自己修改一下。

关于 ADDM 能发现定位的问题，Oracle 官方解释如下。

1. 操作系统内存的页入、页出问题。

2. 由于 Oracle 负载和非 Oracle 负载导致的 CPU 瓶颈问题。

3. 导致不同资源负载的 Top SQL 语句和对象：CPU 消耗、I/O 带宽占用、潜在 I/O 问题、RAC 内部通信繁忙。

4. 按照 PLSQL 和 JAVA 执行时间排的 Top SQL 语句。

5. 过多地连接。

6. 过多硬解析问题：由于 SHARED POOL 过小、书写问题、绑定大小不适应、解析失败原因引起的。

7. 过多软解析问题。

8. 索引查询过多导致资源争用。

9. 由于用户锁导致的过多的等待时间（通过包 dbms_lock 加的锁）。

10. 由于 DML 锁导致的过多等待时间（例如锁住表了）。

11. 由于管道输出导致的过多等待时间（如通过包 dbms_pipe.put 进行管道输出）。

12. 由于并发更新同一个记录导致的过多等待时间（行级锁等待）。

13. 由于 ITL Interested Transaction List，是 Oracle 数据块内部的一个组成部分，位于数据块头（block header），由 xid, uba, flag, lck 和 scn/fsc 组成，用来记录该块所有发生的事务，ITL 可以看作是一条事务记录不够导致的过多等待时间（大量的事务操作同一个数据块）。

14. 系统中过多的 COMMIT 和 ROLLBACK（Logfile Sync 事件）。

15. 由于磁盘带宽太小和其他潜在问题（如由于 Logfile 太小导致过多的 CheckPoint, MTTR（Mean Time To Recover: 为数据库实例恢复而设置的检查点的时间间隔）设置问题，以及过多的 undo 操作等）导致的 I/O 性能问题。

16. 对于 DBWR 进程写数据块，磁盘 I/O 吞吐量不足。

17. 由于归档进程无法跟上 REDO 日志产生的速度，导致系统变慢。

18. REDO 数据文件太小导致的问题。

19. 由于扩展磁盘分配导致的争用。

20. 由于移动一个对象的高水位导致的争用问题。

21. 内存太小问题：SGA Target, PGA, Buffer Cache, Shared Pool。

22. 在一个实例或者一个机群环境中存在频繁读/写争用的热块。

23. 在一个实例或者一个机群环境中存在频繁读/写争用的热对象。
24. RAC 环境中内部通信问题。
25. LMS 进程无法跟上导致锁请求阻塞。
26. 在 RAC 环境中由于阻塞和争用导致的实例倾斜。
27. RMAN 导致的 I/O 和 CPU 问题。
28. Streams（流）和 AQ（高级队列）问题。
29. 资源管理等待事件。

AWR 是把收集的数据放到内存中（Share Pool）的，通过一个新的后台进程 MMON 定期写到磁盘中。所以 11g 及后面版本的 Share Pool 要开设得大一些。另外，还要求数据库初始化参数 STATISTICS_LEVEL 设置为 TYPICAL（推荐）或 ALL，通过 "ALTER SESSION SET STATISTICS_LEVEL= TYPICAL;" 修改。

12.3　ADDM 报告实验

实验的总体思路是：给数据库施加一定的负荷，即加压。压前采集一次快照，压后一个小时采集一次快照，让 ADDM 分析这两次快照之间数据库到底都干了什么并给出什么样的建议。

为此要搭建一个负荷环境，具体如下。

12.3.1　负荷环境搭建

1. 建表

通过下面的 SQL 语句先创建一张表：

```
SQL> CREATE TABLE gcc_bt as SELECT rownum as id,a.* from DBA_objects a;
SQL> CREATE TABLE gcc_st as SELECT rownum as id,a.* from DBA_objects a;
```

2. 插入数据

通过下面的 SQL 脚本向新建的表中插入数据：

```
SQL> declare
    num number;
    begin
    for num in 1..200 loop
    INSERT into gcc_bt SELECT rownum as id,a.* from DBA_objects a ;
    commit;
    end loop;
    end;
/
declare
```

```
    num number;
  begin
   for num in 1..100 loop
   INSERT into gcc_st SELECT rownum as id,a.* from DBA_objects a ;
   commit;
   end loop;
  end;
 /                                                                    [000541]
```

12.3.2 第 1 次采集快照并施加负荷

1. 采集第 1 次快照

在将负荷数据环境搭建起来以后在施加负荷前,通过下面的 SQL 脚本实施第 1 次快照采集:

```
SQL>
begin
    dbms_workload_repository.create_snapshot('TYPICAL');
    end;
/                                                                     [000542]
```

2. 施加负荷

通过下面的 SQL 脚本施加负荷:

```
SQL> set timing on;
SQL> declare
    v_var number;
  begin
   for n in 1..1 loop
   SELECT count(*) into v_var from gcc_bt b,gcc_st a;
   end loop;
   end;
 /                                                                    [000543]
```

12.3.3 采集第 2 次快照

注:

两次快照之间的间隔时间必须足够(一般推荐 30 分钟左右),不然得到的 ADDM 报告中就会提示: THERE WAS NOT ENOUGH DATABASE TIME FOR ADDM ANALYSIS (没有足够的数据库时间进行 ADDM 分析)。

本实验采取 1 个小时的间隔,在快照第 1 次采集完 1 个小时后,开始第 2 次快照采集。和第 1 一次的 SQL 采集脚本一样:

```
SQL>
begin
```

```
        dbms_workload_repository.create_snapshot('TYPICAL');
    end;
    /                                                                    [000544]
```

12.3.4 创建一个优化任务并执行

在两次快照都采集好以后，接下来就是制作 ADDM 报告。首先查出两次采集的快照 ID、数据库号及实例号（单例库默认都为 1），然后执行创建任务 SQL 脚本，具体如下。

1. 查询两个 snap_id

```
SQL> SELECT snap_id,snap_level from (  SELECT * from DBA_hist_snapshot
order by snap_id desc) where rownum <=2; --倒数最后 2 个 snap_id     [000545]
```

是查询结果如下：

```
   SNAP_ID              SNAP_LEVEL
-------------------- ------------------
     1146            1
     1145            1
```

2. 查询 DBID

```
SQL> SELECT dbid from V$database;                                    [000546]
```

查询结果如下：

```
DBID
--------------------
810048687
```

3. 创建任务并执行

```
SQL>
declare
    task_name varchar2(30) := 'DEMO_ADDM01';
    task_desc varchar2(30) := 'ADDM Feature Test';
    task_id number;
begin
-- 创建 ADDM 任务
dbms_advisor.create_task('ADDM',task_id,task_name,task_desc,null);
-- 设置起始快照 ID
dbms_advisor.set_task_parameter(task_name,'START_SNAPSHOT',1145);
-- 设置结束快照 ID
dbms_advisor.set_task_parameter(task_name,'END_SNAPSHOT',1146);
-- 设置数据库实例号
dbms_advisor.set_task_parameter(task_name,'INSTANCE',1);
-- 设置数据库号
dbms_advisor.set_task_parameter(task_name,'DB_ID',810048687);
-- 开始创建任务
dbms_advisor.execute_task(task_name);
end;
/                                                                    [000547]
```

12.3.5 查询建议结果

在任务创建完成后,即可获取 ADDM 报告,通过下面的 SQL 脚本获取这个任务的 ADDM 报告并查看。

```
SQL>
spool c:\addm-20180418-1.txt
set long 10000 pagesize 0 longchunksize 1000
column get_clob fromat a80
SELECT   dbms_advisor.get_task_report('DEMO_ADDM01','TEXT','ALL')   from
dual;
spool off
/                                                                [000548]
```

注:

上面的脚本可以直接放在 SQL*Plus 环境中直接执行,也可做成脚本文件通过"@"命令执行。

关于 ADDM 报告,也可通过"ORACLE_HOME/rdbms/admin/addmrpt.sql;"数据库提供的脚本制作,其制作过程和本节描述的类似。此外,如果是 RAC 环境下,可以执行"ORACLE_HOME\rdbms\admin\addmrpti.sql;",此脚本的执行,会多出要求输入 DB ID 和 Instance ID。

12.3.6 ADDM 报告解释

下面的这个 ADDM 报告是在本书第 10 章 Oracle 性能实验的数据库压力下测得,和上面实验得出的 ADDM 报告风格完全一致。为了更具说服力,针对这个报告进行解释说明,此 ADDM 报告的原版格式保留并展示如下:

```
DBMS_ADVISOR.GET_TASK_REPORT('DEMO_ADDM01','TEXT','ALL')
 (CLOB)          任务 'DEMO_ADDM01' 的 ADDM 报告

分析时段
----
AWR 快照范围从 1145 到 1146。
时段从 18-4月 -18 09.52.56 上午 开始
时段在 18-4月 -18 10.36.59 上午 结束
```

注解 1:由此得出自然流逝的时间为 09.52 至 10.36=44 分钟。

```
分析目标
----
数据库 'GCC' (DB ID 为 810048687)。
数据库版本 11.2.0.1.0。
ADDM 对实例 gcc 执行了分析,该实例的编号为 1 并运行于 TJ20161124HK。
```

分析时段期间的活动

总数据库时间为 3436 秒。
活动会话的平均数量为 1.3。（每秒平均的活动会话数1.3个）

注解 2：

以上部分为分析期间总的数据库耗用时间以及每秒平均的活动会话数。

在当前分析的期间内，自然流逝的时间为 44 分钟，DB time(3436/60=57 分钟)，就是说在 57 分钟里，有 44 分钟数据库在忙，清闲时间只有 57-44=13 分钟，说明数据库异常繁忙。

每秒平均的活动会话数为 1.3 个。

1. 查找结果概要

说明	活动的会话	建议案活动的百分比
1 顶级 SQL 语句	1.29	99.124
2 行锁等待数	.34	26.151
3 PL/SQL 执行	.19	14.913
4 按 "用户 I/O" 和 "集群" 统计的顶级段	.04	3.31

注解 3：

以上部分是诊断结果的摘要部分，列出重要的诊断结果及百分比。例如：第 1 行，顶级 SQL（TopSQL），受影响活动会话数 1.29，占据整个 DB Time 99.124。

2. 查找结果和建议案

注解 4：

这部分内容主要有多个不同的 Finding（发现）组成，且每个 Finding（发现）均包含以下内容：

（1）在 Finding（发现）标题中列出相应的 Findings（发现）名称，如顶级 SQL（Top SQL），或者相关等待事件，如 Free Buffer Waits。

（2）描述受影响的活动会话数，以及占用总活动的百分比。

（3）给出优化建议，采取的行动，以及理论依据（原理部分说明）。

查找结果 1：顶级 SQL 语句
受影响的是 1.29 个活动会话，占总活动的 99.12\%。

发现 SQL 语句消耗了大量数据库时间。这些语句提供了改善性能的绝佳机会。

建议案 1：SQL 优化

估计的收益为 .84 个活动会话，占总活动的 64.62\%。

操作

对 UPDATE 语句 (SQL_ID 为 "9ztyk364c8ucz")运行 SQL 优化指导。此外，研究此

语句,确定是否可以改善性能。可以利用此 SQL_ID 的 ASH 报告来补充此处给出的信息。

相关对象
```
SQL_ID 为 9ztyk364c8ucz 的 SQL 语句。
UPDATE /*+ parallel(fahb,8) */ FAHB SET YINGD=YINGD+:B2 WHERE ID=:B1
```
原理

SQL 在 CPU、I/O 和集群等待上花费的时间占其数据库时间的 58%。这部分数据库时间可通过 SQL 优化指导进行改善。请查看下面给出的数据和 ASH 报告以进一步改善性能。

原理

此 SQL 的数据库时间由以下部分构成：SQL 执行占 88%，语法分析占 0%，PL/SQL 执行占 12%，Java 执行占 0%。

原理

SQL_ID 为"9ztyk364c8ucz"的 SQL 语句执行了 2 030 539 次，每次执行平均用时 0.001 1 秒。

原理

等待事件"enq:TX-row lock contention"(在等待类"Application"中)消耗了数据库时间的 40%（该数据库时间为处理具有 SQL_ID"9ztyk364c8ucz"的 SQL 语句时所用的时间）。

原理

对 TABLE"GCC.CHEPB"(对象 ID 为 78401)的完全扫描消耗了在此 SQL 语句上花费的数据库时间的 27%。

原理

执行 UPDATE 语句(SQL_ID 为"02wvcdh8tr304")的顶级调用占数据库时间的 59%，该数据库时间是花费在 UPDATE 语句(SQL_ID 为"9ztyk364c8ucz")上的时间。

相关对象
```
SQL_ID 为 02wvcdh8tr304 的 SQL 语句。
UPDATE GCC.CHEPB a SET
a.CHEPH='天-ABCD',
a.YUANMKDW='天津 BBBBBB',
a.QINGCJJY='张 XXXX',
a.LURY='李 XXXX'
WHERE a.ID>=0 and a.ID<=510103312394
```

建议案 2: SQL 优化

估计的收益为 .38 个活动会话，占总活动的 29.24\%。

操作

对 UPDATE 语句(SQL_ID 为"02wvcdh8tr304")运行 SQL 优化指导。

相关对象

SQL_ID 为 02wvcdh8tr304 的 SQL 语句。
```
UPDATE GCC.CHEPB a SET
a.CHEPH='天-ABCD',
a.YUANMKDW='天津BBBBBB',
a.QINGCJJY='张XXXX',
a.LURY='李XXXX'
WHERE a.ID>=0 and a.ID<=510103312394
```

原理

SQL 在 CPU, I/O 和集群等待上花费的时间占其数据库时间的 98%。这部分数据库时间可通过 SQL 优化指导进行改善。

原理

此 SQL 的数据库时间由以下部分构成：SQL 执行占 73%，语法分析占 1%，PL/SQL 执行占 26%，Java 执行占 0%。

原理

SQL_ID 为"02wvcdh8tr304"的 SQL 语句执行了 1 次，每次执行平均用时 2 524 秒。

原理

对 TABLE "GCC.CHEPB"(对象 ID 为 78401)的完全扫描消耗了在此 SQL 语句上花费的数据库时间的 49%。

建议案 3：SQL 优化

估计的收益为 .03 个活动会话，占总活动的 2.63\%。

操作

对 SELECT 语句(SQL_ID 为"abd1ddttbh900")运行 SQL 优化指导。

相关对象

SQL_ID 为 abd1ddttbh900 的 SQL 语句。
```
SELECT ZHI FROM XITXXB WHERE MINGC ='计算来煤量' AND ZHUANGT = 1 AND
DIANCXXB_ID IN (SELECT DIANCXXB_ID FROM FAHB F WHERE F.YUNSFSB_ID = 2 AND F.ID
= :B1 )
```

原理

SQL 在 CPU, I/O 和集群等待上花费的时间占其数据库时间的 100%。这部分数据库时间可通过 SQL 优化指导进行改善。

原理

此 SQL 的数据库时间由以下部分构成：SQL 执行占 100%，语法分析占 0%，PL/SQL 执行占 0%，Java 执行占 0%。

原理

SQL_ID 为"abd1ddttbh900"的 SQL 语句执行了 2 030 539 次，每次执行平均用时 0.000

064 秒。

原理

执行 UPDATE 语句(SQL_ID 为"02wvcdh8tr304")的顶级调用占数据库时间的 100%，该数据库时间是花费在 SELECT 语句(SQL_ID 为"abd1ddttbh900")上的时间。

相关对象

SQL_ID 为 02wvcdh8tr304 的 SQL 语句。

```
UPDATE GCC.CHEPB a SET
a.CHEPH='天-ABCD',
a.YUANMKDW='天津 BBBBBB',
a.QINGCJJY='张 XXXX',
a.LURY='李 XXXX'
WHERE a.ID>=0 and a.ID<=510103312394
```

建议案 4：SQL 优化

估计的收益为 .03 个活动会话,占总活动的 2.05\%。

------------...

12.4　本章小结

本章至此告一段落，主要讲解了 ADDM 报告的概念、制作以及实验和报告内容的解释等，接下来进入第六篇 Oracle 实战案例篇。在本篇提供了 Oracle RAC 集群部署实验和 Oracle 特殊问题的解决案例。

关于 Linux 下的 Oracle 迁移案例是作者于 2018 年为天津市某单位成功实施的案例，总结出来与大家分享。读者完全可以参考借鉴其中的做法，极具实践指导意义（本案例会以电子档的形式赠送给读者）。

第 13 章 Oracle 11g R2 RAC 集群部署实验

RAC（Real Application Clusters，实时应用集群），是多台主机组成的集群计算环境，是 Oracle 数据库支持网格计算环境的核心技术。

普通 Oracle 数据库，只能在一台主机上运行，数据库的实例和数据库文件都在一台主机上，是单实例数据库。

RAC 实时应用集群，可以在多台主机上运行，每台节点主机上运行一个数据库实例，通过共享存储磁盘访问相同的数据库文件，是多实例数据库，单一节点故障不影响数据库的使用，负载能力也会随节点主机的增加而加强。

本章将从总体规划入手分别讲述服务器规划、网络规划以及存储规划，接下来具体讲述 Oracle 11g R2 的实施过程。

下面简要介绍 Oracle 11g R2 的 RAC 构成要素。

1. RAC 集群的关键点

（1）共享存储。

（2）节点间需要内部通信，以协调集群正常运行，所以每个节点需要提供外部网络与内部网络。

（3）CRS（集群软件）：需要集群软件（Grid）协调各节点。

（4）集群注册文件（OCR）：需要注册集群，保存在共享磁盘上。

（5）仲裁磁盘（Voting Disk）：需要协调各节点决定控制权，作为表决器，保存在共享磁盘上。

（6）虚拟 IP（Virturl IP）：提供用户端连接，IP 由集群软件接管，当集群就绪时，虚拟 IP 可以连接，Oracle 11g R2 改为用 SCAN IP 连接。

（7）SCAN IP：Oracle 11g R2 中有特性用于用户端连接，不需要再在用户端 tnsname.ora 中添加各节点状态，SCAN IP 可以调节负载平衡。

2. 共享存储访问方式（存储系统）

（1）集群文件系统（Cluster File System，CFS）。

（2）自动存储管理（Automatic Storage Management，ASM）。

（3）网络文件系统（NFS）。

（4）单机文件系统 FAT32，NTFS 不能作为共享存储，Oracle 11g 及以后版本不再支持裸设备做共享存储。

选择以下存储方案来建立集群系统，见表 13-1。

表 13-1 集群系统存储方案

项目	存储系统	存储位置
ClusterWare 软件（Grid）	本地文件系统	本地磁盘
voting disk（Grid）	ASM	共享磁盘
OCR（Grid）	ASM	共享磁盘
数据库软件	本地文件系统	本地磁盘
数据库	ASM	共享磁盘

Oracle 11g R2 将自动存储管理（ASM）和 Oracle Clusterware 集成在 Oracle Grid Infrastructure 中。Oracle ASM 和 Oracle Database 11g R2 提供了较以前版本更为增强的存储解决方案，该解决方案能够在 ASM 上存储 Oracle Clusterware 文件，即 Oracle 集群注册表（OCR）和表决文件（VF，又称表决磁盘）。这一特性使 ASM 能够提供一个统一的存储解决方案，无须使用第三方卷管理器或集群文件系统即可存储集群件和数据库的所有数据。

Oracle 11g R2 中引入了 SCAN（Single Client Access Name），即简单用户端连接名，一个方便用户端连接的接口。在 Oracle 11g R2 之前，Client 连接数据库时要用 vip，假如 CLUSTER 有 4 个节点，那么用户端的 tnsnames.ora 中就对应有 4 个主机 vip 的一个连接串，如果 CLUSTER 增加了一个节点，那么对于每个连接数据库的用户端都需要修改这个 tnsnames.ora。

SCAN 简化了用户端连接，用户端连接时只需知道这个名称，并连接即可，每个 SCAN VIP 对应一个 scan listener，CLUSTER 内部的 service 在每个 scan listener 上都有注册，scan listener 接受用户端的请求，并转发到不同的 Local listener 中去，由 local 的 listener 提供服务给用户端。

此外，安装 GRID 的过程也简化了很多，内核参数的设置可确保安装的最低设置，直接使用 ASM 存储。

13.1 总体规划

在具体实施 RAC 部署之前必须要有一个总体规划，也就是事先计划好做成什么样的 RAC 并拿出方案设计，然后才能按照这个计划案分步实施。总体规划的好坏将直接影响项目的进度及成败，因此，在实施之前必须做好总体规划。下面简要介绍总体规划的主要内容，这些内容包括"环境部署""网络配置""Oracle 软件组件""数据库配置""存储组件"等。

13.1.1 部署环境

Oracle 11g R2 RAC 集群部署环境如图 13-1 所示。

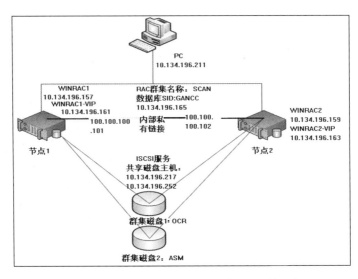

图 13-1　Oracle 11G R2 RAC 集群部署环境示意

如图 13-1 所示，实验环境中采用 VMware120 虚拟了两台服务器，分别是 WINRAC1 和 WINRAC2，它们各有两条网线分别用于公共服务和内部互连；群集使用的共享存储由 ISCSI 的两块磁盘提供。其中群集磁盘 1 存储 OCR（群集注册表）；群集磁盘 2 存储表决或仲裁盘（votedisk）信息及数据库数据文件。

软件环境方面，操作系统选择 Windows 2008 R2 企业版。

数据库采用 Oracle 11g R2（11.2.0.4）和 win64_11gR2_grid（RAC 基础架构软件）。

13.1.2　网络配置

Oracle 11g R2 RAC 集群部署网络配置如表 13-2 所示。

表 13-2　Oracle 11G R2 RAC 集群部署网络配置

节点名称	公共 IP 地址	心跳 IP 地址	虚拟 IP 地址	SCAN 名称	SCAN IP 地址
winrac1	10.134.196.157	100.100.100.101	10.134.196.161	oradb-cluster	10.134.196.165
winrac2	10.134.196.159	100.100.100.102	10.134.196.163		

13.1.3　Oracle 软件组件

Oracle 11g R2 RAC 集群部署 Oracle 软件组件如表 13-3 所示。

表 13-3　Oracle 11g R2 RAC 集群部署 Oracle 软件组件

软件组件	操作系统用户	安装目录	Oracle 基目录软件位置
win64_11gR2_grid 11.2.0.4.0	域控统一用户，比如：gancc	DB（C:）	C:\app\gancc C:\app\11.2.0\grid

续上表

软件组件	操作系统用户	安装目录	Oracle 基目录软件位置
Oracle rac	域控统一用户，比如：gancc	DB（E:）为共享磁盘。	E:\app\gancc E:\app\gancc\product\11.2.0\dbhome_1

13.1.4 数据库配置

Oracle 11g R2 RAC 集群部署数据库配置如表 13-4 所示。

表 13-4　Oracle 11g R2 RAC 集群部署数据库配置

节点名称	实例名称	数据库名称	OCR，VOTE ASM 磁盘组名	数据库共享存储区磁盘组名	恢复区磁盘组名
winrac1	gancc1	gancc.winrac.com	CRS 40G	DATA 240G	FRA 240G
winrac2	gancc2				

13.1.5 存储组件

Oracle 11g R2 RAC 集群部署存储组件如表 13-5 所示。

表 13-5　Oracle 11g R2 RAC 集群部署存储组件

Logical driver	LUN	SIZE (G)	对应服务器磁盘	作　用
ASM1	0	10	磁盘 1	OCR，表决磁盘 vote ASM，ASM 磁盘组名为 CRS
ASM2	1	10	磁盘 2	
ASM3	2	10	磁盘 3	
ASM4	3	10	磁盘 4	
oradata1	4	60	磁盘 5	data 数据库共享存储区 ASM 磁盘组名为 DATA
oradata2	5	60	磁盘 6	
oradata3	6	60	磁盘 7	
oradata4	7	60	磁盘 8	
orafra1	8	60	磁盘 9	闪回配置区　ASM 磁盘组名为 FRA
orafra2	9	60	磁盘 10	
orafra3	10	60	磁盘 11	
orafra4	11	60	磁盘 12	
winrac1	12	100	磁盘 13	服务器 winrac1 上的 DB（F:）
winrac2	13	100	磁盘 14	服务器 winrac2 上的 DB（F:）

总体规划好后，接下来就是落实总体规划的计划案，计划案包括服务器规划、网络规划及存储规划等。

13.2 服务器规划

服务器规划的主要内容包括"通过 StartWind6.0 虚拟磁盘""划分 Oracle 安装目录 DB(F:)和虚拟内存(G:)""修改虚拟内存（两节点都设置）""修改 winrac1 和 winrac2 的 hosts 文件""修改注册表，禁用媒体感知功能"等，下面分别进行描述。

Oracle 11g R2 RAC 集群部署服务器规划如表 13-6 所示。

表 13-6　Oracle 11g R2 RAC 集群部署服务器规划

节点	主机名	本机 RAID 级别	盘大小（G）	操作系统	内存大小（G）	虚拟内存大小（G）	数据库安装目录大小(G)
第一节点	winrac1	raid 10	500 以上	Windows 2008 R2	16	32～64	100
第二节点	Winrac2	raid 10	500 以上	Windows 2008 R2	16	32～64	100

13.2.1　通过 StartWind 6.0 虚拟磁盘

如果不采用盘柜，可以通过 StartWind 6.0 磁盘虚拟软件虚拟出磁盘组，通过"开始→管理工具→iSCSI 发起程序"来共享虚拟磁盘。具体操作请参阅相关文档。

关于 StartWind 6.0 软件的安装请参阅有关说明，其使用很简单（添加 targets，右键添加；为该 targets 创建相应的 devices，右键添加），具体操作请参阅有关操作说明。其下载地址是：http://qunying.jb51.net:8080/201707/tools/starwind6_jb51.rar。

该虚拟软件大多用于测试环境，当然也可以应用于生产环境。

磁盘虚拟完成后，接下来进行两个处理，一个是给其中一台服务器做域控服务器，其具体做法，请参阅 Windows 相关文档。做好后新建一域用户，取名为 gancc，密码为 racgancc。将其他服务器作为工作站加入域中并统一以 gancc 域用户登录；另一个是关闭防火墙，通过服务器管理器→配置→高级安全 Windows 防火墙→属性→将域配置文件、专用配置文件、公用配置文件的防火墙全部关闭。第 2 台服务器和第 1 台操作一样。

13.2.2　划分 Oracle 安装目录 DB(F:)和虚拟内存(G:)

根据前面的磁盘阵列规划，在 WINRAC1 上选择磁盘 13（此时 winrac1 上的磁盘 14 不要联机）作为 Oracle 的安装目录，联机新建分区并命名为 DB，盘符为 F:，winrac1 上的磁盘 14 不要联机，作为 winrac2 的 Oracle 安装目录，不要联机，如图 13-2 所示。

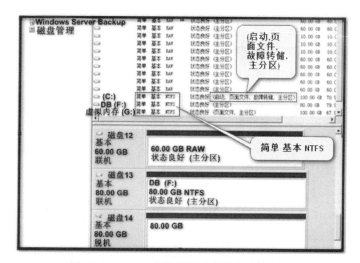

图 13-2 Oracle 安装目录及虚拟内存的划分

在 Winrac2 上选择磁盘 14（此时 winrac1 上的磁盘 14 不要联机）作为 Oracle 的安装目录，联机新建分区并命名为 DB，盘符为 F：，winrac2 上的磁盘 13 不要联机，因为磁盘 13 是 winrac1 的 oradb 安装目录。

分别在两台服务器上的本机磁盘（磁盘 0）上新建一个分区作为虚拟内存 100G 大小，盘符为 G，如图 13-3 所示。

图 13-3 创建磁盘分区

13.2.3 修改虚拟内存（两个节点都设置）

本次安装的内存是 16G，按照 Oracle 的 documents 虚拟内存至少为实际内存的 2 倍。空间比较大，所以重新划分一个磁盘作为虚拟内存。具体操作如下：

（1）依次选择"计算机→属性→高级系统设置→高级"选项，如图 13-4 所示。

（2）选择"性能-设置"选项，如图 13-5 所示，虚拟内存更改。在这里，虚拟内存的驱动器选择 G:，选择自定义大小，初始值：32768MB，最大值：65536MB，单击"设置"按钮并确定，机器重启后生效。

图 13-4 更改虚拟内存

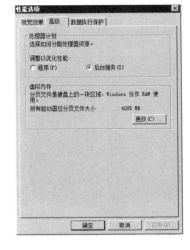
图 13-5 更改虚拟内存

13.2.4 修改 winrac1 和 winrac2 的 hosts 文件

RAC 需要域名解析服务，通过修改 winrac1 和 winrac2 服务器上的 hosts 文件增加域名解析服务，其文件位置为 "C:\WINDOWS\System32\drivers\etc\"，打开 hosts 文件，在各自文件里追加以下信息：

```
#公共 pub
10.134.196.157    winrac1
10.134.196.159    winrac2
#虚拟 vip
10.134.196.161    winrac1-vip
10.134.196.163    winrac2-vip
#私有 pri
100.100.100.101   winrac1-pri
100.100.100.102   winrac2-pri
#scan
10.134.196.165    scan-cluster
```

13.2.5 修改注册表，禁用媒体感知功能

因为在网络调试时，Windows 的"媒体感知"功能会检测出本机和局域网设备没有正常连通，接着可能会禁用捆绑在网卡上的某些网络协议，其中就包括 TCP/IP 协议。由于 TCP/IP 协议被禁用了，这样该 TCP/IP 应用程序就无法进行调试了（该设置重启生效）。

在注册表中依次选择 regedit→HKEY_local_MACHINE→SYSTEM→CurrentControlSet→Services→Tcpip→Parameters→新建一个 dword 值，命名为 DisableDHCPMediaSense

值为 1，如图 13-6 和图 13-7 所示。

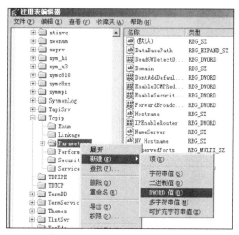

图 13-6　Oracle 11g R2 RAC 集群部署-更改注册表（一）

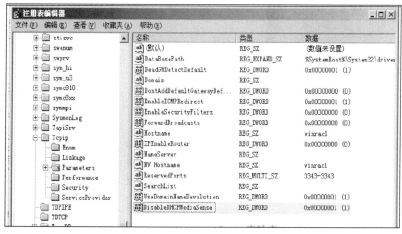

图 13-7　Oracle 11g R2 RAC 集群部署-更改注册表（二）

上述讲解了 RAC 总体规划中的服务器规划，下面讲解 RAC 总体规划中的网络规划。

13.3　网络规划

在实施完服务器规划方案后，就是网络规划方案的实施，实施内容包括"修改网卡名（两个节点都设置）""修改网卡优先级并配置 IP""测试两点的连通性"等，具体讲解如下。

13.3.1　修改网卡名（两个节点都设置）

按照 RAC 网络规划对两个节点或更多节点上的网卡名称要一致统一配置的要求，将两个节点的网卡名称进行一致性配置，即将两个节点上的 public ip（公共 IP）和 private ip（私有 IP）对应的操作系统网卡名称进行统一，public ip（公共 IP）的网卡名统一为 pub，private ip（私有 IP）的网卡名统一为 pri，若不统一将导致 rac 软件无法成功安装，具体操作如下。

依次选择"开始→网络→网络和共享中心→更改适配器设置→本地连接→重命名"，如图 13-8 所示。将本地连接重命名为 pub（作为公共网卡），同样本地连接 2 重命名为 pri（作为 Oracle 的内部通信）。

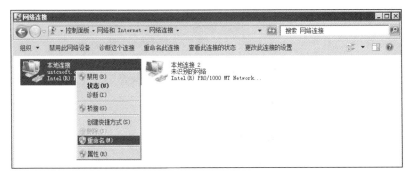

图 13-8　修改网卡名称

13.3.2　修改网卡优先级并配置 IP

按照 RAC 网络规划中对网卡优先级设置的规定，公用网卡（网卡名称为 pub 的）优先级高，私有网卡（网卡名称为 pri 的）优先级低。不这样设置的后果是在安装 CRS（集群软件 Grid）时出现的网络连接，可能私有地址和公有地址颠倒，这是不被允许的，具体操作如下。

1. 修改网卡优先级

通过"网络和共享中心→更改适配器设置→组织选择到布局菜单栏→高级→高级设置"，将 pub 的优先级设置高于 pri，如图 13-9 所示。

2. 配置 IP 地址

在将网卡优先级设定好后，开始配置两个节点的 IP 地址。下列两个节点上的 IP 地址都是事先规划好的，照此设置即可。

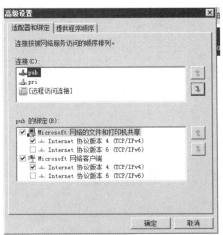

图 13-9　设置网卡的优先级

（1）节点 winrac1

```
pub: IP: 10.134.196.157
     netmask: 255.255.252.0
```

```
    gateway: 10.134.196.1
    DNS: 10.134.196.157
pri: IP: 100.100.100.101
    netmask: 255.255.255.0
```

（2）节点 winrac2

```
pub: IP: 10.134.196.159
    netmask: 255.255.252.0
    gateway: 10.134.196.1
    DNS: 10.134.196.157
pri: IP: 100.100.100.102
    netmask: 255.255.255.0
```

13.3.3 测试两点的连通性

两台主机 winrac1 和 winrac2 互相 ping 公共主机名（网卡名称为 pub 的）和专用节点名（网卡名称为 pri 的），看是否 ping 通，注意这时的 VIP 和 SCAN 是 ping 不通的，具体操作如下。

在 winrac1 上的 DOS 命令窗口中发出以下命令，查看主机名称。

```
C:\Users\Gancc>hostname
```

信息输出如下：

```
winrac1
```

winrac1 为本机的计算机名称。然后再发出以下命令，ping 节点 2 上的公共主机 winrac2（网卡名称为 pub 的）。

```
C:\Users\Gancc>ping winrac2
```

信息输出如下：

```
正在 Ping winrac2 [10.134.196.159] 具有 32 字节的数据:
来自 10.134.196.159 的回复: 字节=32 时间<1ms TTL=128
来自 10.134.196.159 的回复: 字节=32 时间<1ms TTL=128
来自 10.134.196.159 的回复: 字节=32 时间<1ms TTL=128
来自 10.134.196.159 的回复: 字节=32 时间<1ms TTL=128
10.134.196.159 的 Ping 统计信息:
    数据包: 已发送 = 4，已接收 = 4，丢失 = 0 (0% 丢失)，
往返行程的估计时间(以毫秒为单位):
    最短 = 0ms，最长 = 0ms，平均 = 0ms
```

如果有上述类似信息输出，说明节点 1 ping 通了节点 2 的公共网卡（网卡名称为 pub）。然后再 ping 一下节点 2 的私有网卡（网卡名称为 pri 的），发出以下命令。

```
C:\Users\Gancc>ping winrac2-pri
```

信息输出如下：

```
正在 Ping winrac2-pri [100.100.100.102] 具有 32 字节的数据：
来自 100.100.100.102 的回复：字节=32 时间<1ms TTL=128
来自 100.100.100.102 的回复：字节=32 时间<1ms TTL=128
来自 100.100.100.102 的回复：字节=32 时间<1ms TTL=128
来自 100.100.100.102 的回复：字节=32 时间<1ms TTL=128
100.100.100.102 的 Ping 统计信息：
数据包：已发送 = 4，已接收 = 4，丢失 = 0 (0% 丢失)，
往返行程的估计时间(以毫秒为单位)：
最短 = 0ms，最长 = 0ms，平均 = 0ms
```

如果有上述类似信息输出，说明 ping 通了节点 2（winrac2）的私有网卡。同样在 winrac2 上 ping winrac1 的公共网卡和私有网卡，看是否 ping 通。

13.4 存储规划

在上节讲述了 RAC 的网络规划，至此 RAC 部署只完成任务的一半。下面讲述 RAC 的存储规划，主要内容包括"规划磁盘阵列"和"共享安装目录 DB(F:)和 C 盘"。

13.4.1 规划磁盘阵列

Oracle 11g R2 RAC 集群部署——存储规划如表 13-7 所示。

表 13-7　Oracle 11g R2 RAC 集群部署——存储规划

Logical driver	LUN （Logical Unit Number 逻辑单元号）	SIZE (G)	服务器磁盘管理	作　　用
ASM1	0	10	磁盘 1	OCR，表决磁盘 vote ASM，ASM 磁盘组名为 CRS
ASM2	1	10	磁盘 2	
ASM3	2	10	磁盘 3	
ASM4	3	10	磁盘 4	
oradata1	4	60	磁盘 5	data 数据库共享存储区，ASM 磁盘组名为 DATA
oradata2	5	60	磁盘 6	
oradata3	6	60	磁盘 7	
oradata4	7	60	磁盘 8	
orafra1	8	60	磁盘 9	闪回配置区，ASM 磁盘组名为 FRA
orafra2	9	60	磁盘 10	
orafra3	10	60	磁盘 11	
orafra4	11	60	磁盘 12	
winrac1	12	100	磁盘 13	服务器 winrac1 上的 DB(F:)
winrac2	13	100	磁盘 14	服务器 winrac2 上的 DB(F:)

表 13-7 说明了 11g R2 集群部署的存储规划设计方案，LUN 号 0~3（磁盘 1~4）构成一个 ASM 磁盘组，磁盘组名称为 CRS，被用于存储 OCR（oracle cluster register oracle 集群注册表）及 VOTEDISK（表决磁盘）；LUN 号 4~7（磁盘 5~8）构成一个磁盘组，组名为 DATA，被用于存放数据库数据；LUN 号 8~11（磁盘 9~12）构成一个磁盘组，组名为 FRA，被用于闪回；LUN 号 12（磁盘 13）被用于 WINRAC1（节点 1）上安装数据库实例 1；LUN 号 13（磁盘 14）被用于 WINRAC2（节点 2）上安装数据库实例 2。下面具体讲述实施存储规划方案的操作过程。

首先重新扫描磁盘，将磁盘 1~12 都联机，单击磁盘属性，确认磁盘 1~12 的 LUN 号码与磁盘阵列上的 Logical driver 对应，以免在创建 ASM 磁盘组时造成混乱，如图 13-10 所示。

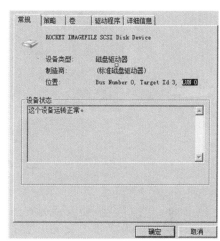

图 13-10　查看磁盘属性

然后，打开磁盘管理→重新扫描磁盘→联机并初始化→新建简单卷→分配大小→不分配盘符→不格式化磁盘→确定，建立一个无盘符无格式化的磁盘。

重复上述操作，把磁盘 1~12 变成无盘符无格式化的磁盘。

13.4.2　共享安装目录 DB(F:)和 C 盘

因为 grid 和 Oracle 在执行远程复制时，要有 winrac2 的 gancc 用户权限去开启服务和写注册表。winrac2（节点 2）上的 C 盘不共享会导致 grid 的网格基础结构配置失败。

关于磁盘共享的操作，请参阅 Windows。值得注意的是，要将"gancc"用户添加进去并赋予其"完全控制"、"更改"及"读取" C 盘的权限，然后重启机器。

在两个节点重新扫描磁盘，确保磁盘 1~12 和分区在节点 1 和 2 上可见，并确保任何一个 Oracle 分区均未分配驱动器号，如果出现驱动器号，删除驱动器号。注意，虚拟内存(G:)和 Oracle 安装目录 DB(F:)驱动器号不要删。

在节点 2（此时节点 1 务必关机）上 DOS 命令窗口中执行"diskpart"命令，在"DISKPART>"下执行"automount enable"命令，最后执行"exit"退出。这样，在节点 2 上就 Enable Automounting（激活自动装载），如图 13-11 所示。

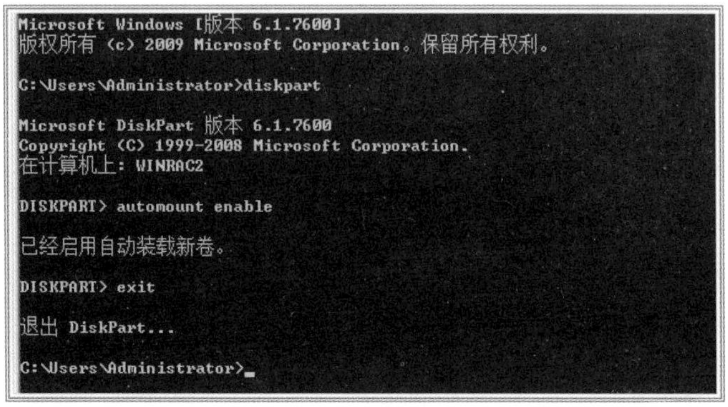

图 13-11　磁盘分区

在节点 2（此时节点 1 务必关机）上 DOS 命令窗口中执行"diskpart"命令，在"DISKPART>"下执行"automount enable"命令，最后执行"exit"退出。这样，在节点 2 上就 Enable Automounting（激活自动装载）。

至此，服务器规划、网络规划和存储规划讲述完毕，接下来进入安装实施阶段，在这个阶段主要的工作项目是安装 grid 软件和数据库。

13.5　安装 Grid 软件前的设置和检查

在安装 Grid 软件前需要进行必要的检查，首先要将服务器时间同步，然后检测节点之间能否相互访问共享，最后检查 Grid 安装是否符合条件等，下面分别进行讲述。

13.5.1　服务器时间同步

为了使节点 1 和 2 两台服务器的时间服务随机器的启动而自动启动，必须将时间服务设置为自动启动。查看两台服务器的 Server、Workstation、Windows Time 三项服务，将它们设置为自动启动，然后在各自的 DOS 窗口中运行下面的命令。

在节点 1 即 winrac1 上 DOS 命令窗口中运行命令：

```
shell>net time \\winrac1        (查看 winrac1 的当前时间)              [000549]
```

在节点 2 即 winrac2 上 DOS 命令窗口中运行命令：

```
shell>net time \\winrac1 /set   (设置 winrac2 时间同步 winrac1)        [000550]
```

在节点 1 和 2 执行了各自的命令后，两个节点时间同步。

13.5.2　检测节点之间能否相互访问共享

为了确保节点 1 和 2 两台服务器之间能够相互访问共享，需要检测一下，在各自的 DOS 命令窗口中执行如下命令。

在节点 1 即 winrac1 上的 DOS 命令窗口中运行：

```
shell>net use \\winrac2\C$
shell>net use \\winrac2\F$                                          [000551]
```

在节点 2 即 winrac2 上的 DOS 命令窗口中运行：

```
shell>net use \\winrac1\C$
shell>net use \\winrac1\F$                                          [000552]
```

13.5.3 检查 Grid 安装是否符合条件

所有的环境设置好了，使用 Grid 软件包中的 cluvfy 工具检查安装是否符合条件。

要求在节点 1 即 winrac1 服务器主机上的 DOS 命令窗口中运行"runcluvfy.bat comp nodecon –n winrac1,winrac2 –verbose"命令，进行 grid 安装前的检查。

等结果出来，看条件是否都满足 RAC 的要求，如果有不符合要求的地方，则进行相应的调整。关于 VIP 的信息是一定不会通过，这个不用理会。

```
C:\database\grid>runcluvfy.bat comp nodecon -n winrac1,winrac2 -verbose
                                                                    [000553]
```

上面的命令执行后会输出如下结果：

```
正在检查节点的连接性...
节点 "winrac2" 的接口信息
 名称             IP 地址           子网
 ------  ----------------  ----------------  ----------------
 pub     10.134.196.159    10.134.196.0
 pri     100.100.100.102   100.100.100.0
节点 "winrac1" 的接口信息
 名称             IP 地址           子网
----------------  ----------------  ----------------
 pub              10.134.196.157    10.134.196.0
 pri              100.100.100.101   100.100.100.0
检查: 子网 "10.134.196.1" 的节点连接性
  源                        目标                   是否已连接?
  ----------------------   --------------------   --------------
  winrac2:pub              winrac1:pub            是
结果:含有节点 winrac2,winrac1 的子网 "10.134.196.1" 的节点连接性检查已通过
检查: 子网 "10.134.196.1" 的 TCP 连接性
  源                           目标                  是否已连接?
  --------------------------   -------------------   --------------
  winrac1:10.134.196.157       winrac2:10.134.196.159    通过
结果:子网 "10.134.196.1" 的 TCP 连接性检查通过
检查: 子网 "192.168.123.0" 的节点连接性
  源                           目标                  是否已连接?
  ----------------------------   -------------   --------------
  winrac2:pri                   winrac1:pri         是
```

结果:含有节点 winrac2,winrac1 的子网 "192.168.123.0" 的节点连接性检查已通过

检查: 子网 "192.168.123.0" 的 TCP 连接性
   源   目标   是否已连接?
------------------------   ----------------------   --------------
winrac1:100.100.100.101   winrac2:100.100.100.102 通过
结果:子网 "192.168.123.0" 的 TCP 连接性检查通过

在子网 "10.134.196.1" 上找到的很可能是用于专用互连的候选接口的接口为:
winrac2 pub:10.134.196.159
winrac1 pub:10.134.196.157
在子网 "192.168.123.0" 上找到的很可能是用于专用互连的候选接口的接口为:
winrac2 pri:100.100.100.102
winrac1 pri:100.100.100.101
WARNING:
找不到用于 VIP 的合适接口集
结果:节点的连接性检查已通过
节点连接性 的验证成功。

C:\database\grid>runcluvfy.bat stage -pre crsinst -n winrac1,winrac2 -verbose
执行 集群服务设置 的预检查
正在检查节点的可访问性...
检查: 节点 "winrac1" 的节点可访问性
   目标节点   是否可访问?
------------------------ ------------------------
  winrac2   是
  winrac1   是
结果:节点 "winrac1" 的节点可访问性检查已通过

正在检查等同用户...
检查: 用户 "Gancc" 的等同用户
   节点名   注释
------------------------------ ------------------------
  winrac2   通过
  winrac1   通过
结果:用户 "Gancc" 的等同用户检查已通过

正在检查节点的连接性...
节点 "winrac2" 的接口信息
 名称   IP 地址   子网
 ------   ---------------   ---------------
 pub   10.134.196.159   10.134.196.1
 pri   100.100.100.102   192.168.123.0
节点 "winrac1" 的接口信息
 名称   IP 地址   子网
 ------   ---------------   ---------------
 pub   10.134.196.157   10.134.196.1

```
  pri          100.100.100.101      192.168.123.0
检查: 子网 "10.134.196.1" 的节点连接性
    源                         目标                     是否已连接?
    ----------------------    ----------------        --------------
   winrac2:pub                winrac1:pub                  是
结果:含有节点 winrac2,winrac1 的子网 "10.134.196.1" 的节点连接性检查已通过
检查: 子网 "10.134.196.1" 的 TCP 连接性
    源                         目标                     是否已连接?
    ----------------------    ----------------------  --------------
   winrac1:10.134.196.157     winrac2:10.134.196.159       通过
结果:子网 "10.134.196.1" 的 TCP 连接性检查通过
检查: 子网 "192.168.123.0" 的节点连接性
    源                         目标                     是否已连接?
    ----------------------    ----------------        ---------------
   winrac2:pri                winrac1:pri                   是
结果:含有节点 winrac2,winrac1 的子网 "192.168.123.0" 的节点连接性检查已通过
检查: 子网 "192.168.123.0" 的 TCP 连接性
    源                         目标                     是否已连接?
    ----------------------    -------------------------  ---------------
   winrac1:100.100.100.101    winrac2:100.100.100.102       通过
结果:子网 "192.168.123.0" 的 TCP 连接性检查通过
在子网 "10.134.196.1" 上找到的很可能是用于专用互连的候选接口的接口为:
winrac2 pub:10.134.196.159
winrac1 pub:10.134.196.157
在子网 "192.168.123.0" 上找到的很可能是用于专用互连的候选接口的接口为:
winrac2 pri:100.100.100.102
winrac1 pri:100.100.100.101
WARNING:
找不到用于 VIP 的合适接口集

结果:节点的连接性检查已通过
检查: 内存总量
   节点名          可用                          必需                      注释
   ------------  -------------------          ------------------------  ---------
   winrac2     15.9847GB (1.67612E7KB)        1.3672GB (1433600.0KB)      通过
   winrac1     15.9847GB (1.67612E7KB)        1.3672GB (1433600.0KB)      通过
结果:内存总量 检查已通过

检查: 可用内存
   节点名          可用                          必需                      注释
   ------------  -------------------          ---------------------     ---------
   winrac2     14.8266GB (1.554678E7KB)       50MB (51200.0KB)            通过
   winrac1     14.7206GB (1.5435688E7KB)      50MB (51200.0KB)            通过
结果:可用内存 检查已通过

检查: 交换空间
   节点名          可用                          必需                      注释
   ------------  -------------------          ---------------------     ---------
```

```
    winrac2    63.9676GB (6.7074936E7KB)    15.9847GB (1.67612E7KB)         通过
    winrac1    63.9676GB (6.7074936E7KB)    15.9847GB (1.67612E7KB)         通过
结果:交换空间 检查已通过

检查: "winrac2:C:\Users\ADMINI~1\AppData\Local\Temp\1\" 的 空闲磁盘空间
   路径                              节点名  装载点  可用         必需   注释
   --------                          ------  ------  ----         ----   ----
   C:\Users\ADMINI~1\AppData\Local\Temp\1\  winrac2  C      75.7634GB    1GB
通过
结果:"winrac2:C:\Users\ADMINI~1\AppData\Local\Temp\1\" 的 空闲磁盘空间 检
查已通过

检查: "winrac1:C:\Users\ADMINI~1\AppData\Local\Temp\1\" 的 空闲磁盘空间
   路径                              节点名  装载点  可用         必需   注释
   ------------------------------    ------  -----   -------      -----  -----
   C:\Users\ADMINI~1\AppData\Local\Temp\1\   winrac1  C      75.7634GB    1GB
通过
结果:"winrac1:C:\Users\ADMINI~1\AppData\Local\Temp\1\" 的 空闲磁盘空间 检
查已通过

检查:系统体系结构。
   节点名         可用                            必需              注释
   ------------   ------------------------        ------------      ------------
   winrac2        64-bit                          64-bit            通过
   winrac1        64-bit                          64-bit            通过
结果:系统体系结构 检查已通过

Checking length of value of environment variable "PATH"
Check: Length of value of environment variable "PATH"
   节点名        Set?   Maximum Length          Actual Length     注释
   ------------  ----   ------------------      --------------    -------
   winrac2       是     1023                    100               通过
   winrac1       是     1023                    184               通过
结果:Check for length of value of environment variable "PATH" passed.
集群服务设置的预检查成功。
```

上述结果说明检查通过。

在将上述的各项规划(服务器、网络及存储)的计划实施方案完成后并进行 Grid 软件安装前的检查且通过后,为后续软件的安装奠定了基础,接下来的任务就是 Grid 和数据库软件的安装。

13.6 Grid 及数据库软件的安装

本节讲述 Grid 及数据库软件的具体安装过程,包括安装 win64 grid 11.2.0.4.0 集群管理软件的安装、Clusterware 安装校验(检查 CRS 资源状态)、安装 DATABASE 软件、创建 ASM 磁盘组及 DBCA 建立数据库。

13.6.1 安装 win64 grid 11.2.0.4.0 集群管理软件

安装 win64 grid 11.2.0.4.0 集群管理软件的具体操作步骤如下：

（1）打开 grid 目录，以管理员身份运行 setup.exe，进入 grid 安装程序，如图 13-12 所示。

（2）选中"安装和配置集群的网格基础结构"单选按钮，单击"下一步"按钮，如图 13-13 所示。

注：在这里必须选择此项，因为本实验做的是集群而不是独立以及其他。

图 13-12　启动 Grid 安装程序　　　　　图 13-13　选择安装选项

（3）在弹出的窗口中选中"高级安装"单选按钮，然后单击"下一步"按钮，如图 13-14 所示。

注：在这里必须选择此项而不是"典型"安装，因为后续安装需要在这里选择此项设置。

（4）在弹出的窗口中选择语言为简体中文安装，单击"下一步"按钮，如图 13-15 所示。

图 13-14　选择安装类型　　　　　　　图 13-15　选择语言

（5）在弹出的窗口中设置集群名称为：cluster，SCAN 名称：cluster，SCAN 端口：

1521。然后单击"下一步"按钮,验证 scan 信息,如图 13-16 所示。

注:这里 scan 的名称要和 C:\WINDOWS\System\driver\etc\hosts 文件中的 scan 名称务必一致,不勾选"配置 GNS"复选框,因为 GNS 需要 DHCP 服务器配合,本次部署是静态的,没有 DHCP 服务器。

(6)在图 13-16 中只能看到当前节点的信息,单击"添加"按钮,添加另一个节点 winrac2 的信息。

主机名:rac2,虚拟 IP 名称:rac2-vip,单击确定,如图 13-17 所示 。

图 13-16　设置集群名、SCAN 名称及 SCAN 关口　　　图 13-17　运行集群管理软件 Grid

注:在这里必须将 winrac2 的信息添加进来,否则安装将不能顺利进行下去。

(7)确认网卡的接口类型是否正确对应,如图 13-18 所示,然后单击"下一步"按钮。

注:在这里必须检查网卡接口类型是否和规划设计一致,不一致要调成一致。当初的规划设计是 PUB 为公共,pri 为私有。

(8)在图 13-19 中选中"自动存储管理(ASM)"单选按钮,然后单击"下一步"按钮。

图 13-18　网卡接口类型确认　　　　　　　　图 13-19　选择存储模式

注：在这里必须选择"自动存储管理（ASM）"，因为当初规划就是这么设计的。

（9）在图 13-20 中添加磁盘，如果没有磁盘信息，通过"标记磁盘"去标记，有磁盘信息则选择相应的磁盘。本次设置如下：

- 磁盘组名：CRS；
- 冗余：外部；
- 添加下列磁盘。

```
ASM link name           Device                          Size（MB）
-------------           ---------------------------     ----------
ORCLDISKASM0            \\Device\Harddisk1\Partition1   10237
ORCLDISKASM1            \\Device\Harddisk2\Partition1   10237
ORCLDISKASM2            \\Device\Harddisk3\Partition1   10237
ORCLDISKASM3            \\Device\Harddisk4\Partition1   10237
```

然后单击"下一步"按钮。

（10）在图 13-21 中对 SYS 和 ASMSNMP 账户使用统一口令便于管理，并且密码不能忘记，后面创建库时也要改密码。口令：TJGDDwzk660601，单击"下一步"按钮。

图 13-20　添加磁盘

图 13-21　设置 SYS 和 ASMSNMP 账户口令

（11）在图 13-22 的"故障隔离支持"中选中"不使用智能平台管理接口"单选按钮，单击"下一步"按钮。

注：在这里选择"不使用智能平台管理接口"。如果选择使用"智能平台管理接口"，则必须有相关软件的支持，当初的规划设计里没有包含 IMPL，这里没有安装 IPML 相关软件。

（12）在图 13-23 中指定安装路径，将软件安装在 DB(C:)上。Oracle 基目录：C:\app\Administrator；软件位置：C:\app\11.2.0\grid，然后单击"下一步"按钮。

注：这里的"Administrator"是操作系统的管理账户且必须以"Administrator"用户

登录操作系统。如果建立了其他的用户且分配操作系统管理权限并以之登录，则 Oracle 基目录应为 app\操作系统登录用户名。例如，在赋予 gancc 用户操作系统管理权限后登录操作系统，则 Oracle 基目录为 app\gancc。这里要严格按照这个规则走，否则有可能导致安装失败。"软件位置"可以自定义，没有要求。

图 13-22　设置故障隔离支持

图 13-23　指定安装路径

（13）在图 13-24 和图 13-25 中进行先决条件检查，检查完毕给出一个检查概要。

注：这是安装必经的过程。

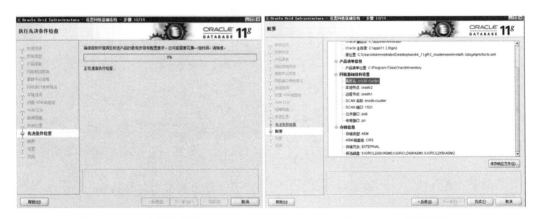

图 13-24　先决条件检查　　　　　图 13-25　安装概要

（14）在图 13-25 中单击"完成"按钮，即可开始安装 Grid，直至安装结束，如图 13-26～图 13-28 所示。

注：在开始安装 Grid 过程中，正常用时大概为 45 分钟，如果不能出现图 14-24 的界面或卡在图 14-25 中的"网络基础结构配置"选项上，意味着 Grid 软件安装失败。安装失败原因很多，按照笔者的经验大部分问题出在 ASM 磁盘上，也存在内存不足及防火墙

未关的原因,具体情况要具体分析。此时可以看一下安装日志,看日志中怎么说,然后定位原因。

这里笔者所碰到的问题是节点 1 和节点 2 在 MOUNT CRS 磁盘时出现了顺序颠倒,CRS 磁盘应先在节点 2 上 MOUNT,然后在节点 1 上 MOUNT,经过手动处理后 Grid 成功安装。由于篇幅的限制,这个问题的详细处置过程就不细讲了。

 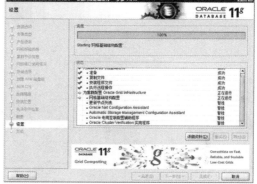

图 13-26　为集群安装网络基础结构(一)　　图 13-27　为集群安装网络基础结构(二)

图 13-28　安装 Grid 完成

13.6.2　Clusterware 安装校验(检查 CRS 资源状态)

在 Grid 安装完成后,重启节点 1 和节点 2 机器,然后检查集群都启动了哪些服务或者称为资源。这是必须查看的信息以确认 Clusterware(集群软件)是否正常工作,如果下面的这个命令被正常执行且列出了图 13-29 中的这些服务(资源),说明 Grid 一切正常。

在节点 1 的 DOS 命令窗口中发出下面的命令:

shell>crs_stat -t -v

注：

Crs_stat 命令用于查看查询当前 rac 各节点下的 asm 实例，监听器，global service daemon（全局服务后台程序），oracle notification server（oracle 通知服务器），vip（虚拟 IP），数据库实例是否正常；换句话说，也可用于查看 CRS 维护的所有资源的运行状态，如果不带任何参数时，显示所有资源的概要信息。每个资源属性包括名称、类型、目标、状态以及主机等信息。

运行结果如图 13-29 所示。

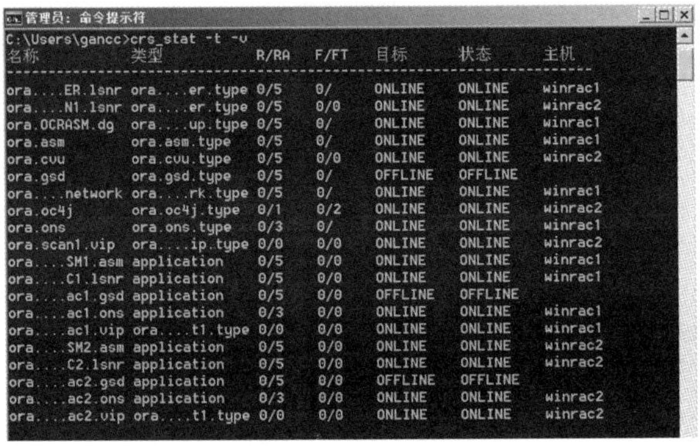

图 13-29 查看集群服务

注：

在图 13-29 中，"crs_stat –t"命令输出结果中资源扩展名（.xxx）的含义介绍。

- .gsd：是指 GSD（Global Services Daemon），全局服务守护进程（GSD）在每个节点上运行，每个节点有一个 GSD 进程。GSD 与集群管理器协调，接收来自客户机（如 DBCA、EM）和 SRVCTL 实用程序的请求，以执行管理作业任务（如实例启动或关闭）。GSD 不是 Oracle 实例后台进程，因此不是用 Oracle 实例启动的。
- .ons：是指 ONS(Oracle Notification Service)，通信的快速应用通知(Fast Application Notification，FAN）事件的发布及订阅服务。
- .vip：是指 RAC 的虚拟 IP 地址，用于进行地址漂移的。
- .db：是指在 RAC 环境中建立的数据库。
- .inst：是指数据库实例。
- .lsnr：是指监听。
- .srv：是指在数据库上建立的"service"。
- .asm：是指 ASM。

13.6.3　安装 DATABASE 软件

安装 DATABASE 软件（版本：WIN64 Oracle 11g R2 11.2.0.4.0）和建立数据库都是以

gancc 用户去执行，本次先安装 DATABASE 软件，再通过 dbca 命令去建库，当然也可以一次性安装，分开安装可以更好地了解 Oracle 的架构，具体安装步骤如下：

（1）以管理员身份运行 setup.exe，如图 13-30 所示。

（2）不接受更新，单击"下一步"按钮，如图 13-31 所示。

图 13-30 启动安装程序

图 13-31 跳过更新

（3）在"选择安装选项"中选中"仅安装数据库软件"单选按钮，如图 13-32 所示。

注：这里必须选择此项，这是要求。"创建和配置数据库"是单例模式下的数据库安装，与 RAC 无关。

（4）在"网格安装选项"中选中"Drade Real Application Cluster 数据库安装"单选按钮，并将两个节点都选上，如图 13-33 所示。

注：这里必须选择此项，这是要求。"单实例数据库安装"是安装单例模式的数据库，与 RAC 无关。

图 13-32 选择"仅安装数据库软件"

图 13-33 选择"Drade Real Application Cluster 数据库安装"

（5）在"选择产品语言"中选择"简体中文"选项，如图 13-34 所示。

（6）在"选择数据库版本"中选中"企业版"单选按钮，组件都安装，如图 13-35 所示。

图 13-34 选择语言

图 13-35 选择企业版

（7）选择安装位置，Oracle 基目录：E:\app\gancc；软件位置：E:\app\gancc\product\11.2.0\dbhome_1，如图 13-36 所示。

（8）先决条件检查，Oracle 会通过自身去检查当前环境，检查过后会给出概要，如图 13-37 和图 13-38 所示。

图 13-36 选择安装位置

图 13-37 先决条件检查

图 13-38 安装概要

(9)安装 Database 数据库软件,如图 13-39 所示。

(10)在远程节点 winrac2 的 E:\app\gancc\product\11.2.0\dbhome_1\bin 文件夹找到 selecthome.bat 这个批处理文件,双击执行它激活产品,如图 13-40 所示。

图 13-39　开始安装

图 13-40　激活产品

(11)单击"关闭"按钮,至此 Oracle 数据库软件安装完成。

13.6.4　创建 ASM 磁盘组

通过 ASMCA(ASM 助手命令,图形界面)命令建立 ASM 磁盘组来存储 Oracle 数据库和恢复区,具体操作步骤如下:

(1)通过 Windows 的"RUN…"命令启动 ASMCA 图形界面,如图 13-41 所示。

(2)进入创建页面后选择"磁盘组"选项卡,可以看到之前安装 Grid 时建立的 CRS 磁盘组,单击"创建"按钮,如图 13-42 所示。

图 13-41　启动 ASMCA 图形界面

图 13-42　主界面

(3)弹出"创建磁盘组"对话框,给新创建的磁盘组命名,在"冗余"选中"外部"

单选按钮，如果没有符合的磁盘，单击"在磁盘上加戳记"去添加，如图 13-43 和图 13-44 所示。

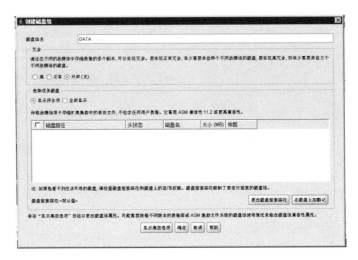

图 13-43　创建界面

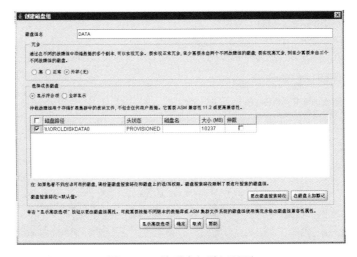

图 13-44　给磁盘加戳记界面

（4）选择标记的磁盘。

在下列磁盘中选择。

```
ASM link name            Device                          Size（MB）
-------------            -------------------------       ----------
ORCLDISKDATA0            \\Device\Harddisk 5 \Partition1    61440
ORCLDISKDATA1            \\Device\Harddisk 6 \Partition1    61440
ORCLDISKDATA2            \\Device\Harddisk 7 \Partition1    61440
ORCLDISKDATA3            \\Device\Harddisk 8 \Partition1    61440
```

单击"确定"按钮，ASMCA 去创建磁盘组 DATA，如图 13-45 所示。

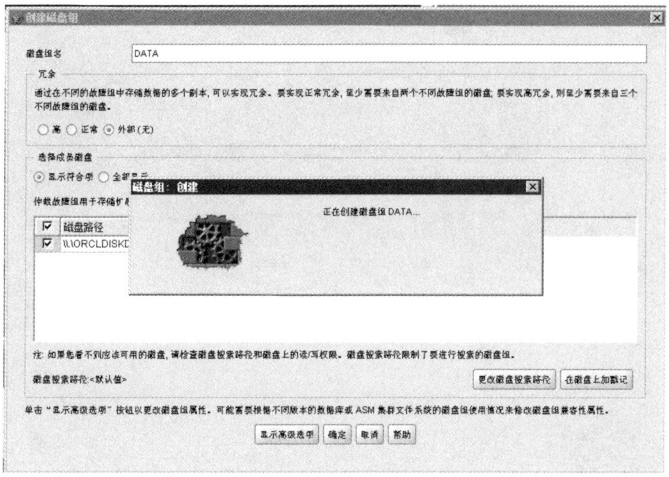

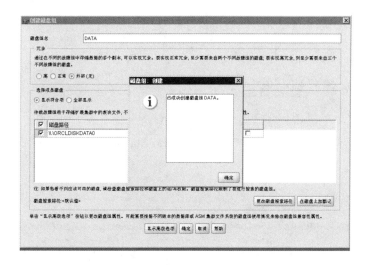

图 13-45　创建磁盘组

（5）提示 DATA 磁盘组创建成功，如图 13-46 所示。

图 13-46　提示创建成功

（6）同样按照 DATA 的创建方法创建磁盘组 FRA 作为恢复区。
- 磁盘选磁盘 9～12。
- 磁盘组名：FRA。
- 冗余：外部。
- 添加磁盘。

如图 13-47 所示。

```
ASM link name              Device                              Size(MB)
-------------              ------                              --------
ORCLDISKFRA0               \\Device\Harddisk9\Partition1        61440
ORCLDISKFRA1               \\Device\Harddisk10\Partition1       61440
ORCLDISKFRA2               \\Device\Harddisk11\Partition1       61440
ORCLDISKFRA3               \\Device\Harddisk12\Partition1       61440
```

图 13-47　创建 FRA 恢复区

（7）确认所创建的磁盘组状态是否已挂载（MOUNTED），确认后退出 ASM 磁盘组创建程序。

13.6.5　DBCA 建立数据库

通过 DBCA 命令建立 RAC 数据库，具体操作步骤如下：

（1）进入数据库安装程序，选中"Oracle Real Application Clusters 数据库"、"创建数据库"单选按钮，如图 13-48 和图 13-49 所示，单击"下一步"按钮。

注：这里必须选择第一项。

图 13-48　选择安装类型

图 13-49　选择创建数据库

（2）在"数据库模板"中选中"一般用途或事务处理"单选按钮，如图 13-50 所示。

注：这里选择"一般用途或事务处理"，即 OLTP 型数据库。现实中，大多应用都属 OLTP 型，因此这里选取该型。

（3）在数据库标识页面，设置如下。
- 配置类型：管理员管理的。
- 全局数据库名：gancc.winrac.com。
- SID 前缀：gancc。
- 将所有节点选中。

注：这里的全局数据库名，建议本节的格式，也是 Oracle 要求的格式。节点务必全选，这个地方要特别注意，节点不能漏选。否则数据库实例只会安装在本台机器上，其他节点不会被安装。

如图 13-51 所示。

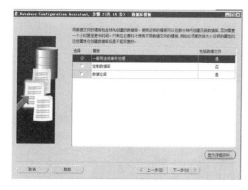　　　　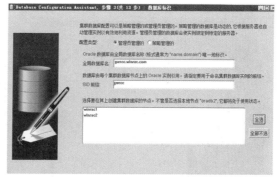

图 13-50　选择一般用途或事务处理　　　图 13-51　设置数据库标识

（4）在"管理选项"页面中，勾选"配置 Enterprise Manager"复选框，在建库之后可以借助企业管理器通过浏览器管理数据库，如图 13-52 所示。

注：这里建议选择"配置 Enterprise Manager"，这样就可以使用浏览器打开管理控制台。

（5）数据库身份证明界面，对所有账户使用统一管理口令便于记忆和管理。口令：TJGDDwzk660601，如图 13-53 所示。

注：这里建议对所有账户使用统一管理口令，便于记忆和管理。

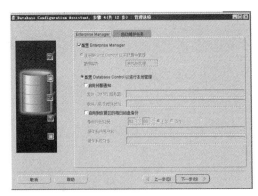
图 13-52　勾选"配置 Enterprise Manager"

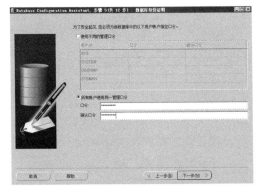
图 13-53　统一管理口令

（6）进入数据库文件存储路径设置，存储类型 ASM 自动存储管理，文件存储位置为之前创建的磁盘组 DATA 外部冗余，如图 13-54 所示，单击"下一步"按钮，在弹出的对话框中输入 ASM 管理的用户密码 TJGDDwzk660601，如图 13-55 所示。

注：这里存储类型务必选择"自动存储管理（ASM）"，磁盘组选取"+DATA"，这是事先已经做好的。

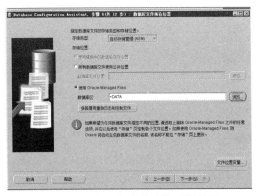
图 13-54　数据库文件存储路径设置

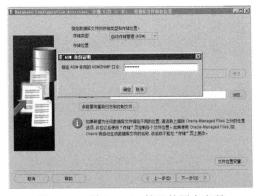
图 13-55　输入 ASM 管理的用户密码

（7）在"选择数据库的恢复选项"中勾选"指定快速恢复区"复选框，设置归档，快速恢复区位置和大小如下。

- 快速恢复区：+FRA（之前创建的冗余，通过单击"浏览"按钮去选择）。
- 快速恢复区大小：8G。
- 勾选"启用归档"复选框。

注：快速恢复区的大小在这里可以调整，8G 足够了，采取默认设置，其他按说明操作。

如图 13-56 所示。

（8）勾选"示例方案"复选框，单击"下一步"按钮，如图 13-57 所示。

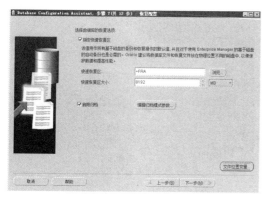
图 13-56　设置快速恢复及启用归档

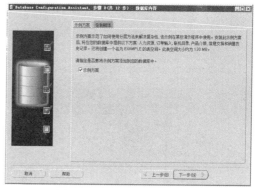
图 13-57　勾选"示例方案"

（9）在"初始化参数"页面中，内存选择"典型"，SGA 和 PGA 为 8G 左右，勾选"使用自动内存管理"复选框。字符设置选择简体中文，如图 13-58 和图 13-59 所示。

注：关于内存管理模式，这里勾选"使用自动内存管理"，一般情况都这么做。后期还可以调整管理模式。

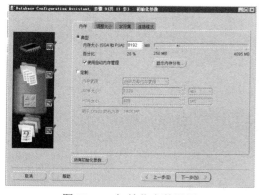
图 13-58　初始化参数设置

图 13-59　设置字符集

（10）数据库存储配置，以指定用于创建数据库的存储参数。这里的数据文件，控制文件和重做日志都默认，如图 13-60 所示。

（11）勾选"创建数据库"复选框，如图 13-61 所示，单击"完成"按钮进入创建数据库过程，如图 13-62 所示。

（12）创建数据库完成后，安装程序（dbca）会给出下列提示信息。

- 数据库的全局名称：gancc.winrac.com
- 标识符 SID：gancc
- 管理控制台网址：https://winrac2:1158/em
- 服务器参数文件名:+DATA/erp/spfileerp.ora

至此，Windows Server 2008 R2 上创建数据库集群成功。

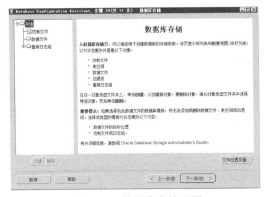 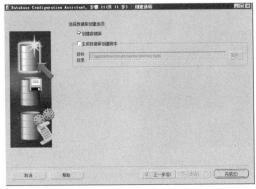

图 13-60　数据库存储配置　　　　　图 13-61　勾选"创建数据库"

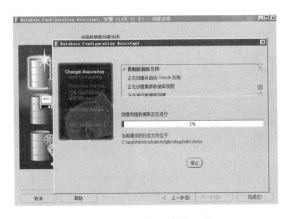

图 13-62　开始创建数据库

注：原始图片可能当时没截就放过去了，在这里做个文字说明。

13.7　Oracle RAC 集群管理常用操作

作为 RAC 集群管理，Oracle 提供了大量的命令，本节就不做详细介绍，下面列出 Oracle RAC 集群管理常用操作。

1. Oracle 11g R2 RAC 与旧版的比较

Oracle 11g R2 RAC 比旧版本的 RAC 变化了不少，最显著的特征就是 clusterware 和 ASM 都集成在 grid Infrastructure 中。因此，数据库的管理通常是 grid 用户去管理。管理数据库资源可以通过 srvctl 和 crsctl 命令。

2. srvctl 命令语法格式

```
srvctl <command> <object> [<options>]
```

其中 Command（命令）如下：

```
enable|disable|start|stop|relocate|status|add|remove|modify|getenv|setenv|unsetenv|config
```

其中 Object（对象）如下：

```
database|instance|service|nodeapps|vip|asm|diskgroup|listener|srvpool|
server|scan|scan_listener|oc4j|home|file system|gns
```

有关完整的用法，请使用：

```
srvctl [-h | --help]
```

有关各个命令和对象的详细帮助，请使用：

```
srvctl <command> -h
```

或

```
srvctl <command> <object> -h
```

3. crsctl 命令语法格式

```
crsctl <command> <object> [<options>]
```

其中 Command（命令）如下：

```
enable|disable|config|start|stop|relocate|replace|stat|add|delete|modi
fy|getperm|setperm|check|set|get|unset|debug|lsmodules|query
```

其中 Object（对象）如下：

```
database|instance|service|nodeapps|vip|asm|diskgroup|listener|srvpool|
server|scan|scan_listener|oc4j|home|file system|gns
```

有关完整的用法，请使用：

```
crsctl [-h | --help]
```

有关每个命令和对象及其选项的帮助详细信息，请使用：

```
crsctl <command> <object> -h
```

4. SRVCTL 命令常用操作

（1）start/stop/status 所有的实例

```
srvctl start|stop|status database -d <db_name>
```

（2）start/stop 指定的实例

```
srvctl start|stop|status instance -d <db_name> -i <instance_name>
```

（3）列出当前 RAC 下所有的数据库配置信息

```
srvctl config database -d <db_name>
```

（4）start/stop/status 所有的 nodeapps（节点应用程序），比如，VIP，GSD，listener，ONS 等。

```
srvctl start|stop|status nodeapps -n <node_name>
```

（5）start/stop ASM 实例

```
srvctl start|stop ASM -n <node_name> [-i <ASM_inst_name>] [-o<Oracle_
```

home>]

(6)获取所有的环境信息

```
srvctl getenv database -d <db_name> [-i <instance_name>]
```

(7)设置全局环境和变量

```
srvctl setenv database -d <db_name> -t LANG=en
```

(8)从 OCR 中删除已有的数据库

```
srvctl remove database -d <db_name>
```

(9)向 OCR 中添加一个数据库的实例

```
srvctl add instance -d <db_name> -i <instance_name> -n <node1>
srvctl add instance -d <db_name> -i <instance_name> -n <node2>
```

5. 集群常用操作

(1)检查集群状态

```
C:\Users\Gancc>crsctl check cluster
```

(2)检查所有 Oracle 实例状态(数据库状态)

```
C:\Users\Gancc>srvctl status database -d db01
```

(3)检查单实例状态

```
C:\Users\Gancc>srvctl status instance -d db01 -I orcl1
```

(4)节点应用程序状态

```
C:\Users\Gancc>srvctl status nodeapps
```

(5)列出所有配置数据库

```
C:\Users\Gancc>srvctl config database
```

(6)查看数据库配置

```
C:\Users\Gancc>srvctl config database -d db01 -a
```

(7)ASM 状态以及 ASM 配置

```
C:\Users\Gancc>srvctl status ASM
C:\Users\Gancc>srvctl config ASM -a
```

(8)TNS 监听器状态以及配置

```
C:\Users\Gancc>srvctl status listener
C:\Users\Gancc>srvctl config listener -a
```

(9)SCAN 状态以及配置

```
C:\Users\Gancc>srvctl status scan
C:\Users\Gancc>srvctl config scan
```

（10）VIP（虚拟 IP）各个节点的状态以及配置

```
C:\Users\Gancc>srvctl status vip -n winrac1
C:\Users\Gancc>srvctl status vip -n winrac2
C:\Users\Gancc>srvctl config vip -n winrac1
C:\Users\Gancc>srvctl config vip -n winrac2
```

（11）节点应用程序配置（VIP、GSD、ONS、监听器）

```
C:\Users\Gancc>srvctl config nodeapps -a -g -s -e
```

（12）验证所有集群节点间的时钟同步

```
C:\Users\Gancc>cluvfy comp clocksync -verbose
```

（13）集群中所有正在运行的（SQL）

```
SQL> SELECT inst_id , instance_number inst_no , instance_name inst_name , parallel , status , database_status db_status , active_state state , host_name host FROM gv$instance ORDER BY inst_id;
```

（14）查看 CRS 资源

```
C:\Users\Gancc> crs_stat -t -v
```

（15）停止 crs 所有资源

```
C:\Users\Gancc> crs_stop -all
```

或者

```
C:\Users\Gancc> crsctl stop crs
```

（16）开启 crs 所有资源

```
C:\Users\Gancc> crs_start -all
```

或者

```
C:\Users\Gancc> crsctl start crs
```

13.8 本章小结

本章详细介绍了 Windows 环境下 Oracle RAC 集群部署过程，主要内容有总体规划、服务器规划、网络规划、存储规划、安装 grid 软件前设置和检查以及 Grid 及数据库软件的安装等。笔者力求系统地给出一个完整落地的实践思路和方案，希望对读者有所帮助。关于 Oracle RAC 集群部署，最核心的是 ASM 技术，因此事先应熟悉和掌握它。

接下来进入第 14 章 Oracle 特殊问题解决案例的讲解。

第 14 章　Oracle 特殊问题的解决案例

在 Oracle 运维实践中出现的问题可谓是形形色色，五花八门。

本章的宗旨是将那些典型的极具代表性且非常关键的问题总结出来供读者参考，如果可以拿来指导运维实践那就太好了。

下列这些就是笔者认定的比较典型的且极具代表性的也是非常关键的问题。当然，由于笔者水平及运维实践的限制，这些问题能否满足读者的需要或者说读者是否经历过类似的问题，就由读者自己去定夺吧。

下面开始讲述这些问题的处置方法。

14.1　ORA-00257 archiver error

报 ORA-00257 错误的原因是磁盘空间不足，下面是解决办法：

第 1 步：用 SYS 用户登录。

```
sqlplus sys/pass@gcc as sysdba                                      [000555]
```

第 2 步：看看 Archiv Log 所在位置。

```
SQL> show parameter log_archive_dest;
NAME                        TYPE         VALUE                      [000556]
--------------------        ----------   ----------------
log_archive_dest            string
log_archive_dest_1          string
log_archive_dest_10         string
```

第 3 步：VALUE 为空时，可以用 Archive Log List;检查一下归档目录和 Log Sequence（日志序列）。

```
SQL> archive log list;
Database log mode              Archive Mode                         [000557]
Automatic archival             Enabled
Archive destination            USE_DB_RECOVERY_FILE_DEST
Oldest online log sequence     258
Next log sequence to archive   258
Current log sequence           260
```

第 4 步：检查 flash recovery area 的使用情况，可以看见 archivelog 已经很大了，达到 96.62。

```
SQL> select * from V$FLASH_RECOVERY_AREA_USAGE;                     [000558]
```

```
FILE_TYPE    PERCENT_SPACE_USED PERCENT_SPACE_RECLAIMABLE NUMBER_OF_FILES
-------      ------------------ ------------------------- ---------------
CONTROLFILE  .13                0                         1
ONLINELOG    2.93               0                         3
ARCHIVELOG   96.62              0                         141
BACKUPPIECE  0                  0                         0
IMAGECOPY    0                  0                         0
FLASHBACKLOG 0                  0                         0
```

第 5 步：计算 flash recovery area 已经占用的空间。

```
SQL> select sum(percent_space_used)*3/100 from v$flash_recovery_area_usage;
SUM(PERCENT_SPACE_USED)*3/100                                      [000559]
-----------------------------
                       2.9904
```

第 6 步：找到 recovery 目录，show parameter recover。

```
SQL> show parameter recover;
NAME                              TYPE         VALUE                 [000560]
--------------------------------- ------------ --------------------
db_recovery_file_dest             string       D:\app\Administra\
                                               tor\flash_recove\
                                               ry_area
db_recovery_file_dest_size        big integer  5G
recovery_parallelism              integer      0
```

第 7 步：上述结果说明归档位置用的是默认值，放在 Flash_Recovery_Area 下 (DB_Recovery_File_Dest=D:\app\Administrator\flash_recovery_area)。

转移或清除对应的归档日志，删除一些不用的日期目录的文件，注意保留最后几个文件（如 258 以后的）。

第 8 步：Rman Target sys/pass@gcc。

第 9 步：检查一些无用的 Archivelog。

```
RMAN> crosscheck archivelog all;                                    [000561]
```

第 10 步：删除过期的归档。

```
RMAN> DELETE expired archivelog all;
DELETE archivelog until time 'sysdate-1' ;  --删除截止到前一天的所有
archivelog。                                                         [000562]
```

第 11 步：再次查询。

```
SQL> select * from V$FLASH_RECOVERY_AREA_USAGE;                     [000563]
```

第 12 步：如果 Archive Log 模式下不能正常 STARTUP，则先恢复成 NOARCHIVELOG，STARTUP 成功后，再 SHUTDOWN。

```
SHUTDOWN IMMEDIATE;
STARTUP MOUNT;
ALTER DATABASE NOARCHIVELOG;
ALTER DATABASE OPEN;
SHUTDOWN IMMEDIATE;
```

再次 STARTUP 以 ARCHIVELOG 模式。

```
SHUTDOWN IMMEDIATE;
STARTUP MOUNT;
show parameter log_archive_dest;
ALTER DATABASE archivelog;
archive log list;
ALTER DATABASE OPEN;
```

如果还不行，则删除一些 archlog log。

```
SQL> select group#,sequence# from v$log;
GROUP#    SEQUENCE#
--------- ----------
    1         62
    3         64
    2         63
```

原来是日志组一的一个日志不能归档。

```
SQL> ALTER DATABASE clear unarchived logfile group 1;
ALTER DATABASE OPEN;
```

最后，也可以指定位置，请按照如下配置：

```
select name from v$DATAFILE;
ALTER SYSTEM set log_archive_dest=' D:\app\Administrator\flash_recovery_area' scope=spfile
```

或者修改大小：

```
SQL> ALTER SYSTEM set db_recovery_file_dest_size=30G scope=both;
```

14.2 由于恢复区空间不足导致 ORA-03113 错误

出现 ORA-03113 错误的原因是恢复区空间不足，下面说明解决过程。

第 1 步：设置 Oracle 实例环境变量。

```
c:\>set oracle_sid=要修复的数据库实例名
```

第 2 步：登录 SQL*Plus。

```
c:\>SQL*Plus / as sysdba
```

第 3 步：执行下面命令。

```
SQL>SHUTDOWN abort
SQL>STARTUP MOUNT
```

第 4 步：修改恢复区字节大小为 40G。

```
SQL>ALTER SYSTEM set db_recovery_file_dest_size=42949672960  ---这里是改
为 40G。
SQL>ALTER DATABASE OPEN
SQL>exit                                                          [000572]
```

第 5 步：进入 rman。

```
c:\>rman target /                                                 [000573]
```

第 6 步：清理无效的 EXPIRED 的 ARCHIVELOG。

```
RMAN>crosscheck archivelog all; -- 运行这个命令可以把无效的 expired 的
archivelog 标出来。
RMAN>DELETE expired archivelog all; -- 直接全部删除过期的归档日志。
RMAN>DELETE noprompt archivelog until time "SYSDATE -3";  -- 清理 3 天前，
也可以直接用一个指定的日期来删除。                                [000574]
```

14.3　解决 Oracle SYSAUX 空间占用严重问题

对于 SYSAUX 表空间而言，如果占用过大，一般情况下是由于 AWR 信息或对象统计信息没有及时清理引起的，具体情况可以通过如下的 SQL 语句查看。

```
SQL>SELECT OCCUPANT_NAME "占用者名",
       SPACE_USAGE_KBYTES / 1048576 "Space Used (GB)",
       SCHEMA_NAME "模式名",
       MOVE_PROCEDURE "移动过程"
  FROM V$SYSAUX_OCCUPANTS
 WHERE SPACE_USAGE_KBYTES > 1048576  --1G
 ORDER BY "Space Used (GB)" DESC;
```

注：

上面 SQL 查找使用空间大于 1G（1048576）的占用者，读者可以调整这个值。

如果"占用者名"列中排在第一位的是"SM/AWR"，那么表示 AWR 信息占用过大；如果该列排在第一位的是"SM/OPTSTAT"，那么表示优化器统计信息占用过大。读者根据"占用者名"列的排位看是谁占用空间最大，排位越靠前的表示其占用空间越大，然后决定是否采取下一步措施。

也可通过另外一条 SQL 查看 SYSAUX 空间占用情况，具体如下：

```
SQL>select SEGMENT_NAME "占用对象名",BYTES/1024/1024/1024  DGD --占用空间(G)
from dba_segments where tablespace_name='SYSAUX' ORDER BY DGD DESC;
                                                                  [000575]
```

上面这条 SQL 可以查出 SYSAUX 表空间中哪些表占用空间最大，"占用对象名"列排位越靠前的占用空间越大，一般关注前 5 名。占用空间计量单位为"G"。

下面来具体说明 SYSAUX 空间占用严重问题的处理过程。

14.3.1 清理 SYSAUX 下的历史统计信息

SM/OPTSTAT 用于存储历史统计信息，而这些信息是存于 sysaux 表空间的，这就引出了一个问题，即如果日常人工所做的分析统计数据不断地增长，而不把历史上旧的数据删除的话，sysaux 迟早会暴满的。默认情况下，系统会为 SM/OPTSTAT 保留 31 天的记录，可以通过 dbms_stats.get_stats_history_retention 来查看。

SM/OPTSTAT 统计信息与 AWR 是有区别的，虽然它们的统计信息都存于 SYSAUX 表空间，但 AWR 默认保留 8 天（11g），SM/OPTSTAT 保留的时间可以通过 dbms_stats.alter_stats_history_retention 来修改。如果 SM/OPTSTAT 确实占用了比较多的空间，要删除某个时间前的记录可以用 dbms_stats.purge_stats 过程。这个过程其实只是从存储历史统计信息的表里删除记录，这样的话，就会出现一种情况，即删除了大量的数据，但这些表占用的空间并没有释放，也就是 HWM 不会降下来的，这时需要手动处理 HWM 并使之降下来。

下面就如何清理历史统计信息及后续处理进行说明。

（1）将历史统计信息保留时间设置为无限。

```
exec dbms_stats.alter_stats_history_retention(-1);                [000576]
```

（2）TRUNCATE 较大的 TABLE。

```
TRUNCATE table sys.WRI$_OPTSTAT_HISTHEAD_HISTORY;
TRUNCATE table sys.WRI$_OPTSTAT_HISTGRM_HISTORY;                  [000577]
```

（3）清理历史统计信息。

比如清空 5 天前的历史统计信息，SQL 如下：

```
exec dbms_stats.purge_stats(sysdate-5);                           [000578]
```

（4）将历史统计信息保留时间设置为 10 天。

```
exec dbms_stats.alter_stats_history_retention(10);                [000579]
```

（5）将历史统计信息相关的表进行 MOVE。

```
ALTER table sys.WRI$_OPTSTAT_HISTHEAD_HISTORY move TABLESPACE sysaux;
ALTER INDEX sys.I_WRI$_OPTSTAT_HH_OBJ_ICOL_ST rebuild ONLINE;
ALTER INDEX sys.I_WRI$_OPTSTAT_HH_ST rebuild ONLINE;
ALTER table sys.WRI$_OPTSTAT_HISTGRM_HISTORY move TABLESPACE sysaux;
ALTER INDEX sys.I_WRI$_OPTSTAT_H_OBJ#_ICOL#_ST rebuild ONLINE;
ALTER INDEX sys.I_WRI$_OPTSTAT_H_ST rebuild ONLINE;
ALTER table sys.WRI$_OPTSTAT_IND_HISTORY move TABLESPACE sysaux;
ALTER INDEX sys.I_WRI$_OPTSTAT_IND_OBJ#_ST rebuild ONLINE;
ALTER INDEX sys.I_WRI$_OPTSTAT_IND_ST rebuild ONLINE;
ALTER table sys.WRI$_OPTSTAT_TAB_HISTORY move TABLESPACE sysaux;
ALTER INDEX sys.I_WRI$_OPTSTAT_TAB_OBJ#_ST rebuild ONLINE;
ALTER INDEX sys.I_WRI$_OPTSTAT_TAB_ST rebuild ONLINE;
```

```
ALTER TABLE SYS.WRI$_OPTSTAT_OPR MOVE TABLESPACE SYSAUX;
ALTER TABLE SYS.WRI$_OPTSTAT_AUX_HISTORY MOVE TABLESPACE SYSAUX;
ALTER INDEX SYS.I_WRI$_OPTSTAT_AUX_ST REBUILD ONLINE;
ALTER INDEX SYS.I_WRI$_OPTSTAT_OPR_STIME REBUILD ONLINE;          [000580]
```

（6）对 MOVE 表的统计信息进行收集。

```
EXEC dbms_stats.gather_table_stats(ownname => 'SYS',tabname =>'WRI$_
OPTSTAT_HISTGRM_HISTORY',cascade => TRUE);
EXEC dbms_stats.gather_table_stats(ownname =>'SYS',tabname =>'WRI$_
OPTSTAT_IND_HISTORY',cascade => TRUE);
EXEC dbms_stats.gather_table_stats(ownname =>'SYS',tabname =>'WRI$_
OPTSTAT_TAB_HISTORY',cascade => TRUE);
EXEC dbms_stats.gather_table_stats(ownname =>'SYS',tabname =>'WRI$_
OPTSTAT_OPR',cascade => TRUE);
EXEC dbms_stats.gather_table_stats(ownname =>'SYS',tabname =>'WRI$_
OPTSTAT_AUX_HISTORY',cascade => TRUE);                            [000581]
```

14.3.2 清理 SYAUX 表空间中无效的 ASH（活动会话历史）信息

若是一个普通的会话（没有大量耗费资源的会话），则对于性能调整来说无足轻重。但若该会话在活动时大量占用了资源（如 CPU、内存、I/O 等），该会话信息的丢失，将无法评测当时的系统瓶颈究竟是什么。10g 保留了 v$session_wait 中的这些信息。在 10g 中的新视图 v$session_wait_history 保存了每个活动 session 在 v$session_wait 中最近 10 次的等待事件。但这对于一段时期内的数据库性能状况的监测是远远不够的，为了解决这个问题，10g 又新添了一个视图 v$active_session_history，这就是 ASH（active session history）的由来。

典型情况下，为了诊断当前数据库的状态，需要最近 5～10 分钟的详细信息。然而，由于记录 session 的活动信息是费时费空间的，因此 ASH 采取的策略是：保存处于等待状态的活动 session 的信息，每秒从 v$session_wait 中采样一次，并将采样信息保存在内存中，而分配给 ASH 的内存空间是有限的，当所分配空间被占满后，旧的记录就会被覆盖；而且数据库重启后，所有的这些 ASH 信息都会消失。这样，对于长期检测 Oracle 性能是不利的，因此 10g 为此提供了永久保留 ASH 信息的方法，这就是 AWR（Auto Workload Repository）。由于 AWR 全部保存 ASH 中的信息非常耗时耗空间，因此 AWR 采取的策略是：每小时对 v$active_session_history 进行采样一次，并将信息保存到磁盘中，并且保留 8 天，8 天后旧的记录才会被覆盖。这些从 ASH 采集过来的信息被保存在视图 wrh$_active_session_history 中，因此 ASH 信息变为了历史信息且其中分布着大量无效信息，白白地占用 SYSAUX 的空间，这就是为什么要清理这些无效 ASH 信息以达到释放 SYSAUX 空间目的的缘由。

上述说明了为什么要清理 SYSAUX 中的无效 ASH 信息，下面具体说明清理的过程。

第 1 步：检查是否存在无效的 ASH 信息。

```
SQL>select count(*)
from sys.wrh$_active_session_history a
where not exists (select 1
from sys.wrm$_snapshot b
where a.snap_id = b.snap_id
and a.dbid = b.dbid
and a.instance_number = b.instance_number);                    [000582]
```

第 2 步：清理无效的 ASH 信息。

```
SQL>DELETE from sys.wrh$_active_session_history a where not exists (select
1 from sys.wrm$_snapshot b where a.snap_id = b.snap_id and a.dbid = b.dbid and
a.instance_number = b.instance_number);                        [000583]
```

第 3 步：对 ASH 表清理后的碎片整理。

```
SQL>ALTER table sys.wrh$_active_session_history enable row movement;
SQL>ALTER table sys.wrh$_active_session_history shrink space cascade;
SQL>ALTER table sys.wrh$_active_session_history disable row movement;
                                                               [000584]
```

第 4 步：表碎片整理后收集统计信息。

```
SQL>EXEC  dbms_stats.gather_table_stats(ownname  =>  'SYS',tabname  =>
'WRH$_ACTIVE_SESSION_HISTORY',cascade => TRUE);                [000585]
```

14.3.3　检查 SYSAUX 表空间可收缩的数据文件

某些情况下，由于前期设计上没有考虑全面，导致表空间预建太大，远远超出实际使用大小。于是，就出现了收缩表空间这样的需求，即对这个表空间的占用空间进行收缩。

对于表空间收缩，Oracle 只提供扩大的功能，而不提供收缩。所以，要实现这样的需求，方法不止一个，可以先创建一个过渡表空间，然后将待收缩表空间中的数据迁移到这个表空间下。本节不采用这个方法，而是直接通过收缩数据文件的大小达到收缩表空间的目的。这个方法简单实用，可以把 HWM 降下来，其效果最佳。

而对于 SYSAUX 也是一样，下面说明具体过程。

首先检查所属 SYSAUX 表空间且可用于收缩的数据文件，SQL 语句如下：

```
SQL>
select
a.FILE#,
a.NAME,
a.BYTES/1024/1024 mb,
ceil(HWM * A.BLOCK_SIZE)/1024/1024 RESIZETO,
'ALTER DATABASE DATAFILE '''|| A.NAME ||''' RESIZE ' ||(trunc(CEIL(HWM *
A.BLOCK_SIZE)/1024/1024)+20)||'M;' RESIZECMD
from v$datafile a,
```

```
    (SELECT C.file_id,MAX(C.block_id + C.blocks - 1) HWM FROM DBA_EXTENTS C
GROUP BY FILE_ID) B,
    dba_data_files D
    WHERE D.FILE_ID=A.FILE#  AND
    A.FILE# = B.FILE_ID AND
    D.TABLESPACE_NAME='SYSAUX'
    ORDER BY 5;                                                                    [000586]
```

运行结果如图 14-1 所示。

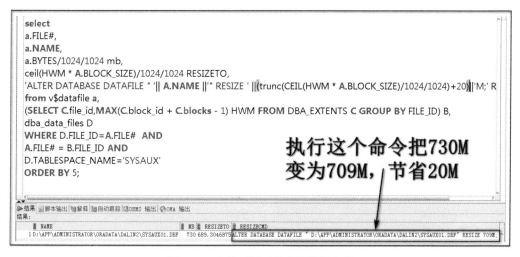

图 14-1　查找可用于收缩的数据文件

图 14-1 说明如下。

- 要收缩的数据文件：D:\APP\ADMINISTRATOR\ORADATA\DALIN2\SYSAUX01.DBF。
- 收缩的字节：730M。
- 收缩后的字节：689M
- 收缩命令：

```
ALTER DATABASE DATAFILE 'D:\APP\ADMINISTRATOR\ORADATA\DALIN2\SYSAUX01.
DBF' RESIZE 709M;                                                                  [000586]
```

注：

这个方法也适用于其他表空间的收缩，该方法最大的好处是可以把 HWM（高水位线）降下来。读者可以在这条 SQL 的基础上发挥。比如对这条 SQL 中的 D.TABLESPACE_NAME='SYSAUX' 查询条件好好做做文章。

14.3.4　SYSAUX 清理后的检查

第 1 步：清理后的无效 INDEX 检查。

```
select * from dba_indexes where status<>'VALID' AND STATUS<>'N/A';
```

```
SELECT * FROM DBA_IND_PARTITIONS WHERE STATUS<>'USABLE' AND STATUS<>'N/A';
SELECT * FROM DBA_IND_SUBPARTITIONS WHERE STATUS<>'USABLE';    [000587]
```

上面语句应均无数据返回，如有则对这些 INDEX 进行重建。

第 2 步：清理后的 INDEX 并行度检查。

```
select * from dba_indexes where degree not in ('1','0','DEFAULT');
                                                              [000588]
```

后　　记

本书至此已告一段落，可以说是历经磨难撰写而成，尤其是在将书稿提交到中国铁道出版社有限公司后，得到编辑老师的鼎力相助才使得文稿质量大幅跃升，在此向中国铁道出版社有限公司表示由衷的感谢。

两年前，我接受天津市融创软通科技股份有限公司委托，为该公司写一部内部培训图书，主要面向 Oracle DBA。在创作初期，到底要给 DBA 写什么，主攻方向是什么等一系列问题一直萦绕在脑海。因为公司将这件事情全权委托给我，纲要及方向性的东西完全由我定。这样一来，定纲要及方向是摆在眼前的首要问题。虽然我是 DBA 出身，也参与过不少的项目，但是要系统地整理成一本图书，这可不是一件简单的事情。最后经过查阅大量资料，再结合实践经验制订出纲要及方向，就是现在这部书的目录结构。

本书在撰写过程中，力求理论与实践相结合，侧重于实践实作。引入了国家某电厂的数据库，用于第 10 章 Oracle 性能实验，为此我在数据库中写了大量代码（存储过程、触发器、函数等）以营造一个压力环境。

关于这个数据库环境，其中包含各式应用的存储过程、触发器以及存储函数等，大部分为我所写。对于从事应用开发的读者，这些是难得的案例及素材，将有助于提高自身的应用开发水平。这个数据库环境将随书提供给读者。

目前，市场上面向 Oracle DBA 的书籍也不少，作者撰写的这部面向 Oracle DBA 的书自认为含金量较高，用句通俗的话说里面都是"干货"，没有水分。能不能打动读者，能不能满足 Oracle DBA，让其从中获益，对此作者还是比较自信的。因为作者一直信奉一个道理，读者肯花钱买你的书，作为作者不能对不起读者，做事要对得起自己的良心。所以，要用心写书，实实在在写书，书中的所有示例、实例以及实验等等所涉及的代码必须亲历，必须得到验证才能纳入其中，不然就是对读者的不负责任，读者的钱就等于白花了。如果某个知识点是读者需要的而恰恰书里不能很好地说明甚至是"歪理"，那就是作者的责任，作者应当为此承担后果，可问题是谁拿作者也没办法，读者只能自认倒霉。这是作者本人极力反对的，一切都力求实实在在。

本书确保其中的知识点都是经过实测的，读者可以放心学习。另外，书中的代码会以电子版的形式随书提供给读者，这样省去了敲写的麻烦。另外，这些代码不乏实际应用价值，拿来即用，权限已授予读者。

甘长春
2020 年 8 月